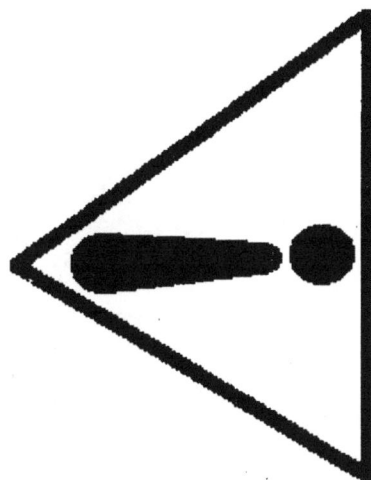

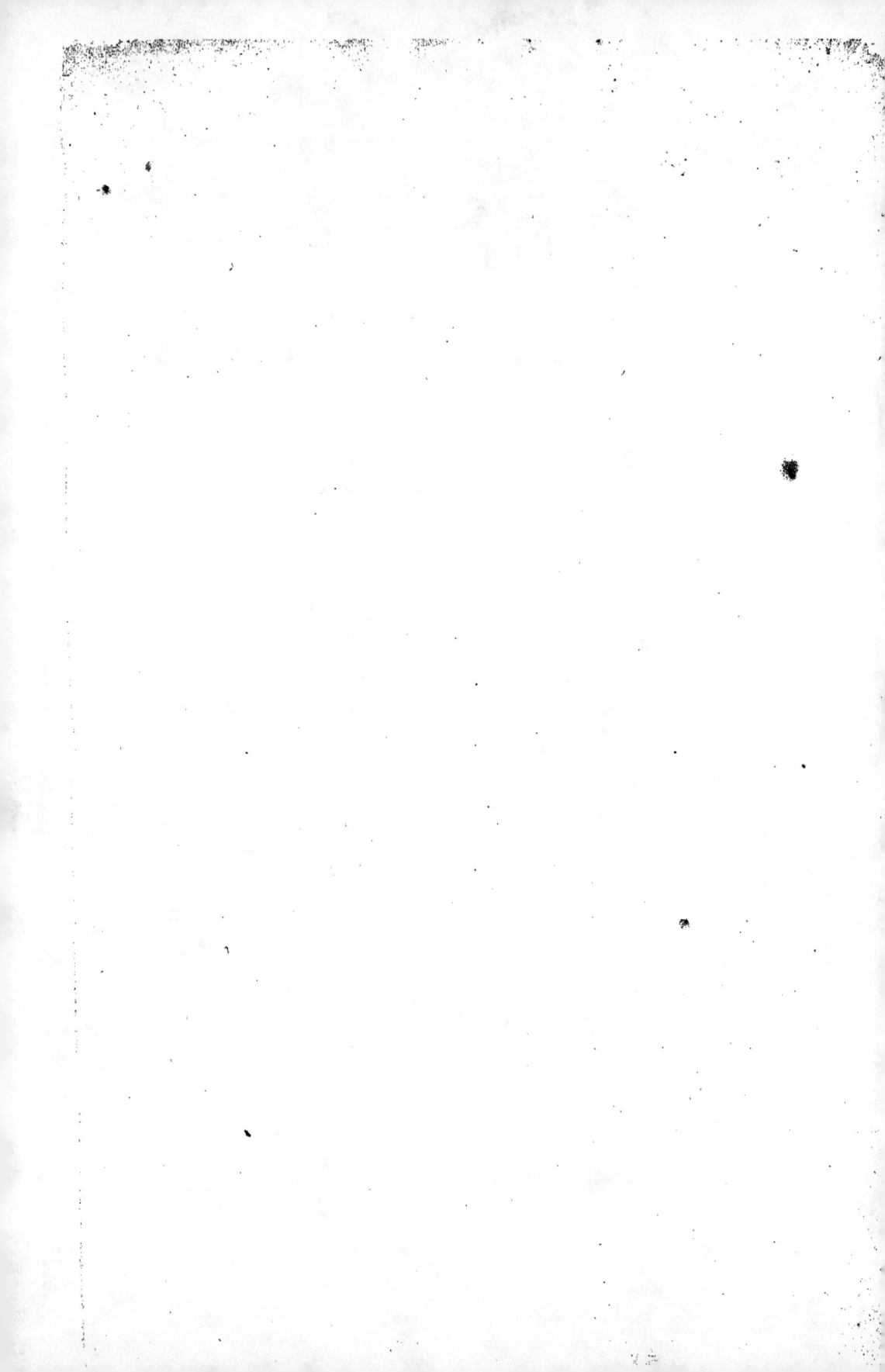

V 700.
z. z. m.

DESCRIPTIONS

DES ARTS

ET MÉTIERS.

DESCRIPTIONS
DES ARTS
ET MÉTIERS,

FAITES OU APPROUVÉES

PAR MESSIEURS

DE L'ACADÉMIE ROYALE
DES SCIENCES.

Avec Figures en Taille-douce.

A PARIS,

Chez { SAILLANT & NYON, rue S. Jean de Beauvais;
{ DESAINT, rue du Foin Saint Jacques.

M. DCC. LXI.

Avec Approbation & Privilége du Roi.

ART

DU

SERRURIER.

Par M. Duhamel du Monceau.

M. DCC. LXVII.

TABLE

DES CHAPITRES, ET ARTICLES
de la Description de l'Art du Serrurier.

SERRURIER.

CHAPITRE CINQUIEME.

*Des Serrures de toutes les efpeces, par
M. de REAUMUR.* 159

CHAPITRE SIXIEME.

De la ferrure des Equipages, & particulièrement des ressorts. 261

CHAPITRE SEPTIEME.

Des renvois de fonnettes, & de leur posé ; de la ferrure des persiennes ; des stores pour les cabinets d'appartement ; & du travail de quelques ornements pris aux dépens du fer. 278

Fin de la Table des Chapitres & Articles.

ART

ART DU SERRURIER.

Par M. DUHAMEL DU MONCEAU.

CHAPITRE PREMIER.

INTRODUCTION & Principes généraux sur l'Art du SERRURIER.

ARTICLE PREMIER.

Plan de l'Ouvrage.

Nous commencerons cet Art, qui est fort étendu, par faire connoître les différentes qualités des fers, & indiquer la façon de les distinguer, par exposer en général à quels ouvrages chacuns font propres, relativement à leur qualité douce ou aigre, &c. les lieux d'où on les tire pour Paris, les différents échantillons des fers qu'on trouve chez les Marchands ; en un mot il nous a paru convenable de commencer par faire connoître la matiere sur laquelle le Serrurier doit travailler, renvoyant toutefois pour le travail qui se fait dans les grosses Forges, à ce qui a été dit par M. le Marquis de Courtivron, de l'Académie des Sciences, & M. Bouchu, Maître de Forge, Correspondant de la même Académie, dans les quatre Sections qu'ils ont données sur les grosses Forges.

Nous entrerons ensuite dans la Boutique du Serrurier pour faire connoître les différents outils qui lui font nécessaires: nous n'avons point prétendu rendre cette énumération complette ; notre dessein a été de ne prêter attention qu'aux outils qui servent le plus communément, & nous avons réservé à parler des autres lorsqu'il s'agira des ouvrages où ils font particuliérement employés : un détail plus étendu n'auroit point eu de bornes, puisque très-fréquemment les Serruriers imaginent & font eux-mêmes les outils qui leur paroissent commodes pour exécuter certains ouvrages.

Nous commencerons ensuite à entamer les connoissances qui tiennent plus directement à l'Art du Serrurier. Nous parlerons des différents charbons qu'ils peuvent employer, de la préférence qu'on doit donner aux uns fur les autres, fuivant les différents ouvrages qu'on fe propofe de faire. Nous expliquerons comment on doit placer le fer dans la Forge pour lui donner une bonne chaude ; comment on doit forger, fouder, brafer, limer le fer ; & nous parcourrons ainfi les éléments ou les principes de cet Art.

Les ouvrages de Serrurerie font d'un ufage bien commun dans les Bâtiments. Quelquefois ils fervent à augmenter leur folidité ; les chaînes, les ancres, les harpons, les embraffures, les fentons donnent du foutien aux ouvrages de maçonnerie ; les équerres, les tirants, les liens, les brides affermiffent les ouvrages de Charpenterie & de menuiferie. D'autres fois les ouvrages de Serrurerie, tels que les grilles, font employés à la fûreté de ceux qui habitent les maifons : ils mettent à l'abri des voleurs les appartements fitués aux raiz-de-chauffée ; dans certaines circonftances ils tiennent lieu de portes de bois, même de murs fans offufquer la vue. On en fait des garde-fous tels que font les balcons vis-à-vis les croifées, les rampes des efcaliers, les baluftrades qui bordent les terraffes, les foffés, les fauts-de-loup ; & toutes les chofes que nous ne préfentons que du côté de leur utilité, deviennent des objets de décoration par les ornements qu'on y ajoute ; c'eft même en cette partie de la Serrurerie que notre Art s'eft le plus perfectionné de nos jours. Les fuperbes grilles, les balcons, les portes grillées que l'on voit dans les Eglifes, chez des Particuliers, & fur-tout dans les Maifons Royales, font voir que la menuiferie & la fculpture ne font prefque rien en bois qu'on ne puiffe imiter en fer, & fouvent avec plus de légéreté. Quand on n'épargne point la dépenfe, on voit des moulures pouffées auffi net que fi elles l'étoient fur le bois, des couronnements de grilles remplis de feuillages, de rinceaux, de fleurons, de couronnes, d'écuffons, même de figures d'hommes & d'animaux ; nous pourrions citer des ouvrages en ce genre qui font d'une très-belle exécution, tels que les grilles de Maifon, la grille du Chœur de Notre-Dame, celle de l'Abbaye de S. Denys, exécutée par un Frere de cet Ordre, la Chaire de l'Abbaye de S. Antoine, les belles grilles que M. Deftriches a faites pour le Portugal, un Dais que M. Gérard a fait dans la vue de faire appercevoir jufqu'où pouvoit aller cette partie de l'Art du Serrurier, & quantité d'ouvrages qui ont été exécutés avec élégance & précifion par M. Durand.

On ne trouvera dans notre Ouvrage qu'un petit nombre de deffeins de ces beaux ouvrages, parce que nous avons apperçu qu'ils n'avoient pas plus de bornes que les traits que peuvent imaginer les meilleurs Deffinateurs : d'ailleurs on trouve grand nombre de ces beaux deffeins chez ceux qui vendent des Eftampes ; nous nous bornerons donc à expliquer en général les moyens que les Ouvriers habiles emploient pour les exécuter avec goût & précifion, & nous ne donnerons que le petit nombre de deffeins qui nous ont paru néceffaires pour faire mieux entendre le travail des Ouvriers.

Ainsi après avoir expliqué la façon de faire les grilles de barres droites, nous expliquerons comment on peut les orner d'enroulements & par différents contours qu'on fait prendre au fer. Nous passerons ensuite à la maniere de faire des moulures en battant le fer rougi au feu sur des moules qu'on nomme *Etampes* ; comment on emboutit le fer au marteau , & sur les tasseaux ; enfin comment on le releve sur le plomb pour faire des ornements très-recherchés.

Quantité d'ouvrages de menuiserie seroient inutiles si le Serrurier n'y mettoit pas la derniere main. Il faut serrer les portes & les croisées , les battants des armoires , les couvercles des coffres , &c. ce qui exige , pour que toutes ces choses puissent s'ouvrir & se fermer , des gonds , des pentes , des couplets , des charnieres , des fiches à vase & à broche ; de même pour les tenir fermés , on emploie des verroux , des targettes , des bascules , des espagnolettes , des loquets , loquetons , &c. Enfin pour qu'il n'y ait que le Propriétaire qui puisse ouvrir les appartements , les coffres & les armoires, on a imaginé une infinité de sortes particulieres de serrures & de cadenas ; c'est par cette belle partie de l'Art du Serrurier que se terminera notre Art. *

ARTICLE II.

Qualités & dimensions des Fers , & du choix qu'on en doit faire pour différents Ouvrages.

AVANT que d'employer le fer, il faut que le Serrurier connoisse sa nature , & qu'il apprenne à en distinguer les différentes qualités ; car suivant l'espece d'ouvrages qu'on doit travailler,il convient d'employer différentes qualités de fer , les uns doux & les autres plus fermes; d'ailleurs tous les fers ne doivent pas être travaillés de la même maniere , les uns veulent être plus chauffés que d'autres. Toutes ces connoissances sont donc essentielles à un Serrurier.

Or on peut à l'examen extérieur du fer en barre , acquérir quelque connoissance sur sa qualité ; mais on en est encore plus certain quand on examine son grain après qu'il a été rompu : c'est ce que nous allons essayer de rendre sensible.

---

* J'ai trouvé dans le dépôt de l'Académie un grand nombre de Planches gravées & une partie de l'explication des Figures écrites de la main de M. de Réaumur. Inutilement ai-je essayé de retrouver l'ordre que M. de Réaumur s'étoit proposé de suivre dans la description de ce grand Art , ce qui m'a engagé à faire graver plusieurs nouvelles Planches, à faire des changements aux autres , & à faire la description de toutes les opérations suivant l'ordre qui m'a paru le plus convenable. Heureusement que j'ai trouvé ce qui regarde les serrures & les cadenas , entiérement fait par M. de Réaumur, & je le donnerai sans presque y faire aucun changement.

Plusieurs habiles Serruriers se sont fait un plaisir de me prêter la main ; si quelque opération m'embarrassoit, ils la faisoient exécuter devant moi dans leur boutique. M. Durand qui demeure à S. Victor , a sur-tout pris un intérêt particulier à mon travail : M. Gérard , Maître Maçon , dont le pere est établi Serrurier auprès de S. Etienne-du-Mont , m'a rendu les mêmes services, & de plus m'a aidé de plusieurs desseins qu'il exécute avec beaucoup plus de précision que ne pourroient faire des Dessinateurs qui n'auroient pas connu comme lui l'Art du Serrurier.

Il faut d'abord s'informer de quelle mine vient le fer, ſi elle eſt douce ou caſſante ; car quoiqu'il arrive que dans une même mine ou une même forge, il ſe trouve des fers plus aigres les uns que les autres, l'ordinaire eſt que tous les fers d'une même forge, ſont d'une qualité approchant la même. Par exemple, à Paris on regarde les fers de Berry, comme étant plus doux que ceux qu'on nomme de *Roche*, ou que ceux qu'on appelle *fers communs*, quoiqu'il ſe trouve des fers de Roche qui ſont fort doux.

Après ce qui a été dit dans les quatre Sections ſur le fer, & à l'occaſion de la forge des ancres, on ſçait qu'on fond la mine dans de grands fourneaux, qu'on coule le fer en gros lingots appellés *Gueuſe*, auxquels on donne dans le ſable la forme d'un priſme triangulaire du poids de 15 à 18 cent livres & plus ; on porte la gueuſe à l'affinerie où on la fait chauffer fondante ; on la ramaſſe, on jette du ſable deſſus & on la paſſe ſous le gros marteau où on la bat d'abord à petits coups pour rapprocher & ſouder les parties les unes avec les autres. Quand cette loupe eſt reſſuée, c'eſt-à-dire quand par les coups de marteaux, on en a fait ſortir le laitier qui étoit interpoſé entre les parties de fer, on frappe plus fort pour étirer le métal en groſſes barres d'environ trois pieds de longueur ; enſuite on les fait repaſſer à la forge pour leur donner différentes formes à la demande des Marchands. Je ne rappelle ſommairement ce travail qui a été bien détaillé ailleurs, que pour qu'on ſache que quand il ſe trouve dans le fer des grains ſi durs, que la lime ne peut mordre deſſus, & qu'on eſt obligé de les emporter avec un ciſeau ou un burin, c'eſt preſque toujours parce que le fer a été mal travaillé par l'Affineur.

Quand les barres ſont longues & menues, le Serrurier qui choiſit du fer, les ſouleve par un bout, il les ſecoue fortement, & quelquefois elles ſont ſi aigres, qu'elles ſe rompent. Il eſt rare que les barres ne puiſſent ſupporter cette épreuve ; c'eſt pourquoi on leur en fait éprouver une plus forte : on les dreſſe ſur un de leurs bouts, & on les laiſſe tomber ſur le pavé ; les fers fort aigres ſe rompent. De plus, ſi en examinant attentivement la ſurface des barres, on apperçoit de petites gerces qui les traverſent, c'eſt une marque que le fer n'a pas été ſuffiſamment corroyé, qu'il tient de la nature du fer de gueuſe, & qu'il ſera *rouvelin*, c'eſt-à-dire, caſſant à chaud & difficile à forger : ſi au contraire on apperçoit de petites veines noires qui s'étendent ſuivant la longueur de la barre, c'eſt une marque que le fer a été bien étiré ; car il eſt certain que par la façon de battre le fer ſous le marteau, on lui donne du nerf ; ou on lui ôte cette qualité, s'il l'avoit ; en terme de Serrurier, on le *corrompt* ; cependant il eſt toujours avantageux que le fer ne ſoit point pailleux.

On connoît encore mieux la qualité du fer en examinant ſon grain ; pour cela il faut le rompre. On prend donc un ciſeau bien trempé, & ayant placé la barre de travers ſur l'enclume, on fait une entaille à grands coups de
marteau,

marteau , puis faisant porter à faux le barreau sur deux morceaux de fer qu'on met à six pouces l'un de l'autre sur un billot de bois , & frappant à grands coups de marteau sur l'entaille , on rompt le barreau.

D'abord quand on est obligé de tourner en différents sens le barreau pour le rompre , quand il plie sous les coups de marteau , quand ces coups sont marqués par de fortes impressions , on est certain que le fer est doux au moins à froid. Au contraire il est aigre si , dès les premiers coups , la barre se sépare.

Si la rupture est brillante , si elle se montre formée de grandes paillettes comme des morceaux de talc , on est certain que le fer est fort aigre , qu'il sera dur à la lime & difficile à manier sous le marteau tant à chaud qu'à froid ; qu'il sera tendre à la *chauffe* , & qu'il se brûlera aisément ; quelquefois même , au lieu de s'adoucir sous le marteau , il en deviendra plus aigre ; ce fer est donc de mauvaise qualité pour toutes sortes d'ouvrages:seulement, à cause de sa dureté , il pourra être employé en gros fer dans les circonstances où il est exposé à des frottemenst.

Il y a des fers qui se montrent moins blancs & moins brillants que les précédents , parce que leur grain est moins gros : ils ne sont pas si aigres, ils se chauffent mieux ; & comme ils ne sont point mols , les Maréchaux les estiment , & les Serruriers les emploient seulement pour les ouvrages qui doivent rester noirs , parce qu'ils sont durs à la lime , & que souvent on y rencontre des grains sur lesquels la lime ni le foret ne peuvent mordre.

Quand la cassure est d'un brun noirâtre & qu'elle est inégale , y ayant des flocons de fer qui se déchirent comme quand on rompt du plomb , ce que les Ouvriers appellent *de la chair* , c'est du fer très-doux qui se travaille aisément à chaud & à froid sous le marteau & sous la lime ; mais il est presque toujours difficile à polir , & rarement il prend un beau lustre.

Il se trouve encore des fers qui sont , pour ainsi dire , composés des deux especes dont nous venons de parler , parce qu'on apperçoit sur leur rupture des endroits blancs & d'autres noirs ; quand on emploie ces fers tels qu'ils viennent de chez les Marchands, ils sont pour l'ordinaire pailleux , & de dureté inégale ; mais quand on les a corroyés, ils sont excellents pour la forge & pour la lime ; ils sont fermes sans être cassants , & ils se polissent aisément, pourvu toutefois qu'ils ne soient point cendreux, défaut auquel sont exposés presque tous les fers doux. Il est sensible que ces fers auroient au sortir des grosses forges , la bonne qualité qu'on leur procure , si on les y avoit corroyés avec plus de soin.

Il y a encore des fers qui ont le grain fin & gris , qui n'ont point de chair , qui cependant ne rompent point aisément , qui sont même assez pliants ; ces fers prennent un beau poli ; mais ils sont durs à la lime & bouillants à la forge : en un mot ce sont des fers acérains qui prennent la trempe ; les Ma-

SERRURIER. B

réchaux les préferent pour faire des focs & des coutres de charrue, parce qu'ils
tiennent, comme nous l'avons dit, de l'acier, mais ils ne font pas propres pour
les ouvrages qui doivent fupporter de grands efforts, comme, font les effieux
de voiture ; quand on doit les limer, il faut les laiffer fe refroidir doucement, pour qu'ils ne fe trempent point ; & on doit les ménager à la forge
prefque comme fi on travailloit de l'acier.

Les fers qu'on nomme *Rouverains*, dont nous avons déja dit quelque chofe,
font affez ployants & malléables à froid, mais il faut les ménager au feu, &
fous le marteau ; ils répandent, quand on les forge, une odeur de foufre, &
il en fort des étincelles fort brillantes ; fi on les chauffoit prefque blanc, &
qu'on les frappât rudement, ils fe dépéceroient fous le marteau, ils fe rom-
proient, ou au moins ils deviendroient pailleux. Les fers d'Efpagne & ceux
qu'on fait avec de vieille mitraille corroyée, font prefque tous rouverains : ils font bons, mais il faut les travailler avec ménagement ; un mauvais
Forgeron n'en feroit que de mauvais ouvrage.

Après avoir indiqué la façon de connoître la qualité des différents fers, il
eft bon de détailler ceux qui fe trouvent chez les gros Marchands de Fer de
Paris.

Les fers de Lorraine font réputés les plus doux de tous, enfuite ceux du
Berry, du Nivernois, & de la rive de la Loire ; enfuite viennent ceux de
Champagne & de Bourgogne, qu'on nomme les *Fers de Roche*, & entre
ceux-là on en diftingüe de trois qualités ; ceux qu'on nomme fimplement *de
Roche*, entre lefquels il y en a qui font prefque auffi doux que ceux du Berry ; ceux qui font d'une qualité inférieure fe nomment *Fers demi-Roche* ; &
tous les fers qui font encore de moindre qualité fe défignent fous le nom
de *Fers communs*.

Tous les fers fe façonnent de différents échantillons, & les plus petits fers
quarrés de quatre à cinq lignes jufqu'à huit & neuf fe nomment *du Carillon*,
ainfi il y a du carillon de Lorraine, de Berry, de Roche & de fer commun.
Les Serruriers fe fourniffent des uns & des autres fuivant les ouvrages qu'ils
veulent faire, & le prix qu'ils les vendent ; car les fers de Lorraine & de
Berry font plus chers que les fers de Roche, & ceux-ci coûtent plus que
les fers communs.

Les carillons exceptés, tous les autres fers font défignés fous le nom de
fers quarrés, & il y en a depuis neuf à dix lignes jufqu'à trois pouces ½ & quatre
pouces quarrés, tant en fer de Lorraine que de Berry, de Roche ou commun.

Cependant on défigne encore ces différents fers par les ufages qu'on en
fait le plus communément.

On nomme *Cofte de Vache* tous les fers refendus dans les fenderies. On
les diftingue aifément, parce qu'ils ne font point à vive-arrête, leurs faces font
arrondies, leurs bords font inégaux & remplis de bavures, & les plus me-

nus fers fendus s'emploient pour faire des fentons ; ils portent même ce nom. On tient dans les magasins des Coftes de vache depuis deux à trois lignes en quarré jufqu'à douze.

Les fers méplats forgés au gros marteau font de différents échantillons, & ils fervent à une infinité d'ouvrages différents.

Ceux qui s'emploient pour les *bandages* des groffes voitures, ont depuis 29 jufqu'à 32 lignes de largeur fur douze à quinze lignes d'épaiffeur, & les barres ont environ neuf pieds de longueur.

Les fers qu'on nomme *Bandages* pour de moyennes voitures, ont fept jufqu'à douze lignes d'épaiffeur fur la même largeur & longueur que les précédents.

On tient encore des fers méplats qu'on nomme *à bandages*, qui ont 29 à 30 lignes de large fur 6 jufqu'à 8 lignes d'épaiffeur, & les barres ont depuis douze jufqu'à 13 pieds de longueur ; prefque tous ces fers font de Roche : cependant on en trouve de mêmes dimenfions qu'on a tirés de Lorraine & de Berry ; fur quoi il eft bon de remarquer que les fers de Lorraine ou de Berry qui font très-doux, durent plus fur les voitures que les fers dit de Roche, quoiqu'ils foient plus durs.

Pour les équipages, on emploie le plus fouvent du fer de Berry ou de Lorraine, qui a cinq à fix lignes d'épaiffeur, 26 à 28 lignes de largeur, & la longueur des barres eft de 15 à 18 pieds.

On tient encore des fers méplats de toutes les qualités, & fur-tout des communs, depuis 17 à 18 lignes de largeur jufqu'à 30 & 32 pouces, & depuis quatre jufqu'à huit lignes d'épaiffeur ; la longueur des barres varie.

Le fer dit *demi-laine*, tel que celui qui fert à ferrer les bornes & les feuils de porte, a de 26 à 28 lignes de largeur fur fix à fept lignes d'épaiffeur, & les barres ont neuf à dix pieds de longueur.

Le fer de Maréchal pour ferrer les chevaux, a cinq à fix lignes d'épaiffeur, 12 à 16 lignes de largeur, & les barres ont 12 à 14 pieds de longueur.

Le fer qu'on nomme *Cornette*, a de cinq à fept pouces de largeur, fix à huit lignes d'épaiffeur, & quatre à fix pieds de longueur. On en revêt les bornes & les encoignures qui font fort expofés au choc des roues.

Les bandelettes pour les limons & les rampes d'efcalier, ont pour l'ordinaire de deux à quatre lignes d'épaiffeur, fept à huit lignes de largeur, & les barres ont depuis fix jufqu'à douze pieds de longueur.

Les fers ronds pour les tringles fe tiennent en paquets, & l'on en trouve depuis cinq lignes de diametre jufqu'à neuf & dix.

Les feuilles de tôle à feau ou fer mince & battu, ont depuis douze jufqu'à quinze lignes de largeur, & une ligne d'épaiffeur.

Les tôles à palaftre ont depuis 6 jufqu'à 9 pouces de largeur fur une ligne ou une ligne & demie d'épaiffeur, les feuilles ont 8 à 9 pieds de longueur.

La tôle à ferrure a depuis 18 jusqu'à 60 lignes de largeur, environ une ligne d'épaisseur, & les feuilles ont cinq à six pieds de longueur.

La tôle à scie est la même que celle à ferrure.

La tôle pour garnir les portes cocheres, a depuis 9 jusqu'à 13 pouces de largeur sur une ligne & demie ou deux lignes d'épaisseur; la longueur des feuilles est de cinq à six pieds.

La tôle de Suede pour relever & emboutir, a 20, 22 pouces de largeur sur une ligne d'épaisseur, & la longueur des feuilles est de 26 à 28 pouces.

La tôle dite *à étrille*, a de 7 à 9 pouces de largeur, une demi-ligne d'épaisseur, & les feuilles ont 27 à 28 pouces de longueur; elles se vendent par doublons.

Les tôles dites *à rangettes*, qu'on emploie pour les tuyaux de poële, ont 14 à 15 pouces de largeur, une demi-ligne d'épaisseur, & les feuilles ont 18 à 20 pouces de longueur.

Enfin les tôles *à réchaud*, dont se servent les Chauderonniers & Tôliers, ont une demi-ligne d'épaisseur, sept à neuf pouces de largeur, & les feuilles ont de 18 à 20 pouces de longueur.

Il ne faut pas croire que tous les fers que nous venons de désigner soient précisément employés aux usages pour lesquels on les tient dans les magasins; les Serruriers choisissent chez les Marchands de Fer, ceux qui leur conviennent, ou pour la qualité ou pour les dimensions; car dans les magasins bien assortis, on trouve à choisir des fers de toutes sortes de dimensions; & comme rien n'est plus économique pour les ouvrages de Serrurerie que d'employer des fers qui aient à très-peu de chose près les dimensions dont on a besoin, quand on a à faire quantité d'ouvrages d'une même espece on envoie dans les Forges des modeles qu'on y copie exactement : c'est ainsi que dans les Provinces on tire des Forges des fers pour les socs & les coutres des charrues qu'on ne trouve point chez les Marchands de Fer de Paris. La Marine tire des fers méplats pour les courbes, des carillons pour les chevilles, &c; & elle envoie aux Forges des modeles en bois, afin de diminuer, le plus qu'il est possible, la main-d'œuvre dans les Ports. *

---

* Nous avons dit plus d'une fois que le fer acquiert de la force chaque fois qu'il est forgé; mais nous nous sommes toujours servi du terme d'*etiré*, c'est-à-dire, forgé toujours dans un même sens en alongeant le fer; car on peut, en forgeant le fer, le *corrompre*, comme disent les Ouvriers, & diminuer de sa force. (Voyez la Forge des Ancres, la Tréfilerie, &c. où cet article est suffisamment expliqué.) Ceci bien entendu, je vais rapporter une expérience que M. de Buffon a faite pour reconnoître la force du fer chargé suivant sa longueur.

Une boucle de fer de 18 lignes ½ de grosseur, (c'est-à-dire, que chaque montant de cette boucle avoit 348 lignes quarrées, ce qui fait pour les deux 696 lignes quarrées;) cette boucle avoit environ dix pouces de largeur sur treize pouces de hauteur, &

le fer étoit à peu près de la même grosseur par-tout. Cette boucle étant chargée perpendiculairement, elle a rompu presque au milieu des deux branches verticales, & non pas dans les angles, étant chargée de 28 milliers.

Suivant cette expérience, chaque barreau d'une ligne quarrée ne pourroit supporter que 40 livres. Cependant M. de Buffon ayant mis à l'épreuve un fil de fer qui avoit une ligne de diametre un peu fort, ce fil qui n'avoit pas une ligne de solidité n'a rompu qu'étant chargé de 495 livres, après avoir supporté 482 livres, sans se rompre; la force de ce fil étoit donc douze fois plus grande qu'une verge d'une ligne quarrée prise dans le barreau.

D'où peut dépendre cette différence énor-

ARTICLE

Détail de la Boutique & des Outils qui font les plus néceffaires aux Serruriers.

Je ne me propofe point de faire ici l'énumération de tous les outils dont fe fervent les Serruriers ; je me borne à ceux dont les boutiques bien monteés font pourvues, me réfervant de parler de ceux qui ne fervent qu'à certains ouvrages lorfque l'occafion s'en préfentera : d'ailleurs les Ouvriers imaginent de nouveaux outils fuivant les circonftances, & ce point fait une partie de leur favoir, qui eft fur-tout bien important quand on a à faire beaucoup d'ouvrages femblables ; en ce cas on fe procure des outils pour expédier l'ouvrage fans rien perdre fur la précifion.

Il eft indifpenfable d'avoir des enclumes pour forger à chaud & à froid. J'ai donné ailleurs la façon de forger & de réparer celles qui font rompues, avec un détail des différentes formes qu'on leur donne ; il fuffit de dire ici que dans les boutiques où l'on travaille habituellement de gros fer il faut, 1°, une groffe enclume quarrée, (*Planche I*, *Fig.* 1), placée fur fon billot à portée de la forge.

2°. Mais le plus ordinairement les Serruriers ont une forte enclume à une ou à deux bigornes, telle que (*Fig.* 2) au bas de la Planche & à la Vignette ; pour étirer le fer, & pour tourner les groffes pieces en rond ; on en a ordinairement de différente grandeur, & à celles qui ne font pas groffes & pefantes, on ménage en-deffous une partie faillante *a* (*Fig.* 2, 3), &c, qui entre dans le billot : pour augmenter leur fermeté, il eft bon de ménager à la table des groffes enclumes un trou quarré *b* (*Fig.* 2), dans lequel on met ou un tranchet ou une fourchette pour couper, ou pour rouler de petits fers.

3°. Aux bigornes (*Fig.* 2 & 3), on a foin qu'une des pointes foit quarrée, & que l'autre foit ronde ; celle-ci fert à bigorner les anneaux des clefs, les annelets & quantité d'autres pieces.

4°. On a encore une bigorne moins groffe (*Fig.* 3), qu'on met fur un

me dans la force de deux verges d'une pareille folidité, 1°. Dans les épreuves que nous avons faites fur la force des cordes, nous avons reconnu que les forces particulieres des cordons étant ajoutées les unes avec les autres, furpaffent la force d'une corde formée d'un pareil nombre de cordons. Mais cette différence de force dépend en partie d'une caufe particuliere à la fabrication des cordes, & que nous avons fait appercevoir dans l'Art de la Corderie. 2°. On fait qu'il y a bien de la différence de cohérence entre les parties des différents fers, & l'on ignore quelle étoit la qualité du fer de la boucle, par comparaifon avec celui du fil de fer ; mais je crois avec M. de Buffon qu'il y a une autre caufe qui influe beaucoup fur cette différence de force, favoir, de ce que le fil de fer a paffé bien des fois par l'épreuve du feu, & qu'il a été fort étiré. Les

expériences fuivantes le prouvent.

M. de Buffon fit rompre une boucle faite avec le même fer que la précédente : elle avoit 18 lignes & demie de groffeur : elle ne fupporta de même que 28450 livres, & rompit prefque dans le milieu des deux montants.

Une autre boucle de même fer, mais qui avoit été reforgée & étirée, de forte que le fer fe trouva n'avoir que neuf lignes d'épaiffeur fur dix-huit de largeur, fupporta, avant que de rompre, 17300 liv. pendant que, fuivant les autres expériences, elle auroit dû rompre fous le poids de 14 milliers.

Une autre boucle du même fer qui avoit été réduite à 16 lignes ¼ de groffeur, ce qui fai 560 lignes quarrées, a porté 24600 livres, au lieu que fur le pied des premieres épreuves elle n'auroit porté que 22400 livres.

billot, & d'autres fort petites (*Fig.* 4 & 5), qu'on place fur l'établi dans
une platine de fer, ou bien qu'on faifit par le bas dans les machoires d'un
étau ; elles fervent à arrondir les petits fers tels que plufieurs pieces de la
garniture des ferrures. Il faut encore plufieurs tas & taffeaux d'établi (*Fig.* 6),
quarrés ou à bigorne (*Fig.* 5), de différentes grandeurs ; les uns ont la table
plate, d'autres l'ont arrondie. Nous en parlerons plus en détail quand il s'agira
de relever le fer fur le tas pour faire des ornements.

5°. On doit avoir plufieurs marteaux, principalement des gros qu'on mene
à deux mains (*Fig.* 7 , 8 & 9), & qu'on nomme *à devant* ou *traverfe* ; des
marteaux à main (*Fig.* 10 & 11), *à panne de travers* ou *à panne droite* ; des
marteaux d'établi, (*Fig.* 12) pour porter en ville, & qui fervent à bigorner,
pour faire des enroulements ; des marteaux à tête plate, pour dreffer & planer le fer ; des marteaux à tête ronde & demi-ronde, pour relever & emboutir les pieces rondes, &c. Nous en parlerons dans la fuite, lorfqu'il s'agira des
ornements.

6°. Des foufflets fimples ou à deux vents, pour animer le feu ; on en voit
un petit dans la Vignette (*Fig.* 28), & deux hommes (*Fig.* 13 & 14) qui
font agir un grand foufflet qu'on ne voit point ; comme on trouvera ailleurs la
façon de faire les grands foufflets de forge, & comme nous les repréfente-
rons plus en grand, il fuffira de dire ici que deux grands foufflets fimples,
comme nous en avons repréfentés à la forge des enclumes, font communément
plus de vent qu'un foufflet double ; mais il faut plus de force pour les faire
mouvoir. Le vent fe rend dans la forge par un tuyau qu'on nomme la *Tuyere*.

7°. On ne peut fe paffer de tenailles de différentes groffeurs : les unes font
droites, elles fervent à tenir le fer fur l'enclume ; on a auffi des tenailles croches qui fervent à tenir le gros fer dans la forge, des tenailles goulues pour
faire des boutons, des tenailles à lien pour faire des vafes, des rouets, &c.
des tricoifes. (Voyez les *Fig.* 17 , 18 , 19 , 20 , 21 , 22).

8°. Des pinces pour manier les pieces délicates (*Fig.* 23). On les nomme
volontiers *Bequettes plates* ; il y en a dont les ferres font rondes, elles fervent
à rouler les pieces délicates. Il y a auffi des pinces à anneaux ; les Serruriers
ne s'en fervent guere, à moins que ce ne foit pour des ouvrages très-délicats.

9°. On doit avoir plufieurs broches ou tifonnieres, pour ouvrir le feu (*Fig.*
24), & des palettes (*Fig.* 25), pour dégager la tuyere & fablonner le fer ;
une pelle de fer (*Fig.* 26), pour mettre le charbon à la forge ; & une grande
pelle de bois (*Fig.* 27), pour mettre le charbon en tas, ou en emplir les
corbeilles.

10°. Il doit toujours y avoir auprès de la forge une auge de pierre ou de
bois, (*Fig.* 26 *dans la Vignette*), pour avoir de l'eau à portée, avec un balai
ou écouvette (*Fig.* 29), pour raffembler le charbon & arrofer le feu, &
dans quelque vafe du fable fec (*Fig.* 28 *dans la Vignette*).

11°. Il est indispensable d'avoir des ciseaux, des tranches, pour fendre le fer à chaud, ou le couper quand il y en a de trop. On voit dans la Vignette un Ouvrier C, qui coupe un morceau de fer avec un ciseau à froid. Les tranches font un fort ciseau emmanché dans une hart : nous les représenterons ailleurs. On a encore des ciseaux ou tranches percées pour couper à chaud des fiches & couplets ; des poinçons ronds, quarrés, plats ou ovales. (*Fig.* 45, 46, 47), pour percer à chaud des trous de différentes figures.

12°. Des mandrins ronds, quarrés, ovales, en losange, triangulaires (*Fig.* 30, 31, 32, 33), pour agrandir des trous ou forger dessus des canons de ces différentes figures ; c'est pourquoi il faut en avoir de différentes grandeurs & formes, comme nous le ferons voir dans la suite ; car il n'a pas été possible de représenter tous ces différents outils sur une même Planche.

13°. On ne peut guere se passer de regle de fer (*Fig.* 34), pour dresser les pieces qui doivent être droites ; d'équerre (*Fig.* 35), pour assembler les pieces à angle droit ; de fausses équerres (*Fig.* 36) ; de compas de différentes grandeurs à branches droites (*Fig.* 37), ou courbes (*Fig.* 38), pour mesurer les longueurs, les diametres & les épaisseurs.

14°. Il est bon d'avoir des cloutieres rondes, quarrées ou ovales, avec des poinçons pour former les têtes des vis. Il en sera parlé ailleurs.

15°. Des chasses quarrées, rondes & demi-rondes, (*Fig.* 41, 42, 43 & 44), pour battre les endroits où le marteau ne peut atteindre ; alors on place la chasse, & l'on frappe dessus avec un marteau, le manche de ces chasses est de fer.

16°. Il est indispensable d'avoir des étaux. Il en faut de grands (*Fig.* 48) pour forger & limer les grosses pieces à chaud & à froid. On les nomme *Etaux* de résistance ; *B* est le corps de l'étau ; *C*, l'endroit où les deux pieces *B* s'assemblent à charniere, avec une goupille qui les lie ; *D*, œil de l'étau ; *A*, le ressort à chien qui sert à ouvrir les mâchoires ; *E*, au dessous sont les rondelles ; *F*, la boîte dans laquelle est l'écrou, & qui reçoit la vis ; *K*, sa manivelle ou son levier ; *H*, la bride qui sert à attacher l'étau sur l'établi. Les étaux à limer sont de force moyenne.

17°. On a encore des étaux à patte (*Fig.* 49), qu'on met sur l'établi pour travailler les petites pieces : la vis *A*, qui est reçue dans l'écrou *B*, est au-dessous de l'établi ; la patte *C* est par dessus. Ces deux pieces servent à attacher ces sortes d'étaux : les mâchoires & les autres parties sont à peu près comme dans les grands étaux. Les étaux à main (*Fig.* 50), sont fort commodes pour saisir les petites pieces de fer qu'on auroit peine à tenir dans les mains ; on en a quelquefois dont les mâchoires sont alongées, & se terminent en pointe ; on les nomme *Etaux à goupille*. Nous détaillerons ailleurs la façon de faire les étaux. Les *Fig.* 64, 65, 66, sont des especes d'étaux qu'on nomme *Mordaches* : nous aurons plus d'une fois occasion de parler de leur usage.

Enfin on a encore des efpeces de mordaches de bois (*Fig. 63*), pour affujettir les pieces polies.

18°. Les groffes limes confiftent en gros carreaux (*Fig. 51*) taillés rude
pour ébaucher les gros fers à froid. Les demi-carreaux (*Fig. 52*), qui ne
différent des carreaux que parce qu'ils font moins gros, & les groffes carrelettes, (*Fig. 53*) celles-ci font taillées moins rude ; elles fervent pour limer après qu'on a dreffé avec le carreau & le demi-carreau. Les limes plattes
(*Fig. 54*) font encore moins rudes.

19°. Les limes moins groffes font les limes quarrées (*Fig. 55*,) ou les petites carrelettes qui fervent à ouvrir les trous quarrés. Les limes rondes ou en
queue de rat (*Fig. 56*), les ovales & les demi-rondes, pour ouvrir les trous
de ces figures, & faire les dents des fcies de long ; les limes triangulaires
ou en tiers-point, pour limer les fcies à débiter, faire les pas des vis & des
taraux, &c ; les limes à bouter, pour limer les panetons des clefs & les fcies
à refendre &c ; enfin les limes à fendre ou fendantes de plufieurs groffeurs,
pour fendre les clefs : il faut y mettre un dofferet. Nous aurons occafion de
parler ailleurs de ces différentes limes.

20°. Les petites limes font quarrées, ou demi-rondes, ou couteiles, ou
en queue de rat, ou ovales, ou triangulaires, ou en cœur, &c. Toutes ces petites limes qui ne different des autres que par leur groffeur, fervent pour
évider les anneaux des clefs, & les pieces d'ornements, comme écuffons,
couronnements,&c. Il faut encore des limes fendues par le milieu,pour épargner des filets ; des limes à fendre de plufieurs fortes ; & il faut avoir quelques-unes de toutes ces limes qui ne foient point taillées d'un côté, afin qu'elles ne mordent point fur ce que l'on veut ménager.

21°. On a encore des limes de toutes ces fortes qui font taillées fin, &
qu'on nomme *Limes douces*, elles fervent à finir les ouvrages délicats, &
qu'on fe propofe de polir.

22°. Il faut encore d'autres menus outils ; des forets, (*Fig. 57*) de différentes groffeurs avec leurs boîtes, pour percer à froid; des poinçons plats
de différentes fortes, pour piquer les rouets des ferrures, & des poinçons bar-
longs pour percer les trous des pieds des refforts, &c. des perçoirs (*Fig. 71 &
72*), pour percer avec les poinçons ; un morceau de fer plié (*Fig. 73*);
tient fouvent lieu d'un perçoir; la palette (*Fig. 58*), pour percer feul ; l'archet (*Fig. 59*), avec fa corde de boyau pour faire tourner le foret. On
ne peut fe paffer de griffes, de tourne-à-gauche (*Fig. 60*), de plufieurs
groffeurs, de fourchettes (*Fig. 61*), petites tranches (*Fig. 62*); *Fig. 63*,
une tranche pour emmancher dans une hart.

Les Serruriers bien montés ont un ou plufieurs tours & toutes leurs dé-
pendances, & des outils particuliers pour forer ; mais nous remettons à en
parler ailleurs, ainfi que de quelques outils qui ne fervent qu'à certains ouvrages.

23°.

23°. Une meule de grès & des pierres à aiguiser de différents grains
font encore d'une grande utilité. On voit à la Vignette au haut de la Planche une boutique bien fournie d'Ouvriers, qui ont chacun différentes oc-
cupations.

A, Deux Apprentifs qui tirent les foufflets.

B, Un Maître Forgeron & deux Compagnons qui battent le fer chaud
fur une enclume quarrée.

C, Un Compagnon qui coupe un morceau de fer avec un cifeau à froid.

D, Un Compagnon qui fait une rivure dans l'étau.

E, Un Compagnon qui lime avec le gros carreau.

F, Un Compagnon qui lime avec une carrelette.

G, Un Compagnon qui arrondit un poinçon ou la tige d'une clef.

H, Maniere de tenir la lime pour limer l'anneau d'une clef.

Nous ferons ufage, dans plus d'une occafion, de ce qui eft repréfenté fur
cette Planche.

ARTICLE IV.

Des attentions qui font néceffaires pour bien chauffer le fer à la Forge.

L'ART du Serrurier confifte en grande partie à profiter de la ductilité
du fer pour en faire différents ouvrages en le frappant avec le marteau ; mais
le fer froid eft peu ductile, & le Serrurier auroit bien de la peine à le
travailler s'il ne favoit pas augmenter cette ductilité en le chauffant. Heureufement le fer a la propriété de s'atendrir par la chaleur au point de céder
facilement aux coups de marteau ; mais il eft impoffible de bien forger un fer
qui a été mal chauffé ; il faut que le fer foit amolli par le feu, & éviter qu'il
ne foit brûlé ; c'eft pourquoi un gros barreau de fer ne doit point être chauffé
comme un menu ; un fer aigre ou acerain doit être moins chauffé qu'un fer
doux, & c'eft un article où échouent les mauvais Ouvriers.

Le Forgeron doit auffi connoître la qualité de fon charbon ; car il s'en
trouve de chargés de foufre qui rongent & gréfillent le fer. Il y en a qui
chauffent beaucoup plus que d'autres. Le charbon d'Angleterre qu'on nomme
de *Newcaftle*, eft très-bon ; mais comme il eft léger, il fe confume fort vîte
& il gréfille le fer : c'eft pourquoi on le mêle avec celui d'Ecoffe ou avec celui d'Auvergne, qui eft terreux, & qui feul ne feroit pas un feu affez actif.
Il y a en France de fort bon charbon : celui de Saint-Etienne-en-Forez eft
quelquefois meilleur que celui d'Angleterre ; celui de Moulins vient enfuite ;
celui d'Auvergne eft moins eftimé. Il faut que le morceau de fer qu'on
chauffe foit placé dans le charbon un peu au-deffus du courant d'air qui fort
de la tuyere ; car fi le fer étoit immédiatement à l'embouchure de la tuyere,
cet air nouveau le refroidiroit, pendant que les deux côtés feroient très-
chauffés ; & fi le fer étoit affez éloigné de la tuyere pour qu'il y eût du char-

bon entre la tuyere & le fer, le feu qui feroit lancé par le courant d'air
fur une portion du barreau, le brûleroit en cet endroit, pendant qu'ailleurs il
ne feroit pas affez chaud. Il ne faut donc pas enfoncer trop le fer dans le
charbon ; mais il eft à propos qu'il foit un peu élevé au-deffus de la tuyere,
(*Planche II, Fig.* 1), afin que le feu étant animé dans une grande étendue,
le barreau chauffe uniformément & dans une longueur fuffifante pour être
forgé. En général il faut ménager tellement la chaude que la chaleur péné-
tre au fond du morceau ; car un fer qui feroit beaucoup chauffé à la fuperficie, & peu en dedans, fe forgeroit mal.

On peut donner une bonne chaude avec le charbon de bois & auffi avec
celui de terre ; même celui-ci, quand il eft bon, chauffe plus vîte & plus à
fond que le charbon de bois : mais il eft plus facile de connoître fi le fer eft
affez chaud quand on emploie le charbon de bois, que quand on fe fert de
celui de terre ; parce que, quand on donne la chaude avec le charbon de bois,
on apperçoit des étincelles brillantes qui fortent avec bruit du fer comme de
petites étoiles blanches, & alors le barreau eft bien près d'être fuffifamment
chaud, s'il ne l'eft pas trop. Le charbon de terre forme fur le fer une croûte
& une flamme claire qui empêche les étincelles de paroître auffi fenfible-
ment. Mais on perce la voûte de charbon avec un tifonnier ; & quand on
voit le fer bien blanc, & comme bouillant, on juge qu'il eft bien chaud.

Quand la forme du fer qu'on chauffe le permet, il eft très-avantageux de
le retourner dans la forge pour qu'il foit chauffé également par-tout ; mais
cela ne fe peut pas toujours : heureufement, quand la forge eft bien attifée, on
peut chauffer le fer par-tout & à fond fans le retourner.

La perfection de l'attifage de la forge confifte en ce que le charbon faffe
au-deffus du fer une voûte, ou comme un fourneau de réverbere dans lequel
le feu animé par les foufflets attaque, en circulant, le fer par tous les côtés,
(*Planche II, Fig.* 1) : cette efpece de fourneau de réverbere fe fait aifément
quand on emploie du charbon de terre ; car en mettant à l'extérieur du
charbon mouillé ou en mouillant le deffus du charbon, il fe forme une calotte qui fubfifte long-temps fans être pénétrée par le feu. Si l'on emploie
du charbon de bois, on en met auffi de mouillé par-deffus ; mais la voûte fe
forme bien mieux quand on couvre le charbon de bois avec du charbon de
terre mouillé. Ainfi rien n'eft mieux, pour donner une bonne chaude, que
d'employer du charbon de bois, & de mettre par-deffus cette couche du
charbon de terre mouillé, d'autant que par ce mélange des différents charbons, on évite d'avoir beaucoup de craffe dans la Forge.

Quand on manque de charbon de terre, il faut humecter le charbon de
bois qui eft en deffus avec de l'eau dans laquelle on a détrempé de la terre
rouge ; cette boue fort claire forme la croûte que nous avons dit être néceffaire pour donner une bonne chaude.

Pour s'affurer fi le fer eft fuffifamment chaud, on peut arrêter les foufflets, & en prêtant l'oreille, on entend un petit bruit comme fi le fer boüilloit.

Mais ce moyen eft dangereux ; car fi quand on ceffe de fouffler, il tombe un charbon vis-à-vis la tuyere avant que le fer foit chaud, la chaude eft interrompue. Il vaut mieux examiner s'il fort, par l'endroit où le fer entre dans le charbon, des étincelles rouges; alors on juge que le fer commence à s'échauffer : mais lorfque les étincelles font blanches, le fer eft chaud. Ou bien on perce la voûte de charbon avec un tifonnier, comme il a été dit plus haut.

Il faut proportionner la quantité du charbon & la force du vent à la groffeur du fer qu'on veut chauffer ; car fi pour chauffer de petits fers, on faifoit agir fortement de grands foufflets avec un grand feu, le fer feroit brûlé avant qu'on eût pu connoître s'il a acquis le degré de chaleur qu'on defire.

Il faut auffi proportionner à la quantité du feu, la groffeur des tuyeres ; la tuyere doit être plus petite pour le petit fer & plus groffe pour le gros fer. Dans les boutiques bien montées, on a de petites Forges pour chauffer les petits fers.

Il faut encore proportionner la chauffe à la qualité du fer, & être prévenu que les fers aigres brûlent plus aifément que les doux, de forte que ceux-ci doivent être plus chauffés que les autres.

Suivant les différentes intentions, on doit auffi chauffer plus ou moins le fer ; par exemple, il doit être plus chauffé quand on veut le fouder, que quand il ne s'agit que de le forger, & on diftingue les différents degrés de chaleur par la couleur que prend le fer : c'eft pourquoi on dit qu'il ne faut chauffer certains fers aigres ou acerains ou rouverains que *couleur de cerife*, fans quoi ils fe fépareroient par morceaux fous le marteau : au contraire un fer doux peut être *chauffé blanc* ; & pour faire une bonne foudure, il faut une *chaude fuante* ; on la nomme ainfi, parce que quand la maffe de fer eft groffe, on en voit dégoutter des parcelles fondues.

Quand on craint qu'un fer aigre ou rouverain ne brûle, il eft fouvent bon, quand il approche d'être chaud, de le découvrir de charbon, & de jetter deffus du fable fec. On attife de nouveau la forge, & on acheve de donner la chaude qui ordinairement réuffit mieux.

Quand on tire le fer de la Forge, il faut le foulever & fe garder de le laiffer traîner fur le fraifil* : cette attention eft fur-tout néceffaire pour les fers qu'on veut fouder. Il faut être prévenu que certains charbons de terre laiffent une craffe fur le fer qui le fait paroître couvert de fraifil, quoiqu'on l'ait tiré de la Forge avec les précautions que nous venons d'indiquer. En le frappant contre l'enclume, ou le billot, ces craffes tombent, & le fer refte affez net. En général, l'acier doit être moins chauffé que le fer, & il y a des aciers

* Dans les groffes Forges, on dit *Frafil* ; à Paris, on emploie plus volontiers le terme de *Fraifil*.

fins qu'il ne faut pas chauffer jufqu'au couleur de cerife.

Nous avons dit que pour qu'une chaude foit bonne, il faut que le fer foit chauffé à fond, & pour cela il faut le chauffer par degrés, un feu trop vif pourroit brûler la fuperficie du barreau avant que la chaleur eût pénétré dans l'intérieur, ce qui feroit un grand défaut. C'eft par cette réflexion que je termine ce que j'avois à dire fur la maniere de bien chauffer le fer.

A R T I C L E V.

De la maniere de fouder à chaud.

Le fer a cette propriété, que deux morceaux fe réuniffent affez exactement pour n'en faire qu'un, quand après leur avoir donné une bonne chaude, on les forge l'un fur l'autre; & nous allons rapporter les attentions qui font né-ceffaires pour bien exécuter cette opération.

Il faut d'abord refouler, puis amorcer en bec de flûte, les deux pieces qu'on veut fouder enfemble. Si l'on fe propofe de fouder l'une à l'autre les deux pieces *A B* (*Planche II*, *Fig.* 2), il faut étirer en flûte les deux parties qu'on veut réunir, de forte qu'en les pofant l'une fur l'autre, elles fe joi-gnent à peu près comme fi elles étoient d'un feul morceau; fi c'eft de gros fers, quelques Forgerons penfent qu'il eft bon de marteler les faces qui doivent fe toucher, ce qui confifte à faire fur l'une & l'autre piece des entail-les avec un cifeau ou une tranche, ou la panne du marteau.

D'autres Serruriers forgent les deux pieces qu'ils veulent réunir, de forte qu'elles s'accrochent (*Planche II*, *Fig.* 3), afin que les pieces ne puiffent cou-ler l'une fur l'autre; mais ces martelages & ces crochets font à peu près inutiles, parce que, comme il faut donner une forte chaude, les bavures s'effacent à la Forge, & elles pourroient être nuifibles fi elles contribuoient à retenir le fraifil.

Les deux pieces étant bien amorcées, & les ayant tenues plus groffes qu'elles ne doivent l'être, ce qu'on fait fouvent en refoulant le fer, on leur donne une bonne chaude blanche, apportant toutes les attentions que nous avons détaillées dans l'article précédent, pour que le fer foit bien chauffé à fond fans être brûlé, prêtant une finguliere attention à ce que les deux mor-ceaux de fer foient également chauds, & qu'ils le foient dans toutes les parties qui doivent fe réunir; mais peu au-delà de l'amorce afin que le fer ne s'a-maigriffe pas auprès de la foudure.

Quand on eft parvenu à les bien chauffer, on les tire doucement de la Forge: on prend garde qu'il ne s'attache du fraifil fur les faces qu'on veut fou-der; car ces parties étrangeres empêcheroient les deux morceaux de fer de fe réunir: il eft vrai qu'ordinairement la force de la chaude empêche qu'il ne s'y

en

en attache; on les porte diligemment fur l'enclume, on les frappe contre
le billot pour faire tomber les craffes, fi l'on apperçoit qu'il y en foit refté;
deux Ouvriers placent les deux morceaux l'un fur l'autre dans la pofition où
ils doivent refter, après qu'ils feront foudés, & on frappe d'abord à petits
coups, mais répétés le plus promptement qu'il eft poffible fur toute l'étendue de la foudure; car comme le fer eft fort chaud, fi l'on frappoit d'abord
à grands coups, les deux bouts pourroient glifler l'un fur l'autre, ou le fer fe
romproit par parcelles, fur-tout s'il étoit aigre; enfuite il faut frapper plus
fort : car la réunion doit fe faire d'une feule chaude; quand la foudure eft
manquée à la premiere, il eft difficile d'y revenir; cependant fi l'on apper-
cevoit des endroits qui ne fuffent pas foudés, ce qui arrive quand il s'eft trouvé entre les morceaux qu'on veut réunir des craffes ou des écailles, il faudroit ouvrir l'endroit pailleux avec un cifeau ou un poinçon, afin d'aviver l'intérieur de la paille, & en faire fortir les craffes & les écailles; on mettroit
dans l'entaille une mife ou lardon de fer doux ou d'acier; quelques-uns cou-
vrent le tout de terre franche détrempée avec de l'eau; mais quand le fer eft
prefque chaud à forger, on ôte doucement le charbon de deffus la piece, &
avec une palette, on jette deffus l'endroit qu'on veut fouder, du fablon ou
du grès pilé fin & fec, ou de la terre franche en poudre; on remet le
charbon à fa premiere place, & on continue la chaude jufqu'au blanc; puis
on bat très-promptement & à petits coups l'endroit qu'on veut fouder. Souvent des fers aigres qui ne fe réuniroient pas, fe foudent très-bien quand on les
a faupoudrés de fable ou de terre en poudre. Des Forgerons m'ont dit qu'ayant
à fouder des fers aigres, & remarquant que leur fer étant trop chaud, fe
dépeçoit, ils s'étoient bien trouvés de tremper le fer dans l'eau de la forge,
& de le retirer fur le champ pour le porter bien vîte fur l'enclume.

Quand on a jetté du fable fur les foudures, la lime a peine à prendre deffus, ce qui n'arrive pas quand on s'eft fervi de terre franche réduite en poudre; aitfi il y a des circonftances où la terre eft préférable au fable. Cependant à Paris, je n'ai vu employer que du fable.

L'acier fe foude moins bien fur l'acier que fur le fer : c'eft pourquoi en parlant de la forge des enclumes, nous avons dit que quand on vouloit charger
d'acier la table d'une vieille enclume, on foudoit de l'acier fur une femelle
de fer doux, & qu'on rapportoit cette femelle acérée fur la vieille enclume;
de même quand on a à fouder enfemble deux bouts de fer aigre, fouvent
on fe trouve très-bien de rapporter entre deux une lame de fer très-doux. On
prétend qu'une lame d'acier eft encore très-bonne pour réunir des fers aigres.
Il y a des pieces de gros fer qu'on auroit peine à placer bien exactement l'une
fur l'autre pour les forger : en ce cas on les perce & on les affujettit avec
des boulons, (*Planche II, Fig.* 4.) On chauffe tout enfemble les deux pieces
& les boulons, on les faupoudre de fablon; & quand la chaude eft bien donnée, ils fe foudent affez bien.

SERRURIER.   E

Cette pratique eſt cependant ſujette à bien des inconvénients. 1°. S'il en‑
tre des craſſes entre les deux pieces boulonnées, la ſoudure n'eſt pas exaɛte.

2°. Il eſt difficile de bien chauffer les deux pieces qui doivent ſe réunir, &
qui étant appliquées l'une ſur l'autre, ne ſont pas expoſées à la grande aɛtion
du feu. Ce n'eſt pas la face qui doit être ſoudée, qui reçoit la principale
impreſſion du feu, & la difficulté augmente quand les morceaux de fer ſont
de groſſeur inégale.

3°. Il faut que les boulons ſoient bien chauds pour qu'ils ſe ſoudent eux‑
mêmes, & qu'ils ſe pêtriſſent avec le reſte du fer.

4°. On voit dans la Forge des enclumes, & encore mieux dans celle des
ancres, qu'on peut ſouder de gros fers ſans les boulonner.

Ainſi nous ne pouvons approuver cette méthode ; mais on eſt quelquefois
obligé d'y avoir recours.

J'ai dit qu'il falloit amorcer les pieces qu'on vouloit ſouder ; cependant j'ai
vu ſouder très-bien une piece *A*, au bout de la piece *B* (*Fig. 5*). Il eſt
vrai que l'une & l'autre étoient de fer doux.

Il arrive quelquefois que pour ſouder enſemble deux barreaux de fer ai‑
gre, on ſe trouve très-bien de ſouder au bout d'un des deux barreaux un mor‑
ceau de fer doux qu'on ſoude enſuite à l'autre bout de fer aigre.

A R T I C L E VI.

Sur la maniere de braſer le Fer.

Il n'eſt pas poſſible de ſouder une piece de fer à chaud, comme nous l'a‑
vons expliqué, ſans changer ſa forme & particuliérement ſa longueur ; il eſt
cependant quelquefois important de raſſembler deux pieces travaillées com‑
me la clef (*Planche II, Fig. 6*), en conſervant leur forme & leurs dimenſions ;
on peut le faire en les braſant, ainſi que nous allons l'expliquer.

Je ſuppoſe d'abord qu'on ait à braſer une piece telle que la clef (*Fig. 6*)
qui ſeroit rompue en biais. Il faut ajuſter & aſſujettir le mieux qu'il eſt poſſi‑
ble les deux pieces, de ſorte qu'elles ſe joignent exaɛtement à l'endroit où
on veut les braſer, & de façon que les deux pieces ſoient à l'égard l'une de
l'autre dans la poſition où elles doivent être, ſans quoi, lorſque les deux
parties ſeroient réunies, elles feroient un tout difforme, & qui ne pourroit
ſe réparer au marteau ni à chaud ni à froid ; c'eſt pourquoi on les lie ordi‑
nairement avec du fil de laiton, afin qu'elles ne ſe dérangent point ; s'il n'y
avoit pas d'inconvénient à racourcir la piece rompue qu'on veut braſer,
on pourroit limer les deux morceaux comme le repréſente la *Figure 8*.

Mais ſi la piece étoit rompue net comme la *Figure 7*, il ſeroit difficile d'aſſu‑
jettir les deux morceaux en conſervant leur longueur, & ſans cet ajuſtement,
la braſure n'auroit point de force. En ce cas, on refend les deux pieces, & on

rapporte dans les fentes une petite lame de fer comme on le voit dans la Figure 7.

Quand toutes les pieces qu'on veut brafer font bien réunies, & quand on a avivé avec la lime les endroits qui doivent fe raffembler par la foudure; car la craffe, la graiffe & la rouille empêchent le cuivre de s'attacher au fer; en-fin quand les pieces font bien ajuftées & affermies dans la pofition qu'elles doi-vent avoir, on prend du laiton; le plus jaune eft le meilleur; on le gratte & on le détape; quand il eft bien net, on en coupe de petits morceaux qu'on met entre les deux pieces qu'on veut brafer ou fur toute l'étendue de la jointure; on couvre le tout avec un papier ou un linge qu'on affujettit avec du fil, afin que les morceaux de laiton ne fe dérangent pas; on fait enfuite une pâte avec de la terre graffe, du fable, de la fiente de cheval, du verre pilé ou du fraifil pulvérifé, & un peu d'eau; on pétrit cette pâte. Si l'on employoit une terre trop graffe, elle fe fondroit avant le cuivre; c'eft pour empêcher qu'elle ne fe fende, & qu'elle ne fonde, qu'on y ajoute du fable, du fraifil, de la bourre ou de la fiente de cheval.

On couvre l'endroit qu'on veut brafer avec cette pâte, & fuivant la grof-feur de la piece on en met une couche de deux, de trois, de quatre, de cinq ou de fix lignes d'épaiffeur, & on met par-deffus de l'écaille de fer qui deffe-che la terre, & empêche encore qu'elle ne fe fende; on met la piece ainfi ajuftée dans le feu de la forge, & on chauffe à petit vent & doucement; il eft même mieux de tenir du temps la piece dans du charbon allumé fans faire agir le foufflet; car pour que le cuivre s'attache bien au fer, il faut que le fer foit chaud avant que le cuivre fonde: or la chaleur du charbon fans l'ac-tion du foufflet n'eft pas affez confidérable pour faire fondre le cuivre. Mais quand le fer eft chaud & prefque rouge, on anime le feu doucement par le vent du foufflet, & alors le fer a pris affez de chaleur pour que le cuivre s'y attache. Lorfqu'on s'apperçoit qu'il fort de la terre une fumée ou une flamme bleue tirant fur le violet, on juge que le laiton entre en fonte, & on retour-ne la piece à différentes reprifes pour que le laiton fondu fe répande par-tout; enfin quand on juge que le laiton a bien rempli les vuides, on tire la piece de la forge, & on continue à la tourner doucement & lentement jufqu'à ce qu'elle foit un peu refroidie, afin que le laiton ne fe raffemble pas plus à un endroit qu'aux autres. Quand on juge que le laiton eft figé, on met la piece à l'écart pour qu'elle fe refroidiffe dans la terre; alors les morceaux font bra-fés, & on peut emporter avec la lime le cuivre qui eft de trop. Mais on ne peut pas mettre la piece à la forge pour la rétablir au marteau; car le cuivre feroit fondu avant que le fer fût affez amolli pour être forgé, & les morceaux fe fépareroient, d'autant plus aifément que le cuivre jaune ne peut être battu à chaud. On peut employer de la rofette au lieu de laiton; mais com-me la mitraille de cuivre rouge eft un peu plus chere que celle de cuivre jau-ne, il n'y auroit aucun avantage à employer de la rofette, à moins qu'on

ne pût redreſſer à chaud une piece qui feroit braſée avec le cuivre rouge , parce que la roſette eſt duĉtile à chaud & à froid ; mais je ne l'ai pas
éprouvé.

C'eſt ainſi qu'on braſe les groſſes pieces ; à l'égard de celles d'un moindre
volume , elles peuvent ſe braſer ſans terre : pour cela ayant ajuſté les pieces ,
comme nous l'avons dit, & ayant mis ſur l'endroit qu'on veut réunir de petits
morceaux de laiton , on mouille cet endroit & on ſaupoudre deſſus du borax
en poudre * , on fait ſécher doucement la piece devant le feu , faiſant enſorte
que le laiton & le borax ne ſe détachent pas , enſuite on met la piece à la
forge ; & on arrange tout autour des morceaux de charbon de bois pour
qu'ils entourent toute la piece ſans y toucher ; on fait agir doucement le
ſoufflet juſqu'à ce qu'on voie le laiton couler & s'étendre dans toute l'étendue de la fente , ce qui ſe fait aſſez promptement , parce que le borax pré-
cipite la fuſion, & en même temps fait étendre le laiton fondu.

La braſure eſt plus propre & moins apparente , quand au lieu de laiton on
emploie de la ſoudure de Chauderonniers, qui eſt faite avec dix parties de laiton & une partie d'étain fin ; ce mélange peut ſe piler en grenaille : cette
ſoudure eſt très-fuſible ; mais il eſt bon d'être prévenu qu'étant très-aigre ,
elle ne tient pas auſſi-bien que le laiton. D'ailleurs comme cette ſoudure fond
aiſément , le fer n'a pas le temps de s'échauffer avant que la ſoudure coule , ce
qui eſt, comme je l'ai dit, un obſtacle à la perfeĉtion de la ſoudure.

Quand on veut braſer des pieces précieuſes & très-délicates , on emploie
de la ſoudure d'Orfevre faite avec deux parties d'argent fin , & une partie
de cuivre rouge qu'on fait fondre dans un creuſet , & qu'on coule dans une
petite lingottiere qu'on a auparavant frottée de ſuif. On bat ce lingot juſqu'à ce qu'il ſoit de l'épaiſſeur d'une forte feuille de papier. On coupe cette
ſoudure par paillettes , & on braſe au borax, comme avec la ſoudure de Chauderonnier; celle-ci a l'avantage de ne point marquer ſur le fer, de fondre aiſément & de réunir le fer au moins auſſi fortement que les autres , auxquelles elle eſt préférable pour les pieces très-délicates. Elle ne convient
même que dans cette circonſtance , parce que, comme cette ſoudure fond aiſément, un morceau de fer aſſez gros n'auroit pas le temps de s'échauffer avant
que la ſoudure fût fondue.

ARTICLE VII.

Maniere de recuire le Fer & l'Acier.

IL eſt quelquefois néceſſaire de faire recuire le fer & l'acier , ſoit pour
rendre ces métaux plus aiſés à forer & à limer , ſoit pour qu'on puiſſe les travailler à froid au marteau , ſoit pour que les outils acérés ou les reſſorts ſoient

---

* Je crois que le cryſtal très-fuſible mis en poudre pourroit s'employer avec le borax , & mettre en
état de moins employer de ce ſel qui eſt cher.

moìns caſſants. Maturin Jouſſe * conſeille de les couvrir d'une couche de
terre franche alliée de ſable à l'épaiſſeur de trois ou quatre lignes, & de mettre les ouvrages ainſi couverts de terre, dans un tas de charbon qu'on laiſſe
s'allumer de lui-même, & d'y laiſſer l'ouvrage juſqu'à ce qu'il ſoit refroidi,
après que le feu s'eſt éteint de lui-même.

Quelques-uns frottent l'ouvrage avec du ſuif ou de la cire avant que de l'en-
velopper de terre : cette méthode me paroît fort bonne, parce que la terre
empêche qu'il ne ſe leve des écailles de deſſus le fer, & les matieres graſſes
font que le métal ne ſe brûle pas, ce qui eſt important pour des ouvrages
qui ſont preſque finis, ou qu'il faut recuire pluſieurs fois. Le ſieur Durand,
habile Serrurier établi à Saint Victor, m'a aſſuré qu'après avoir fait bien des
eſſais, il n'avoit rien trouvé de mieux, pour adoucir le fer & l'acier par le recuit, que de le faire rougir à la Forge, couleur de ceriſe, & de le fourrer tout
rouge dans un mélange de ſon & de fraiſil ; il ſort de ce mélange une épaiſſe
fumée : apparemment que la partie graſſe du ſon agit ſur le fer pour lui donner beaucoup de douceur. Au reſte on trouvera dans d'autres Arts, différentes façons de recuire le fer, qui ont auſſi leurs avantages.

Les uns, par exemple, recuiſent dans un four chaud, d'autres avec un feu
de bois blanc, d'autres mettent les pieces délicates dans une marmite de
fer, qu'ils mettent au milieu des charbons ardents : ces diverſes méthodes
& pluſieurs autres ſe trouveront dans les détails de différents Arts.

Les petits outils d'acier & les reſſorts ſe recuiſent ſouvent en les poſant
ſur un gros morceau de fer rougi au feu, ou même à la lumiere d'une chan-
delle, quand ils ſont fort déliés. Le fer & l'acier polis prennent différentes couleurs au recuit : d'abord ils deviennent bleus, enſuite on apperçoit
des veines pourpres, puis la couleur tire ſur le jaune, après elle brunit & devient
ce qu'on appelle *couleur d'eau*, quand on la frotte avec la pierre qu'on nomme *Sanguine*, qui eſt un caillou très-dur, ou une eſpece d'agate. Ces différentes couleurs indiquent au Serrurier le progrès du recuit, & on ſait que
tel outil doit être revenu au bleu, un autre au jaune, &c. On ſe ſert encore
du recuit, pour donner aux ouvrages de fer & d'acier polis, des couleurs
qui ſont quelquefois très-agréables.

Article VIII.

Sur la façon de forger.

Pour travailler les gros fers, le Maître Forgeron ſe fait aider par deux
ou trois Compagnons (*B Planche I dans la Vignette*), qui frappent chacun
avec un gros marteau : quand le fer eſt fort gros, le Maître le manie à deux

---

* Maturin Jouſſe étoit un très-habile Serrurier établi à la Fleche, qui a fait un ouvrage ſur ſon Art ; mais comme il s'eſt contenté de décrire quelques pieces de Serrurerie, qu'il regardoit comme des chef-d'œuvres, ſon ouvrage ne nous a pas été d'une grande utilité.

mains , & en ce cas , il ne tient pas de marteau , il dit à fes Compagnons ce qu'ils doivent faire ; mais fouvent le Maître tient de la main gauche le fer qu'on forge, & de la droite un marteau qu'on peut manier d'une main. Quand le fer eft affez long pour qu'il puiffe le manier fans fe brûler, il ne fe fert point de tenailles ; mais il ne peut s'en paffer quand le fer eft court. En ce cas il le foude quelquefois au bout d'une barre de fer qu'on nomme *Ringard*. Voyez la Forge des Ancres & des Enclumes.

Quand les Compagnons font accoutumés à manier le marteau & à bien frapper de mefure , le Maître en a moins de peine , & l'ouvrage s'expédie plus promptement ; mais le travail des Compagnons s'apprend affez promptement, il n'en eft pas de même du Maître : il doit frapper du marteau qu'il tient dans fa main à l'endroit où il veut que les autres donnent leur coup ; & par la force des coups qu'il donne , il leur indique s'il faut frapper plus ou moins fort ; il indique auffi aux Compagnons qu'il faut difcontinuer de frapper en laiffant tomber fon marteau fur l'Enclume à côté du fer qu'il forge, & on recommence quand il fait porter fon marteau fur le fer. Ce n'eft pas tout : c'eft lui qui doit entretenir le fer fur l'enclume , l'avancer , le reculer, le tourner dans tous les fens, & avoir le coup d'œil affez jufte pour que les côtés d'un fer quarré foient bien à angle droit pour le tenir d'une largeur & d'une épaiffeur convenable, & la même dans toute la longueur d'une barre, en confervant toujours les arrêtes bien vives. Je parle ici des fers quarrés , & qui doivent conferver leur même calibre dans toute leur longueur ; mais il y a des cas où le fer doit être plus gros d'un bout que de l'autre , & il n'eft pas aifé d'entretenir cette dimnution uniforme en confervant les arrêtes bien vives. C'eft tout le contraire pour les fers ronds , on n'y doit appercevoir aucune arrête , & pour l'ordinaire il faut que la circonférence foit bien ronde. Les habiles Forgerons fatisfont fi bien à toutes ces conditions , qu'on n'apperçoit point les coups de marteau , & qu'on croiroit que les fers qui fortent de leurs mains auroient été dreffés à la lime. Il eft vrai que pour les fers ronds , ils fe fervent fouvent d'étampes & de marteaux qui font creufés en portion de cercle. Comme il n'eft queftion ici que des principes généraux , je ne parle point des fers qui doivent être forgés de groffeur inégale , de la maniere de faire des enroulements, & de quantité d'opérations qui font beaucoup plus difficiles que celles dont nous venons de parler ; il fe préfentera dans la fuite de ce Traité beaucoup d'occafions de parler en détail de toutes ces chofes qui maintenant ne feroient point à leur place naturelle.

Pour les petits fers , un feul homme les tient fur l'enclume de la main gauche , & il les bat de la main droite : quoique le forgeron évite en tirant le fer du feu de le traîner dans le fraifil, il a foin, avant que de le pofer fur l'enclume, de lui donner un coup fous l'enclume pour faire tomber le fraifil qui pourroit s'y être attaché.

On commence auffi, quand le fer eft fur l'enclume, par donner de très-petits coups qui font détacher l'écaille du fer, & enfuite on forge plus ferme, & on finit quand le fer ceffe d'être affez chaud pour s'étendre. On peut bien à petits coups rendre la fuperficie du fer plus unie, lors même que le fer eft prefque froid. Mais fi l'on continuoit à donner de grands coups fur un fer refroidi, outre qu'on perdroit fon temps, puifqu'il ne s'étendroit pas, on pourroit de plus rendre le fer pailleux.

Une grande partie des petits ouvrages demandent beaucoup d'adreffe & d'habitude pour bien mener le marteau ; c'eft pourquoi Maturin Jouffe recommande aux Apprentifs de s'exercer à forger du plomb, s'attachant à lui faire prendre avec le marteau la même forme qu'ils voudroient donner à du fer. Je crois que cette méthode qui ne confomme ni fer ni charbon eft bien propre à former la main des Apprentifs, qui en font quittes pour refondre leur plomb, quand ils veulent faire un autre ouvrage.

Quand on veut que la piece qu'on forge foit bien unie, on mouille, en finiffant, le marteau & l'enclume, & le fer fe trouve très-net & bien uni.

Quand il faut étirer du fer, foit pour le corroyer & le rendre plus doux, foit pour le réduire aux proportions dont on a befoin, pour avancer beaucoup l'ouvrage, le Maître Forgeron pofe le fer fur la partie arrondie de la bigorne, & en frappant de la panne de fon marteau, il indique aux Compagnons qu'ils doivent faire de même, & l'ouvrage s'en exécute plus promptement. Mais enfuite il faut forger avec le plat du marteau, & fur la table de l'enclume, pour unir & dreffer le fer.

Nous avons dit, en parlant de la maniere de chauffer le fer, que les fers aigres, rouverains & acérains devoient être chauffés avec plus de ménagement que les fers doux. J'en dis autant à l'égard de la Forge : on peut forger plus fortement les fers doux que les autres.

ARTICLE IX.
Maniere de mener la Lime.

C'EST un grand talent pour un Serrurier que de bien forger ; mais il eft auffi très-intéreffant qu'il fache bien limer. Le carreau (*Planche I, Fig.* 51), eft fans contredit la lime la plus difficile à mener, au moins pour la fatigue. Le Serrurier ayant bien ferré dans fon étau le morceau de fer qu'il veut dégroffir, & étant debout devant fon établi, la jambe gauche un peu en avant, (*Planche I & dans la Vignette*), faifit le manche du carreau avec la main droite ; il pofe fon carreau fur le fer qu'il veut limer ; il appuie le talon de fa main gauche fur le bout du carreau oppofé au manche ; & en pouffant fortement le carreau, puis le retirant à lui, il entame le fer & il le dreffe, dé-

truifant toutes les inégalités que le marteau auroit pu laiffer ; il auroit peine
à dreffer fon fer s'il poufloit fa lime perpendiculairement fur le barreau ; il
faut qu'il la poufle un peu obliquement, & en la promenant un peu fuivant
la longueur du barreau ; & l'angle que doit faire le carreau avec la barre, eft
à peu près déterminé par l'obliquité des hachures du carreau. Quand on
a dreffé fon fer à peu près, on le retourne dans l'étau pour croifer les traits
de la lime par de nouveaux traits. Mais le Serrurier doit prêter une grande
attention à mener fon carreau bien horizontalement : car les Apprentifs qui
font balancer leur lime, forment la furface de leur fer en dos-d'âne, ils liment
ronds, au lieu que la furface du fer doit être bien plate, pour former fur les
angles du fer de vives arrêtes. En un mot, il faut limer plat.

Il doit auffi prêter une finguliere attention, quand il lime des fers quarrés,
que toutes les faces foient bien d'équerre, & pour s'affurer s'il y parvient,
il doit, quand il a bien dreffé une face, préfenter de temps en temps l'équerre pour dreffer de même les autres faces, & préfenter auffi de temps en
temps fur la longueur une regle bien dreffée pour s'affurer s'il n'emporte pas
ici, ou là trop de fer. Quand il a dégroffi fon fer avec le carreau, il le per-
feétionne avec la carrelette, (*Planche I, Fig. 52, & F dans la Vignette*), & il
emploie des limes de moins en moins rudes, fuivant que l'ouvrage exige plus
ou moins de perfeétion. Toutes les groffes limes fe menent de la même maniere, le corps étant un peu penché en avant pour appuyer toujours fur la
lime, afin qu'elle morde fur le fer.

Je ne dois point oublier de faire remarquer qu'il feroit impoffible de bien
dreffer une piece de fer, fi elle n'étoit pas placée bien horizontalement. Ainfi
il eft très-important d'établir l'étau bien perpendiculairement pour que les mâchoires foient exaétement horizontales, & on doit placer auffi le fer bien
ferme & bien horizontalement dans les mâchoires de l'étau.

Lorfqu'il faut limer une piece qui eft fourchue ou qui forme un enroulement, l'Ouvrier ne pouvant pas placer fa main gauche au bout de fa lime
tient toujours le manche de la lime de la main droite ; mais il pofe les doigts
de fa main gauche fur la lime tout auprès de fa main droite, (*Planche I, H
dans la Vignette*), & il lime en pouffant & tirant à lui alternativement : il
faut toujours que la lime foit menée bien droite, & éviter de la faire balancer fur l'ouvrage.

Il y a des cas où les Serruriers doivent employer des limes rondes, demi-
rondes, à tiers-point, &c, fuivant les contours du fer qu'ils travaillent.

Dans certaines circonftances, par exemple quand on fait des tiges d'efpagnolettes ou des tringles de rideau, après avoir dreffé le fer, ce qu'on fait
en promenant la lime fur une certaine longueur du barreau, & en la balançant : lorfque le fer eft dreffé, on le tire en long ; alors le Serrurier tenant le
manche du carreau d'une main, & l'autre extrémité du carreau de l'autre

main,

main, il pose sa lime perpendiculairement sur la tringle ; & la promenant suivant la longueur de la tringle, comme on le voit *Planche XIII, fig. 3* , il
forme des traits qui suivent cette direction ; & avec des limes moins rudes, il
les adoucit. Souvent pour aller plus vîte, il met la tringle entre deux limes.
Le sieur Durand a imaginé une machine pour exécuter promptement ce
travail : nous pourrons en parler dans la suite.

Lorsqu'on a à limer un petit fer rond, comme une goupille, ou un poinçon, l'Ouvrier le tenant de la main gauche, le pose sur un morceau de bois
qui déborde l'établi, ou qui est pris dans l'étau, (*Planche I, dans la Vignette G*),
& tournant continuellement le fer qu'il veut arrondir, à mesure qu'il fait
agir la lime, il parvient à le faire à peu près rond.

L'Ouvrier qui veut limer le bout d'un morceau de fer, l'appuye contre
la table de l'établi, le tenant ferme, pendant qu'il fait agir la lime de la main
droite ; ou bien il saisit l'ouvrage dans l'étau, & il lime des deux mains.

Quand un Serrurier veut limer auprès d'un ornement ou d'un talon qu'il
ne veut point entamer, il prend des limes dont un des côtés n'est point
taillé ; & en mettant ce côté vers l'endroit qu'il veut ménager, il ne l'entame point.

Nous aurons bien des fois occasion de parler des différentes opérations
qui se font avec la lime, ainsi nous nous bornerons au peu que nous venons de
dire, qui suffit pour donner au commencement de notre Art une idée générale
d'une des opérations du Serrurier qui exige le plus d'adresse & d'habitude.

ARTICLE X.

Sur la maniere de polir le Fer & l'Acier.

LE fer le plus doux, le plus aisé à chauffer & à forger tant à chaud qu'à
froid, celui qui est aussi le plus aisé à limer, n'est pas ordinairement le plus
propre à prendre un beau poli, il conserve presque toujours un œil terne &
gras.

Il y a encore des fers cendreux qui restent toujours chargés de petits
points qui empêchent qu'on ne les polisse parfaitement.

Les fers aigres, durs & difficiles tant à forger qu'à limer, prennent communément un poli plus brillant ; & l'acier reçoit bien mieux le poli que le
fer, sur-tout quand il est très-fin & trempé bien dur.

Les Serruriers dérouillent & décrassent les gros fers qu'ils veulent éclaircir en les frottant avec de l'écaille de fer ; autant vaudroit-il les frotter avec
du grès ; mais ces écailles se trouvent sous leur main, & ils se proposent d'e-
xécuter une opération très-grossiere.

Ils blanchissent à la lime leurs ouvrages plus recherchés ; & après les avoir
ébauchés avec des limes fort rudes, qui avancent l'ouvrage, ils emploient

SERRURIER.   G

des limes moins rudes, & d'autant plus fines & plus douces, qu'ils veulent
donner plus de brillant aux pieces qu'ils travaillent; l'attention qu'ils ont pour
les ouvrages qu'ils ne veulent point polir exactement, & qu'ils ne fe propo-
fent que d'éclaircir, eft de promener toujours la lime dans un même fens,
de faire enforte que les traits que la lime forme fur le fer, foient toujours
dans une même direction, autant que cela fe peut; car fi au milieu d'une
platine il fe trouve un bouton ou quelqu'autre piece faillante, les traits
de lime font néceffairement interrompus, il faut que les traits de la lime
prennent une autre direction, ce qui paroît fur l'ouvrage fans néanmoins
faire de difformité, lorfque les Serruriers ont l'attention que les endroits où
la lime change de direction foient bien terminés.

Ceci eft bon pour les ouvrages communs; mais quand on veut donner
un poli fin, il faut, lorfqu'on a dreffé la piece avec une lime bâtarde, croifer les traits avec une lime plus fine pour emporter l'impreffion de tous les
traits précédemment formés, & cette manœuvre doit s'obferver toutes les
fois qu'on change de lime; plus elle eft répétée, plus l'ouvrage eft parfait.

Quand on veut que les ouvrages foient plus brillants, on emploie, après
les limes douces, des grès fins, de l'émeri pilé & paffé à l'eau, de la pierre
à l'huile réduite en poudre fine, du colcotar broyé très-fin, de la pierre pour-
rie d'Angleterre, de la potée d'étain, du tripoli, &c. & nos Serruriers,
pour frotter leurs ouvrages avec ces poudres, fe fervent d'un morceau de bois
tendre ou d'une lame de plomb qu'ils chargent de ces différentes poudres
délayées avec de l'huile. Ce travail eft très-long, & pour cette raifon augmente beaucoup le prix de l'ouvrage. Il ne tiendroit qu'à eux de l'abréger en employant des meules. Suivant la forme des ouvrages, ils pourroient fe fervir
tantôt de meules de bois femblables à celles des Couteliers, ou quand les
furfaces font plates, de meules horizontales montées comme celles des Lapi-
daires, chargeant les unes ou les autres d'émeri fin, & enfuite de potée dont
ils feroient une pâte avec de l'huile; mais au moyen de ces meules, il ne leur
feroit pas poffible d'atteindre dans les creux des moulures; c'eft le cas où
il convient d'avoir recours à une induftrie dont les Anglois font grand ufage. Ils ont des meules verticales & d'autres horizontales qui font hériffées de
poils de fanglier comme les décrottoires; ces poils entrent dans tous les creux
des moulures, & y portent l'émeri & l'huile qui fervent à les polir.

Au moyen de cette induftrie, les Anglois donnent un grand brillant à leurs
ouvrages de fer & d'acier les plus communs: il eft bon de remarquer qu'on
pourroit donner du brillant à un ouvrage qui n'auroit point été douci; mais
pour faire un bel ouvrage, il faut qu'il foit parfaitement douci avant que de
le polir ou de lui donner le dernier brillant.

On procure encore un brillant très-vif aux ouvrages de fer & d'acier polis en les fourbiffant, c'eft-à-dire, en les bruniffant avec un outil d'acier trempé

très-dur & bien poli, ou avec une pierre de fanguine qui eſt fort dure & ſe trouve dans les mines de fer ; l'un ou l'autre étant aſſujettis au bout d'un long manche, on frotte l'ouvrage avec force, & on lui donne un brillant très-vif.

L'acier trempé fort dur prend un poli brun & très-brillant ; il eſt alors en état de prendre par le recuit une belle couleur bleue ou ce brun brillant qu'on appelle *couleur d'eau*.

A R T I C L E XI.

Des Ornements qu'on fait avec l'Etampe.

Le fer amolli par le feu eſt tout autrement tendre que l'acier trempé, ou même que le fer qui eſt froid. Les Serruriers ont profité de cette propriété du fer pour le mouler étant rougi & amolli par le feu, dans des creux qui ſont faits avec de l'acier trempé ; quoiqu'on donne une forte chaude au fer qu'on veut ainſi mouler, il s'en faut beaucoup qu'il ſoit aſſez coulant pour entrer dans le creux d'un moule, comme font les métaux fondus ; il eſt ſeule-ment amolli, & il faut le contraindre à entrer dans le creux par de grands coups de marteau.

Cette manœuvre induſtrieuſe abrege beaucoup l'ouvrage : car au lieu d'employer la lime pour former les vaſes qui terminent les fiches, les mou-lures qui ornent les eſpagnolettes, les boutons, les poignées & les olives, pour les loquets, les verroux, les ſerrures, &c. les plate-bandes des baluſtrades & des rampes d'eſcalier ; toutes ces choſes ſont faites en un inſtant au moyen d'une étampe ſimple ou double qui eſt faite avec deux morceaux d'acier, dans leſquels on creuſe la forme de la moitié d'un vaſe ou d'un bouton, ſoit qu'il ſoit ovale ou rond ; le fer étant dégroſſi & formé à peu près comme le doi-vent être les vaſes ou les boutons, on le fait bien chauffer, puis le poſant ſur la femelle d'en bas *A*, *Planche III*, (*Fig. 25*), de l'étampe, & poſant deſſus l'autre femelle *B*, on frappe deſſus celle-ci à coups de marteau, on la ſouleve pour retourner vîte le fer dans l'étampe avant qu'il ſoit refroidi, & ayant ainſi retourné pluſieurs fois le vaſe ou le bouton, il a pris la forme qu'on deſire ; il ne s'agit plus que de le blanchir à la lime, & de lui donner le degré de poli qu'il doit avoir. Pour les petits boutons, on a de petites étampes (*Fig. 26*) ; *A* eſt la femelle de deſſous ; *B* eſt celle qu'on poſe deſſus ; elle a la forme d'un cachet. S'il eſt queſtion de plate-bandes, on a des étam-pes (*Fig. 27*), & on frappe ſur le fer avec le marteau ; s'il s'agit des moulures ou d'arrondir les tiges d'eſpagnolettes, on poſe le barreau ſur une étampe, & on met deſſus la femelle (*Fig. 24*) ſur laquelle on frappe, comme nous allons l'expliquer plus en détail.

On fait encore les têtes des vis avec une étampe : la tige de la vis étant retenue dans une eſpece de clouyiere, on frappe ſur la tête avec un poinçon qui porte en creux la forme que doit avoir en relief la tête de la vis.

Il feroit bien long d'évider à la main avec un burin, un cifeau & la lime, les moulures qu'on voit aux plate-bandes des rampes d'efcaliers, des baluftrades, des balcons, &c. Ces moulures fe font très-promptement, comme nous venons de le dire, au moyen d'une étampe *fig.* 27. qui porte la contr'épreuve des moulures qu'on veut imprimer fur le fer. Lorfque nous parlerons de la façon de travailler les grilles, nous donnerons la Figure de ces étampes : nous nous propofons auffi d'expliquer ailleurs comment on place les étampes fur les enclumes, & comment on pofe le fer deffus pour le frapper avec le marteau, & le contraindre à entrer dans l'étampe ; car il nous a paru convenable de réferver ces détails pour les endroits où nous aurons à parler des ouvrages qu'on fait avec l'étampe.

Les mandrins font encore des efpeces d'étampes fur lefquelles on forge du fer, pour ménager des ouvertures ou des creux ovales, ronds, quarrés, en lofange, à pans, &c. On en fait ufage dans bien des occafions, pour former des douilles de toutes fortes de formes, des mortaifes, &c.

Les tiges des efpagnolettes font faites avec du fer quarré qu'on nomme du *carillon*, pour l'arrondir & lui donner la forme d'une tringle : quand on a abattu avec le marteau les angles du fer, on acheve de le calibrer dans une étampe qui eft creufée comme une gouttiere. Le Maître tient la barre d'une main, il la pofe fur la gouttiere creufée dans la femelle inférieure de l'étampe qui eft placée fur la table de l'enclume ; il pofe deffus la partie fupérieure de l'étampe qui eft pareillement creufée en gouttiere ; un Compagnon frappe deffus, & le Maître tourne la barre en différents fens; fi l'on veut qu'elle forte de l'étampe plus propre, on frotte de graiffe le creux de l'étampe, & par cette manœuvre la barre quarrée devient bientôt une tringle ronde.

On forme auffi avec l'étampe les moulures qui font aux nœuds des efpagnolettes : on trouvera tous ces détails, dont nous ne parlons ici que d'une façon très-fommaire, aux endroits où il s'agira de ces différents ouvrages. Mais il convient de dire ici quelque chofe de la façon de faire les étampes.

Pour faire les étampes qui doivent fervir pour calibrer des fers longs, comme les plate-bandes des rampes, des balcons & des baluftrades, ou les tringles qu'on arrondit, on foude un morceau d'acier fur un morceau de fer, & on creufe groffiérement en gouttiere l'endroit des moulures ; enfuite on forme avec la lime ou le tour fur un morceau d'acier ou plus communément fur un morceau de fer des ordres de moulures, pareils à ceux qu'on veut faire paroître fur la plate-bande ; puis faifant rougir l'étampe qu'on a ébauchée, comme nous l'avons dit, on imprime à grands coups de marteau dans l'étampe les moulures qu'on a formées en relief fur le barreau. Ce morceau de fer fait donc l'office d'une étampe qui fert à former la vraie étampe, avec cette différence que comme l'étampe en relief ne doit fervir qu'une fois, on fe contente de la faire avec du fer, au lieu que la vraie étampe qui doit fervir long-temps eft chargée d'acier

qu'on

qu'on trempe après qu'elle a reçu l'impreſſion des moulures , & qu'on a ré-
paré à l'outil les défauts qu'elle pouvoit avoir. Voilà comme on fait très-
promptement des étampes propres à former ſur le fer des moulures ſemblables
à celles que les Menuiſiers pouſſent avec le rabot ſur le bois. Il paroît beaucoup plus difficile de faire des étampes pour imiter les moulures que font les
Tourneurs ; car il ſemble qu'on eſt obligé de creuſer au burin les gorges ,
les glands, les boutons, enfin tous les ornements ; mais communément les
Serruriers ſe contentent d'ébaucher groſſiérement ces étampes ; & pour les
finir , ils forment ſur le tour , & avec du fer, le bouton , l'olive, le vaſe , ou
l'ornement dont ils ont beſoin ; & en faiſant rougir l'étampe creuſe qu'ils ont
ébauchée,ils la perfectionnent en frappant dedans celle en relief qu'ils ont fait
ſur le tour , & qui étant de fer dur , réſiſte ſuffiſamment pour imprimer ſa forme dans le fer rougi au feu, à peu près comme un cachet imprime ſon empreinte ſur la cire. Les moulures étant ainſi aſſez bien formées en creux , on
trempe l'étampe qui ſert alors à faire un grand nombre de moulures ſemblables ſur le fer , comme je l'expliquerai dans la ſuite.

ARTICLE XII.
Sur la façon de couper le Fer.

On coupe le fer à chaud & à froid. Pour couper le fer à chaud , lorſqu'il
eſt gros, un Compagnon *A* le porte, au ſortir de la Forge, ſur la table de l'enclume. Le Maître Forgeron *B* poſe deſſus une tranche ou un ciſeau emmanché
dans une hart (*Planche II* , *Fig. 9*) , & un autre Compagnon *C* frappe ſur la
tranche avec un marteau à deux mains : quelquefois on retourne le barreau
pour entamer le fer par deux côtés oppoſés.

On ſe ſert auſſi de la tranche pour emporter le fer qui ſe trouve de trop
aux endroits où l'on a fait de groſſes ſoudures : nous en avons parlé à l'occaſion des ancres & des enclumes , & c'eſt ce que font les Ouvriers *Fig. 9.*

Quand il s'agit de petits fers, on a ſur le bord de l'enclume une petite
tranche (*Planche I, Fig. 62*) , dont la queue entre dans une mortaiſe qui eſt
pratiquée ſur l'enclume ; on poſe le fer rougi deſſus cette tranche , & d'un
ſeul coup de marteau le fer eſt coupé.

On coupe auſſi le fer à froid avec un ciſeau bien acéré qu'on nomme *Ciſeau
à froid* , & à grands coups de marteau l'Ouvrier *C* (*dans la Vignette* , *Planche I*) entame le fer ; mais cela ne ſe pratique guere que pour des fers de
moyenne groſſeur.

On verra dans la ſuite de cet Art que les fers minces ſe découpent avec une
gouge ou un ciſeau qu'on nomme *Langue de carpe* , ou même un ciſeau qui a
le taillant quarré. La tôle , le fil de fer peuvent auſſi ſe couper avec des ci-
ſailles (*Planche II , Fig. 10*) , dont la groſſeur eſt proportionnée à l'épaiſſeur

du fer qu'on veut couper ; mais les Serruriers ne se servent guere de cet outil.

On coupe auſſi le fer avec une ſcie ; c'eſt une lame d'acier mince qui eſt dentée ſur le tranchant & ſtriée ſur les côtés, & qu'on affermit par un doſſeret : enfin les limes ſervent auſſi à couper le fer. Mais les Serruriers évitent d'employer ce moyen parce qu'il n'eſt pas aſſez expéditif.

A R T I C L E XIII.

Maniere de faire les Ornements de Serrurerie découpés.

AUTREFOIS on relevoit en boſſe les platines, ordinairement ſur le tas, quelquefois ſur le plomb, comme nous l'expliquerons lorſqu'il ſera queſtion des grilles richement ornées. On évidoit à-jour entre ces reliefs pluſieurs endroits ; & pour les rendre plus apparents, on mettoit quelqu'étoffe de couleur entre la platine & le bois. Il y a même quelque lieu de croire que le bois des Portes de Notre-Dame étoit couvert de cuir, apparemment rouge ou doré, ſur lequel on avoit mis les ornements de fer qui ſubſiſtent encore aujourd'hui.

On croyoit encore augmenter le mérite de ces platines en couvrant le fer de vernis de différentes couleurs, ce qu'on appelloit fort improprement les *émailler* ; Jouſſe donne la compoſition de quelques-uns de ces vernis qui ſont bien inférieurs à ceux qu'on pourroit faire aujourd'hui. On étamoit auſſi pluſieurs ferrures, & je puis aſſurer qu'il y a un grand avantage à ſuivre cette méthode ; car je connois un Château aſſez ancien dont toutes les ferrures qui ont été étamées, ſont encore blanches & exemptes de rouille.

Au reſte tous ces ornements ne ſont plus de mode : on eſt aujourd'hui dans le goût de faire les platines des verroux, les roſes qui accompagnent les boutons & les couronnements des boucles de portes cocheres découpées, évidées & percées à jour : peut-être a-t-on eu raiſon de préférer les ornements ſimples & bien polis aux reliefs qu'on faiſoit autrefois, qui le plus ſouvent étoient aſſez mal exécutés. Je dis le plus ſouvent ; car il y a eu & il y a encore aujourd'hui d'habiles Ouvriers qui font en ce genre des ouvrages dignes d'admiration. Quoi qu'il en ſoit, le grand uſage qu'on fait maintenant des ouvrages découpés, a fait imaginer des moyens pour les exécuter promptement & réguliérement. Je vais indiquer ces moyens.

Quand on a à faire beaucoup d'ornements qui doivent être d'une même grandeur & d'un même deſſein, on fait correctement & avec de fortes plaques d'acier, des patrons qui portent réguliérement tous les contours que doivent avoir les platines avec les à-jours ou les parties qui doivent être évidées : on les nomme *des moules*. On aſſujettit entre deux de ces moules d'acier ſemblables & trempées, pluſieurs feuilles de tôle ; & afin que ces feuilles de tôle ne ſe dérangent pas, il y a aux moules deux trous dans leſquels paſſent des brochesà vis qu'on ferre avec des écrous; ou ce qui n'eſt pas ſi bien, on ferre les moules dans les mâchoires d'un étau. Quand les morceaux de tôle ſont bien aſſujettis entre les deux plaques qui forment le moule, on découpe à la fois toutes les feuilles de tôle, en ſuivant les contours du moule avec un ciſeau quarré, & on évide les à-jours en emplòyant des ciſeaux de différentes figures, comme des langues de carpe, des gouges, &c. ſuivant les contours qu'on doit ſuivre. S'il y a dans le deſſein des trous qui ſe ſuivent pour former comme des graines, on les forme avec des poinçons qui ſont plats par le bout, au lieu d'être en pointe, & qui emportent la piece. Il peut ſe trouver quelques parties délicates qu'on ne pourroit pas emporter avec le ciſeau; en ce cas, on en trace les contours avec une pointe, & on les évide avec de petites limes.

Quand les feuilles de tôle ſont tirées du moule, on ſuit tous les contours avec la lime pour les ébarber, & quelquefois on taille les bords ou quarrément ou en biſeau.

Si l'on veut conſulter la *Planche XIII*, on verra (*Fig.* 32), une plaque de tôle coupée pour faire la platine d'une targette, avec les trous pour l'aſſujettir dans le moule. La *Figure* 31 repréſente une des feuilles de ce moule; à la *Figure* 34, les feuilles de tôle ſont aſſujetties par des vis entre les deux feuilles du moule, & on a commencé à les découper; à la *Figure* 33, elles ſont entiérement découpées.

Ces ſortes d'ornements empruntent leur principal mérite du beau poli qu'on leur procure; & comme ce poli ſe donne principalement avec différentes limes, il faut aſſujettir les platines ou les roſettes qui ſont minces ſur une planche qui leur donne du ſoutien; on aſſujettit cette planche en la ſaiſiſſant dans un étau par une partie qui fait ſaillie au-deſſous de la planche, & on retient les pieces qu'on veut polir ſur la planche par un étrier de fer qui porte à ſon milieu un écrou dans lequel entre une vis dont le bout d'en-bas appuye ſur la platine, comme on le voit *Fig.* 36, & l'étrier eſt repréſenté *Fig.* 37.

Les Serruriers donnent un mérite de plus à ces ornements découpés en les attachant ſur la menuiſerie avec un nombre conſidérable de petits clous dont les têtes ſont rondes & polies, & qu'ils arrangent avec régularité & goût ſur toutes les parties de l'ouvrage.

Il y a des Ouvriers qui s'occupent preſque uniquement à faire de ces ſortes d'ouvrages, & il y en a à Paris des magáſins où les Maîtres Serruriers ſe fourniſſent: mais quand ils ont une roſette ou un autre ornement d'un goût ſingulier qui ne ſe trouve pas chez le Quinquaillier, ils le font exécuter dans leur Boutique; & comme une ou deux roſettes ne dédommageroient pas de ce qu'il en coûteroit pour faire des moules d'acier ou de cuivre, ils collent ſur une plaque de tôle, le papier qui porte le deſſein, & ils découpent la tôle ſur du plomb avec une langue de carpe, ou des ciſeaux dont le taillant a diffé-

rente forme, ce qui emploie beaucoup plus de temps que la méthode que
nous avons décrite.

ARTICLE XIV.

Maniere de percer le Fer, d'y faire des Vis & de le fraiser.

EN général on perce le fer à chaud & à froid. L'opération de percer le fer
à chaud est la plus expéditive; mais les trous qu'on fait à froid sont plus réguliers.

Pour percer un morceau de fer à chaud, on fait rougir à la forge l'endroit où l'on veut faire le trou.

On commence par entamer le trou sur l'enclume par les deux faces opposées avec un poinçon pour ne point faire de bavure; ensuite, afin de dé-
boucher le trou, on pose l'endroit rougi sur une perçoire (*Planche III,*
Fig. 1), qui est ordinairement un cylindre de fer creux & fort épais : au
reste il importe peu que la perçoire soit cylindrique ou parallélipipédique; il
ne s'agit que de donner au fer un point d'appui tout autour de l'endroit qu'on
veut percer, & que l'endroit où doit être le trou ne porte sur rien; si la piece qu'on veut percer n'est pas épaisse, & que le trou doive être assez menu,
le Serrurier tient de la main gauche un poinçon qu'il pose sur le fer chaud,
il frappe dessus jusqu'à ce qu'il ait fait boursoufler le fer par dessous; puis pour
emporter la piece, il retourne le fer, & posant dessus la bosse un poinçon
dont le bout soit quarré, il frappe sur la tête du poinçon avec un marteau
qu'il tient de la main droite; si le trou doit être fait dans de gros fer, le
poinçon (*Pl. III, Fig.* 3) est emmanché dans une hart, & on frappe dessus
avec un gros marteau à deux mains, comme on le voit *Planche II, Fig.* 9.
Si le trou doit être ouvert, & qu'on ne veuille point enlever le morceau de fer
qui occupoit la place du trou; comme il ne s'agit que d'ouvrir le fer, & pour
ainsi dire, de le fendre en deux, on commence par former l'ouverture avec
un poinçon en losange (*Planche III, Fig.* 4), qu'on nomme *Langue de carpe,*
& on l'acheve avec un poinçon (*Planche III, Fig.* 5, 6 ou 7) dont la grosseur
doit être proportionnée à celle du trou qu'on veut faire; & si le fer est
épais, on monte la langue de carpe, ainsi que ces différents poinçons, dans
une hart (*Planche III, Fig.* 3), comme on fait les tranches, & on frappe
dessus avec un gros marteau, comme nous l'avons représenté (*Planche II,*
Fig. 9). L'effort du poinçon fait ouvrir le fer, qui ordinairement fait
des bavures en dessous, en même temps que le barreau de fer s'élargit sur les
côtés : pour lui faire reprendre la forme qu'il doit avoir, on le frappe sur la
table de l'enclume; & ayant mis dans le trou un mandrin rond ou quarré,
on forge dessus. Il faut donc avoir des langues de carpe, des poinçons &
des mandrins de différentes grosseurs & de diverses figures, ronds, quarrés,

en

en lofange, ovales, &c. pour donner aux trous plus ou moins d'ouverture &
différentes formes. Comme la chaleur du fer détrempe, amollit & gâte la forme
de ces outils, on eft obligé de les rétablir, & de les tremper de temps en
temps. On verra dans la fuite qu'on trouve de grands avantages à forger
fur des mandrins.

Il eft fuperflu de dire qu'on peut percer à froid la tôle très-mince avec un
poinçon bien acéré. En ce cas, on place la tôle fur un morceau de plomb, &
on frappe avec un marteau fur la tête du poinçon; mais quand on veut faire
partir le morceau, après qu'on a commencé le trou avec un poinçon dont
le bout eft quarré, on retourne la tôle, on la pofe fur une perçoire
(*Pl. III. Fig. 2*), & mettant le poinçon fur la boffe qui a été faite par le
premier coup, on frappe de nouveau fur le poinçon, & le morceau tombe
dans la perçoire: enfuite on ébarbe les bavures avec la lime, s'il eft néceffaire;
car fouvent le morceau fe détache fans laiffer de bavures.

On perce à froid les fers plus épais avec un foret (*Planche III, Fig.* 8);
cet outil eft une broche de bon acier *d f*, qui eft quarrée dans une partie de
fa longueur pour être affujettie folidement dans une efpece de poulie *e* qu'on
nomme *la Boîte*: au fortir de la boîte, cette broche eft plus menue & ronde;
fon extrémité *f* s'élargit & eft applatie; enfin la plupart fe terminent en
quarré, & cette extrémité eft formée par deux bifeaux oppofés; les Serruriers commencent le trou avec une langue de carpe, ce qu'ils appellent
gouger le trou.

Quand le fer qu'on a à percer n'eft pas épais, les Serruriers le percent
quelquefois avec un foret qui eft monté fur un inftrument qu'on nomme
Drille (*Fig.* 9): il eft formé d'un petit arbre de fer vertical *a b* au haut duquel eft un trou dans lequel paffe une bande de cuir *a e*, *a d*, qui va répondre de chaque bout à une traverfe *e d*, que l'arbre vertical traverfe, &
qui forme avec lui comme une croix; cette traverfe étant foutenue par la
bande de cuir, au-deffous de laquelle eft une efpece de meule de plomb *c*,
affez pefante, la partie *b* eft percée d'un trou quarré qui reçoit le bout d'en
haut du foret *b f*, & la partie *f* eft le taillant de ce foret; on pofe la piece
qu'on veut forer à plat, on met le tranchant du foret à l'endroit où doit être
le trou, on fait tourner l'arbre *a b* plufieurs tours, pour que les courroies
a e, *a d* s'enroulent autour de lui par plufieurs révolutions; enfuite mettant
une main à un bout de la traverfe en *e*, & l'autre à l'autre bout en *d*, l'Ouvrier appuie deffus pour que la corde, en fe déroulant de deffus l'arbre, lui
imprime un mouvement circulaire fort vif; alors il fouleve les mains, & le
mouvement qui étoit imprimé au plomb *c*, continuant d'autant plus long-
temps que ce plomb eft plus lourd, les cordes fe roulent en fens contraire
de ce qu'elles étoient fur l'arbre *a b*; l'Ouvrier appuie de nouveau les mains
fur la traverfe *e d*, puis il les releve, & continuant ce mouvement alternatif,

SERRURIER. I

le foret tourne tantôt de droite à gauche, & tantôt de gauche à droite, ce qu'il faut pour percer le fer.

Les Serruriers se servent rarement de cet instrument; il est d'un bien plus grand usage dans d'autres Arts, où il est connu sous le nom de *Trépan*.

Quand les Serruriers ont à percer du fer qui n'est pas fort épais, ils mettent la palette à forer (*Fig.* 10), contre leur estomac. Cette palette à laquelle on donne différentes formes, est de bois; mais elle est garnie d'une plaque d'acier *a b*, percée de trous *c*, dans l'un desquels on met le bout *d* du foret (*Fig.* 8); on roule la corde d'un archet *g h* (*Fig.* 11) sur la boîte *e*, (*Fig.* 8.); on appuie l'extrémité *f* du taillant du foret sur l'endroit qu'on veut percer; on met la pointe *d* dans un des trous de la palette, & faisant agir l'archet, on fait tourner fort vîte ce foret qui peu à peu perce le fer. On trouvera l'Ouvrier en attitude sur quelques-unes des Planches de la suite de cet Art, particuliérement lorsqu'il s'agira des clefs.

Quand le Serrurier est déchargé d'appuyer avec son estomac le foret contre la piece qu'il perce, il a la liberté de se placer perpendiculairement sur la longueur du foret, & il est bien plus en force pour faire agir l'archet. C'est ce qui a fait imaginer différentes machines (*Fig.* 12 & 13); dans ce cas, pendant qu'une main fait agir l'archet, l'autre pousse le foret vers le fond du trou au moyen d'une vis & d'un écrou.

La machine *Fig.* 12, qui est fort en usage, est une piece de fer pliée de façon qu'elle forme deux branches ou montants paralleles *a b*, joints l'un à l'autre par un arc à ressort *c*, pris dans la même piece qui forme les deux montants, ou ce qui revient au même, par une piece soudée aux deux bouts inférieurs des montants *a b*; ainsi au moyen de ce ressort, les montants tendent à s'écarter par le haut. Une seconde bande de fer *c d*, repliée aussi en deux, & qui est posée horizontalement, forme une coulisse pour un des montants *b*, les deux bouts *d* de cette bande horizontale sont attachés chacun d'un côté différent au montant *a*, qui doit rester fixe pendant que celui *b* est mobile.

Le bout *e* de cette espece de coulisse est percé par un trou taraudé en écrou qui reçoit une vis *f*; en tournant cette vis, elle pousse le montant mobile *b* vers le montant fixe *a*; l'extrémité du montant mobile *b* est formée en palette, & il tient lieu de la palette que les Serruriers mettent sur leur estomac; elle reçoit de même l'extrémité de l'arbre du foret, & le presse contre la piece *g h* que l'on perce.

Pour faire usage de cette machine, on saisit dans l'étau le montant fixe *a*; on place la piece à percer *g h* contre l'extrémité *d* de ce montant; on place le foret horizontalement entre la piece à percer, & la palette du montant mobile; la vis *f* donne le moyen de presser le foret contre la piece, & de continuer cette pression à mesure que le trou se creuse; ainsi le Serrurier

fait jouer l'archet de la main droite, & il a continuellement la main gauche
fur la vis *f* pour la tourner d'un fens ou d'un autre, à mefure qu'il s'apperçoit que le foret mord trop ou trop peu.

La *Figure* 13 repréfente un autre outil à percer qui eft encore d'un ufage plus commun dans les Boutiques des Serruriers ; il eft compofé d'une
petite barre de fer ronde *a b c*, dont un des bouts *c* eft recourbé en crochet,
& dont l'autre *a* eft taillé en vis. Cette piece paffe au travers d'une autre *d e*
qui eft pareillement de fer, & formée en palette par un bout *e* ; par l'autre *d*,
elle eft recourbée en talon.

Pour fe fervir de cette machine, on ferre dans l'étau la piece à percer,
on acroche à la boîte du même étau le bout en crochet *c*, & on fait entrer
le bout *d* recourbé de la palette dans un trou percé dans l'établi. Ce trou
eft affez grand pour permettre à la palette de s'incliner, quoiqu'il l'empêche de tomber. On place horizontalement le foret *f g*, entre la palette &
la piece qu'on veut percer, on le fait tourner avec l'archet ; & pour preffer
continuellement la palette contre le foret, l'Ouvrier tourne l'écrou *k* qui eft
traverfé par la vis de la piece *a b c*.

On conçoit que ces deux machines ne feroient pas propres à percer des
trous profonds ; car comme les palettes s'inclinent continuellement, le trou
ne feroit pas percé droit ; mais l'obliquité de ce trou n'eft pas fenfible, quand
les pieces qu'on veut percer ne font pas épaiffes.

Les Serruriers ne laiffent pas de fe fervir de ces machines pour percer
des trous affez profonds ; & pour empêcher que le trou ne devienne fort
oblique, ils placent la queue du foret dans un autre trou de la palette pour
le relever un peu à mefure que le trou s'approfondit ; ou bien ils inclinent
un peu la piece à percer qui eft faifie dans l'étau.

Quand le fer eft épais, comme il faut faire agir long-temps le foret, &
que ce travail eft pénible, on fe fert, pour tenir le foret, d'un chevalet (*Fig.*
14). Ce chevalet eft formé de deux poupées de fer *a b*. La poupée *a* qui reçoit le bout du foret eft affujettie à demeure au bout *c* de la femelle *c d*; la
poupée *b* eft mobile, & elle gliffe dans la rainure *f g*, où elle eft retenue par
une vis, & un écrou *h* qui fort au-deffous de la femelle *c d*; on conçoit que
le porte-foret le tient très-folidement, on faifit la femelle *c d* dans un étau ;
un Compagnon fait agir l'archet avec les deux mains, & un autre préfente la
piece qu'il faut percer : la fatigue eft ainfi partagée entre deux Ouvriers, &
l'ouvrage s'expédie. On verra, lorfque nous parlerons des clefs, d'autres che-
valets qui font encore plus commodes ; nous n'en parlerons point ici pour
éviter les répétitions.

Quelquefois il faut évafer une des deux ouvertures d'un trou pour qu'une
rivure ou la tête d'une vis fe logent dedans, & foient arafés ; cet élargiffement fe fait avec des fraifes, les unes rondes, coniques & garnies de ftries *A*

(*Fig.* 15), ou avec des fraifes quarrées & pyramidales *B* (*Fig.* 16); en faifant tourner ces fraifes comme les forets avec l'archet, à l'ouverture d'un trou précédemment fait, on l'évafe; & en taillant en cône tronqué une tête de vis, elle fe loge dans le trou, où elle fe trouve arafée.

Il y a encore des circonftances où un bout de douille ou de tuyau doit être calibré; pour cela on y paffe un aléfoir: mais le vrai lieu de parler de cet inftrument eft dans l'Art du Fondeur, lorfqu'on traitera de la façon de travailler les corps de pompes; ou dans celui de l'Armurier, quand il s'agira de percer les canons de fufils; ainfi, quoique les Serruriers faffent quelquefois ufage des aléfoirs, nous remettons à en parler dans une autre occafion.

On trempe de temps en temps le bout des forets dans de l'huile pour empêcher qu'ils ne fe détrempent. Mais il eft au moins auffi avantageux d'y introduire un petit filet d'eau qui rafraîchit continuellement le foret, & qui ne forme pas de boue ou cambouis comme l'huile.

Les Serruriers font grand ufage des vis & des écrous pour affembler leurs ouvrages. Les vis fe font prefque toujours avec la filiere, & les écrous avec les tarauds; ainfi il faut dire quelque chofe de ces deux inftruments.

Une filiere eft un trou percé dans un morceau d'acier (*Fig.* 17), & dans l'intérieur duquel eft infcrit un pas de vis; ce pas de vis fe fait avec un taraud (*Fig.* 18), ainfi il faut commencer par expliquer comment on fait les tarauds matrices qui fervent à faire les filieres, d'autant que quand on a de bonnes filieres, on s'en fert pour faire les tarauds qui fervent enfuite à faire les écrous dans le fer.

Les gros tarauds ne doivent point être entiérement d'acier; ils feroient trop expofés à fe rompre. On doit fouder une virole d'acier fur un morceau de fer à la partie *a* (*Fig.* 18), où doivent être les filets de la vis, ou bien on les fait tout de fer, & on les trempe en paquet, ce qui, dans certaines circonftances, eft préférable.

Quand cette partie *a* eft couverte de bon acier, on fait fur le tour la portion *a* (*Fig.* 18) qui doit porter les pas de la vis; cette partie doit être un peu conique; on forme fur elle avec la lime, ou encore mieux fur le tour, les pas de vis, & on tourne en rond la portion *b* qui doit être terminée par le quarré *c*; affez fouvent on fait à la partie *a* trois échancrures triangulaires *d* qui coupent tous les pas de vis; ces entailles font que les pas de vis font comme autant de couteaux qui entament le métal, & les gouttieres *d* fervent à loger les copeaux qui font formés par les pas de vis du taraud. Quelquefois on lime la partie *a* du taraud (*Fig.* 18), en tringle, comme on le voit en *A*; il ne refte de pas de vis qu'en *e f g*, ce qui fuffit pour entamer le fer, & former les pas de l'écrou: quand tout eft ainfi difpofé, on trempe le taraud fort dur.

Pour faire la filiere (*Fig.* 17), on forge un morceau de fer auquel on

rapporte

rapporte un lardon d'acier à l'endroit où l'on doit percer la filiere ; on le perce d'un trou qui doit être affez large pour recevoir le bout le moins gros du taraud ; on met le taraud dans le trou ; & ayant mis le quarré *c* du taraud dans le tourne-à-gauche (*Fig.* 19) , on fait tourner le taraud dont les pas de vis trempés s'engagent dans l'acier non trempé de la filiere (*Fig.* 17) ; on tourne en fens contraire le taraud , on l'ôte du trou ; avec une brosse , on ôte les paillettes d'acier qui font dans les entailles *d* du taraud , on le frotte d'huile , puis on le force de nouveau à entrer dans le trou ; & quand il l'a traversé en entier , les pas de vis font imprimés dans l'intérieur de la filiere , & il ne refte plus qu'à la tremper.

Les vis & les écrous fe font comme les tarauds & les filieres : toute la différence confifte en ce qu'on fait les vis & les écrous avec du fer , au lieu que la portion des tarauds & des filieres où font formés les pas de la vis , doivent être d'acier trempé, foit qu'ils foient faits fur le tour ou à la filiere ; alors ils fervent à faire des vis & des écrous dans le fer , qui eft plus mol que l'acier trempé. Mais de plus on peut faire , & les Serruriers font le plus ordinairement , les tarauds avec des filieres , & les filieres avec des tarauds , & ces feconds tarauds leur fervent enfuite à faire des vis & des écrous dans le fer ; ce qui exige en cela le plus d'attention eft de proportionner la groffeur du cylindre qu'on veut paffer dans la filiere à la groffeur du trou : s'il étoit trop menu , les pas ne feroient pas affez profonds , & les filets feroient interrompus ; s'il étoit trop gros , comme il éprouveroit trop de réfiftance à paffer dans la filiere , il fe tordroit & courroit rifque de fe rompre. La groffeur du cylindre qu'on veut paffer à la filiere , doit être égale à l'ouverture de la filiere prife au fond des pas de la vis ; quand les Serruriers doivent faire beaucoup de vis d'une même groffeur , ils percent dans un morceau de tôle un trou qui leur fert à calibrer les cylindres de fer qu'ils veulent tarauder : il y a quelque avantage , fur-tout pour les petites vis, à fe fervir de filieres brifées ou formées de deux pieces (*Fig.* 20), les trous de la filiere étant percés à moitié dans une piece *A* & à moitié dans une autre *B* ; en rapprochant plus ou moins les deux pieces au moyen de la vis *C*, on diminue le trou à mefure que le pas fe forme : de cette façon, on fait fans effort les vis, & on ne fatigue ni la filiere ni la vis que l'on fait. Les pieces *A B* portent donc l'écrou ; les pieces *D E* ne fervent que de rempliffage ; ces quatre pieces entrent à couliffe dans les côtés *F G* de la filiere ; une des joues de la couliffe eft emportée en *H I* , pour qu'en ôtant la vis *C*, on puiffe retirer les pieces *A B C D.*

Il eft fouvent commode d'avoir des pas de vis plus ou moins gros & plus ou moins fins percés dans une même filiere (*Fig.* 21) ; mais ces filieres ne fervent que pour de petites vis.

Quand on veut former de groffes vis ou des filets dans un gros écrou , il faut employer beaucoup de force : c'eft pourquoi on fait le tourne-à-gauche

SERRURIER.   K

(*Figure* 19) fort long, pour avoir un grand bras de levier ; en ce cas il faut que la filiere (*Fig.* 17) , ou le taraud (*Figure* 18) , foient bien fermement affujettis, ainfi que la vis ou l'écrou qu'on veut tarauder ; pour cela on affujettit le taraud ou l'écrou dans le tourne-à-gauche , comme à la *Figure* 22 , où l'on voit que le bras de levier *a* porte une vis qui ferre l'écrou *b* ou le porte-taraud *c* dans la boîte *b e*. *f* eft un barreau de fer qui fert à ferrer la vis du levier *a*. Pour tenir bien ferme la piece de fer qu'on veut tarauder , on a dans les grandes Boutiques une efpece d'étau fort bas & très-fort (*Fig.* 23) , qui eft ferré par deux vis *g g* , & l'on affujettit le boulon ou la piece de fer dans laquelle on veut faire un écrou, entre les deux mâchoires *c c* *d d* de cette efpece d'étau. *a a* font deux forts piliers de fer de deux pieds & demi de haut, dont le bout d'en bas eft reçu dans une forte piece de bois qui eft fcellée en terre ; la folidité de ces piliers eft encore augmentée par les arcboutants *b* , & les deux piliers *a* font immobiles , ainfi que la mâchoire *c c* qu'ils portent à leur bout d'en haut ; la mâchoire *d d*, qui eft mobile, porte les deux ailes *e e* , qui embraffent la mâchoire fixe *c c* , & repofe fur les talons *f f* : il eft fenfible qu'en tournant les deux vis *g g* , on rapproche la mâchoire *d d* , de celle *c c* , qui eft fixe , & le fer qu'on met entre deux eft affujetti très-fermement ; alors deux Ouvriers placés aux bras des leviers du tourne-à-gauche (*Fig.* 22) , ont beaucoup de force pour faire agir le taraud.

EXPLICATION des Figures du Chapitre Premier.

PLANCHE I.

CETTE Planche repréfente dans la Vignette une Boutique de Serrurier , & au bas de la Planche , les outils dont il a principalement befoin.

Fig. 1, *Vignette*, une groffe enclume quarrée fur fon billot ; elle doit être à portée de la forge ; *B* , la table de cette enclume.

On voit le Maître Forgeron qui tient avec des tenailles un morceau de fer rouge fur l'enclume, & qui le forge avec un marteau à main ; devant lui font deux Compagnons qui forgent avec des marteaux à deux mains.

Derriere le Maître Forgeron , on voit une enclume à bigorne qui eft encore auprès de la forge , pour contourner le fer.

Figure 13 & 14 , font deux Apprentifs qui tirent le foufflet : auprès de l'Apprentif 13 , eft un petit foufflet qui fert quand on veut chauffer de petits fers.

Entre les deux Apprentifs *Figure* 13 & 14 , eft la forge ; *A* eft le manteau de la cheminée , fous lequel eft le foyer.

Devant la forge, eft une auge de pierre remplie d'eau *Figure* 26 ; à côté

Figure 28, eſt une auge remplie de ſable, & dedans une palette pour en ré-
pandre ſur le fer chaud.

Figure 2 *dans la Vignette*, eſt une enclume à deux bigornes; une plate *e*
& l'autre ronde *f*; en *b* ſur la table, eſt une mortaiſe pour y mettre, ſuivant
le beſoin une tranche ou une griffe. On voit un Compagnon *C*, qui coupe un
morceau de fer avec un ciſeau à froid.

Figure 33, eſt un Compagnon qui fait une rivure ſur l'étau *D*.

Derriere les Ouvriers, eſt un établi pour les Limeurs, & on voit en *E F* deux
Compagnons qui liment avec un carreau : à l'égard de ceux qui ſont au bas de
la Vignette *Figure* 16, celui *G* arrondit la tige d'une clef, & celui *H* en
lime l'anneau.

Au bas de la Planche *Figure* 1, eſt une groſſe enclume quarrée; *Figure* 2,
une enclume à deux bigornes; ordinairement il y en a une ronde & une
quarrée: la *Figure* 3 eſt une petite enclume à bigorne, ou un bigorneau,
qui doit être fermement aſſujettie dans ſon billot par une longue pointe *a*.

La *Figure* 4 eſt une petite bigorne d'établi qu'on ſaiſit dans l'étau par la
partie *a*.

Les *Figures* 5 & 6 ſont des tas ou taſſeaux; un quarré, l'autre à bigorne;
quelquefois on les place dans un billot: d'autres fois on les ſaiſit dans les mâchoires d'un étau : il en faut de bien des formes différentes, comme nous le
détaillerons dans une autre occaſion.

Les *Figures* 7, 8 & 9 ſont de gros marteaux qu'on nomme *à devant* ou *travers*, & qu'on mene à deux mains, comme on le voit dans la Vignette. Les
Figures 10 & 11 ſont des marteaux à main, à panne droite ou de travers. La
Figure 12 eſt un marteau d'établi qui ſert à bigorner, ou qu'on porte en
ville.

Les *Figures* 17, 18, 19, 20 & 21, ſont des tenailles, les unes droites, les
autres croches pour tenir le fer à la forge ou ſur l'enclume, & pour d'autres
uſages. La *Figure* 22 repréſente une tricoiſe : les Serruriers ne s'en ſervent pas
ordinairement; les Ferreurs en font un grand uſage : à l'égard des pinces ou
béquettes *Figure* 23, dont les unes ont les mordants ronds pour rouler le
fer, & les autres l'ont quarré, les Serruriers n'en font uſage que quand ils
travaillent des ornements fort délicats, ou pour les garnitures des ſerrures.

La *Figure* 24 eſt une tiſonniere qui ſert à attiſer la forge.

La *Figure* 25 eſt une palette qui ſert à ſabler le fer, & à dégorger la
tuyere.

La *Figure* 26 eſt une palette de fer pour mettre le charbon à la forge, &
la *Figure* 27, une grande pelle de bois pour mettre le charbon en tas & en
remplir les mannes.

Figure 29 eſt une écouvette pour arroſer le charbon qui eſt à la forge, &
le raſſembler.

Les *Figures* 45 , 46 & 47 font des cifeaux & des poinçons pour couper & percer le fer à chaud : les *Figures* 30 , 31 , 32 & 33 font des mandrins de différentes formes pour ouvrir les trous & forger deffus le fer au fortir de la forge.

La *Figure* 34 eft une regle de fer divifée par pouces , & elle a une petite anfe pour pouvoir la pofer fur le fer chaud fans fe brûler.

Les *Figures* 35 & 36 font une équerre & une fauffe équerre de fer.

Les *Figures* 37 & 38 font des compas à branches droites ou courbes.

Les *Figures* 41 , 42 , 43 & 44 font des chaffes plates ou à bifeau & chan-frein.

La *Figure* 48 eft un gros étau à pied qu'on nomme *de réfiftance* pour li-mer les gros fers, & forger à chaud & à froid.

La *Figure* 49 eft un étau à patte : *Figure* 50 , eft un étau à main : il y en a dont les mordants fe terminent en pointe ; ils fervent à limer les goupilles.

Les *Figures* 64 , 65 & 66 font des mordaches qu'on ferre dans les mâchoi-res des étaux ; la *Figure* 63 repréfente une efpece de mordache de bois pour affujettir les pieces qui font polies.

Les *Figures* 51 , 52, 53 & 54 font des limes ou carreaux de différente forme & grandeur : il y a encore d'autres limes plus petites *Figure* 55 & 56 , dont les unes font rondes ou à queue de rat , d'autres demi-rondes, d'autres quarrées , d'autres tiers point , &c.

Figure 57 eft un foret avec fa boîte ; *Figure* 58 eft une palette que le Serrurier met fur fon eftomac pour recevoir le bout du foret qui eft oppofé à celui qui perce lorfqu'il perce feul ; *Figure* 59 eft l'archet qui fert à faire tourner le foret.

Les *Figures* 60 font des griffes & des tourne-à-gauche pour contourner le fer ; *Figure* 61 , une petite fourchette qu'on met fur l'enclume pour con-tourner les petits fers ; la *Figure* 62 eft une petite tranche ; *Figure* 63 , une tranche plus forte pour monter dans une hart : *Figures* 71 , 72 & 73 font des perçoires fur lefquelles on pofe le fer qu'on veut percer à chaud ou à froid , pour former un porte-à-faux.

PLANCHE II.

Elle repréfente une forge , & la difpofition des morceaux de fer qu'on veut fouder & brafer, avec des Ouvriers qui coupent ou percent le fer chaud.

La *Figure* 1 repréfente la coupe d'une forge , & fon foufflet à deux ames ou à deux vents.

A, le Foyer de la forge fur lequel eft un tas de charbon bien arrangé , & qui fait le dôme d'un fourneau de réverbere ; *B* eft le doffier de la forge ; *C* eft le fer qui chauffe ; *D* eft la partie inférieure du foufflet ; *E* , fa partie fupé-rieure ; *F*, des poids qui font baiffer cette partie ; *G* , la perche ou la brim-balle

balle qui fait agir le foufflet au moyen de la chaîne *H; I*, la tuyere par laquelle le vent du foufflet fe rend dans la forge.

La *Figure* 2 repréfente deux morceaux de fer *A & B*, qu'on a forgés en
flûte, ou qu'on a amorcés pour les fouder enfemble. Quand on a donné à l'un
& à l'autre une chaude fuante, on les pofe fur la table d'une enclume *C*, &
en les forgeant ils fe réuniffent au point de ne faire qu'un feul morceau;
quelques Forgerons prétendent qu'il faut, en amorçant les pieces *A & B*,
former des inégalités qui entrent les unes dans les autres, comme on le voit
Figure 3.

Quelquefois on goupille les pieces qu'on veut fouder, *Figure* 4; mais il
faut éviter, autant qu'on le peut, de fuivre cette pratique, non-feulement parce que les faces des barreaux qui doivent fe réunir ne peuvent pas fe chauffer
auffi-bien que les faces extérieures de ces barreaux; mais encore parce qu'il
eft à craindre qu'il ne s'introduife des craffes entre les deux barreaux.

La *Figure* 5 fert à faire voir qu'on peut fouder en retour d'équerre la
piece *A* au bout de la piece *B*.

Les *Figures* 6, 7 & 8 fervent à faire voir comment on doit préparer deux
morceaux de fer qu'on veut réunir en les brafant: on peut tailler les deux bouts
en flûte comme à la *Figure* 6, ou ce qui eft mieux, on les entaille quarrément comme à la *Figure* 8, ou encore mieux, on introduit un lardon qui
s'étend d'une piece à l'autre comme à la *Figure* 7.

La *Figure* 9 fert à faire concevoir comment on perce le fer à chaud avec
un poinçon emmanché dans une hart,& comment on le coupe avec une tranche; *A* eft un Compagnon Serrurier qui tient fur l'enclume un barreau qui
fort de la forge; *B* eft le Maître Forgeron qui pofe la tranche ou le poinçon à l'endroit où il faut couper ou percer le barreau; *C* eft un autre Compagnon qui frappe fur la tranche avec un marteau à devant, ou à deux mains.

Figure 10 eft une forte cifaille pour couper le fer à froid; les Serruriers
ne s'en fervent guere.

PLANCHE III.

On y a repréfenté les outils qui fervent à percer, tarauder & fraifer le fer
à froid.

La *Figure* 1 *A* eft une perçoire : c'eft un fort canon de fer creux, fur lequel on pofe le barreau qu'on veut percer, afin que l'endroit où doit être
le trou porte à faux.

La *Figure* 2 *B* eft un gros morceau de fer dans lequel font percés plufieurs trous qui font autant de perçoires pour des fers minces.

La *Figure* 3 eft une tranche emmanchée dans une hart *F*.

Les *Figures* 4, 5, 6 & 7 font des poinçons de différentes forme & groffeur.

SERRURIER. L

La *Figure* 8 eft un foret monté dans fa boîte : *d*, la pointe du foret ; *f*, fon taillant ; *e*, fa boîte.

Figure 10, la plaque que le Serrurier met fur fon eftomac; elle eft de bois, *a b c* eft une lame de fer où font des trous pour recevoir la pointe *d* du foret.

Figure 9 eft un inftrument pour percer, nommé *Drille* ; *f b*, le foret monté dans la piece *b a* ; *c* eft une meule de plomb qui en confervant le mouvement qu'on lui a donné, fert à faire tourner le foret ; *a b*, l'arbre du drille ; *d e*, la croi-fée du drille qui eft traverfée par l'arbre ; *d a*, *e a* eft une courroie qui entoure l'arbre ; en appuyant les mains fur *d e*, la courroie fe déroule ; en remontant la traverfe *d e*, la meule de plomb *c* qui a acquis une vîteffe, roule la courroie dans un autre fens fur l'arbre *b a* , & ainfi le foret tourne continuellement de droite à gauche , & de gauche à droite.

La *Figure* 11 eft un archet de fer ou de baleine , avec fa corde de boyau qu'on roule fur la boîte des forets pour les faire tourner.

La *Figure* 12 eft un porte-foret ; *a b*, deux branches de fer qui font jointes par un reffort ; la bride *c d* eft rivée fur la branche *a* en *d* ; *f* , eft une vis qui fert à rapprocher la branche *a* de la branche *b* pour appuyer plus ou moins le foret *e* contre le fer *g h* qu'on perce.

La *Figure* 13 eft un autre porte-foret ; *c d* eft une plaque de fer qui tient lieu de celle de bois que les Serruriers mettent fur leur poitrine ; le crampon *d* entre dans un trou qu'on fait à l'établi ; le crochet *c* faifit quelque chofe de fixe.

L'écrou *h* de la vis *a* fert à preffer le foret contre la piece qu'on perce, & on fait agir le foret *g f*, au moyen de l'archet *Figure* 11.

La *Figure* 14 eft un autre porte-foret : c'eft un vrai tour d'horloger ; *c d* eft une piece de fer qu'on faifit dans l'étau , la poupée *a* ne remue point ; la pou-pée *b* a la liberté de couler dans la rainure *f g* , & on l'affujettit où l'on veut au moyen d'une vis & d'un écrou *h* ; ces deux poupées tiennent le foret en état : on le fait tourner avec l'archet , & on préfente le fer qu'on veut percer au taillant : quelquefois il y a une troifieme poupée qui fert à tenir la piece qu'on veut percer ; on la trouvera repréfentée ailleurs.

Les *Figures* 15 & 16 font deux fraifes qui fervent à élargir l'entrée d'un trou où doit entrer une tête de vis , qu'on veut arrafer : la fraife *A* eft ftriée, la fraife *B* eft quarrée ; on les fait tourner avec l'archet comme les forets.

La *Figure* 17 eft un écrou ou filiere, & la *Figure* 18 un taraud pour faire des vis & des écrous; *a* , les pas de vis ; *d*, des entailles qu'on fait pour loger les co-peaux que le taraud emporte ; quelquefois ces entailles font fi confidérables que la partie *a* eft triangulaire comme *A* * ; alors il n'y a de pas de vis qu'en *e f g* ; comme le taraud *Fig.* 18 , fert à faire de groffes vis, il a une tête quarrée *c* qui entre dans l'ouverture auffi quarrée d'un levier *Fig.* 19 , qu'on nomme *tourne-à-gauche*, & on affujettit l'écrou *Fig.* 17, dans une efpece d'étau *Fig.* 23, dont

* *Nota.* A la page 36 du Difcours, ligne 38 , il faut lire *triangle* , au lieu de *tringle*.

nous avons donné la defcription dans l'ouvrage ; quelquefois auffi on affujettit dans cet étau, le fer qu'on veut tarauder & la piece *Figure* 22 porte les filieres.

On a encore *Figure* 21 , de petites filieres à main ; les trous *a b c d e f g* font autant de pas de vis différents ; la piece fur laquelle on veut faire une vis eft affujettie dans un étau.

La *Figure* 20 eft une filiere brifée ; la partie *A* porte la moitié d'un écrou, & la partie *B* , l'autre moitié ; *D E* font des pieces de rempliffage , & toutes ces pieces entrent à couliffe dans les joues *F G* ; un des côtés de la couliffe manque en *H I*, pour pouvoir retirer les pieces qui y font renfermées ; au moyen de la vis *C* , on rapproche la piece *A* de la piece *B*, à mefure que la vis fe forme.

La *Figure* 25 *A* & *B* font les parties de deffus & de deffous d'une étampe pour faire des boutons de ferrure.

La *Figure* 26 *A* & *B* repréfente le deffus & le deffous d'une petite étampe pour faire des vafes à la tête des fiches.

La *Figure* 27 eft une étampe pour faire des moulures fur des plate-bandes.

La *Figure* 24 eft la moitié d'une étampe pour arrondir les tiges des efpagnolettes ; l'autre moitié eft tout-à-fait femblable.

CHAPITRE II.

Des gros Ouvrages en Fer pour la folidité des Bâtiments.

Apre's avoir donné quelques principes généraux fur la Serrurerie , il faut entrer dans des détails , & commencer par les ouvrages les plus groffiers , qui font en état d'être mis en œuvre au fortir des mains du Forgeron, fans être réparés à la lime.

J'ai dit que le Serrurier travailloit pour la ftabilité , la fûreté & la décoration des bâtiments : mais nous nous propofons de ne parler préfentement que des ouvrages qui contribuent à leur folidité ou ftabilité ; ainfi nous allons détailler les pieces qu'on forge pour rendre plus durables les ouvrages de maçonnerie & de charpenterie. Nous dirons enfuite quelque chofe de quelques gros ouvrages de forge qui font employés pour la conftruction des Vaiffeaux.

Article Premier.

Des gros Fers pour les Bâtiments.

Pour entretenir les murs de face dans leur à plomb , on les lie avec les murs de refend par des tirants & des ancres.

On appelle *Ancre* un morceau de fer qui s'applique fur l'extérieur du mur qu'on veut retenir , & qui entre dans une boucle qu'on a faite à un tirant. L'ancre eft quelquefois droite comme *A B* (*Planche IV* , *Fig.* 1) , & en ce cas elle n'eſt autre choſe qu'un barreau d'un pouce ou dix-huit lignes en quarré auquel on ſoude un talon *C*, pour qu'il ne coule point dans la boucle *C* du tirant *A* (*Fig.* 2.)

On a perfectionné les ancres ; & pour les mettre en état d'embraſſer une plus grande étendue du mur qu'on veut retenir, on en a fait en *Y* (*Fig.* 3) ou en *S* (*Fig.* 4), ou en *X* (*Fig.* 5.)

Pour faire les ancres en *Y*, on ſoude un barreau de fer quarré au barreau *A B* (*Fig.* 3.) vers l'endroit *C*, puis on enroule la branche *D* qui fait le prolongement du corps de l'ancre *A B*, & on enroule de même & en ſens contraire la branche *E* qu'on a ſoudée au corps de l'ancre vers *C* : ces enroulements ſe font ſur la bigorne, ou pour l'ordinaire dans des fourchettes avec des griffes, comme nous l'expliquerons dans la ſuite : enfin on ſoude le talon *C* (*Fig.* 3), & l'ancre en *Y* eſt finie.

Pour faire l'ancre en *S* (*Fig.* 4), on fait un enroulement en *A*, & un autre en *B*, & on ſoude un talon en *C*. Il dépend de l'adreſſe de l'Ouvrier de donner à l'*S* un contour agréable.

L'ancre en *X* (*Fig.* 5), ſe fait avec deux barres de fer que l'on courbe par les extrémités *A A*, *B B* ; on les joint en *C*, où l'on ſoude un talon : on a repréſenté en *D E* l'extrémité du tirant, avec l'œil *D* qui embraſſe l'ancre.

A l'égard des tirants, les plus ſimples, ceux qui coûtent le moins, mais auſſi les moins bons, ne ſont qu'une bande de fer plat *A D C* (*Figure* 2), dont on replie le bout en *C* ſur un mandrin d'une groſſeur proportionnée à celle de l'ancre *B*. On ſoude l'extrémité de la partie recourbée avec le corps de la barre, pour former une boucle ; on donne enſuite une bonne chaude en *D* ; & ſaiſiſſant le corps de la barre avec deux fortes griffes, en tordant on fait le pli *D*, qu'il faut eſſayer de faire le plus long qu'il eſt poſſible pour moins corrompre le fer ; moyennant ce pli, on peut clouer la partie droite *A* ſur une poutre, & alors on termine le tirant par un talon comme le harpon (*Fig.* 6) ; ſi l'on met à l'autre extrémité de la même poutre un pareil bout de tirant ou un harpon avec ſon ancre, les deux murs oppoſés ſeront aſſez bien liés l'un à l'autre ; mais la liaiſon eſt encore plus parfaite quand la barre ou le corps du tirant traverſe tout le bâtiment. Souvent, pour que rien ne paroiſſe, on noie cette barre dans un mur de refend, & l'ancre dans celui de face. Quand les tirants ne traverſent pas toute la largeur du bâtiment, on les termine en *A* par un ſellement en enfourchement comme le harpon (*Fig.* 7) ; afin qu'elles ſe lient mieux avec le corps du mur. Les talons ſe font ou dans l'étau ou ſur le bord de l'enclume ; à l'égard du ſellement, on fend la barre avec la tranche, & on ouvre un peu les deux côtés qu'on a ſéparés.

Quand ces tirants manquent, c'eſt ordinairement par la partie *D* (*Fig.* 2), parce que le fer eſt corrompu en cet endroit. On éviteroit cet inconvénient en mettant la barre du tirant de champ ou dans le mur ou ſur une des

deux

deux faces verticales d'une poutre : mais un défaut de ces tirants qui subsiste-roit toujours , seroit qu'on ne pourroit pas les bander avec force dans le sens qui convient pour rapprocher les murs l'un de l'autre ; c'est l'avantage qu'on se procure au moyen des chaînes simples (*Fig.* 8) , ou par les chaînes qu'on nomme *à moufle* (*Fig.* 9.)

Pour faire les chaînes simples (*Fig.* 8), on forme en *A* un enfourchement ; & au bout de chaque branche *BB*, on fait , sur un mandrin quarré plus large qu'épais , une boucle soudée ; on en fait une aussi au bout *D* de la barre *CD* ; & mettant cette boucle *D* entre les deux autres *BB*, on les traverse toutes trois par une forte clavette *H* qu'on forme un peu en coin , pour qu'en la chassant les chaînes soient tendues.

Pour faire les chaînes à moufle (*Fig.* 9) , on recourbe le bout des barres *AB* & *CD* ; & si l'on veut, on soude les bouts recourbés , comme on le voit en *E* (*Fig.* 10) : ensuite on fait des chaînons en *F G*, (*Fig.* 11) ; le bout *C* d'une des barres (*Fig.* 12) , s'accroche dans le chaînon en *F* (*Fig.* 11) ; on place le crochet *B* (*Fig.* 13) de l'autre barre , entre les deux crochets *G* (*Fig.* 11) du chaînon ; & au moyen de la clavette *H* (*Fig.* 14 & 9), qu'on chasse à force, la chaîne à moufle est bien tendue, comme on le voit (*Fig.* 9). Ces chaînes sont très-bonnes , & elles seroient encore meilleures si l'on sou-doit aux corps des barres , tous les bouts recourbés ; mais elles coûtent plus que celles dont nous avons parlé d'abord.

On choisit , pour faire les chaînes , les bandes de fer les plus longues qu'on peut , afin de mettre moins de moufles ou chaînons, parce que cette partie coûte plus que le reste.

Il seroit bon que les chaînes fussent faites avec du fer doux ; & si le fer étoit fort aigre, on souderoit du fer doux aux endroits où l'on doit faire les boucles, pour que ces endroits étant mieux soudés , ne rompissent point.

Quand les barres sont trop courtes , on les alonge en en joignant deux en-semble , comme le représente la *Figure* 15 ; mais alors le fer est un peu cor-rompu aux plis.

Il y a de petits tirants de moindre conséquence qu'on nomme *Harpons* ; s'ils aboutissent à une piece de bois à laquelle on puisse les attacher , on les termine par un talon *B* (*Fig.* 6) ; s'ils aboutissent à un mur , on les ter-mine par un scellement *A* (*Fig.* 7.)

Il y a des tiges de cheminées qui s'élevant fort haut au-dessus des crou-pes, courroient risque d'être renversées par le vent, si elles n'étoient pas affermies par des chaînes ou tirants qui traversent l'épaisseur du tuyau , & auxquels on ajuste des ancres qui s'appuient sur les deux faces opposées des cheminées. On fait ces ancres ou en *S* (*Fig.* 17) , ou en *X*, comme le représente la *Figure* 5 ; les *S* , *A B* (*Fig.* 17) elles sont retenues par la grande boucle *C D* , & l'extrémité *E* du tirant eſt attachée à la charpente par de forts clous, un talon , & quelquefois un enfourchement.

La longueur de la boucle *C D* eſt déterminée par l'épaiſſeur du tuyau de cheminée , on la forge ſur un mandrin qui a la même épaiſſeur que les ancres. Après l'avoir courbée en *C* au moyen d'une griffe , on fait une ſoudure en *D* ; à l'égard de l'autre bout du tirant, on lui donne différentes formes ſuivant que l'exigent les pieces de charpente où on les attache.

On fortifie quelquefois les cheminées de brique qui ſe fendent, par des embraſſures (*Fig.* 18) : elles ſont formées par quatre bandes de fer qui s'aſſemblent par leurs extrémités à tenon & à mortaiſe ; ou bien une bande eſt courbée en équerre en *CD* (*Fig.* 19) , & elle s'aſſemble à tenon & à mortaiſe avec la piece *A B*.

Les mortaiſes s'ouvrent à chaud avec une langue de carpe , & on les équarrit au moyen d'un mandrin ; à l'égard des tenons, comme ces embraſſures ſont ordinairement faites avec du fer aigre , on ſoude ſur les bouts *A B* , des morceaux de fer doux qu'on équarrit avec une chaſſe , comme nous l'expliquerons dans la ſuite ; puis on y fait une ouverture pour y paſſer une clavette : ordinairement on ne prête pas beaucoup d'attention à bien former les angles *C D* ; mais ſi on déſiroit les faire réguliers , on refouleroit le fer en ces endroits, ou l'on y ſouderoit une miſe pour ſe procurer de l'étoffe, afin de faire les angles à vive-arrête : ceci regarde toutes les pieces qui doivent être coudées en retour d'équerre.

Ces ſortes d'embraſſures ne ſont plus guere d'uſage : on a coutume de fortifier les cheminées de briques par de forts fentons (*Fig.* 20) , qui ſe terminent en ſcellement , & qui s'accrochent les uns dans les autres ; ils ſont noyés dans l'épaiſſeur de la maçonnerie.

A l'égard des cheminées de plâtre, on les lie avec de foibles fentons faits de fer fendu mince , & qui s'accrochent les uns dans les autres (*Fig.* 21 & 22) *A B* & *C* *.

Les manteaux de cheminée s'appuient ſur une forte piece de fer quarrée qu'on nomme pour cette raiſon *Manteau de cheminée* ; on en fait avec un ſimple barreau de fer qui porte ſur les jambages ; mais il eſt mieux pour éviter l'écartement, de faire (*Fig.* 23) deux retours d'équerre en *A* & en *B* , avec deux ſcellements qui entrent dans le mur en *C* & en *D*. Dans des offices, on en fait quelquefois de cintrés (*Fig.* 24).

Nous parlerons ailleurs fort en détail de la façon de cintrer le fer.

Quand on met des manteaux de marbre ou de pierre de liais, les Marbriers emploient de petites pattes de fer mince (*Fig.* 25¹) , qui ont un petit

* Le terme de *Fenton* vient de ce que ces menus ouvrages ſont faits avec du fer fendu par les couteaux des fenderies ; les gros fers fendus ſe nomment chez les Marchands des *Côtes de vaches* ; ils ſont ordinairement arrondis ſur une de leur face.

fcellement en *A*, & un fort petit mamelon en *B* qui entre dans un trou que le Marbrier fait pour le recevoir.

On fait ces pattes avec du fer plat qu'on refend à chaud pour faire le fcellement qui doit être plat. Du côté du mamelon, on bat le fer fur le tranchant pour augmenter fon épaiffeur, on le courbe, & on achcve de le former dans une étampe: quelques-unes de ces pattes ont deux mamelons; un en deffus qui entre dans le manteau, & un en deffous qui entre dans le jambage: on en fait auffi qui ont des mamelons à chaque bout pour lier deux pieces de marbre qui fe fuivent.

On lie encore les pieces de charpente par des harpons (*Fig.* 26), qui fe terminent du bout *A* par un talon, & de l'autre *B* par un fcellement, ou bien par des plate-bandes (*Fig.* 27). Les unes *A B* font droites, & les autres *C D* (*Fig.* 28) font courbes pour s'ajufter, par exemple, à la figure des limons des efcaliers.

Les équerres (*Fig.* 29 & 30), font encore de bonnes liaifons : à la *Figure* 29, le fer eft plié fur le plat; & à la *Figure* 30, les barres font foudées dans l'angle, où l'on ménage un gouffet pour lui donner plus de force : la plupart font terminées par des talons ; on ouvre ou l'on ferme plus ou moins les branches des équerres fuivant la place où on veut les pofer.

Je détaillerai dans un inftant la façon de forger les équerres, en parlant des courbes des Vaiffeaux.

Les brides coudées ou non coudées (*Fig.* 31 & 32), fervent à fortifier une piece de bois qui eft fort affoiblie par une grande mortaife, ou à foutenir un chevêtre, lorfqu'on craint d'affoiblir les pieces où il aboutit par des entailles à mi-bois ou des mortaifes.

La *Figure* 33 eft encore une bride pour lier une poutre à un endroit qui paroît foible, ou qui commence à s'éclater. On met quelquefois, l'une à côté de l'autre deux femelles femblables à *A B*, retenues par des boulons *C C*, ou bien on met aux deux bouts des femelles *A B* deux étriers femblables à *E F*.

Ces équerres, brides, étriers, crampons, plate-bandes, font liées fuivant leurs forces & la place où on les met (*Fig.* 34), par des crochets, chevillettes ou pattes *A F*; on fe fert de ces menus fers pour foutenir les corniches de bois ou de plâtre, ou bien on emploie à ces ufages des crampons *B* ou dents de loup *C*, ou des clous & chevilles à tête *D E*, ou même des boulons (*Fig.* 35), qui font ou à clavette comme *A*, ou à vis comme *B*, ou à fcellement comme *C*; ordinairement on fait leurs têtes quarrées, & on les encaftre dans le bois; d'autres fois on leur fait des têtes rondes comme *B* (*Fig.* 33).

On fait l'œil *a* (*Fig.* 35) avec une langue de carpe & un mandrin ; on taraude la vis *b* avec une filiere, comme nous l'avons expliqué : à l'égard du fcellement *c*, nous avons déja dit comme on le fait.

On peut faire les têtes rondes en refoulant le fer, & le frappant enfuite dans une étampe, ou une efpece de clouyere : mais cette opération corrompt le fer ; ainfi le plus fouvent on foude au bout du barreau un morceau de fer en portion d'anneau *D* (*Fig.* 33). Je dis une portion d'anneau ; car fi l'anneau étoit entier, comme il augmenteroit de volume, il s'étendroit fous le marteau & il ne fe fouderoit pas. On foude pareillement les têtes plates *ABC*, (*Fig.* 35), & on finit les unes & les autres dans une étampe, ou plus fréquemment dans le gros étau *D* (*Planche I dans la Vignete*).

Comme il y a du danger à mettre du bois fous les âtres des cheminées, il eft ordonné d'y mettre des enchevêtrures : fouvent les Charpentiers les font en bois, & on met du fer fous le foyer ; mais ils font meilleurs en fer, comme le repréfente la *Fig.* 36 : c'eft un gros fer quarré ; les parties *A B* portent fur les folives, le coude *B C* doit être égal à l'épaiffeur des folives, & la diftance *C C* à la largeur du foyer fupérieur. Toute l'étendue du foyer jufqu'au fond de la cheminée eft garni, par ce qu'on nomme *des bandes de trémie* (*Fig.* 37) ; on les fait de fer plat, parce qu'elles n'ont à fupporter que le poids du foyer, au lieu que le chevêtre fupporte toutes les folives qui aboutiffent deffus ; on arrête les bandes de trémie fur les folives qui les portent, par deux clous *D* qu'on met dans les trous *A B*.

Les fablieres font foutenues par des corbeaux qu'on fait en bois dans les bâtiments qui n'exigent point de propreté ; mais les corbeaux en fer (*Fig.* 38), font beaucoup moins difformes : ce n'eft autre chofe qu'un gros morceau de fer quarré qui eft terminé à un de fes bouts par un fcellement *A*.

Autrefois on pofoit les folives fur les poutres ; mais comme l'épaiffeur des poutres pendantes a paru difforme, on a entaillé le deffus des poutres de l'épaiffeur des folives. On s'eft bientôt apperçu que ces entailles affoibliffoient les poutres, & l'on a trouvé plus à propos de rapporter fur les côtés des poutres des pieces de bois qu'on nomme *des Lambourdes*, & c'eft dans ces pieces qu'on fait les entailles qui reçoivent les folives ; on attache ces lambourdes fur les côtés des poutres avec des chevillettes ; mais pour les bâtiments de conféquence, il eft beaucoup plus folide de mettre de diftance en diftance des étriers doubles (*Fig.* 39) ; la partie *A B* porte fur la face fupérieure de la poutre, les côtés *A C, B C* embraffent les côtés verticaux de la poutre, & les crochets *C D E* fupportent les lambourdes.

Les Plombiers ont auffi recours aux Serruriers pour donner de la folidité à leur ouvrage. Ils embraffent les tuyaux de defcente avec des gâches ou crampons (*Fig.*40). La partie *A* embraffe le tuyau, & les branches *B B* font fcellées dans le mur. Les chaîneaux font foutenus par des crochets qu'on nomme *à chaîneaux* (*Fig.*41), & les gouttieres en faillie par des barres de godets (*Fig.*42).

Le

Le bout *A* eft en l'air, l'extrémité *B* embraffe quelquefois une poutre, & d'autres fois elle fe recourbe & eft fcellée dans un mur ; au milieu font, de diftance en diftance, des crochets *C* qui embraffent & foutiennent la gouttiere. La *Figure* 43 eft un crochet qui fert aux Plombiers à attacher leurs échelles.

Comme il n'y a pas beaucoup de préceptes à donner fur la façon de for-ger les pieces dont nous venons de parler, après ce que nous avons dit des principes généraux de l'Art du Serrurier, nous fommes perfuadés qu'on ne fera pas embarraffé à les forger, fur-tout étant aidé par les Figures ; ainfi nous croyons devoir nous borner à ce que nous avons dit des ufages de chaque piece qu'on peut employer pour la folidité des bâtiments.

Outre les ouvrages dont nous venons de parler, on met encore au nom-bre des gros fers, les linteaux de portes & de croifées, les barres d'appui unies, les barres de languettes, de contre-cœur, de potagers ; les potences des poulies à foin & à puits, ainfi que les impériales de puits, quand ils ne font point ornés ; les plate-bandes pour mettre fur les margelles.

Les manivelles pour les puits à treuil, & les autres machines, les armatu-res pour les bornes & les feuils des portes cocheres, les fabots des pilo-tis, &c. tous ces ouvrages font de forge, & fe vendent à la livre ; à l'égard des pattes, crochets d'efpalier, &c. qui fe vendent au cent, nous aurons oc-cafion d'en parler ailleurs.

La plupart des ouvrages dont nous venons de parler, fe vendent au poids ; & font de différents prix, fuivant la nature du fer qu'on eft obligé d'employer, & le travail qu'on doit y faire.

Je ne me propofe point d'entrer ici dans le détail de toutes les ferrures qui fervent à la conftruction d'un Vaiffeau, cette partie du travail du Serrurier me méneroit beaucoup trop loin. D'ailleurs la plupart de ces ferrures fe tra-vaillent à peu près de même que les gros fers des bâtiments : ainfi je me ren-ferme à dire un mot des guirlandes & des courbes de fer, des ferrures des bouts de vergues & de celles du gouvernail, fimplement pour donner une idée des gros ouvrages de Serrurerie qu'on fait pour les Vaiffeaux, & de la maniere de les travailler. Je profiterai de ces exemples pour expliquer comment on doit forger les grandes équerres ; car ce qu'on appelle dans la Marine *des guirlandes* & des *courbes*, font à proprement parler de grandes équerres qui doivent être très-folides.

Article II.

Des Guirlandes.

Les guirlandes font de grandes équerres *D C, A B* (*Pl. V*, *fig.* 1) for-mées par deux bandes de fer *A B* ou *C D* qu'on nomme dans les Ports *Lattes* ; chacune des branches eft entaillée par le gros bout à mi-fer en *a* & en *c*, pour former l'amorce qui eſt néceſſaire pour les ſouder avec le talon. Les deux branches ſont percées ſur leur plat de trous *e e e* , &c. à dix ou onze pouces de diſtance les uns des autres ; on leur donne aſſez de diametre pour recevoir les chevilles qui ſervent à attacher les guirlandes dans l'intérieur du Vaiſſeau contre les membres. Au reſte les branches de l'équerre ſont plus épaiſſes du côté de l'angle *A C* ou *a c* , ce qu'on appelle le *renfort* , qu'à leur extrémité oppoſée *B D* ou *b d*. Quand les deux lattes ſont forgées, percées & amorcées par le bout épais *a* & *c* , on forge un talon qui eſt un morceau de fer *f* de deux pieds de long, de ſix pouces de large, & ſept pouces d'épaiſſeur *, percé d'un ou deux trous au milieu. Quand ces différentes pieces ſont préparées , le Chef d'ouvrage met le gros bout de la latte *c d* au feu ; on chauffe à un autre feu le talon *f* de la guirlande. Quand le tout eſt chaud à ſouder, on les tire du feu , & on poſe la partie *c* ſur un des bouts du talon *f* qui eſt amorcé de façon que les deux parties qui ſont entaillées ou amorcées, ſe rencontrent ; on frappe à grands coups pour ſouder enſemble ces deux pieces. Cette opération qu'on nomme *la premiere encolure* étant faite , on fait la ſeconde encolure en ſoudant le bout *a* de l'autre latte à l'autre bout du talon *f* ; on fortifie le talon & les ſoudures par des miſes qu'on met dans l'aiſſelle de la guirlande, puis on remet le tout au feu pour recevoir une ſeconde chaude. Alors on préſente ſur la piece le modele en bois qu'a donné le Conſtructeur , on l'appelle *le gabari* ; pour voir ſi la guirlande prend la forme qu'elle doit avoir , & quand les talons ſont bien formés , & quand les ſoudures ſont fortifiées par des miſes, on ſe diſpoſe à ſouder l'arcboutant *g h* qui ſe place ordinairement aux deux tiers de la longueur des lattes à commencer par le bout mince , & on place les bouts de l'arcboutant dans une amorce ou entaille qu'on a faite ſur le champ de chaque latte en *g h* pour tenir les bras de la guirlande à l'ouverture qu'on deſire ; & quand l'arcboutant eſt ſoudé , & quand on a fortifié les ſoudures de l'arcboutant par une ou pluſieurs miſes, on a une guirlande pareille à celle qui eſt repréſentée *Figure* 1 , *A B C D G H* : elle peſe ordinairement 13 , 14 ou 1500 livres ; ainſi c'eſt un gros morceau de forge.

A R T I C L E　III.

Des Courbes de Jottereaux.

Les courbes de Jottereaux (*Fig.* 2), qui ſervent à lier l'éperon au corps du Vaiſſeau, ſont auſſi des eſpeces d'équerres formées d'une latte de jottereaux *A B* ou *a b* qui s'attache ſur le jottereau , d'une latte d'éperon *C D* ou *c d* qui s'attache ſur l'éperon , & d'un arcboutant *G H* ou *g h* aſſemblé comme il eſt re-

---

* Il eſt évident que les dimenſions de toutes les pieces de ſerrurerie qu'on fait pour un Vaiſ-ſeau, changent ſuivant la grandeur de ce Vaiſſeau : mais je ne puis entrer dans ces détails ; ainſi je me ſuis borné à donner à peu près les grandeurs qui conviennent pour un Vaiſſeau de 74 canons.

préfenté dans la Figure. On foude fur la latte CD ou $c\,d$ un fort talon F ou f, auquel on forme une amorce, pour qu'elle s'affemble à mi-fer avec la branche ou la latte $a\,b$ ou $A\,B$; on forge à part l'arcboutant $g\,h$; on fait des amorces aux extrémités & des entailles en G & en H ou en $g\,h$, fur le champ des lattes, pour recevoir les amorces de l'arcboutant ; & à la forme près, ces courbe fe forgent comme les guirlandes : elles pefent ordinaire-ment 900, 1000 ou 1100 livres.

ARTICLE IV.

Des Courbes de faux Ponts.

LES courbes de faux Ponts (*Figure* 3), font formées par deux lattes, dont l'une $A\,B$ ou $a\,b$ affez longue fe cheville fur le bord, & l'autre $A\,C$ ou $a\,c$, plus courte, fe cheville fur le faux bau : elles font affermies par un arcboutant DE ou $d\,e$; l'une & l'autre branche font chevillées fur le plat. Quand on veut faire une de ces courbes, on perce les lattes de plufieurs trous FFF ou fff pour recevoir les chevilles qui doivent l'attacher au bau & aux membres ; comme ces courbes font plates, & comme la branche $A\,C$ ou $a\,c$ doit être attachée fur le bau, & la branche $A\,B$ ou $a\,b$, fur les membres, l'équerre re-çoit fa principale force de l'arcboutant $D\,E$ ou $d\,e$, qui ne peut être foudé que fur le champ de ces lattes. Comme elles ont peu d'épaiffeur, on met en D ou d, ainfi qu'en E ou e, des renforts qui augmentent en ces endroits l'épaif-feur des lattes. On commence donc par fortifier les lattes en D ou d, & en E ou e, par des renforts ; on fortifie auffi leur extrémité vers A par une forte mife ; on amorce les deux bouts A à mi-fer, comme on le voit dans la Fi-gure. On foude ou l'on encole les deux branches en A ou a, & on fortifie l'aiffelle par une mife G ou g ; enfuite on préfente le gabari fur les lattes fou-dées qui forment l'équerre, pour leur donner jufte l'ouverture qu'elles doi-vent avoir. Cette opération faite, on foude l'arcboutant fur le champ des lat-tes en DE, & on fortifie ces foudures par une ou deux mifes. On fortifie auffi l'encolage A par deux mifes qu'on pofe dans l'aiffelle l'une après l'au-tre. La jonction des trois pieces qui compofent une courbe étant faite, on vérifie encore fi l'ouverture eft bien conforme au gabari, & on finit par la parer avec le marteau pour la rendre plus agréable à l'œil. On retranche quelquefois fous les gaillards l'arcboutant aux courbes verticales qu'on cloue fous les barreaux & fur les membres, pour dégager les logements qui y font, & parce que ces courbes ne fatiguent pas autant que celles des Ponts. Les courbes des faux ponts pefent environ 300 livres.

Des Courbes de Ponts.

Les courbes qu'on nomme *de Ponts*, parce qu'elles fervent à unir les baux du premier & du fecond pont au corps du Vaiffeau, fe forgent autrement que les courbes des baux du faux pont, parce que les courbes du faux pont fe clouent ou s'attachent une branche fur les baux, & l'autre fur les membres : ainfi il faut imaginer une bande de fer plat qui feroit pliée en *A* fur fon plat formant une équerre, au lieu qu'aux courbes de ponts, une des branches doit être chevillée & clouée fur une des faces verticales du bau. Cette branche *A B* dans la *Figure* 4, fe préfente par fa face plate, & l'autre branche *A C* ou *a c* devant être attachée fur les membres, elle préfente fon épaiffeur. La branche ou latte verticale *A C* ou *a c*, dont on ne voit que l'épaiffeur qui doit être attachée au côté du Vaiffeau, & qu'on nomme *latte de bord*, eft percée, comme les lattes de faux ponts, aux endroits marqués *F F F* ou *f f f* ; on foude un renfort en *A* ou en *a*, pour qu'il y ait plus de fer à l'endroit de la foudure ; on foude auffi un renfort en *D* ou en *d*, où doit aboutir l'arcboutant ; on fait auffi une entaille fur le champ en *E* ou en *e* pour recevoir l'arcboutant.

Quand les deux lattes font ainfi forgées, & quand on s'eft affuré en les préfentant fur le gabari, qu'elles ont la forme que defire le Conftructeur, on chauffe féparément le bout *A* des lattes de bord & de bau ; les deux pieces étant chaudes, le Chef préfente la fienne, qui eft celle de bord, fur l'enclume, & le Chauffeur pofe celle de bau fur le champ de la latte de bord. Le tout étant bien foudé & fortifié par des mifes qui doivent s'étendre fur les deux lattes, & former le talon, on vérifie fi les deux branches de la courbe ont l'ouverture qu'elles doivent avoir, & on foude l'arcboutant un bout *E* ou *e* fur le champ de la courbe de bord, & l'autre bout *D* ou *d* fur le plat de la courbe de bau. Ces courbes pefent ordinairement 300 ou 350 livres.

En voilà affez pour faire comprendre comment on forge ces grandes équerres qu'on nomme dans la Marine *Courbes*, ce qui indique la meilleure maniere de forger les équerres, pour toute forte d'ufages.

Des Ferrures de Gouvernail.

Un Vaiffeau qui a perdu fon gouvernail eft en très-grand danger ; ainfi les Forgerons doivent choifir, pour les ferrures de gouvernail, d'excellent fer, & le travailler avec tout le foin poffible.

On fait que le gouvernail eft placé en dehors du Vaiffeau, tout du long de l'Etambot ; & pour qu'il ait un mouvement de rotation ou de charniere
femblable

femblable à celui d'une porte qu'on ouvre & qu'on ferme, fes ferrures (*Plan-che VI*) confiftent en gonds que les Marins nomment *Crocs* , & en pentu-res qu'ils appellent *Canaffieres*. Les gonds tiennent au gouvernail , & ils font en enfourchement pour qu'ils puiffent embraffer les deux faces du gouvernail.

Les pentures dont l'œil eft en faillie , ont pareillement deux branches qui embraffent l'étambot , & fe prolongent fur le corps du Vaiffeau.

Le gond ou croc *Figure* 1 repréfenté en plan en *A,* & de profil en *B,* eft le plus élevé, étant placé environ deux pieds au-deffous du trou de la barre du gouvernail ; comme le gouvernail a moins de largeur en cet endroit que plus bas, les branches *a a* ne font pas longues ; & pour les arrêter plus fermement, on les termine par deux ailes ou pattes *b b* , qui permettent de les arrêter par un plus grand nombre de clous ; *c* eft le croc ou la cheville du gond.

Le gond ou croc *A & B Figure* 2 , qui eft placé dix-huit pouces au-deffus de la quille à un endroit où le gouvernail a beaucoup de largeur , a pour cet-te raifon les branches *a a* fort longues & point de pattes.

La *Figure* 3 *A & B* repréfente un gond ou un croc intermédiaire : nous fe-rons feulement remarquer que les branches *a a* ne font pas toujours paral-leles ; elles s'écartent ou fe rapprochent pour s'appliquer exactement fur les faces du gouvernail.

Les pentures ou canaffieres *Fig.* 4. embraffent par la partie *b* toute la faillie de l'étambot , & les branches *a a* font clouées fur le corps du Vaiffeau , à diffé-rentes hauteurs ; & comme à caufe des façons, la figure du Vaiffeau change beau-coup à différentes hauteurs , fur-tout à l'arriere , il s'enfuit que l'ouverture des branches des pentures doit auffi être fort différente ; c'eft pourquoi la penture ou canaffiere, *Fig.* 4 qui doit être placée dix-huit pouces au-deffus de la quille & recevoir le gond, *Fig.* 2 , a les branches *a a* prefque paralleles & fort lon-gues , parce qu'à l'endroit où cette penture eft placée , les façons font fort pincées , & elles n'ont pas plus d'épaiffeur que l'étambot. La penture *Fig.* 5 , qui doit recevoir le gond *Fig.* 1 , étant placée au-deffus de la liffe d'hourdi , ou deux pieds environ au-deffous du trou de la barre du gouvernail , le corps du Vaiffeau étant prefque plat en cet endroit , les ailes *a a* font pref-que droites : il n'en eft pas ainfi de la penture intermédiaire *Fig.* 6 , qui doit recevoir le gond *Fig.* 3 ; cette penture étant placée à un endroit où le Vaiffeau a beaucoup de renflement , les ailes *a a* font très-divergentes. La partie *b* de ces trois pentures *Fig.* 4, 5 & 6 , embraffe l'étambot : nous ferons encore remarquer que les yeux *c* font garnis en dedans d'une virole de cuivre.

Je vais dire quelque chofe fur la façon de forger ces gonds ou crocs , & ces pentures ou canaffieres ; à l'égard des pentures , il s'agit de donner une bonne forme à leur tête *c* , & l'équerrage convenable aux ailes *a a*.

Pour un Vaiffeau de 74 canons , on prend un barreau de cinq à fix pouces en quarré , & l'on foude au bout un ringard pour pouvoir le manier plus aifément ; le Chauffeur donne une bonne chaude à ce barreau , puis il le tire du feu, & le porte fur l'enclume.

Pour le percer , un Ouvrier pofe deffus un poinçon qui eft plat par le bas & rond au-deffus , emmanché dans une hart , & il frappe fur ce poinçon qui ouvre d'abord le trou , puis l'arrondit par la partie ronde du poinçon qui fait l'office de mandrin ; le trou étant fait, on fait avec une tranche deux entailles aux deux côtés du trou ; elles doivent avoir un pouce & demi de profondeur, & être éloignées du trou de deux pouces ; ces entailles marquent la largeur que doit avoir la tête de la canaffiere ou penture. On remet le fer au feu, & quand il eft chaud, on le reporte à l'enclume ; on le pofe fur une des faces où le trou eft percé ; & avec une tranche, on fend le barreau en deux en commençant à l'endroit où l'on a fait l'entaille jufqu'à neuf ou dix pouces de longueur où l'on coupe le barreau , & on foude un ringard à la piece pour pouvoir la manier plus aifément.

Pendant ce travail , d'autres Ouvriers préparent trois ou quatre mifes pour charger la tête : on en pofe une à droite & l'autre à gauche de l'œil, la troifieme fe place fur la tête : il eft rare qu'on en mette fur le plat.

Quand les mifes font ainfi placées , on donne deux bonnes chaudes, une à droite & l'autre à gauche pour perfectionner l'une après l'autre ces deux parties. On emporte avec la tranche le fer qui eft de trop , on arrondit la tête *c*, & on pare cette partie : puis on agrandit le trou avec un mandrin de 44 à 45 lignes de gros. On emporte du fer , & on perfectionne le trou avec une tranche qui a la forme d'une gouge ; puis avec un poinçon on fait des trous d'environ fix lignes de profondeur tant autour que dans l'intérieur du trou , pour que le cuivre qu'on doit y fondre s'attache mieux au fer. On remet la piece au feu pour la parer s'il en eft befoin , & la tête de la canaffiere eft finie ; cependant on l'amorce pour recevoir les lattes *a a*.

Les lattes qui doivent faire les branches *a a* , ne viennent pas toutes préparées des forges : pour qu'elles foient meilleures , on les fait dans les Ports ; foudant enfemble plufieurs bandes de bon fer plat de différentes longueurs mifes l'une fur l'autre , formant un paquet qui diminue d'épaiffeur à mefure qu'il s'éloigne de la tête ou de l'amorce qu'on a faite à la tête *c b*. Le paquet de fer en lame étant bien arrêté par des cercles ou brides , on le met au feu , & on lui donne une bonne chaude pour fouder les barres , d'abord au gros bout ; on continue les chaudes pour fouder les mêmes barres dans toute leur longueur qui eft de quatre pieds & demi ou cinq pieds pour un Vaiffeau de 74 canons. A mefure qu'on donne les chaudes , on perce des trous de fix en fix pouces , ce que l'on continue dans toute la longueur de la latte qu'on travaille. Quand elles font bien corroyées & réguliérement forgées , on les foude aux amorces qu'on a faites à la tête.

Les ailes *d e* de la tête doivent embraffer l'étambot , & le trou ou l'œil de

la canaffiere doit être au milieu de ces deux ailes. L'Ingénieur-Conftructeur
fait donner aux forges un gabari ou modele qui indique précifément la forme
que ces pentures doivent avoir : c'eft pourquoi le Forgeron, pour s'y con-
former exactement, fait, au milieu du trou de fa canaffiere, une marque avec
une tranche ; puis prenant avec un compas fur le gabari, la diftance de ce
trou à l'extrémité des ailes, il porte cette ouverture de compas fur le fer,
& il marque de deux coups de tranche la longueur des ailes, ainfi que
l'endroit où il doit faire les plis *d e*.

Voilà l'endroit où doivent être marqués les plis; pour les former, on a
ajufté un fort étrier au bord d'une groffe enclume qui eft pofée à terre,
cet étrier doit excéder la table de l'enclume de trois pouces. On donne une
bonne chaude à l'endroit où doit être le pli, on paffe promptement la branche du gond jufqu'au pli dans cet étrier ; & en relevant la latte à force de
bras, on lui fait prendre la forme d'une équerre ; on en fait autant à l'autre
latte, alors la canaffiere a la forme d'un grand étrier dont les branches
font plus ou moins ouvertes fuivant l'endroit où elles doivent être placées ;
on préfente les pieces fur le gabari, pour que les branches aient précifément
l'ouverture que l'Ingénieur-Conftructeur defire : on finit par les parer, & on
les porte à la fonderie pour garnir l'œil de cuivre fondu.

Après avoir expliqué comment on forge les canaffieres ou pentures qui
font attachées au corps du Vaiffeau, il faut donner la façon de forger les
gonds ou crocs qui s'attachent fur le gouvernail même.

On choifit pour cela une barre d'excellent fer rond, de trente fix lignes
de diametre pour un Vaiffeau de 74 pieces de canons. Elle a été forgée en
paquet, l'ayant bien fait reffuer dans l'étendue de dix-huit pouces de longueur qu'elle doit avoir ; après avoir refoulé un bout pour augmenter fa groffeur, on remet cette piece au feu, & on la porte fur l'enclume pour l'a-
morcer ; on l'applatit fur deux côtés oppofés, faifant prendre à l'amorce la
figure d'une queue d'aronde large d'environ cinq pouces, & on laiffe le milieu de l'amorce de même épaiffeur que le diametre du fer, pour recevoir les
lattes.

Cependant pour fortifier l'amorce par une mife, on chauffe à un autre
feu un morceau de fer plat d'environ un pied de long, de quatre pouces de large, & de huit à neuf lignes d'épaiffeur ; pendant que cette barre chauffe, on donne auffi une chaude au croc, & ayant tranfporté les deux
pieces fur l'enclume, on les foude, de forte qu'elles n'en font plus qu'une.

Pendant que des Forgerons préparent deux lattes, comme il a été dit en
parlant des pentures, on chauffe blanc la tête des gonds qu'on vient de forger, & à grands coups de marteau on fait prendre à la partie *c d e* la figure de
l'épaiffeur du gouvernail. On marque avec une tranche l'ouverture *d e* qui eft
indiquée par le gabari ; & à l'endroit de ces marques, on foude les lattes qui

forment les bras *a a* , ayant foin que les lattes puiffent s'appliquer exactement fur les deux faces du gouvernail, où on les attache folidement avec des clous & chevilles.

Ferrures des bouts de Vergues.

Lorsqu'il y a peu de vent, on alonge les vergues, au moyen de ce qu'on nomme *des boute-dehors* , qui portent de petites voiles pour augmenter la largeur des grandes. Or il faut que ces boute-dehors puiffent fe ramener le long de la vergue, lorfqu'on ne veut point faire ufage de ces voiles furnuméraires, & être pouffés en dehors lorfqu'on veut en faire ufage.

Pour cela on fait entrer la vergue dans un anneau *A* (*Fig.* 7), qui embraffe la vergue, & doit être placé entre le quart & le tiers de la moitié de fa longueur ; à ce grand anneau en eft foudé un autre petit *B* , dans lequel paffe le boute-dehors ; il ne feroit point affujetti folidement s'il n'étoit arrêté que par cet anneau ; mais on met au bout de la vergue une pareille ferrure *Fig.* 9, le bout de la vergue entre dans l'anneau *D* , & le boute-dehors dans celui *E*. On conçoit que le boute-dehors qui paffe dans les deux anneaux *B* (*Fig.* 7) & *E* (*Fig.* 9) a la liberté d'être porté en dehors & retiré en dedans du Vaiffeau, étant toujours affujetti folidement. Ces ferrures fe nomment *Cercles de bouts de vergue,* & le grand anneau *A* (*Fig.* 7), eft ordinairement à charniere en *a* & en *b*; les ferrures que nous venons de décrire fe nomment à *la Françoife* ; celles qu'on appelle à *l'Angloife Fig.* 8 & 10, font un peu différentes ; le grand cercle à charniere *A* qui embraffe la vergue ne differe point de celui *à la Françoife,* & il fe place au même endroit ; mais pour que le boute-dehors foit plus aifément porté en dehors ou en dedans du Vaiffeau, on ajoute au petit cercle *B* qui doit recevoir le boute-dehors, un rouleau *C* fur lequel repofe le boute-dehors ; à l'égard de la ferrure de bouts de vergues *Fig.* 10, au lieu de l'anneau *D* (*Fig.* 9), on fait une lardoire *E F* qui embraffe par fes branches le bout de la vergue, & qui, au moyen de la barre coudée *G H*, porte le cercle *I* qui a le rouleau *K* fur lequel repofe le boute-dehors : on place encore en arriere du Vaiffeau un chandelier *Fig.* 11 , qui porte un boute-dehors pour la voile qu'on nomme *Tappe-Cul.*

Maintenant qu'on a une idée de ces ferrures & de leur ufage, il faut dire quelque chofe de la façon de les travailler.

Pour faire la ferrure de bouts de vergues à l'Angloife *Fig.* 10, on prend pour un Vaiffeau de 74 canons, quatre lattes de 3 pieds de longueur, de deux pouces & demi de largeur au collet, & de fept lignes d'épaiffeur ; on fait à chacune un coude au gros bout du côté de *F*, pour que les branches s'ouvrent comme une lardoire, & qu'elles puiffent embraffer le bout de la vergue :

ainfi

ainfi ces coudes doivent être d'autant plus grands que la vergue eft plus groffe. On foude les quatre lattes enfemble en *F*, on amorce ces lattes réunies. On amorce à un autre feu une barre de fer quarrée ou ronde pour la fouder aux quatre lattes réunies comme on le voit en *F G*. On prépare le cercle *I* qui porte le bout de barreau *H*; & ayant amorcé les barreaux *F G* & *H G*, on les foude au point *G*, de forte que les deux faffent un retour d'é-querre; enfin on ajufte au cercle *I* le rouleau *K*, fur lequel doit porter le boute-dehors, & la ferrure eft en état d'être ajuftée au bout de la vergue, & affujettie par des clous & les viroles *L M*.

Les cercles de bouts de vergues à la Françoife *Fig.* 9, font beaucoup plus fimples: ils confiftent en deux cercles *D E*, faits avec du fer plat; la grandeur de celui *D* doit être proportionnée à la groffeur de la vergue au bout où on doit le placer, & celui *E* à la groffeur du boute-dehors; on les perce pour y river à chaud la petite traverfe *N*.

Le cercle de boute-dehors à charniere *A* (*Fig.* 7 & 8), que l'on place entre le tiers & le quart de la vergue font faits de fer plat; on commence par forger les charnieres *a b*, on les foude au bout des barres *c d* qu'on a coupées d'une longueur convenable pour entourer la vergue à l'endroit où ce cercle doit être placé. On forge avec le même fer l'anneau ou le demi-anneau *B* qui doivent recevoir le boute-dehors, & on les lie aux cercles *A* par les petites traverfes *N*; pour que le boute-dehors coule plus aifément, on y ajoute quelquefois un rouleau *e* comme aux ferrures Angloifes.

A l'égard du chandelier ou du cercle de boute-dehors à pivot *Fig.* 11, on forge les charnieres *a b*, on forge à part les deux parties *c c*, on les pofe l'une fur l'autre pour percer les trous *c c* qui doivent recevoir la cheville du rou-leau. On foude enfemble ces deux parties, & on leur donne une forme quar-rée conforme au gabari, & femblable à ce que repréfente la *Figure* 11. On don-ne une forme circulaire à la partie *a d b*, & l'on finit par le pivot ou le pied du chandelier *e f*.

ARTICLE VIII.
Des Chevilles de différentes fortes.

On fait encore dans les groffes forges des ports, des chevilles de différen-tes fortes. Nous allons en dire quelque chofe d'une façon fort abrégée.

A l'égard des chevilles à organeau *Fig.* 12, qui fervent pour les batteries de canon, il faut prêter une grande attention fur-tout à la tête *a*; c'eft pour-quoi on les fait ordinairement avec de vieux fers: on en fait un paquet fur un bout de fer plat; on lie ces vieux fers avec quelques brides; le paquet, ou comme difent les Forgerons, *le pâté*, étant formé, on lui donne une chaude légere, feulement pour mieux rapprocher toutes les parties, enfuite on don-ne une forte chaude pour fouder & corroyer enfemble les différents mor-ceaux de fer qui forment le pâté. On donne une troifieme chaude pour percer le trou, & donner à la tête la forme qu'elle doit avoir, & on forme une amorce à deux pouces du trou pour y fouder un bout de fer rond qui fait ce qu'on nomme la *Cheville,* ou la partie *b c* qui doit traverfer les membres; on ouvre en *c* une efpece de mortaife pour recevoir une clavette ; enfin on ajoute l'organeau *d* à peu près comme nous l'avons expliqué en parlant de la forge des ancres.

La cheville à clavette *Fig.* 13 , qui paffe dans le taillemer & l'étrave , celle *Fig.* 14 , à clavette qui traverfe l'étambot , & fa courbe.

La cheville à rivet *Fig.* 15 , qui traverfe l'étambot.

La cheville auffi à rivet *Fig.*16 , qui traverfe l'étrave & le marfouin.

La cheville quarrée *Fig.* 17 , qui fert à l'affemblage des couples.

La cheville quarrée & à clavette *Fig.* 18 , qui fert à affujettir les courbes de bois.

Toutes ces chevilles & plufieurs autres font faites de barres de fer doux & de bonne qualité , des échantillons qui approchent le plus de celles que doivent avoir ces différentes chevilles , relativement à leur deftination , & à la groffeur des bâtiments. On fait à un des bouts une tête en forme de champignon ; on les forge d'un bout à l'autre toujours un peu en diminuant.

Je ne parlerai point de la façon de faire la tête ni d'ouvrir l'œil , parce que toutes ces chofes ont été amplement expliquées ailleurs.

EXPLICATION des Planches du Chapitre fecond.

PLANCHE IV.

CETTE Planche repréfente les gros fers pour la folidité des bâtiments. La *Figure* 1 eft une ancre droite ; *A B*, fa longueur; *C* un morceau de fer qui fait faillie pour empêcher que l'ancre ne coule dans la boucle du tirant.

Figure 2 *A C*, partie du tirant; *B*, l'ancre qui entre dans l'œil *C* : en *D* eft un pli pour que l'œil *C* devienne vertical.

La *Figure* 3 eft une ancre formée en *Y*. *A B*, eft la partie droite ; *C*, le talon pour retenir la barre dans le tirant. *E D* , les deux branches qui fe renverfent pour former un *Y*.

La *Figure* 3² repréfente deux barreaux deftinés pour faire une ancre en *Y*. *A D* , un grand barreau; *C E*, un petit qu'on foude au grand en *C*.

La *Figure* 4 eft une ancre figurée en S. *A B* , les deux extrémités qui font contournées ; *C*, le talon.

La *Figure* 5 eft une ancre en X. *A A*, *B B*, les extrémités qui font contournées ; *C*, le talon ; *D E*, l'œil & l'extrémité du tirant : quelquefois les tirants font retenus par des harpons; fi ces harpons font attachés à une poutre , on les termine par un talon *B Figure* 6 ; s'ils doivent être attachés à un mur , on les termine par un fcellement *A Fig.* 7 ; quand on veut que le tirant traverfe tout le bâtiment , on termine les barres qui le forment par des crochets qu'on voit en *A B Fig.* 15 , qui entrent l'un dans l'autre ; ou encore mieux, on fait des chaînes *Fig.* 8 , & les yeux *B B* & *D* étant difpofés comme on le voit en *A* , font traverfés par une clavette *H* qui entre à force. On eftime encore mieux les chaînes mouflées *Fig.* 9 ; l'extrémité des barres eft recourbée comme on le voit en *C Fig.* 12 , & en *B Fig.* 13 ; ou encore mieux, on foude la partie recourbée comme on le voit *Fig.* 10 ; la partie *Q Q G Fig.* 9 , qu'on nomme la *moufle*, eft repréfentée à part *Fig.* 11 , & le coin *H* fe voit *Fig.* 14.

La *Figure* 17 repréfente deux ancres *A B* , & un tirant *E* , qu'on met aux tiges de cheminées pour empêcher que le vent ne les renverfe. La partie *CD* traverfe le tuyau de la cheminée , & l'extrémité *E* du tirant va s'attacher à une piece de la charpente.

La *Figure* 18 eft une ceinture de fer qu'on met aux cheminées de briques qui léfardent ; on la nomme *une embraffure* ; elle eft quelquefois formée par quatre bandes de fer plat affemblées à tenon & mortaifes en *A B C D* ; d'autres fois (*Fig.* 19) les deux bouts de la piece *CD* font coudés en équerre , & font affemblés à mortaife dans la piece *A B*.

La *Figure* 20 repréfente de forts fentons qui s'accrochent les uns dans les autres , & qu'on noye dans le mortier pour empêcher les cheminées de briques de léfarder. Les *Fig.* 21 & 22 font de petits fentons qu'on met dans les cheminées de plâtre , pour les empêcher de fe fendre.

La *Figure* 23 eft un manteau de cheminée droit. La *Figure* 24 eft un manteau cintré , les bouts *C D* font fcellés dans le mur ; les parties *A C , B D* , portent fur les jambages.

La *Figure* 25 repréfente de menues ferrures ; *A* & *F* des crochets & une patte; *B* , un crampon ; *E* , une chevillette ; *D* , un clou à tête ronde, & *C* une broche. *Figure* 25ᵉ , une patte de marbrier.

Les *Figures* 26 , 27 , 28 font des harpons de différentes fortes , les uns à fcellement , les autres à talon ; les uns droits , les autres courbes : leur ufage eft de retenir plufieurs pieces qui tendroient à fe féparer.

La *Figure* 29 eft une équerre où le fer eft plié fur le plat. La *Figure* 30 , une équerre où le fer eft plié fur le champ. Les *Figures* 31 & 32 font des brides coudées & non coudées , qui fervent à fortifier des pieces de bois qui font entamées d'une partie de leur épaiffeur. La *Figure* 33 eft encore une bride pour lier une poutre qui menace de rompre.

La *Figure* 35 repréfente des boulons ; *A* , boulons à clavette ; *B* , à vis ; *C* , à fcellement. *Figure* 36 , enchevêtrures ; *Figure* 37 , bande de trémie pour mettre fous les âtres des cheminées , afin de prévenir les incendies.

Figure 38 , corbeau qu'on fcelle dans les murailles pour foutenir les fablieres. *Figure* 39 , étrier double qu'on met fur les poutres pour foutenir les lambourdes.

Figure 40, gâche ou crampon pour foutenir le long des murs, les tuyaux de defcente; *Figure* 41 & 44, crochet à chêneau; *Figure* 42, barre de godet pour foutenir les gouttieres qui font faillie en dehors; *Figure* 43, font des crochets qui fervent aux Couvreurs & aux Plombiers, pour affermir leurs échelles, ou pour attacher leur corde nouée.

PLANCHE V.

On a repréfenté fur cette Planche les guirlandes & les courbes qui fervent à la liaifon des Vaiffeaux.

La *Figure* 1 repréfente ce qu'on nomme dans la conftruction des Vaiffeaux *une Guirlande*: on les fait communément en bois; mais comme il eft bien diffi-cile de trouver des pieces qui aient une figure convenable, on en fait en fer qui font une très-bonne liaifon. J'en dis autant pour les courbes de jotte-reaux de Pont & de faux-Pont, dont je parlerai dans la fuite. C'eft la difette des bois courbes qui a excité l'induftrie des Forgerons fur un point qui eft très-avantageux.

Je préviens encore pour toutes les figures qui font contenues fur cette Planche, que les petits caracteres indiquent les pieces féparées, & les gros ca-racteres les mêmes pieces réunies.

Je n'ai fait graver qu'une guirlande, qu'une courbe de jottereaux, &c. Ce-pendant fuivant les endroits où ces pieces font placées, & la nature des bâ-timents, il y a de ces pieces de grandeur & de forme différente; mais com-me il ne s'agit ici que de la façon de les forger, ce que je dirai aura fon ap-plication à toutes.

Une guirlande eft une piece courbe *Figure* 1, qui fe met à l'avant & dans l'intérieur des Vaiffeaux. Elle s'attache fur les membres qui font en cet en-droit, & en forment la liaifon. ACF, eft le talon de la guirlande; AB & CD, en font les branches, qui font percées de trous aux endroits E. Le renfort eft à la partie la plus épaiffe du côté de AC; GH, eft l'arcboutant.

La *Figure* 2 repréfente une courbe de jottereaux. Elles fe placent en de-hors du Vaiffeau. Elles fervent à joindre l'éperon au corps du Vaiffeau: ainfi une branche eft chevillée fur les membres, & l'autre fur l'éperon; AB, eft la branche qui s'attache fur les membres; CD, eft celle qui porte fur l'éperon; elles font percées en E: F, eft le renfort; GH, l'arcboutant.

La *Figure* 3 eft une courbe de faux-pont; les deux branches AB & AC font plates. Elles font percées de trous en F, & elles ont des renforts pour recevoir les extrémités de l'arcboutant ED; le talon eft en A.

La *Figure* 4 repréfente une courbe de pont: la branche AB fe préfente de plat, la branche AC de champ; l'une & l'autre font percées fur le plat en F, & elles ont des renforts en D & en E, pour recevoir les bouts de l'arc-boutant; le talon A eft auffi fortifié par des mifes qui forment un renfort.

PLANCHE

PLANCHE VI.

Cette Planche repréfente les ferrures du gouvernail , & celles des bouts de vergues.

Comme il eft queftion d'affujettir le gouvernail fur l'étambot , de forte qu'il ait un mouvement de charniere, les ferrures du gouvernail confiftent en gonds qu'on nomme *Crocs,* & en pentures qu'on appelle *Conaffieres* ou *Rofes.*

Figure 1 , le croc le plus élevé repréfenté en plan en *A* , & de profil en *B* ; *a a* , les branches ; *b b* , les pattes ou ailes ; *c*, la cheville du gond.

Figure 2 eft le gond qui eft placé le plus près de la quille ; *a a*, les branches, qui font longues, parce qu'en cet endroit le gouvernail a beaucoup de lar- geur ; *A* le repréfente en plan , & *B* de profil.

Figure 3 eft le gond ou croc qu'on place entre les deux précédents ; *A* le fait voir en plan , & *B* de profil.

Figure 4 eft la penture ou rofe qui eft placée la plus près de la quille.

Figure 5 eft la penture la plus élevée.

Figure 6 eft l'intermédiaire.

La *Figure* 7 eft une ferrure de bout de vergue à la Françoife ; *A* , anneau qui embraffe la vergue ; *B* , anneau dans lequel paffe le boute-dehors.

La *Figure* 8 eft la même ferrure à l'Angloife qui differe en ce que l'an- neau *B* porte un rouleau *c*, fur lequel porte le boute-dehors, ce qui fait qu'on le manœuvre plus aifément.

Ces ferrures fe placent entre le quart & le tiers de la moitié de la lon- gueur de la vergue.

On place au bout de la vergue la ferrure *Figure* 9, qui, à la grandeur près , reffemble à celle qui eft repréfentée *fig.* 7 ; l'anneau *D* embraffe la vergue, & le boute-dehors paffe dans l'anneau *E*.

Les Anglois font cette ferrure en forme de lardoire *Figure* 10 , qui em- braffe le bout de la vergue ; le boute-dehors paffe dans l'anneau *I* , & roule fur le rouleau *K*.

La *Figure* 11 eft un chandelier à pivot qui reçoit un boute-dehors pour la voile qu'on nomme *Tape-Cul* ; il a un rouleau comme le cercle de bout de vergue à l'Angloife.

La *Figure* 12 eft une cheville à organeaux , qui fervent pour tenir les ca- nons en batterie.

Figure 13 , cheville à clavette qui paffe dans le taillemer & l'étrave.

La *Figure* 14 eft auffi une cheville à clavette qui traverfe l'étambot & fa courbe.

La *Figure* 15 eft une cheville à rivet, qui traverfe l'étambot. *Fig.* 16, autre cheville à rivet. *Fig.* 17 cheville à rivet, qui fert à l'affemblage des courbes.

SERRURIER.   Q

La *Fig.* 18 eft une cheville quarrée à clavette, qui fert auffi à affujettir les courbes.

CHAPITRE III.

Des Ouvrages de Serrurerie qui fervent à la fûreté de ceux qui habitent les Maifons.

APRE's avoir détaillé les ouvrages de Serrurerie qui fervent à augmenter la folidité des bâtiments, & de plus quelques-unes des pieces principales qui contribuent à la liaifon du corps des Vaiffeaux, nous nous propofons de traiter des ouvrages qui font employés pour la fûreté de ceux qui habitent les maifons; il faut des ouvertures aux murs pour former les portes d'entrée, & les fenêtres qui éclairent les appartements. Mais il eft néceffaire que ces ouvertures foient impraticables à ceux qui voudroient piller ce qu'on y a renfermé. D'un autre côté, rien n'eft plus agréable que d'avoir, aux murs des jardins & des parcs, des percées qui permettent d'étendre la vue dans la campagne. Mais il ne faut pas que ces jardins & ces parcs foient acceffibles à tout le monde. Rien n'eft plus propre à remplir ces intentions que les grilles; auffi nous nous propofons d'en traiter dans le plus grand détail. Mais pour ne point interrompre ce que nous aurons à dire fur les différentes efpeces de grilles, nous allons nous écarter un peu de notre marche, pour parler des croifées que l'on peut faire avec du fer, d'autant que ces ferrures fe rapprochent affez des grilles, tant pour leur conftruction que pour leur ufage; car une croifée garnie d'un chaffis en fer feroit auffi fûrement fermée, que fi l'on avoit mis une grille de fer devant un chaffis de bois.

ARTICLE I.

Des Chaffis à verre qu'on peut faire en fer.

Tous les vitraux des Eglifes font garnis de panneaux de verre montés en plomb, & ces panneaux font reçus dans des bâtis de Serrurerie. Comme ces bâtis font communément des ouvrages de forge, c'eft ici véritablement le lieu d'expliquer la maniere de les faire.

Ces bâtis confiftent ordinairement en des montants *A B* (*Planche VI*, *Fig.* 1), & des traverfes femblables à *C D* : ces montants & ces traverfes font faits avec du fer plat de 18 lignes de largeur fur fept à huit d'épaiffeur, & qu'on nomme à Paris *Fer à Maréchal*. Pour les affembler, on fait aboutir les traverfes femblables à *C* & à *D* fur les montants *A B*, & on les unit au moyen d'une petite bande de fer plat *E F*, qu'on attache avec des rivets tant fur les montants que fur les traverfes, de forte que fur le côté oppofé qui répond au dedans de l'Eglife, les montants & les traverfes font arrafées

comme *G H* ; & quand on les regarde du côté du dehors de l'Eglife, on voit
la petite bande de fer *E F* qu'on a ajoutée pour réunir les traverfes aux montants : ces chaffis font entiérement dormants ; il n'y a que quelques panneaux
qui puiffent s'ouvrir, ayant un petit chaffis particulier qui eft ferré fur les montants avec de petits gonds ou des couplets dont les ailerons font rivés fur
les montants, comme on le voit en *I K*.

Il n'y a point de feuillures à ces vitraux ; c'eft pourquoi autrefois on rivoit
fur les montants & fur les traverfes des crochets *L L L*, qui tenoient lieu
de feuillure ; maintenant on fait mieux, on rive fur les montants & les traverfes *a a* des broches *b* qui fe terminent par une vis ; ces broches traverfent une
lame de fer mince *c c* ; les bords du panneau de vitre fe placent entre la lame
de fer mince *c c*, & la traverfe *a a* ; & en ferrant les écrous femblables à *d* le
panneau eft pincé tout autour par les bords *c c*, & affujetti plus folidement
qu'il ne le feroit dans une feuillure. Cependant les panneaux feroient immanquablement enfoncés par les coups de vent, s'ils n'étoient pas foutenus par
des vergettes de fer, faites de petits fentons qui fe terminent à chaque bout
par un œil qui entre dans les broches à vis *b*, & font affujettis par l'écrou *d*.
Les Vitriers arrêtent les panneaux de verre fur ces vergettes, au moyen de
petites bandes de plomb ou de fer blanc qu'ils foudent fur les plombs du
panneau, & qui fe replient fur les vergettes.

Ces bâtis de Serrurerie font faits ordinairement affez groffiérement, parce qu'étant toujours vus de loin, un ouvrage recherché ne s'appercevroit pas,
& le travail qu'il exigeroit feroit en pure perte.

On pourroit faire, & l'on fait effectivement en certaines circonftances, des
vitraux d'Eglife, beaucoup mieux travaillés. Pour en donner une idée, je vais
expliquer comment font faits les chaffis à verre des ferres du Jardin Royal
des Plantes : ceux-ci reçoivent de grands carreaux de verre ; mais il eft aifé
de concevoir comment, en retranchant ce qu'on nomme dans la Menuiferie
les petits bois, pour ne conferver que les traverfes, on pourroit les rendre
propres à recevoir des panneaux.

Voici donc comment font faits les chaffis des ferres en queftion : les portes
& les baies font formées par un bâti de fer, folidement affemblé à tenons &
à mortaifes, comme je l'expliquerai en parlant des grilles, & c'eft à ces bâtis
que font attachés les pivots & les fiches à gond qui tiennent les portes-bat-
tantes ; les petits fers qui tiennent lieu de ce que les Menuifiers appellent
les petits bois, qui comme l'on fait, doivent recevoir les carreaux de verre,
ces petits fers, dis-je, font faits avec du petit carillon, & les traverfes s'affemblent avec les montants à mi-fer, comme nous l'expliquerons en détail lorfque
nous parlerons de certaines grilles de Religieufes qui font faites avec des barreaux quarrés. Il faut maintenant des feuillures pour recevoir les carreaux ;
elles font faites en attachant fur le carillon avec des rivures, des bandes de fer

plat affez minces , mais fuffifament larges pour excéder les barreaux de carillon de trois lignes de chaque côté , & les carreaux font retenus dans ces feuillures par quelques chevilles & du maſtic ; ces chaſſis qui ferment avec des efpagnolettes , font fort folides & affez propres.

On pourroit, fans augmenter beaucoup le travail, former avec l'étampe, les
feuillures aux dépens du carillon. Mais le fieur Chopitel , célebre Serrurier de
Paris , a fait des chaſſis à verre infiniment plus propres. Nous allons en dire
un mot, quoique ces ouvrages fortent de la fimplicité de ceux dont il s'agit
dans ce Chapitre.

Il avoit imaginé , & fait exécuter à Effonne un laminoir qui étoit formé
de deux forts cylindres de fer que l'eau faifoit tourner en des fens contraires
l'un de l'autre. Ces rouleaux parfaitement bien ajuſtés portoient fur leur circonférence des entailles , les unes quarrées , les autres en gorge ronde , & les
autres en forme de moulures ; en paſſant des barres de carillon chauffés
dans un four comme on le fait à certaines fenderies , dans les entailles quarrées , elles fortoient du laminoir calibrées avec de vives arrêtes mieux formées qu'on n'auroit pu les faire avec la lime , en y employant beaucoup de
temps. En paſſant des barres dont on avoit abattu les arrêtes dans les gorges
rondes , elles fortoient propres à faire des tiges d'efpagnolette ou des tringles de rideaux ; au moyen des entailles en moulures, on formoit avec des
fers méplats des plate-bandes ornées de moulures , & propres à être attachées
fur les rampes des efcaliers, fur les baluſtrades, &c. Et ce même laminoir four-
niſſoit au fieur Chopitel le moyen de faire à peu de frais des chaſſis à verre ,
très-propres & ornés des mêmes moulures que les chaſſis à verre qui fortent des mains des Menuifiers.

Les *Figures* 2 , 3 & 4 marquent quelques-uns des profils des plate-bandes
pour les baluſtrades.

La *Figure* 5 repréſente ce que portoient d'épaiſſeur & de largeur , les
deux montants du milieu des deux chaſſis à verre d'une croifée de fix pieds fix
pouces de hauteur , & de quatre pieds de largeur repréſentée *Fig.* 10 ; la
Fig. 5 repréſente donc les deux battants de cette croifée : il y a à un de ces
battants une plate-bande à doucine, & à l'autre une plate-bande unie fur laquelle eſt pofée l'efpagnolette, comme on le voit *Fig.* 10 : ces deux barreaux ont auſſi chacun une feuillure *a a* pour recevoir les chaſſis à verre.

La *Figure* 6 repréſente les deux montants du dormant ; la partie *b* qui eſt
creufe reçoit la partie faillante *c* de la *Figure* 7 , & l'autre partie creufe marquée *o* , fert à ajuſter une aile de fiche.

La *Figure* 7 fert à repréſenter les deux montants du chaſſis à verre ; d'un
côté *a* eſt la feuillure pour recevoir les carreaux de verre ; il y a de plus une efpece de talon dont la partie ronde marquée *c* fe loge dans le creux marqué
b de la *Figure* 6 , & la partie *d* du même talon fert à ajuſter les fiches.

La *Figure* 8 repréſente les deux traverſes du chaſſis dormant ; à l'égard des traverſes du chaſſis à verre, on peut avoir recours à la *Figure* 7, excepté qu'elles doivent être quarrées du côté du talon.

La *Figure* 9 ſert à faire voir les petits fers dont un côté porte deux doucines oppoſées l'une à l'autre, & de l'autre côté ſont deux feuillures *a a* pour recevoir les carreaux de verre. On a repréſenté (*Fig.* 11) quatre carreaux de verre, deſſinés plus en grand qu'à la *Figure* 10, pour qu'on puiſſe appercevoir comment on arrête les carreaux au moyen de petites roſettes *a a* qui ſont aſſujetties dans les angles par des vis.

Le jet-d'eau du chaſſis à verre ſe voit *Fig.* 12, & il eſt attaché à la traverſe d'en bas par des goupilles priſonnieres ſemblables à *g*.

Le jet-d'eau du dormant ſe voit *Fig.* 13, & il eſt attaché à la traverſe par des goupilles priſonnieres ſemblables à *h*.

Nous expliquerons ailleurs ce que c'eſt que des goupilles priſonnieres.

Le ſieur Chopitel étant mort, ce beau laminoir a été détruit ; mais on peut voir chez le ſieur Durand, célebre Serrurier, qui demeure à S. Victor, un modele très-proprement exécuté d'une pareille croiſée, & une porte vitrée battante très-proprement exécutée, qui eſt en place depuis pluſieurs années.

Aſſurément les croiſées en fer coûteroient plus que celles en bois ; mais elles ne ſont point ſujettes à ſe déjetter, & ce ſeroit un ouvrage dont on ne verroit pas la fin. Comme les petits fers ſont plus menus que les petits bois, ces croiſées laiſſent paſſer plus de jour, & la dépenſe de ces chaſſis ſeroit conſidérablement diminuée, ſi l'on employoit des verres de Bohême, parce qu'alors on ſupprimeroit preſque tous les petits fers.

Je vais maintenant parler fort en détail des grilles de fer de toutes les eſpeces.

ARTICLE II.

Des Grilles ſimples & ſans ornements.

Les Grilles qu'on met aux fenêtres du raiz-de-chauſſée pour les rendre plus ſûres contre les voleurs, celles des portes de jardins, & celles qu'on met au lieu de murs aux endroits où l'on veut ſe ménager de la vue, doivent être les plus ſimples de toutes, non-ſeulement pour des raiſons d'économie, mais encore afin que les grilles des croiſées ne diminuent le jour que le moins qu'il eſt poſſible, & que les autres n'offuſquent point la vue. Les ornemens ſeroient déplacés dans ces circonſtances, puiſqu'ils ſeroient incommodes.

De plus, notre intention, en expliquant d'abord la maniere de faire les grilles ſimples, après avoir parlé des gros fers des bâtimens, eſt de commencer toujours par les ouvrages les plus aiſés à exécuter, avant que de paſſer à ceux qui ſont plus difficiles.

SERRURIER. R

Celles d'entre ces grilles qui font les plus fimples n'ont que deux pieds &
demi à trois pieds de hauteur, (*Planche VIII*, *Fig.* 1), foit qu'elles foient
deftinées à faire des baluftrades vis-à-vis les fauts-de-loup, & au bord des
foffés, ou les balcons les plus communs ; elles ne font formées que par des
barres montantes femblables à *a a*, qui font affemblées haut & bas dans les fommiers *A A* (*Planche VIII*, *Fig.* 1).

Cet affemblage fe faifant à tenons & mortaifes, il convient d'expliquer
comment on s'y prend pour faire promptement & folidement tant les tenons
que les mortaifes ; & ce point étant une fois bien expliqué, nous ferons
difpenfés d'y revenir toutes les fois que nous aurons à parler de cette forte
d'affemblage, ce qui arrivera affez fréquemment.

Il eft fenfible qu'on pourroit faire les tenons *E* (*Planche VII*, *Fig.* 13)
à la lime, & les mortaifes *Figure* 6, à peu près comme les font les Charpentiers en perçant avec le foret des trous tout près les uns des autres, & en
emportant le fer qui refteroit entre les trous, d'abord avec un burin, & enfuite avec la lime ; mais ces opérations feroient fort longues, & elles ne rem-
pliroient pas fi bien le but qu'on fe propofe, que la méthode que fuivent les
Serruriers : il faut la décrire.

Pour affembler les montants *a a* avec les fommiers *A A* (*Planche VIII*,
Fig. 1) du haut & du bas, il faut former des tenons aux bouts des barres montantes *a*, comme on le voit auffi en *f* & *h* (*Planche VII*, *Fig.* 5), ou au bout
du barreau *P* (*Planche VIII*, *Fig.* 13), & faire des mortaifes *Q* (*Planche
VIII*, *Fig.* 13), aux endroits *D D* des fommiers *AA* (*Planche VIII*, *Fig.*
1) : les tenons entrent dans les mortaifes, & on les rive fur les fommiers *A*
aux endroits *D D*.

Les tenons ayant moins de diametre que le corps des barres, on doit forger l'extrémité des barres un peu plus menue que le refte ; mais ce tenon doit
être taillé quarrément un peu méplat, & fortir d'un endroit plus renflé que
le corps de la barre, comme on le voit en *C* (*Planche VIII*, *Fig.* 13) & en
E, (*Planche VII*, *Fig* 13) ; car ce petit renflement rend l'affemblage beaucoup plus folide.

Pour équarrir le tenon, on fe fert de chaffes quarrées, & à chanfrein ou à
bifeau *I* & *K* (*Planche VII*, *Fig.* 18), qui font des efpeces de marteaux à
tête quarrée & plate, fur les deux faces, & dont le manche qui eft de fer
eft plus long que celui des marteaux ordinaires. Un Ouvrier (*Fig.* 1 *Planche VII dans la Vignette*) tient fermement fur l'enclume la barre dont le
bout fort de la forge, & le Maître Forgeron (*Fig.* 2 *dans la Vignette*) après
avoir un peu refoulé le fer pour former le renflement dont nous avons parlé,
tient de la main gauche, dans une pofition verticale, le manche *a b* de la chaffe,
& dans la main droite un marteau ordinaire ; il appuie l'angle de la chaffe
qui eft en bas contre un des côtés qu'il veut difpofer en tenon ; & frappant

avec son marteau sur la chasse, il forme une des faces du tenon, & refoule le fer, ce qui fait au-dessus du tenon le petit renflement qu'on voit au bout du barreau P (*Planche VIII, Fig.* 13), & aussi au bout de la barre E (*Planche VII, Fig.* 13); faisant ainsi parcourir à la chasse les quatre faces du tenon, on les finit les unes après les autres.

Dans quelques Boutiques, au lieu des chasses dont nous venons de parler, on en a de fendues F (*Planche VII, Fig.* 13), ou de creusées comme une clouyere d'un trou quarré ou rond n o (*Planche VII, Fig.* 21 & 22), propre à mouler un tenon d'une certaine grosseur. Ils font entrer dans le creux de cette étampe le bout de la barre qui est fort chaud, & qui a été amené à peu près à la grosseur du tenon ; & frappant ensuite sur l'étampe ou la chasse creuse (*Fig.* 21 ou 22), le tenon se trouve formé avec un petit renflement au-dessus. On ne met point ordinairement de manche à cette espece d'étampe ; on la fait assez longue pour qu'on puisse la tenir dans la main sans courir risque de se brûler au fer qui est chaud.

Ce qui empêche beaucoup de Serruriers d'avoir de ces étampes, est 1°. Qu'il en faut un assortiment pour faire des tenons de toutes les grosseurs.

2°. Parce que le fer est corrompu par le refoulement, & que les tenons font sujets à se rompre ; c'est pourquoi plusieurs préferent de rapporter un lardon (*Planche VIII, Fig.* 14) : nous en parlerons dans la suite.

Les tenons étant faits aux deux bouts de toutes les barres, il s'agit de faire aux sommiers A A, (*Planche VIII, Fig.* 1), les mortaises qui doivent les recevoir, telles qu'on les voit en Q (*Planche VIII, Fig.* 13), & en l (*Planche VII, Fig. 6.*)

Pour percer réguliérement les mortaises, on commence à poser sur l'établi une bande ou regle de fer qui doit être de la longueur des sommiers. On la divise avec un compas pour marquer les endroits où il faut faire les mortaises, pour que les barreaux soient convenablement espacés. Ce sera, si l'on veut, cinq pouces & demi ou six pouces, si les barres montantes a a (*Pl. VIII, Fig.* 1) ont un pouce de grosseur ; & on les placera plus près à près, si les barres sont plus menues ; mais il faut tantôt augmenter & tantôt diminuer un peu la distance des barres, pour qu'au bout du balcon, ou de la balustrade, ou de la porte, il ne reste pas une distance plus grande ou plus petite qu'entre les autres barreaux. Ces distances étant exactement marquées sur la regle, on y donne un coup de lime pour que la marque ne s'efface point ; & comme en perçant les mortaises, les barres des sommiers s'alongent un peu, on présente sur le sommier à chaque trou qu'on perce, la regle divisée afin que les mortaises soient bien placées.

Pour former les mortaises l (*Planche VII, Fig. 6*), on fait rougir à la forge l'endroit où on veut les former, on pose la barre sur l'enclume, & on commence le trou avec une langue de carpe ; sur le champ, plaçant la barre

de plat fur la perçoire *R* (*Planche VII* , *Fig.* 17) , on perce le trou *l* (*Pl.
VII*, *Fig.* 6) , avec un poinçon *p* ou *q* (*Fig.* 23) qui diminue un peu de
groffeur par en bas , mais qui prend enfuite la forme quarrée que doit avoir
la mortaife, & fon extrémité doit être plate pour détacher le morceau de fer
qui tombe dans la perçoire ; fi c'eft du fer plat , on frappe fur le poinçon ,
comme le fait l'Ouvrier *Figure 3 dans la Vignette.* Ordinairement on fait le
poinçon *p* ou *q* un peu en diminuant de groffeur par le bout ; & au-deffus il
a la groffeur & la figure que doit avoir le tenon , afin que quand le trou eft
ouvert par le bout du poinçon , la mortaife foit formée par la partie qui eft
au-deffus, qui dans ce cas fert de mandrin ; ou bien ayant retiré le poinçon ,
on chaffe dans le trou un mandrin , & on laiffe le mandrin dans la mortaife
pendant qu'on frappe fur les deux faces oppofées de la barre , pour effacer
au moins en partie l'élargiffement qui s'eft fait vis-à-vis les mortaifes.

Quand le fer eft gros , on emmanche le poinçon *P* dans une hart *Fig.*
20 , & on frappe deffus avec un gros marteau à deux mains.

Quand les tenons & les mortaifes font faites, il ne s'agit, pour monter ces
grilles, que de faire entrer les tenons dans les mortaifes , ayant attention que
les deux fommiers *A A* (*Planche VIII*) foient bien paralleles l'un à l'autre, &
que les barres *a a* foient exactement perpendiculaires , ou qu'elles foient d'é-
querre avec les fommiers. Enfuite on rive l'extrémité des tenons qui excede les fommiers ; alors fi ces baluftrades doivent être placées dans une embrafure , on fcelle les extrémités *A A* (*Planche VIII* , *Fig.* 1) , des fommiers
dans les jambages ; fi ces baluftrades font longues , on leur met de diftance en
diftance des arcboutants (*Planche VIII, Fig.* 2 ou 3) ; on couvre auffi quelquefois le fommier d'en haut d'une plate-bande ornée de moulures ; ce qui
fera expliqué dans la fuite. Nous remettons encore à un autre lieu à faire remarquer que quelquefois les barres préfentent à celui qui les regarde une
de leurs faces plate , & d'autres fois un de leurs angles ; ce qui fe peut faire
ou par la difpofition de la mortaife , ou par celle du tenon. Tout cela deviendra clair par ce que nous dirons plus bas.

Les fommiers *A* du haut & du bas fuffifent pour affujettir fermement des
barreaux qui n'ont que trois pieds de longueur (*Planche VIII*, *Fig.* 1) ,
comme font ceux des baluftrades & des balcons ; mais il feroit aifé de fauffer
& même de rompre des barreaux montants qui auroient fix ou huit, ou douze
ou quinze pieds de longueur , comme font les grilles des portes des jardins
(*Planche VII* , *Fig.* 12) , ou celles qui ferment les croifées (*Fig.* 7 & 8) :
dans ces circonftances, on fortifie les barreaux *CC* (*Fig.* 12) en les faifant paffer
dans des traverfes *B B* , qui font percées de trous affez grands pour que les
barres montantes *C C* paffent au travers. Voici comme l'on fait ces traverfes.

Ayant coupé les barres qui doivent faire les traverfes de même longueur
que celles des fommiers , & ayant marqué , comme nous l'avons dit , les en-

droits

droits où l'on doit percer les trous, foit qu'on les veuille percer fur une des faces des barres comme M (*Fig.* 9), ou diagonalement fur cette face comme L (*Fig.* 19) ,ou fur l'angle formé par deux faces comme N(*Fig.* 10), on donne une bonne chaude à l'endroit où l'on veut percer les trous qu'on commence à ouvrir avec un large cifeau ou une tranche P (*Fig.* 20), ou une langue de carpe H (*Fig.* 11); on refoule un peu le fer, foit en frappant avec le marteau fur le bout des barres rougies, foit en frappant le bout des barres pofé perpendiculairement fur l'enclume, & par ce moyen on fait ouvrir les fentes; enfuite on acheve de les former avec un mandrin, qui eft lui-même une efpece de cifeau Q (*Fig.* 15), qui à quelque diftance de la pointe, a pré-cifément la même figure & la même groffeur que celle qu'on veut donner au trou; ou ce qui eft la même chofe, un peu plus que celle du barreau mon-tant qui doit paffer dedans.

C'eft toujours à chaud qu'on perce les barres, & pendant qu'on les perce avec le mandrin, elles font pofées fur une perçoire R (*Fig.* 17), comme on le voit *Fig.* 3 *dans la Vignette.* La perçoire, comme nous l'avons déja dit, eft une efpece de cylindre creux dont les bords font fort épais R (*Fig.* 17); il eft à propos que la perçoire ait deux entailles diamétralement oppofées a & b fur les bords fupérieurs, pour que la barre retenue dans les entailles chancele moins quand on frappe fur le cifeau ou fur le mandrin; & pour cela il faut que l'entaille de la perçoire foit quarrée quand on veut percer les trous fur le plat des barres, & triangulaire quand on veut les percer fur les angles; ce qu'on ne fait pas ordinairement,parce que les joues du trou feroient affoiblies.

Il eft bon de remarquer qu'en perçant les traverfes, on n'emporte pas le morceau comme aux fommiers; on écarte feulement le fer pour ouvrir les trous: c'eft pourquoi il y a toujours un nœud ou un renflement aux deux côtés des trous.

Dans les Boutiques où l'on n'eft pas bien monté en outils, on fe fert, au lieu de la perçoire *Fig.* 17, d'une piece de fer folide, & pliée à peu près comme une S, ou en arcade *Fig.* 24 : ils pofent la barre à percer fur cette piece de fer, & le trou fe trouve entre les deux branches.

L'effort du mandrin qui ouvre le trou évafe la barre en ces endroits, ce qui forme, comme nous l'avons dit, des nœuds fans qu'on foit obligé d'y rapporter du fer; vis-à-vis ces nœuds aux côtés des trous, le fer étant divifé en deux, n'a que la moitié de l'épaiffeur que la traverfe a ailleurs; & pour que la barre fe déforme moins, on la forge quelquefois fur une étampe O (*Planche VII*, *Fig.* 10). Les barres s'accourciffent plutôt que de s'alonger dans cette opération; cependant on fera bien de préfenter de temps en temps la regle divifée, comme lorfqu'on fait les fommiers; car il eft important que les trous des fommiers & des traverfes fe rapportent exactement, fans quoi il ne feroit pas poffible de monter la grille.

SERRURIER. S

On voit des grilles telles que (*Planche VII, Fig* 8,) où les faces des barres montantes telles que *C C* , font parallèles à la face du sommier d'en bas *A A* : alors on perce les traverses sur une des faces des barres , comme *M* (*Planche VII, Fig.* 9) ; on fait aussi les faces des tenons parallèles aux faces des barres , & on perce les traverses *E E* sur le plat , de façon que les faces des trous soient parallèles aux côtés de la barre *M* (*Fig.* 9).

D'autres fois on trouve quelque chose de plus agréable de présenter en devant l'angle des barreaux montants ; alors on fait ensorte que la diagonale des barreaux montants *CC* (*Fig.* 12) , tombe perpendiculairement sur la face du sommier *A A* ; pour cela on dirige la face la plus large du tenon d'un angle à l'autre des barreaux montants , de façon que cette face soit parallèle à la face du sommier , & en ce cas on perce les trous des traverses *B B* , ou sur l'angle des barreaux qui doivent faire ces traverses comme *N* (*Fig.* 10) , ou plus communément pour ménager la force du fer , on perce les trous sur le plat des sommiers *L* (*Fig.* 19).

Suivant qu'on veut rendre les grilles plus ou moins solides , ou l'on ne met qu'une traverse *Fig.* 12 , ou on en met deux *Fig.* 7 , ou même un plus grand nombre.

Si nous avons supposé qu'on assembloit les barres montantes *C* , dans les sommiers *A A* (*Fig.* 12) , à tenons & mortaises , c'est pour expliquer comment on fait cette sorte d'assemblage ; car pour l'ordinaire on fait des trous ronds dans les sommiers qu'on perce à chaud avec un poinçon , & l'on termine les barres montantes par des lardons ronds qu'on rapporte ou qui se font comme les mortaises avec une espece de clouyere *O* (*Planche VII, Fig.* 22). Quand les rivures sont bien faites , cet assemblage est très-bon , & il exige beaucoup moins de travail & de précision que les tenons & mortaises qu'on ne peut cependant se dispenser de faire pour les bâtis des portes & panneaux , comme nous le dirons dans la suite.

Quand on emploie du fer doux , on peut faire les grilles comme nous venons de le dire ; mais comme les fers aigres sont moins chers que les doux , on a coutume de les employer pour ces sortes d'ouvrages qui consomment beaucoup de fer , & qui n'exigent point des opérations délicates & précises : cependant si l'on n'employoit que du fer aigre , on auroit peine à percer les traverses ; ainsi les traverses & les sommiers se font en fer doux. Il seroit aussi difficile de faire les tenons avec du fer aigre ; c'est pourquoi les Serruriers fendent le bout des barres de fer aigre , *a* (*Planche VIII, Fig.* 14) , & y rapportent un bout *b* de fer doux ; quand ce bout est bien soudé avec la barre , elle est terminée par du fer doux avec lequel on peut faire les tenons quarrés ou les lardons ronds , comme nous l'avons expliqué , & cet ouvrage est presque aussi bon que s'il étoit entiérement de fer doux avec des tenons.

On s'attache sur-tout à faire réguliérement les tenons & les mortaises des

barres principales *N E* , *1 F* , *L G* , *H O* , entre lesquelles font les barreaux montants *a* (*Planche VIII* , *Fig.* 1) , & en rapportant le lardon
de fer doux, on ménage un petit renflement dans les angles pour donner
plus de folidité à l'affemblage. Ces renflements qu'on voit aux angles *L G*
(*Fig.* 1) &c , font des efpeces de gouffets qui fortifient ces parties ; &
comme on les fait avec du fer doux, on a, aux extrémités des fommiers, de
l'étoffe pour y former de bons tenons. Il eft fur-tout effentiel d'apporter
ces attentions aux bâtis des portes & aux pieces voifines des endroits où
les portes font pendues , & auffi aux montants qui font continuellement
ébranlés par le battement des portes.

Pour monter les grilles femblables à la *Figure* 12 , *Planche VII* , on commence par paffer les barres montantes dans les trous des traverfes ; enfuite
on met leurs tenons dans les mortaifes des fommiers , & ayant tout établi
bien quarrément, on rive les barreaux fur les fommiers, comme nous l'avons
dit en parlant des grilles à hauteur d'appui.

S'il s'agit d'une porte, les fommiers du haut & du bas , ainfi que les traverfes, font rivés fur un fort barreau *F 1* (*Planche VIII, Fig.* 1) , lequel fe termine en bas par un pivot femblable à *I* ou *i* (*Planche VII* , *Fig.* 6) ,
qui eft reçu dans une crapaudine ; & par le haut il eft embraffé par un collet
K ; & le dernier barreau *L G* (*Planche VIII, Fig.* 1) , eft rivé fur le fommier d'en bas *I L* , & fur celui d'en haut *G* , pendant que les traverfes femblables à *B B* (*Planche VII* , *Fig.* 12) , quand il y en a , font rivées par un
de leurs bouts fur le montant *F I* (*Planche VIII* , *Fig.* 1) & par l'autre fur
celui *LG* (*même figure*), ce qui forme un chaffis dans lequel font les barreaux
montants *c c c* (*Planche VII, Fig.* 12).

S'il eft queftion d'une grille qui ferme une percée faite au mur d'un
Parc, comme la *Figure* 7 , *Planche VII* , peut le repréfenter , le fommier
d'en bas *A A* eft encaftré de toute fon épaiffeur dans des tablettes de pierre
de taille fur lefquelles la grille repofe ; les bouts de ce fommier , ainfi que
l'extrémité de toutes les traverfes, fe terminent par un fcellement comme *E* ,
& elles font fcellées dans les jambages de pierre de taille qui bordent la
percée.

Souvent aux grilles à hauteur d'appui (*Planche VIII* , *Fig.* 1) , le fommier d'en bas n'eft point encaftré dans la tablette, mais il y eft attaché de
diftance en diftance par des crampons *N* ou *O* qui fouvent enfilent une
boule comme on le voit en *M*.

Quand les grilles ont une certaine longueur, on les fortifie par des arcboutants (*Planche VIII* , *Fig.* 2 & 3). On en met fur-tout aux barreaux qui
reçoivent le battement ou qui fupportent les portes comme *E N O H* (*Pl.*
VIII, Fig. 1) , & les uns comme *Q Fig.* 2 , font arrêtés au barreau montant
par un collet, & fcellés par en bas dans un dé de pierre ; d'autres *Fig.* 3 , font

joints au barreau par un lien S , & font liés par en bas au moyen d'un autre lien T au fommier T Y , lequel eft fcellé dans la pierre par un crampon X, & le fommier X T Y embraffe le barreau montant par un enfourchement qui eft en Y.

Au-deffus de la derniere traverfe E (*Planche VII , Fig.* 7), on termine les barres montantes en pointe ou toutes droites D, ou en flammes ondoyantes comme F ; quand on ne veut point interrompre cet ornement au-deffus des portes, on rapporte ces pointes fur une barre qui forme le deffus de la baie de la porte.

Nous avons dit que les portes rouloient par en bas fur un pivot dans une crapaudine i (*Planche VII , Fig.* 6), & que par le haut elles étoient retenues par un collet qui fait l'effet d'une bourdonniere. Ce collet fe fait de différentes façons, c'eft ce qui nous refte à expliquer : les plus folides font faits par un morceau de fer courbé en anneau A (*Planche VIII , Fig.* 4); les deux bouts de ce morceau de fer fe réuniffent pour faire un fort tenon B qui entre dans une mortaife qu'on fait au barreau C ; ce tenon eft rivé en B & goupillé en D ; cela eft plus folide que la fimple bride K (*Fig.* 1.)

Quand on fcelle des grilles dans l'embrafure des croifées , on n'appointit pas le bout D des barres (*Planche VII , Fig.* 7) ; on les fait entrer dans des trous qu'on fait à la plate-bande du haut , & on fcelle dans les jambages les bouts E B des traverfes & le bout A du fommier d'en bas.

Quelquefois pour jouir de l'appui des croifées , & pouvoir appercevoir ce qui fe paffe au-deffous des croifées , on plie les barreaux montants G H, en E F (*Fig.* 8), de forte que la partie d'en haut des barreaux montants eft dans l'embrafure des croifées , pendant que la partie baffe depuis F jufqu'à H fait faillie en dehors, ce qui oblige de couder le bout du fommier A , ainfi que l'extrémité de la traverfe E, afin de regagner le dedans du tableau où l'on doit les fceller ; c'eft pourquoi on termine toutes ces parties par un fcellement ; enfin on fcelle le haut des barreaux montants dans les pierres de la plate-bande du haut de la croifée , ou bien on les termine en pointe comme D (*Fig.* 7), ou encore on replie les pointes en dedans vers la croifée comme K G (*Fig.*) 8.

Les grilles des Parloirs des Religieufes font faites de deux façons : les unes le font avec des barres parfaitement équarries , & on affemble les traverfes avec les montants en entaillant les unes & les autres, aux endroits où elles fe croifent, de la moitié de leur épaiffeur, de forte qu'elles s'arrafent en dehors & en dedans. On perfectionne les entailles à la lime , on joint les montants avec les traverfes aux endroits où ils fe croifent, au moyen des goupilles arrafées , & quand cet ouvrage eft bien exécuté, on n'apperçoit point les joints.

D'autres grilles de Religieufes font faites avec des barres rondes, tant pour les montants que pour les traverfes ; elles fe font précifément comme les

grilles

grilles dont nous avons parlé d'abord , excepté qu'on perce les traverfes *e*
(*Planche VII* , *Fig.* 16) , avec un poinçon rond, & on fait de petits nœuds
bien arrondis.

On fait encore des grilles qu'on nomme *entrelacées* , *Fig.* 16 , parce que
tantôt les montants paffent au travers des traverfes , & à d'autres endroits les
traverfes paffent au travers des montants ; mais ce ne font pas des ouvrages
ordinaires , ces grilles font plus difficiles à faire que les autres fans être meilleures. On leur attribue cependant un avantage , mais qui eft bien peu confidérable : on dit que fi un montant de grille de fenêtre ou de foupirail de
cave étoit affemblé à tenons en haut & en bas , ce qui fait le plus folide
ouvrage des grilles communes , on pourroit tirer un barreau de place lorfqu'on auroit coupé les tenons du haut & du bas , au lieu qu'après avoir coupé
près des deux bouts un montant des grilles entrelacées , l'entrelacement empêcheroit qu'on ne tirât le barreau.

D'abord nous ferons remarquer que dans les grilles ordinaires, l'appui empêche qu'on ne tire les barres ou montants , & qu'on les dégage des traverfes, lorfqu'il y en a. D'ailleurs , cela ne feroit favorable à cette difpofition des
montants que quand on auroit befoin de les ôter en entier, & les voleurs trou-
veroient affez de paffage au travers d'une grille entrelacée , après avoir ôté
la partie d'un montant qui ne reçoit point de traverfe ; c'eft ce que l'on com-
prendra aifément en examinant la *Figure* 16 , *Planche VII*, où à la partie
c c , *d d* , ce font les traverfes qui paffent dans les montants , & à la partie
TTVV , ce font les montants qui paffent dans les traverfes ; & avec un peu
de réflexion, on concevra comment s'affemblent ces fortes de grilles , c'eft à
quoi fe réduit tout ce qu'elles ont de particulier.

Jouffe qui s'eft attaché dans fon Livre à ne rapporter que ce qui lui pa-
roiffoit de plus difficile dans fon Art , a repréfenté deux de ces fortes de grilles : dans un quarré qui eft au milieu de la premiere, il y a ajufté la figure
d'un *Nom de Jefus* qui eft foudé à une des traverfes ; mais c'eft un ornement
indépendant du travail propre à cette grille , qui au refte eft la même qu'on
a repréfentée *Fig.* 16 , & femblable à une que j'ai vue & démontée à
Breft.

L'autre grille que Jouffe a repréfentée, a cinq quarrés garnis de fleurons, &
a bien plus d'entrelacements que la premiere , les montants y font plus lacés
avec les traverfes ; mais pour faire ces entrelacements , il faut brifer des montants & les fouder enfuite ; or quand on voudra profiter de cet expédient &
employer le temps néceffaire pour l'exécuter, on entrelacera , tant qu'on
voudra , les montants avec les traverfes.

Nous allons maintenant traiter des grilles qui font faites de fers contournés
& roulés , & qui pour cette raifon fortent de la fimplicité de celles dont nous
venons de parler.

SERRURIER. T

ARTICLE III.

Des Grilles ornées par les feuls contours du fer , & des différentes manieres de rouler le fer ou d'en former des volutes que les Serruriers nomment des Rouleaux *; avec les différentes façons de les affembler.*

Dans les ouvrages de fer où l'on veut fortir de la fimplicité des barres droites dont nous avons parlé dans l'Article précédent, comme font les grilles qui fervent à la décoration des Eglifes & des autres grands édifices, les balcons des maifons particulieres, la plupart des rampes des efcaliers un peu confidérables, tous ces ouvrages font plus compofés que ceux dont nous avons parlé ; ils exigent plus d'adreffe , & ils ne pourroient être exécutés fans des précautions & des induftries particulieres qui méritent d'être décrites.

Comme il ne s'agit point encore d'ouvrages très-riches, la plupart des ornements dont nous nous propofons de parler , & qui effectivement font très-agréables , fe réduifent à des contours qu'on donne aux barres de fer , qu'on fçait varier d'une infinité de manieres ; mais dans ces contours on emploie très-fréquemment les volutes : on les appelle dans la Serrurerie *du Fer roulé* , & on nomme *un rouleau* une barre de fer contournée en volute , telle que *A* & *B* (*Planche VII , Fig.* 26) : on voit que le panneau de Serrurerie *Fig.* 14, reçoit fon principal ornement de quatre rouleaux *A B C D* , les parties *E F* étant du fer droit.

Ces parties de Serrurerie font faites tantôt de fer en barre qui eft communément du carrillon , & tantôt du fer en lame qui a été applati par les cylindres des applatifferies qui donnent à ces lames une forme bien réguliere , fur - tout quand elles ont paffé plufieurs fois entre les rouleaux. Quand les Serruriers ont befoin pour certaines parties de fer d'un échantillon qui ne fe trouve point dans les magafins, ils les étirent & les applatiffent eux-mêmes dans leurs forges avec leurs marteaux ; mais fi ce travail étoit beaucoup répété, il augmenteroit confidérablement le prix de l'ouvrage.

Affez fouvent il entre dans une même grille ou dans un même balcon du fer quarré ou du carrillon, & du fer applati ou en lame. Le deffein exige quelquefois qu'on emploie de l'un & de l'autre fer , & les parties qui font en fer applati exigent bien moins de travail que celles qui font en fer quarré ; mais comme elles ont moins de force , on a l'attention de mettre du fer quarré aux endroits qui courent plus de rifque d'être rompus. D'ailleurs les ouvrages qui font faits en fer quarré ont toujours l'air plus mâle & plus fatisfaifant à la vue que ceux qui font faits avec du fer en lame.

Le Serrurier commence par tranfporter le deffein qu'il a imaginé ou qui lui a été fourni par l'Architecte sur une grande table de la même grandeur que l'ouvrage doit être, afin de s'épargner la peine de faire des réductions, & principalement pour qu'il puisse présenter sur le dessein les pieces à mesure qu'il les travaille pour s'assurer s'il les exécute réguliérement; au reste ce dessein consiste dans un simple trait, les ombres seroient inutiles.

Si la grille devoit être plate & formée d'une répétition de panneaux semblables, tels par exemple que celui *Fig.* 14 *Planche VII*, ou des *Figures* 5 & 6 *Planche VIII*, il suffiroit d'avoir un dessein de ce panneau ou d'une partie pour faire tout le reste.

Mais comme ordinairement on sépare les panneaux semblables par d'autres qui forment des especes de pilastres, à peu près semblables aux *Figures* 8, 9, 10 & 11, *Planche VIII*, il faut avoir deux patrons, un pour les panneaux, l'autre pour les pilastres.

Lorsque les grilles forment un rampant, comme aux escaliers, il faut que le patron suive le rampant *Fig.* 7, *Planche IX*, au droit des quartiers tournants *Planche IX*, *Fig.* 8; il faut que le dessein soit fait sur une surface convexe qui suive les contours du limon, parce que dans tous ces cas il faut que la disposition des enroulements change beaucoup. C'est là où l'on reconnoît les Serruriers qui ont du goût. Car il faut que ces parties soient conformes au dessein courant, quoiqu'on soit obligé de beaucoup changer le contour de toutes les parties, qui le forment, & il y a quelque difficulté à y parvenir sans estropier le dessein. Les habiles Ouvriers parviennent cependant à varier toutes les parties de leur ouvrage sans que rien paroisse rompu. Nous rapporterons dans un instant comment ils s'y prennent pour se tirer de ce petit embarras. Il faut encore que le patron suive le bombement d'un balcon, supposé que ce balcon fût bombé; mais on doit sur-tout avoir soin que tous les montants s'élevent perpendiculairement, sans quoi la grille seroit difforme quand on viendroit à la mettre en place. Par exemple, il faut que dans la rampe *Fig.* 7, *Planche IX*, les sommiers *C C* & *B B* soient bien paralleles aux limons de l'escalier, & que les montants *B C* se trouvent bien à plomb, quand la grille sera en place; les entre-toises horizontales *F* (*Fig.* 7), doivent être paralleles aux sommiers, & les verticales *G G* doivent se trouver à plomb ou paralleles aux montants *B C*; sans ces attentions l'ouvrage n'auroit rien de satisfaisant, il choqueroit immanquablement tous ceux qui auroient le coup d'œil un peu juste.

Comme les Serruriers sont asservis à suivre les contours que les Charpentiers ont donnés aux limons, ils relevent ces contours avec du fer en lame paré, mince & bien recuit, qu'ils appliquent exactement sur le limon; & c'est sur le contour de cette barre qu'on divise les panneaux & les pilastres, comme nous l'expliquerons dans un instant.

A mesure qu'on a contourné les pieces, on les présente sur le patron, &

On les rectifie quand on s'apperçoit qu'elles n'en fuivent pas exactement les contours.

Comme dans toutes les grilles & les balcons, il y a toujours plufieurs pie-ces de fer qui font roulées de la même façon, le Serrurier commence par préparer une efpece de moule fur lequel il courbe les pieces qui doivent être femblables. Ce moule qu'on appelle *un faux Rouleau* eft un barreau *Planche VII, Fig. 25*, ou *Fig.* 10 *Planche IX*, auquel on fait prendre le contour qu'on veut donner à un nombre de pieces femblables; mais afin que les faux rouleaux *t t* (*Planche VII, Fig.* 25), ou *O P Q* (*Planche IX, Fig.* 10), confervent leur figure, on les rive quelquefois en plufieurs endroits fur une forte barre plate *s s*, & cette barre fert à les faifir dans l'étau, comme on le voit *Fig.* 4 *Planche VII*, *dans la Vignette.*

D'autres fois le faux rouleau eft terminé par un crampon qui entre dans le trou qu'on fait fur l'enclume pour recevoir une fourchette ou une tranche.

Lorfqu'on travaille de gros fer, on attache quelquefois le faux rouleau fur un gros billot de bois; mais dans l'un ou l'autre cas il faut toujours que le faux rouleau foit horizontal; il feroit difficile d'en faire ufage fi on lui don-noit une autre pofition.

Quand on veut rouler un barreau, on lui donne une bonne chaude, on recourbe dans l'étau avec le marteau, celle de fes extrémités qui doit faire le centre ou la naiffance de la volute, en un mot on forme avec le marteau les plus petites révolutions de la volute *a b c d e* (*Planche VII, Fig.* 27), d'abord comme *a*, enfuite comme *b*; on engage enfuite l'extrémité de la plus petite révolution du faux rouleau dans l'angle que forme le petit commence-ment de la volute, puis on tourne peu à peu le barreau *d e* (*Fig.* 27), comme fait l'Ouvrier *Fig.* 4 *Planche VII*, *dans la Vignette*, fur les révolutions de ce faux rouleau, & on le force à s'y appliquer exactement par les griffes *u x y z* & (*Fig.* 28, *Planche VII*); fi le barreau s'éleve trop, on le force à s'abaiffer dans le faux rouleau avec le tourne-à-gauche *x* ou *z*; s'il fe gauchit, on le redreffe avec le tourne-à-gauche ou les fourchettes *z* ou *&*.

Comme il faut que le fer foit flexible, on le met de temps en temps au feu; mais à chaque chaude, avant que de le remettre dans le faux rouleau, quel-ques-uns trempent dans de l'eau la partie qui a été roulée pour qu'elle ne fe déforme pas. Cette pratique n'eft cependant pas bonne, l'eau fait ouvrir le fer & le déforme; d'ailleurs fi le fer étoit acérain, il fe tremperoit, & on ne pourroit plus le forer ni le limer; & fans le tremper dans l'eau, on parvient à faire fuivre l'enroulement au fer qu'on travaille. On conduit donc fucceffi-vement la barre fur chaque tour du faux rouleau, jufqu'à ce qu'elle les ait enveloppés tous, & qu'elle ait été appliquée exactement fur chacun d'eux. Nous avons déja dit que pour faire entrer la barre dans le faux rouleau, pour faire qu'elle s'applique exactement fur tous fes contours, & qu'elle ne

l'excéde

l'excéde point par en haut, on fe fert de différents outils qui étant affez longs fourniffent au Forgeron un levier qui augmente beaucoup fa force; au refte il y en a de différente forme, mais en général ce font des efpeces de crochets qui peuvent embraffer en même temps la barre & le faux rouleau *Fig.* 28, *Pl. VII*; au bout des barres *u y* & *&*, il y a deux dents.

Quelques-uns de ces outils qu'on nomme *Tourne-à-gauche*, ont leurs deux bouts recourbés & ramenés parallélement au corps de l'outil dans une longueur de deux ou trois pouces, comme on le voit *Fig.* 28, aux deux bouts du barreau *x*, & à un des bouts des barreaux *u y χ*; ils fervent, comme nous l'avons dit, pour dégauchir la barre. Les autres ne font, comme on le voit *Fig.* 28, recourbés de la forte qu'à un de leurs bouts; leur autre bout eft recourbé à angle droit; & à quelque diftance du coude, on a foudé une piece de fer qui égale la partie recourbée, & qui lui eft parallele, formant toutes les deux enfemble deux dents qui ont fait donner à ces outils le nom de *Griffe*. Une dent porte fur le faux rouleau, l'autre fur la barre, & leur ufage eft d'obliger la barre à s'appliquer fur les révolutions du faux rouleau; d'autres, comme *χ*, ont un de leurs bouts fourchu, & leur ufage eft de redreffer le fer quand il prend un faux contour, & quand une de fes faces ne s'applique pas fur le faux rouleau. Enfin il y en a de femblables à *&*; & fuivant la groffeur des fers qu'on travaille, on fe fert de griffes plus ou moins fortes & plus ou moins longues.

On voit aux extrémités des barres *Figure* 27, *Planche VII*, des rouleaux plus ou moins avancés, & ceux *Fig.* 26, font finis. On voit encore *Figure* 10, *Planche IX*, un faux rouleau d'une autre forme; car il faut en avoir de bien des formes différentes fuivant les différents contours qu'on veut faire prendre aux rouleaux, quelques-uns de ces contours font repréfentés en *STV (Planche IX, Fig.* 11). On forme les arcades des *Figures* 5 & 6 *Planche VIII*, fur une efpece de faux rouleau, ou plutôt fur un mandrin *Figure* 24, *Planche VII*; il porte à fa partie convexe une petite cheville qui doit entrer dans un trou qu'on a fait au milieu de la barre qu'on veut tourner en arcade; on faifit la branche *r* dans un fort étau; & fur la partie convexe *f*, on contourne les barres qui doivent faire les arcades *t* ou *f* des *Figures* 5 & 6, *Planche VIII*.

Quand les Serruriers n'ont pas befoin d'un grand nombre d'enroulements de même forme & de même grandeur, ils favent fe paffer de faux rouleaux: plufieurs même ne s'en fervent jamais.

Pour cela ils mettent dans l'étau, ou encore mieux dans un trou qu'on a pratiqué fur la table de l'enclume une fourchette *A (Planche VIII, Fig.* 15) à peu près femblable à l'extrémité fourchue *χ* & de la *Fig.* 28, *Planche VII*; ils engagent dans cette fourchette le barreau qu'ils veulent rouler; & au moyen d'une griffe à dents *a b (Planche VIII, Fig.* 15) ils obligent le

SERRURIER. V

fer de fe rouler. Cette méthode exige plus d'adreffe que le faux rouleau ;
mais il y a d'habiles Ouvriers qui contournent ainfi leur fer avec une régularité furprenante. Il y a même quelques circonftances où on ne peut fe fervir
ni de faux rouleaux, ni de griffe, & où l'on eft obligé de rouler le fer avec
le marteau en frappant à peu près comme fi l'on vouloit le refouler.

Très-fouvent les rouleaux terminent des barres droites, comme on voit
les rouleaux *A B C D* aboutir aux parties droites *E F* (*Planche VII* , *Fig.*
14) ; la même chofe fe voit auffi au bas des *Figures 5 & 6* , *Planche VIII.*
On ne foude pas les rouleaux au bout des parties droites en *E* ou en *F*
(*Planche VII* , *Fig.* 14) ; les foudures fe font en *K* : il faut donc faire des
retours d'équerre en *E* & en *F* : pour que ces angles foient bien formés ,
il eft néceffaire de ménager de l'étoffe en ces endroits. Si l'on travaille fur
du fer quarré , on peut en refouler le fer pour le rendre plus gros aux endroits où l'on doit former les angles ; mais fi l'on travaille fur du fer plat , on
ne peut pas fe difpenfer d'y fouder un morceau de fer doux. Ce que nous
venons de dire à l'occafion de la *Figure* 14, *Planche VII* , a fon application
aux *Figures 5 & 6* , *Planche VIII.*

Pour donner plus de grace aux rouleaux , on a coutume de diminuer un
peu l'épaiffeur du fer à mefure qu'il approche des petites révolutions des volutes ; & fi ces premieres révolutions font faillantes & très-rapprochées les
unes contre les autres , elles font une maffe comme à la *Figure* 7 , *Planche*
VII ; on évide cet endroit avec le burin & la lime , & on fait la rainure de la
volute aux dépens du fer, ce qui augmente confidérablement le travail.

Quelquefois il part d'une même volute , deux branches qu'on roule dans
des fens différents, comme on voit dans la *Figure* 7 , *Planche VIII* , les deux
branches *a d c* & *c b* de la volute *d* : en ce cas on foude deux barreaux *AB*
(*Fig.* 18) , en *C* ; la partie *D* fait le rouleau *c* (*Fig.* 7) ; la partie *A* fe contourne comme *a* , & la partie *B* comme *b* ; de cette façon un habile Ouvrier
peut faire toutes les poftes comprifes depuis *d* jufqu'en *e* (*Fig.* 7) , d'un feul
morceau , fans être obligé d'employer ni liens ni rivures ; mais par cette méthode le fer n'eft point évidé jufqu'au fond de la volute , & l'ouvrage deviendroit bien plus confidérable fi on vouloit l'évider au cifeau. Pour que la volute
foit évidée à la forge comme *A* (*Fig.* 16), on forme deux talons qu'on foude
à plat, comme on le voit en *B* (*Fig.* 17) ; la partie *a* de la *Figure* 16 eft faite du
barreau *a* (*Fig.* 17) ; la volute *b* (*Fig.* 16), eft faite de la partie *b* (*Fig.* 17) ,
& elle eft formée au marteau ; enfin la partie *c* (*Fig.* 16) eft faite de la partie *c*
(*Fig.* 17); pour joindre la partie *e f g*, avec la partie *abc*, on fait une foudure en *d*.

Quelquefois il part trois rouleaux d'un même endroit, comme on le voit
en *A* (*Fig.* 20) ; pour cela on forme trois talons aux barres *a b c* (*Fig.* 19) ;
le talon de *a* eft foudé avec le talon de *b* , & ces deux talons avec celui *c* ; le
rouleau *a* (*Fig.* 20) eft formé par la barre *a* (*Fig.* 19) ; le rouleau *b* (*Fig.* 20),

par la barre *b* (*Fig.* 19), & le rouleau *c* (*Fig.* 20,) par la barre *c* (*Fig.* 19.)
Mais il faut être bon forgeron pour faire ces fortes d'ornements.

Quand les pieces, foit droites, foit roulées, dont les grilles doivent être faites, font forgées, on fonge à les affembler ou à les réunir de façon qu'elles
faffent un tout pareil au deffein que la grille doit avoir.

Ces affemblages fe font de quatre manieres : ou par des foudures, ou à tenons & mortaifes, ou avec des rivures ou par des liens.

Les parties *E F* du panneau *Fig.* 14 , *Planche VII* , font foudées en *K* ;
ainfi les deux enroulements *A B* avec l'entretoife qui les lie *F E* , forment un
membre d'ornement qu'il faut réunir avec l'autre qui eft pareil & préparé
pour remplir le panneau.

Les montants *GG* (*Planche VII* , *Fig.* 14) , & (*Planche VIII* , *Fig.* 8 &
9), s'affemblent à tenons & mortaifes, comme nous l'avons expliqué en
parlant des grilles fimples.

Pour faire les affemblages à rivure, on perce les deux pieces dans les
endroits où elles doivent fe toucher, comme en *I* (*Planche VII* , *Fig.* 14),
& on fait entrer dans ces deux trous une goupille de fer doux qu'on rive
par les deux bouts ; c'eft ce qu'on nomme une *Rivure.*

La quatrieme maniere d'affembler eft par des liens qui embraffent les deux
pieces qu'on veut réunir ; entre ces liens, il y en a de fimples *H* (*Planche
VII* , *Fig.* 14), & d'autres qui font ornés de moulures *N* (*Planche VIII* ,
Fig. 5, 6 & 9), ou *N* (*Planche IX, Fig.* 7 & 9) : ces derniers contribuent à
la décoration de l'ouvrage.

A l'égard des affemblages à tenons & mortaifes, nous n'avons rien à ajouter à ce que nous en avons dit à l'occafion des grilles les plus fimples ; nous
y renvoyons donc entierement.

Nous ferons remarquer feulement que les baluftrades *Figures 5 & 6 , Pl.
VIII* , font affemblées avec des rivures en *t* & en *f* , à tenons & mortaifes en
u u , par des liens fimples en *H*, & par des liens ornés en *N*.

Pour ce qui eft de l'affemblage à rivure, comme la principale opération
confifte à percer les trous aux endroits où doivent entrer les goupilles, nous
n'en parlerons pas non plus , parce que nous avons fatisfait à tout ce qu'on
peut defirer à l'endroit où nous avons expliqué les différentes manieres de
percer le fer à froid & à chaud. Il nous fuffira de faire ici les trois réflexions
fuivantes. 1°, En général pour qu'une rivure tienne bien , il faut, quand on a
mis fa goupille dans le trou , donner au fer qui l'embraffe quatre coups de
langue de carpe, pour ferrer le trou contre la goupille , enfuite on forme
la rivure.

2°. Quand la rivure fe trouve dans certains endroits d'un rouleau, comme
vers les premieres révolutions , la goupille ne peut être frappée immédiatement par le marteau ; alors pour fe procurer un point d'appui affez folide

pour que le bout de la rivure où le marteau ne peut atteindre ; se rebrousse, on passe un morceau de fer coudé qu'on appelle *un Poinçoncoudé, Figure 21 A, Planche VIII*, de façon qu'il recouvre le trou qui est dans la révolution du rouleau, afin que le bout de la rivure sur lequel on ne peut frapper rencontrant le morceau de fer, se rive ; & on acheve de perfectionner cette rivure en frappant sur le poinçon coudé, pour qu'il agisse sur le bout de la rivure. Quand il est possible d'entrer la rivure par l'endroit où le marteau ne peut atteindre, on commence par faire une petite tête à la goupille *Figure 21 B*, *Planche VIII*. Il faut toujours que les goupilles soient de fer doux.

3°. Quand deux pieces ne se touchent pas exactement, on les joint quelquefois par une rivure qui porte à son milieu une graine ou boulle *A* (*Pl. VIII, Fig. 6 & 9.*)

4°. On fait encore des rivures qu'on nomme *Prisonniers*. Pour cela on fait dans une barre de fer ou une plate-bande un trou qui ne perce que de deux lignes, & on essaie que ce trou soit un peu plus large au fond qu'à son entrée, ce qui se peut faire en balançant un peu le haut du foret ; mais de plus on retrécit l'entrée du trou avec la langue de carpe ; on met dedans un lardon au bout duquel on a fait une petite tête *Fig. 21 B*, *Planche VIII*. Quelques coups de marteau sur le bout de ce lardon, & quelques coups de langue de carpe auprès, suffisent pour le river assez dans le trou, pour qu'il n'en puisse sortir, & les coups de marteau qu'on donne ensuite sur l'autre bout pour le river, ne peuvent qu'augmenter l'adhérence du lardon.

A l'égard des liens les plus simples qui ne peuvent servir que dans les endroits où les pieces se touchent comme *H* (*Planche VII, Fig.* 14), ils tiennent lieu des rivures, & ne leur sont pas beaucoup préférables. Ils sont formés par une pieces *k*, qui porte deux petits tenons traversant une petite piece quarrée qui les lie, & sur laquelle on les rive ; mais il y a des pieces qu'on lie ensemble quoiqu'elles ne se touchent pas, les ouvrages ornés de rouleaux en donnent fréquemment des exemples. On en voit un en *N* (*Planche VIII, Fig.* 5 , 6 & 9) ; la piece qui embrasse & assujettit les deux pieces un peu éloignées l'une de l'autre, est appellée un *lien*, & maintenant presque toujours un *lien à cordon* à cause des moulures dont ils sont décorés. On apprendra dans l'article où il s'agira d'étamper les ornements, comment on forme les moulures sur ces sortes de liens. *a a* (*Planche IX, Fig.* 12) est un morceau de fer étampé, & propre à faire un lien à cordon ; *b*, est un ciseau propre à couper le cordon ; *c*, un morceau de fer coupé pour faire un lien à cordon ; il est vu du côté de la moulure : *c²*, le même morceau vu du côté plat ; *c³*, la piece qui avec la piece *c²*, fait le lien entier semblable à *c⁴*. Pour faire le corps du lien *c³*, qui embrasse les pieces qui doivent être liées, on y ajoute une seconde piece qui fait le quatrieme, & un des longs côtés du rectangle ; celle ci est appellée *la bride du lien* : elle s'assemble avec le

corps

corps du lien par les pieds à rivure du lien ou de petits tenons.

Dans les ouvrages propres, le lien dont nous venons de parler, eſt une eſpece de boîte c^5 fermée par deſſus & par deſſous, *Pl. IX*, *Fig.*12. On n'y voit point de vuide, il ſemble entiérement maſſif, parce qu'on ferme le deſſus & quelquefois le deſſous du lien avec deux pieces minces c^6, qu'on appelle *les couvertures du lien* : les uns les aſſemblent avec le cordon par des entailles & des tenons à queue d'aronde ; les autres attachent deux petits étoquiaux près de chaque bout de la couverture qu'ils arrêtent par de petites rivures qui paſſent au travers du cordon & dans les étoquiaux.

Les mâchoires des étaux ordinaires ne ſeroient pas commodes pour tenir les liens pendant qu'on les rive ; on les met dans une eſpece de tenaille qu'on nomme *Mordache* N^1 (*Planche IX, Fig.* 13), & on ſerre les mordaches dans l'étau ordinaire. Ces mordaches ſont formées de deux branches qui ſont jointes, comme les forces, par un reſſort qui tend à les écarter, & par con-ſéquent à ouvrir la mordache ; leurs deux bouts ſont coupés quarrément, mais entaillés de façon qu'il reſte intérieurement à chaque branche une partie plate & ſaillante ; ces deux parties ſaillantes ſont une eſpece de petite table ou enclume ſur laquelle porte la piece qu'on veut river ; c'eſt un point d'ap-pui qui l'empêche de deſcendre.

Souvent deux rouleaux ne ſont tenus enſemble que par une barre droite, aſſemblés par chaque bout avec l'un d'eux à tenons & mortaiſes : ces pieces F (*Planche IX, Fig.* 7 & 9), ſe nomment des *Entre-toiſes,* terme que la Ser-rurerie a emprunté de la Charpenterie & de la Menuiſerie qui les emploient en quelques circonſtances à peu près pareilles.

Il manqueroit à la partie de l'Art du Serrurier qui regarde les grilles un ar-ticle bien important, ſi nous négligions d'expliquer comment on doit condui-re le travail des rampes d'eſcalier, & la façon de les mettre en place. Des Ser-ruriers qui ſauroient faire des grilles d'appui ou des balcons avec du fer droit ou contourné, pourroient bien être embarraſſés à faire & à mettre en place des rampes d'eſcalier, s'ils ignoroient certaines pratiques qui fourniſſent aux Ser-ruriers des moyens de faire ſuivre à leur ouvrage les contours qu'exigent les limons tant dans le ſens horizontal que dans le vertical. Car nous avons déja dit en paſſant que les Serruriers ſont aſſervis à ſuivre les contours que les Charpentiers ont donnés aux limons des eſcaliers : quoique les habiles Serruriers parviennent à corriger une partie des défauts qu'ils apperçoivent dans les limons. Mais il faut ſuppoſer le limon bien conduit : en ce cas ils re-levent avec une bande de fer en lame, parée, mince & bien recuite, les con-tours des rampes en appliquant ce fer exactement ſur le limon, à quoi leur ſervent beaucoup les tourne-à-gauche, & les griffes dont nous avons parlé, ſur-tout aux endroits des quartiers tournants. Ce travail ſe fait à froid n'ayant communément pour enclume qu'un billot de bois ou un grès ; & comme

cette lame eft de plufieurs pieces , on a foin de la couper dans les parties droites à l'approche des quartiers tournants.

Le Charpentier doit avoir eu l'attention que la face fupérieure de fon limon ne s'incline ni du côté des marches ni en dehors , afin que la bande de fer
plat que pofe le Serrurier, ne s'incline pas non plus ni d'un côté ni d'un autre ;
fans cette attention, il ne feroit pas poffible de monter la rampe, à moins que le
Serrurier n'eût reparé par fon induftrie les fautes qu'auroit fait le Charpentier.

On tranfporte à la Boutique cette bande de fer qui eft de plufieurs morceaux ; mais on fait à ces différents morceaux des marques de rencontre ou
des repaires , parce qu'ils doivent s'ajufter les uns avec les autres pour donner
les contours du limon.

C'eft fur les contours de cette lame qu'on divife les panneaux & les pilaftres , ou les endroits où fe doivent trouver les barreaux montants qui
ferviront à former le bâti , foit que la rampe étant des plus fimples doive être
formée de barreaux montants comme la baluftrade *Fig.* 1 , *Planche VIII* ,
ou d'arcades comme celles *Fig.* 5 & 6 *même Planche* , ou de panneaux
Fig. 7 & 9, *Planche IX.* Ce que nous nommons le *bâti* de la rampe,
doit être formé par le fommier d'en bas c c (*Fig.* 7), par le fommier d'en
haut *B B* , & de temps en temps , fuivant le deffein , par des barreaux montants c *B* qui doivent entrer dans le limon , & donner de la folidité à la rampe. Les montants c font terminés à leur bout d'en haut par des tenons qui
font reçus dans des mortaifes que l'on fait au fommier d'en haut *B* : au contraire chaque partie du fommier d'en bas eft terminée par des mortaifes qui
embraffent des tenons qu'on pratique aux montants c. Ainfi le fommier d'en
bas doit être coupé vis-à-vis chaque montant c ; à l'égard du fommier d'en
haut , on peut le couper où l'on voudra , à moins que ce ne foit une rampe
à panneaux ; car alors l'empatement qui joint les différentes pieces du fommier doit tomber fur un des barreaux montants.

Pour ce qui eft des rampes en arcades femblables à la baluftrade *Fig.* 6,
Planche VIII , qui ne font point interrompues par des barreaux montants c comme la baluftrade *Fig.* 5 , ou celle à panneaux *Fig.* 7 , *Planche*
IX , on attache le fommier d'en bas au limon par de forts gougeons c *Fig.*
6 , *Planche VIII* , clavettés dans le limon , on en met de diftance en
diftance , & le fommier d'en haut eft retenu par des rivures qui font en *D.*

On fait à la boutique fur la lame de fer plat avec laquelle on a pris le
contour de la rampe , le fommier d'en bas qui doit être de fer quarré doux ,
ayant grand foin que ce fommier fuive exactement tous les contours de la
lame à laquelle on a fait prendre ceux du limon.

Comme le fommier d'en haut qui fert d'appui doit fuivre tous les contours
de celui d'en bas, & lui être parallele dans toutes fes parties , on le contourne
fur le fommier d'en bas qui alors fert de patron ; à l'égard de la plate-bande, on

la contournera quand les panneaux feront montés à la boutique.

On fait que la plate-bande eft une bande de fer plat, ornée de moulures. Nous dirons dans la fuite comment on les fait fur une étampe.

Il faut que le fommier d'en bas ait une forme réguliere; lors même que le limon a des défauts, l'habile Serrurier fait les corriger.

Comme on a marqué fur la lame qui fuit les contours du limon, la divifion des panneaux & des pilaftres, on coupe le fommier d'en bas vis-à-vis ces marques, & on forme à chaque bout des tenons qui doivent entrer dans des mortaifes qu'on fait aux barreaux montants pour les recevoir.

Quand il y a des barreaux montants qui s'étendent du fommier d'en bas au fommier d'en haut, comme *C B* (*Planche VIII*, *Fig. 5*, & *Planche IX*, *Fig. 7*), on fait enforte que les barreaux montants excedent le deffous du fommier d'en bas de fix pouces comme *C*, afin qu'ils entrent de cette quantité dans le limon où on les arrête avec des clavettes, ce qui rend l'ouvrage très-folide.

Il faut que les barreaux montants foient bien à plomb; ainfi on conçoit que pour que les tenons qu'on fait dans le fommier d'en bas qui eft rampant, s'ajuftent exactement avec les barres qui doivent être à plomb, il faut faire une fauffe coupe, on la prend avec une fauffe équerre que les Serruriers nomment *Sauterelle*, qui fert auffi à faire réguliérement les tenons qui terminent les pieces du fommier d'en bas, & les mortaifes des barreaux montants qui doivent les recevoir.

A l'égard des rampes à arcades *Fig. 6*, *Planche VIII*, qui n'ont point de barreaux montants, ainfi que les deffeins courants *Planche X*, *Fig. 6 & 7*, on ne peut fe difpenfer, pour prendre les fauffes coupes dont nous venons de parler, d'y mettre des barreaux poftiches *F F* (*Planche VIII*, *Fig. 6*), qui font ponctués, & qu'on ôte à mefure qu'on met en place les arcades ou les deffeins courants.

Quand les fommiers d'en haut & d'en bas, ainfi que les barreaux montants font faits, il faut les préfenter fur la place pour s'affurer que tout le bâti s'ajufte bien; car la perfection de la rampe dépend beaucoup de l'exactitude qu'on a obfervée dans le bâti; ainfi après avoir examiné fi le fommier d'en bas fuit exactement les contours du limon, il faut vérifier avec un fil à plomb, fi les barreaux montants font exactement à plomb, puis placer le fommier d'en haut, & s'affûrer encore s'il eft bien parallele à celui d'en bas.

Quand le bâti eft bien réguliérement établi, on peut compter avoir fait une partie confidérable de l'ouvrage; car c'eft dans les efpaces compris entre les deux fommiers & deux montants qu'on doit rapporter ou des barres fimples, fi c'eft une rampe femblable à la baluftrade *Fig. 1*, *Planche VIII*, ou des arcades, fi la rampe doit être dans le goût des *Figures 5 & 6*, ou d'autres ornements comme ceux de la *Figure 14*, *Planche VII*, ou de la

Figure 7 , *Planche IX.* Il faut donc , avant que de démonter le bâti de la rampe pour la reporter à la Boutique , fe mettre en état de le monter dans la Boutique , précifément comme s'il étoit en place ; pour cela on prend l'ouverture de tous les angles que les barreaux montants font avec les fommiers tant du haut que du bas. On pourroit prendre ces ouvertures avec une fauffe équerre, & les conferver ; mais les Serruriers s'accommodent mieux d'un petit inftrument qu'ils nomment *Griffe* , *Planche X* , *Fig.* 1 : c'eft un petit barreau de fer qui porte une pointe acérée à chacune de fes extrémités.

Ils numérotent leurs barreaux 1 , 2 , 3 , &c , *Fig.* 2 , & la petite griffe fait l'office d'un compas à verge qui ne change point d'ouverture ; pour conferver l'ouverture de l'angle *a* , ils mettent une pointe de la griffe fur le milieu du barreau montant 1 , & l'autre fur le fommier , & avec un pointeau ils font un petit trou aux endroits où répondent les pointes de la griffe : pour avoir l'ouverture de l'angle *b* , ils tranfportent de même la griffe du côté *b* , & ils font une marque fur le montant & une fur le fommier ; ils font les mêmes opérations fur les angles *c* & *d* , de même fur les quatre angles formés par la rencontre du barreau montant n° 2, avec les fommiers du haut & du bas , & de même fur tous les autres barreaux : ils démontent enfuite tout leur bâti ; ils le portent à la boutique ; quand ils ont établi leurs fommiers , & quand ils ont mis chaque barreau à fa place, ils vérifient s'ils ont confervé leur même pofition relativement aux fommiers , en repréfentant la griffe dans les trous précédemment marqués tant fur les barreaux que fur les fommiers.

Le bâti étant ainfi exactement établi dans la même pofition où il étoit en place fur le limon , il s'agit de tranfporter entre les montants & les fommiers les panneaux qui doivent les remplir , ce qui feroit bien difficile à qui ne fauroit pas comment on s'y prend pour qu'un deffein qui remplit un quadre quarré en rempliffe un qui eft en lofange. Mais toutes les difficultés s'évanouiffent quand on connoît la méthode que fuivent les Serruriers. Pour la faire comprendre , je fuppofe qu'on veut tranfporter le panneau *a b c d* (*Pl. X* , *Fig.* 3) qui eft dans un bâti quarré , dans celui *Fig.* 4 , qui eft en lofange; il faut divifer les côtés *a b* & *d c* en quatre parties égales , & les côtés *a d* & *b c* en huit parties plus ou moins , & tirer par ces points des lignes verticales parallelles au côté *b c* , & des lignes horizontales paralleles au côté *a b* , enfuite on divife de même la ligne *a b* de la lofange *Fig.* 4 , en quatre parties , & la ligne *b c* en huit , on tire par ces points les lignes verticales & horizontales qui font marquées fur cette *Figure* 4, qui fe trouve divifée en lofange , au lieu que la *Figure* 3 l'eft en quarré ; enfuite faifant répondre toutes les parties du deffein de la *Figure* 3 , à la lofange de la *Figure* 4, le deffein fe trouve figuré , comme il le doit être, pour le rampant.

Les quartiers tournants *Fig.* 5 , fe tranfportent tout de même fur la convexité d'un tambour qui a la même courbure que le quartier tournant : mais

pour

pour divifer en quatre ou en un plus grand nombre de parties la circonférence
de la courbe *a b c*, on prend cette circonférence avec une regle très-mince
qu'on plie fur le tambour ; & l'ayant redreffée, on divife fa longueur en quatre
parties. Si l'on veut même tranfporter le deffein avec plus d'exactitude, on
multiplie les divifions, afin que les quarrés qu'on forme fur le tambour foient
plus petits ; car plus on fait les carreaux petits, plus on a de facilité pour tranfporter le deffein du quarré dans la lofange, & d'une furface plane fur une convexe. Pour tracer fur le tambour les lignes horizontales, on fe fert auffi de
cette même regle mince qu'on applique exactement fur toutes les divifions de
la ligne *c d*, & de toutes les autres verticales qui lui font parallèles. Les lofan-
ges étant ainfi tracées fur la circonférence du tambour, on y tranfporte le
deffein de la *Figure* 3, comme nous l'avons dit en parlant de la *Figure* 4.

On travaille alors toutes les parties qui doivent former le panneau, comme nous
l'avons expliqué plus haut. On les affemble à mortaifes, ou par des rivures ou
avec des liens, & on perce des trous tant dans les fommiers du haut & du bas
que dans les montants, pour y affujettir les ornements des panneaux ; enfin on
apporte à l'efcalier les panneaux tout montés pour les mettre en place.

Il fe trouve certains efcaliers où dans les endroits des quartiers tournants les
fommiers tant du haut que du bas approchent tellement de la pofition verticale, qu'il ne feroit pas poffible d'y rapporter le deffein en entier ; en ce cas on
retranche une partie du deffein, ou on y fubftitue quelques ornements qu'on
effaie, qui s'écartent le moins qu'il eft poffible du goût des autres panneaux.

Les ornements du panneau *Fig.* 6, *Planche X*, font prefque entiérement de fer roulé, au lieu que les ornements du panneau *Fig.* 7, font prefque tout de fer relevé & embouti. Nous allons expliquer la façon de les
travailler.

ARTICLE IV.

Des Ornements fimples qui fe font à l'Etampe ou fur de petits tas.

ORDINAIREMENT le fer roulé occupe la plus grande partie des panneaux
des balcons & des grilles ; cependant il refte prefque toujours entre ces pieces de fer roulé d'affez grands vuides qu'on remplit d'ornements qui repréfentent diverfes fortes de feuilles, de tiges ou de jets chargés de graines :
d'ailleurs les montants & les traverfes qui forment les chaffis des panneaux,
font quelquefois décorés de quarts de rond ou de moulures, & les plate-
bandes qui recouvrent les appuis des balcons, des baluftrades d'appui & des
rampes, font toujours, ou prefque toujours, ornés de moulures ; la plupart de
ces ornements feroient très-longs à exécuter avec le burin, le cifeau, la lime
ou le rabot ; on les fait très-vîte au moyen d'une efpece de moule dont nous
avons déja parlé Chapitre I, qu'on nomme *Etampe*. Et comme je me fuis plutôt
étendu fur la façon de faire les étampes que fur la maniere d'en faire ufage, je

vais reprendre ce dernier point & entrer dans des détails fuffifants.

L'étampe *Fig.* 14 *Planche IX*, eft une piece de fer épaiffe chargée d'a-
cier où font formées en creux les moulures ou figures qu'on veut exécuter
en relief, & on fait en relief fur l'étampe les moulures qu'on veut faire en
creux fur l'ouvrage ; c'eft une efpece de cachet qui imprime fon empreinte fur
le fer chaud & attendri par le feu. Nous avons déja vu faire ufage des étampes à l'occafion des tenons & des têtes des boulons, & nous avons expliqué
la maniere de s'en fervir.

Les étampes les plus fimples, dont nous devons pour cette raifon parler
en premier lieu, font celles qui fervent à imprimer des cordons, des quarts
de rond, des doucines & d'autres moulures fur des pieces longues & droites. La même étampe fert quelquefois pour faire des ornements de différentes largeurs, & même pour des ornements de différente efpece ; tout dépend des moulures & des différentes cannelures qui y font formées.

Pour fe fervir de l'étampe, on l'affujettit fur la table d'une forte enclume ; enfuite on pofe fur quelques-unes de fes cannelures la partie de la
barre qu'on veut étamper, & qu'on vient de faire rougir à la forge ; on frappe deffus à grands coups de marteau *Fig.* 2 *Planche IX*, dans la *Vignette* ; la
barre eft forcée d'entrer dans les cannelures de l'étampe, & d'en prendre la figure ; en chauffant de même & en forgeant fur l'étampe fucceffivement toutes
les parties d'une barre, on lui donne d'un bout à l'autre le même ornement.

Pour que les moulures foient formées bien réguliérement, il faut que les
étampes foient fermement affujetties fur la table d'une forte enclume. On
les y met tantôt en long, *Fig.* 15, & tantôt fuivant la largeur de l'enclume, *Fig.* 16 ; celles qu'on place en long font moins longues que la table
de l'enclume, & cependant elles font beaucoup plus longues que larges.
Elles ont à chaque bout un crochet *a a* (*Fig.* 14), & on paffe dans chacun
de ces crochets une bride de fer *m m* (*Fig.* 15) ; on paffe le milieu de ces
brides dans les crochets *a a* de l'étampe, on ramene les deux bouts de chaque bride fous la table de l'enclume ; & comme elles font percées à leur extrémité, on retient les deux bouts enfemble par un boulon *g* qui paffe dans
les deux trous *n n*, & qui eft lui-même arrêté par une clavette *h*.

Les étampes qui fe mettent en travers de l'enclume *Fig.* 16, font auffi
plus longues que larges, & il faut que leur longueur excede un peu la largeur de l'enclume : elles ont à chaque bout un crochet qui fe trouve hors
de la table : deux bandes de fer *e f* (*Fig.* 16²), qu'on arrête fous l'enclume
par le boulon *g*, qu'on paffe dans les trous *f f* & qu'on retient avec la clavette *h*, fuffifent pour affujettir fermement cette étampe fur l'enclume.

Pour épargner un Ouvrier, on place fouvent auprès de l'enclume fur laquelle l'étampe eft attachée, une barre de fer verticale *i* (*Fig.* 16), dont
le bout inférieur *l* qui eft recourbé & pointu, enfonce dans le billot qui

porte l'enclume ; le bout fupérieur *k* de la même barre eſt auſſi recourbé , &
il forme un crochet ; cette piece tient lieu d'un Ouvrier ; car en paſſant le
bout de la barre qu'on étampe ſous ce crochet, elle eſt aſſujettie ſur l'étampe,
& le crochet l'empêche de ſautiller après chaque coup.

On recommence à frapper le fer qui repoſe ſur l'étampe juſqu'à ce que les
moulures ſoient bien imprimées dans le fer ; & quand on travaille des ouvrages qui demandent à être bien finis , on répare les endroits défectueux avec
la lime droite ou courbe & le burin.

Il eſt certainement avantageux d'aſſujettir les étampes ſur la table de l'enclume. Cependant cette méthode a des inconvénients : il ſe détache néceſſai-
rement des écailles du fer rouge qu'on poſe ſur l'étampe ; ſi on les y laiſſoit ,
elles ſe logeroient dans les creux de l'étampe, & empêcheroient que les moulures ne ſe formaſſent ; il faut les ôter ou avec un plumeau ou en ſoufflant ;
pendant ce temps le fer ſe refroidit : c'eſt pourquoi on a bien plutôt fait de
renverſer l'étampe. Cette raiſon engage bien des Serruriers à ne les point attacher ſur l'enclume ; & en les faiſant plus peſantes, elles s'y tiennent aſſez bien
d'elles-mêmes pour qu'on puiſſe forger deſſus le fer ſur lequel on veut imprimer des moulures.

Quand dans des cas particuliers & rares on ne peut pas ſe ſervir de l'étampe,
l'ouvrage eſt beaucoup plus long à exécuter,& rarement auſſi parfait : par exemple , pour faire une plate-bande qui auroit un quart de rond de chaque côté &
une moulure au milieu *Fig.* 17 , il faudroit abattre à coups de marteau les angles des deux côtés ſur une même face , achever de leur donner de la rondeur
avec la lime ; & enfin pour faire paroître une partie ſaillante entre ces deux
quarts de rond, il faudroit forger une ſeconde bande plus mince & plus étroite
que la premiere , & l'attacher avec des rivets entre les deux quarts de rond *S*
(*Fig.* 17). On trouve quelques anciennes grilles où les plate-bandes ſont travaillées de cette façon ; apparemment que dans le temps qu'elles ont été faites,
on ne connoiſſoit pas les étampes qui d'une ſeule opération font des ouvrages
bien plus parfaits, comme une baguette entre deux plate-bandes *q* (*Fig.* 17),
des doucines , en un mot toutes les moulures que les Menuiſiers font ſur le
bois avec leurs rabots.

Dans les ouvrages dont nous venons de parler , l'étampe fait preſque tout,
& il ne reſte ſouvent rien où l'Ouvrier puiſſe faire paroître ſon adreſſe ; on
en a fait même où les moulures étoient encore mieux ſuivies. Le ſieur Chopitel, célebre Serrurier de Paris , avoit établi ſur la riviere d'Eſſone près Cor-
beil comme nous l'avons dit, un laminoir où une barre paſſant entre deux
rouleaux ſur un deſquels les moulures étoient tournées en creux, elle ſortoit
ornée de moulures très-bien détachées ; on en voit pluſieurs profils à la
Planche VI Fig. 2 , 3 & 4 ; ici la preſſion des rouleaux faiſoit l'effet des
coups de marteau pour faire entrer le fer dans l'étampe.

HIT CLEAN SIP SP

88   *ART DU SERRURIER.*

Il y a bien des ouvrages de Serrurerie où l'étampe n'eft pas d'un auffi grand fecours. Elle ne fert qu'à façonner de petites pieces qui par leur affemblage doivent en former de confidérables ; c'eft ce qu'on verra par les différentes feuilles dont nous allons parler.

De toutes les efpeces de feuilles, celles dont les Serruriers font le plus d'ufage font celles qu'on nomme *feuilles d'eau* ; elles entrent dans prefque tous les ouvrages chargés d'ornements. En général les feuilles d'eau *Fig.* 18, *Planche IX*, font beaucoup plus longues que larges ; elles font pliées en gouttiere jufqu'à quelque diftance de leur bout qui fe renverfe fur le dos de la feuille ; cette partie renverfée fe nomme *la lippe de la feuille* ; enfin les bords de cette feuille font ondés : voici comment on les fait.

Toutes les différentes formes qu'on donne à la tôle pour faire une feuille d'eau font comprifes fous la *Figure* 18, & marquées de la lettre *u*, à laquelle nous avons ajouté des chiffres pour les diftinguer ; & les outils qui fervent pour faire ces feuilles, font compris fous la *Figure* 9, & défignés par la lettre *t* avec différents chiffres, ainfi des autres.

On commence par forger un morceau de fer plat ou de tôle, on le coupe quarrément à un de fes bouts, & à l'autre il fe termine en pointe affez arrondie *u* ; il a en largeur & en longueur de quoi fournir à l'étendue de la feuille qui eft plus ou moins grande.

L'étampe fert ici à imprimer une nervure qui s'étend de toute la longueur de la feuille, & à renverfer la lippe, ou à donner une courbure arrondie au bout de la feuille.

Cette étampe eft une piece de fer *t¹* (*Fig.* 19), dans laquelle eft creufé un trou en demi-fphere ; au fond de ce trou, on a ménagé une arrête *t²*, propre à imprimer une cannelure dans la feuille ; on pofe fur le trou de l'étampe le bout de la feuille qui a été chauffé ; & pour l'y faire entrer, on a un poinçon ou bouterolle *t³*, dont le bout eft proportionné au diametre de l'ouverture du trou ; il eft arrondi & comme divifé en deux parties égales par une cannelure proportionnée à l'arrête du fond de l'étampe ; on oblige la feuille à entrer dans l'étampe en frappant fur la bouterolle, fon bout *u²* y prend une figure arrondie, pendant que la nervure y eft imprimée.

Quelques Serruriers creufent la nervure & arrondiffent le bout de la feuille avec le marteau ; alors leur étampe eft une barre de fer *t⁴* fur laquelle font deux parties plus élevées que le refte ; l'une & l'autre font arrondies & féparées par une cannelure ; on fait le milieu du bout de la feuille dans cette cannelure en frappant avec la panne du marteau : cette méthode eft bien plus longue que l'autre, & les feuilles *u³* ne font pas fi bien formées.

Toute la partie depuis la lippe *u⁴* jufqu'à l'autre bout, doit être creufée en gouttiere ; on creufe cette gouttiere avec une étampe *t⁵* qui eft en demianneau *x*, & qui a une oreille *y* à chaque bout. On ferre cette étampe dans

un

un étau ; & avec la panne du marteau, on y fait entrer succeſſivement toute la longueur de la feuille jufqu'à la lippe.

Jufqu'ici la partie creufée en gouttiere eſt droite ou à peu près droite comme u^4 (*Fig.* 19), il faut la renverfer comme u^5 ; on lui fait prendre cette courbure en la battant à petits coups fur un petit tas fourchu t^6 ; les deux branches de ce tas font paralleles l'une à l'autre, & toutes deux ont une courbure approchante de celle qu'on veut faire prendre à la feuille, le vuide qui eſt entre les deux branches fert à conferver la gouttiere ou nervure, on l'approfondit même lorfqu'on frappe immédiatement au-deſſus de cette féparation.

Par cette opération la feuille eſt mife dans l'état repréfenté par u^5 ; il faut, pour la finir, onder fes bords comme le repréfentent u^6 u^7 : on forme ces ondes à petits coups de marteau fur de petits tas t^7, qui étant minces, laiſſent à l'Ouvrier la liberté de contourner les bords de fa feuille comme il le juge à propos.

Les feuilles d'eau font, de toutes celles que font les Serruriers, les plus difficiles à exécuter; celles qu'ils nomment *Feuilles de Palmier* font quelquefois un grand effet quoiqu'elles foient bien plus aifées à faire ; c'eſt un grouppe de feuilles femblables à B^3 (*Fig.* 20) qui font longues, étroites, pliées en gouttiere jufqu'auprès de la pointe, & un peu cintrées ; elles n'ont ni ondes ni nervures. Quand on a forgé & coupé une piece de fer plat ou de tôle B^2 (*Fig.* 20) de la grandeur & de la figure propre à être étampée, la feuille eſt bientôt finie au moyen d'une étampe A^2 qui reſſemble à de grands cifeaux ; la partie recourbée fait véritablement l'étampe, le reſte, depuis le clou jufqu'au bout, font des leviers qui font néceſſaires pour augmenter la preſſion ; les deux parties recourbées ne font point en taillant, l'une eſt creufée en gouttiere, & l'autre plus mince fe loge dans cette gouttiere A^3. Quand l'étampe eſt fermée, ces deux parties font cintrées comme les feuilles de palmier le doivent être. On ouvre l'étampe, on pofe la piece de tôle toute rouge fur la partie creufée en gouttiere, en preſſant l'autre partie de l'étampe on contraint la feuille de tôle à en prendre la forme comme dans un moule, & la feuille eſt faite. On raſſemble plufieurs de ces feuilles, on les monte fur une tige B^4, & on forme un grouppe D^2 pour monter les feuilles, & en former des branches. On fait paſſer des rivets de diſtance en diſtance dans la branche principale B^4, le même rivet porte de part & d'autre plufieurs feuilles pour imiter en quelque forte la difpofition des feuilles du palmier.

Les Serruriers font la plupart du temps les rivets avec de gros fils de fer. Ils enlacent quelquefois des branches de lierre ou d'olivier autour de celles de palmier, comme on le voit en D^2 ; les feuilles de ces branches E^2 E^3 E^4 font encore plus aifées à faire : on en coupe les contours au cifeau, on les plie avec le marteau, & on forme la nervure fur un petit tas t^7 (*Fig.* 19).

qui a une nervure au milieu ; on réunit plusieurs de ces feuilles sur une branche commune E^5 , & celle-ci sur une branche principale E^7 l'Ouvrier 6 de la Vignette perce des trous dans une tige pour monter un de ces ornemens.

Les Serruriers qui ont du goût & du deffein, varient d'une infinité de manieres ces fortes de branchages ; ils y ajoutent des grappes de raifin E^6, ils imitent même certaines fleurs , & enlacent les branches E^7 ; mais la façon d'exécuter tous les ornemens , revient à ce que nous venons de dire, avec de fi petites différences que perfonne ne fera embarraffé de les imaginer.

Les graines entrent encore fouvent dans les ouvrages de Serrurerie. On donne ce nom à des boules pofées les unes au-deffus des autres , & qui vont toujours en diminuant de groffeur F^3 F^4 F^5 (Fig. 21) , de forte qu'elles femblent enfilées par une même tige qui fert de bafe à la plus groffe des graines ou boules , & qui a un jet qui fort de la plus petite ; le tout eft pris dans une même piece de fer après qu'elle a été arrondie , terminée en pointe , en un mot façonnée au marteau & à la lime comme F^2. Pour tailler les graines , on commence par les efpacer & par marquer d'une entaille jufqu'où chacune doit aller. Ces entailles fe font avec un cifeau dont le taillant eft circulaire ou en portion de cercle H^3. Les Ouvriers 3 & 4 de la Vignette font cette opération. La féparation de chaque graine étant ainfi marquée , on les arrondit une à une par le moyen de deux étampes , la premiere ou celle de deffous s'arrête fur l'enclume , comme nous l'avons expliqué en parlant des moulures ; elle eft creufée en gouttiere H^3 & H^4 , & elle a au fond une arrête tranchante dont la coupe eft femblable à l'efpace qui doit être entre deux graines. La figure de la partie creufe de l'autre étampe qui doit être deffus , eft la même que celle qui tient à l'enclume ; mais elle a un grand manche de bois H^2 ; la graine qu'on veut arrondir fe pofe fur l'étampe de l'enclume , de forte que l'arrête du fond de cette étampe entre dans l'entaille qui fépare les graines. On pofe de même au-deffus des graines l'autre étampe , un Ouvrier frappe deffus , & la graine fe moule dans l'une & l'autre étampe. On retourne à différentes fois la même graine dans les étampes ; à chaque fois on frappe deffus , & elles font faites bien plus promptement & plus réguliérement qu'elles ne le pourroient être avec la lime.

Maintenant on emploie une méthode encore plus expéditive : car ayant des étampes qui portent 4, 5 , 6 graines , lorfque le morceau de fer eft forgé à peu près comme F^2 , on étampe tout à la fois la file de graines précifément comme nous dirons qu'on fait les moulures auprès des nœuds des efpagnolettes , & par ce moyen toutes les graines font faites à la fois plus réguliérement que quand on les fait les unes après les autres. Quelquefois le fil qui termine les graines , eft droit comme F^4 , & quelquefois on le rend ondoyant fur la bigorne comme F^5.

On a vu qu'on fe fervoit très-avantageufement de certaines étampes, qu'on peut comparer aux clouyeres, pour former les tenons ; les mandrins font des efpeces d'étampes qui donnent la grandeur & la forme aux trous qu'on a commencés avec des poinçons ou des langues de carpe. On verra dans la fuite qu'on fait encore ufage des étampes pour donner des formes agréables aux têtes des vis, pour former les vafes qui décorent certaines fiches, pour les boutons , & dans plufieurs autres circonftances.

On voit en O *Figure* 22 , & aux *Figures* 23 & 24, les outils dont fe fervent les Ouvriers qui montent les ornements, pour percer leur fer. On peut confulter ce que nous en avons dit au commencement de ce Mémoire.

L'Ouvrier *Fig. 5 de la Vignette* , difpofe les ornements qu'on fe propofe de mettre en place.

On imite quelquefois affez bien & très-aifément en fer , des fleurs naturelles. Pour faire la Tulipe *Fig.* 8 *Planche X* ; on découpe, pour faire les fix feuilles de la fleur, deux morceaux de tôle comme *A* ; on fait un trou au milieu , on bat les trois parties *a a a* fur un tas pour creufer chacune comme une cuiller , & formant fur un tas fourchu des rainures dont celle du milieu s'étend jufqu'à la pointe , & les autres s'étendent moins haut , on imite la forme des feuilles des fleurs des tulipes ; on met deux pieces pareilles à *A* l'une dans l'autre pour faire les fix feuilles de la fleur. Quand on a attaché fur la tige *C* les feuilles *D* qui font plus fimples & plus aifées à faire que les feuilles d'eau, on paffe l'extrémité d'enhaut de cette tige dans le trou qui eft au milieu de la piece de tôle découpée *A* qu'on a creufée & relevée comme nous venons de l'expliquer ; & quand on a rivé le bout de cette tige, on rapproche les feuilles pour en former la coupe d'une tulipe.

La fleur du Narciffe *Figure* 9 , eft formée de trois morceaux de tôle , une *E* qu'on creufe fur le tas pour faire le baffin du milieu , & deux découpées comme *A* pour faire les fix feuilles de la fleur en les tenant plus arrondies que les feuilles des tulipes ; & les renverfant un peu par les bords , on monte au bout d'une tige ces trois pieces qui par leur affemblage imitent affez bien la fleur d'un narciffe.

Tous ces ornements, comme on le voit, font aifés à faire, & ils fuffifent pour faire comprendre comment on imite les fleurs des Lis, les Grenades, &c. Mais il y en a dont l'exécution eft plus difficile. Nous allons en parler dans l'Article fuivant ; & ce que nous avons à dire , jettera beaucoup de jour fur ce que nous venons d'expliquer d'une façon trop générale.

ARTICLE V.

Des Ornements de Serrurerie emboutis au Marteau.

LES étampes que nous avons vu fi commodes pour former des moulures fur de gros fer , & même pour commencer des ouvrages plus délicats , com-

me font les feuilles d'eau , les étampes fi utiles en bien des circonftances ne
font pas propres à faire de grands morceaux d'ornement ; elles ne font bonnes que pour imprimer des moulures fur des pieces maffives, ou pour mouler
quelques efpeces de petites feuilles : encore avons-nous vu en parlant des feuilles d'eau , qu'elles laiffent beaucoup de chofes à faire à l'adreffe du Serrurier.

Les ornements les plus légers qui, quoique minces, ont beaucoup de relief
& d'étendue, fe font ordinairement de plufieurs morceaux ; par exemple , le
rinceau Y (*Planche XI*, *Fig.* 5) , eft compofé de trois fleurons $T^2 V^2 X^2$.
On commence ces fleurons au marteau fur des efpeces de tas ou taffeaux , &
c'eft ce qu'on appelle *des Ornements faits au marteau* : on concevroit mieux ce
travail fi nous expliquions ce que c'eft qu'*Emboutir* & *Rétreindre*. Mais nous
nous refervons à traiter ce point intéreffant dans l'Art du Chauderonnier ; il
nous fuffit de dire préfentement que le taffeau eft une petite enclume
qui foutient la piece pendant qu'on la releve en boffe avec le marteau ;
ainfi ces ornements fe commencent à peu près comme nous avons dit qu'on
finiffoit les feuilles d'eau , & c'eft de cette façon qu'on fait les plus grands
morceaux dont les parties doivent être détachées & ouvertes, c'eft-à-dire ,
dont différentes feuilles doivent être fur différents plans ; c'eft à quoi fervent beaucoup les rapports de différents fleurons , ce que l'on concevra aifément en faifant attention que le rinceau Y (*Fig.* 5), eft compofé de trois
fleurons. $T V X$ montrent les trois morceaux de tôle qu'on a découpés , &
$T^2 V^2 X^2$, ces morceaux de tôle travaillés & qui n'ont plus befoin que d'ê-
tre affemblés pour faire le fleuron Y.

Prefque tous les ornements de Serrurerie font relevés au marteau. Cependant les ouvrages faits fur le plomb font mieux finis ; les côtes , les nervures , & les autres parties délicates des feuilles & des fleurons font mieux
repréfentées , de forte qu'on fait au marteau les parties d'ornements qui doivent être vues de loin ; il feroit inutile d'y mettre un grand fini , on ne l'appercevroit pas ; mais on travailleroit fur le plomb les ornements qu'on doit
voir de près , & dont on peut confidérer tous les détails, fi on ne les faifoit
pas en fonte de cuivre , ce qui épargne de la peine & eft meilleur, parce que
les fleurons relevés étant fort minces , ils font fouvent rompus lorfqu'on les
met à portée de la main. L'inconvénient de la fonte en plufieurs endroits eft
qu'elle tente les voleurs , au lieu que les fleurons en fer ne font d'aucune valeur. On ne peut guere fe difpenfer de travailler fur le plomb les armoiries
& les fupports qui quelquefois repréfentent des hommes & des animaux ,
lorfqu'on veut qu'ils foient très-finis.

Tous ces ornements fe font avec de la tôle , & on a grande attention de
choifir la plus douce, comme eft celle de Suede ; l'Ouvrier la prend plus
ou moins épaiffe fuivant qu'il fe propofe de lui donner plus de relief, ce
qui exige qu'il l'étende davantage ; mais communément il préfere la mince ,
parce qu'elle eft moins chere & plus aifée à travailler.   Quoique

Quoique la tôle de Suede soit assez ductile, cependant elle ne l'est pas autant que l'argent & le cuivre; il faut que l'Ouvrier la travaille avec plus de ménagement; & comme elle se durcit & s'écrouit sous le marteau, il faut de temps en temps lui donner des recuits; car tous les ouvrages relevés sur le tas se travaillent à froid : cependant si l'on avoit une grande quantité de petits fleurons à faire qui eussent tous la même forme, je croirois possible de les avancer beaucoup à l'étampe; pour cela il faudroit avoir deux plaques d'acier, une desquelles porteroit le dessein en creux, & l'autre en relief; on mettroit entre ces deux plaques la tôle rougie au feu, & au moyen d'un coup violent tel que celui que donne le balancier des médailles, le fleuron seroit imprimé, & il ne seroit plus question que de contourner les différentes parties suivant l'intention du dessein.

Nous avons déja dit que les desseins de Serrurerie se font de la grandeur que doit avoir l'ouvrage, & qu'on n'y trace que les traits sans ombres. On ponce le dessein des ornements sur un papier *n n* (*Fig.* 8), ou *i i* (*Fig.* 9), &c, qu'on découpe en suivant tous les traits, & on colle le papier sur la feuille de tôle qu'on veut travailler.

Le contour étant ainsi marqué, le Serrurier le suit avec un ciseau à froid; & il découpe sa tôle comme l'a été le papier qu'il a collé dessus. Ordinairement le tranchant du ciseau qu'on emploie pour découper la tôle, n'est point quarré, mais un peu arrondi; c'est une espece de langue de carpe.

Il faut, quand on dessine des ornements pour la Serrurerie, avoir l'attention de choisir ceux qui peuvent être exécutés avec plus de facilité, & qui doivent faire un plus grand effet; c'est pourquoi on ne dessine pas communément les feuilles que présentent les végétaux. On en a imaginé qui ne ressemblent guere à celles des plantes, que pour cette raison on nomme *Feuilles d'ornements*, qui sont fort découpées, & dont les bords se contournent en différents sens *Y* (*Fig.* 5 , *Planche XI*); il faut donc que la tôle qu'on a découpée prenne différents reliefs, que d'une tige il parte différentes feuilles, que ces feuilles soient mises dans différents plans, qu'elles prennent chacune différente convexité, qu'elles aient des nervures qui présentent un peu l'idée des vraies feuilles, c'est là où se montrent le goût & l'adresse de l'Ouvrier, talents qu'on ne peut acquérir que par un long exercice.

L'Ouvrier qui veut travailler un ornement au marteau, se place entre deux étaux. Dans l'un, il met différents tasseaux ou tas, comme nous le dirons dans un instant, & dans l'autre un morceau de bois ou de plomb. On voit *Fig.* 1 *dans la Vignette*, un Ouvrier qui travaille un fleuron au marteau, & le fleuron est appuyé sur un petit tas.

Les tas ou tasseaux *E,F G,H,I,K,L,M* (*Fig.* 6), sont des tiges de fer acéré & trempé d'environ un pouce de diametre, & qui ont depuis deux jusqu'à six pouces de hauteur. Ces tas different les uns des autres principalement par leur

extrémité supérieure qui fait le deſſus des tas ; les uns ſont faits comme les têtes des marteaux , & ont toutes les variétés des différentes têtes , c'eſt-à-dire,
qu'il y en a de plus ou moins convexes; d'autres reſſemblent aux pannes
des marteaux , ils ſont minces par rapport à leur largeur , mais toujours arrondis en deſſus ; enfin d'autres taſſeaux ſont fourchus , ils ſe terminent par
deux tranches plus ou moins écartées , & chacune plus ou moins mince.

Les tas qu'on nomme *fendus* , ſervent pour faire les groſſes nervures ou côtes ; ce ſont celles qu'on travaille d'abord , & qui ſervent à guider pour les
autres , la largeur de la fente du tas détermine la groſſeur de la nervure. On
appuie la tôle ſur le tas dans l'endroit où doit être la nervure, on frappe
avec le marteau ſur la fente du tas , & il ſe forme un ſillon qui marque la
nervure , & quand on veut faire des nervures plus fines, on prend des tas
dont les fentes ſoient plus étroites.

Les fines nervures ſe font ou ſur l'arrête d'un tas , ou ſur un tas formé comme la panne d'un marteau ; plus le tas eſt mince , plus la nervure eſt
fine ; car pour former les nervures, on frappe à droite ou à gauche aux deux
côtés du tas.

Si l'on veut relever en boſſe le milieu d'une feuille , on ſe ſert de tas de
différentes groſſeurs dont la tête eſt arrondie.

Il ne ſuffit pas d'avoir des tas de différentes groſſeurs & figures , il faut auſſi
avoir des marteaux de différentes formes comme A , BC , D (*Fig.* 7) ;
l'Ouvrier choiſit , ſuivant ſes différentes intentions , les marteaux qui lui pa-
roiſſent les plus propres à remplir ſes vues.

Mais pour donner certaines rondeurs ou certaines courbures aux
feuilles entieres , on ſe trouve très-bien de ſubſtituer aux tas ou taſſeaux des
morceaux de bois ou de plomb, ſur-tout pour former des concavités; on donne cette forme au bois *Fig.* 12 , mais le plomb la prend par les coups de
marteau qu'on donne ſur la tôle ; on appuie deſſus la tôle , & on la forge
avec un marteau à tête ronde , le bois ou le plomb cede aux coups des marteaux , & la tôle qu'on frappe deſſus en prend d'autant mieux la courbure
qu'on veut lui donner ; ce qui fait que le plomb eſt préférable au bois , parce qu'étant plus ductile , il obéit mieux aux coups de marteau , mais encore
parce qu'à chaque coup de marteau on change ſa figure , & on lui fait prendre celle qu'on deſire. De même pour faire le fleuron $Q \, Q \, P$ (*Fig.* 10) ,
on découpe la piece de tôle N pour faire le milieu P du fleuron ; les pieces
de tôle $O \, O$ ſont deſtinées à faire les fleurons de côté QQ. Comme les extrémités de ces fleurons $s \, s$ ont beaucoup de revers , il ſeroit difficile de les
prendre dans le même morceau ; on travaille à part les différents revers $R \, S$,
S qu'on rapporte enſuite avec des rivets. On les voit en place au fleuron
$Q \, Q \, P$, ils ſont marqués des lettres $r \, s \, s$.

Le vaſe *Fig.* 11 , eſt compoſé de l'aſſemblage d'un nombre de pieces ſéparées , ainſi que nous allons l'expliquer.

La bafe du pied du vafe qui forme une efpece de focle, eft formée par
une piece femblable à *D D* , qui eft garnie de plufieurs étoquiaux *d d d*
qui fervent d'attache à différentes pieces, comme nous allons l'expliquer :
on plie cette piece pour en former un quarré 4 4 4 4 , comme on le voit en
E ; *D*, font les étoquiaux ; quatre pieces femblables à *F* , forment la doucine
du pied du vafe ; on y voit les trous qui fervent pour les affembler.

La cage quarrée *E* reçoit une traverfe *g g* qui porte une tige *G* qui s'éleve dans l'axe du vafe. On voit en *H* le pied fini & garni des doucines qui
font faites avec les pieces *F*. On met au-deffus du pied en *i* une efpece de
gland en virole *I* qui s'enfile dans la broche montante *G*.

On fait à part, & comme nous l'avons expliqué plus haut, un fleuron *K K*
qu'on enfile auffi dans la broche *G* ; ainfi il fe trouve placé au-deffus du gland,
& il embraffe le corps du vafe qui eft gaudronné. Ce corps du vafe eft formé d'une piece *M* qui en fait le fond. Sur ce fond *M* font affemblées des
pieces détachées femblables à *N* & *N* , qui par leur union forment les gau-
drons & le corps du vafe *L*.

On pofe au-deffus de cette efpece de tulippe qui forme le corps du vafe
un cordon *O*, formé de petites pieces de tôle pliées en forme de ruban *Q* ,
& qui font attachées au cercle d'en haut & d'en bas *p p*. On voit cette virole féparée en *P*, & la virole roulée en ruban *Q* qui eft entre deux viroles
P ; la virole roulée *Q* eft faite avec une lame de fer plat *R* un peu courbé , &
on la roule fur un mandrin *S*.

Le couvercle du vafe *T* eft fait à peu près comme le corps ; une plaque ronde de fer *V*, porte des lames relevées en gaudron *u u* , qui font attachées fur
une calotte de tôle. Au-deffus de ce couvercle, on met une virole renflée en
cordon *z*, & par deffus un petit vafe *X* d'où il fort des flammes *Y* ; on pourroit les faire avec de petites lames de fer travaillées féparément , contournées
en différents fens , & les affembler dans le petit vafe , comme nous l'avons
expliqué ; mais ordinairement on les fait en bois ou en fonte.

ARTICLE VI.

Maniere de faire les Ornements relevés fur le tas, & finis fur le Plomb.

Les Serruriers ne font guere dans l'ufage de relever fur le plomb. Cependant on pourroit relever fur le plomb prefque tous les ornements qu'on
fait fur les taffeaux ; l'ouvrage en feroit plus long , mais auffi il feroit plus
parfait. C'eft pourquoi nous croyons devoir expliquer cette façon de travailler, quoiqu'on puiffe juger qu'elle eft trop recherchée pour des ouvrages de
Serrurerie. Il ne feroit pas poffible de donner fur le plomb les grands reliefs ;
c'eft pourquoi on commence toujours par ébaucher l'ouvrage fur le tas, com-

me nous l'avons expliqué , & on ne fait que le perfectionner fur le plomb.

Quand on travaille fur le plomb , on eft encore guidé par les traits du deffein qu'on veut imiter, qu'on fait de la même grandeur que doit être l'ouvrage fini ; mais comme il feroit difficile de travailler de grandes pieces , on
coupe en plufieurs parties les rinceaux qui ont de l'étendue ; on travaille en
particulier chaque feuillage ; & quand ils font finis , on les affemble les
uns avec les autres par des rivets , & nous avons déja dit qu'on devoit avoir
recours à cet expédient lors même qu'on fait des ornements au marteau ,
fans cela les renverfements de feuilles feroient bien difficiles à exécuter ; &
quand toutes ces pieces féparées font bien réunies , elles ne paroiffent faire
qu'un feul morceau, fur-tout quand on les voit d'une diftance un peu confidérable.

On pourroit auffi travailler les ornements de fer avec le cifelet fur le maftic ; mais ce travail n'eft guere du diftrict des Serruriers : il faut l'abandonner aux Ouvriers qu'on nomme *Cifeleurs* , qui travaillent fur des métaux plus
précieux , l'argent & l'or , quelquefois le cuivre.

Donnons un exemple de la divifion d'un corps d'ornements en plufieurs
pieces. On conçoit, fans que nous le difions, que le fronton *Fig. 5* , *Planche
XII* , eft formé d'un grand nombre de pieces dont une partie feront détaillées
dans l'explication de cette Planche ; mais de plus chaque corps d'ornements
eft formé de bien des pieces ; c'eft ce que nous allons faire appercevoir. Les
parties *E F* qu'on nomme *les Confoles du couronnement* , font chargées de
plufieurs rinceaux & feuilles d'ornements : on voit cette confole *Fig. 6* ,
repréfentée feule & plus en grand ; *G H* eft la partie *E* de la *Figure 5* , & *o p*
de la *Figure 6* ; ce n'eft pas tout, *G H* eft formée des deux pieces *I K*
& *L L*.

La partie fupérieure *F* de la *Figure 5* , repréfentée par *R Q (Fig. 6)* ,
eft formée par les deux pieces *M N*. Ainfi *O P Q R (Fig. 6)* , repréfentent
toutes ces pieces montées & réunies par des rivures ; c'eft ce que fait l'Ouvrier *Figure 2 dans la Vignette*. R² *(Fig. 6)* , eft un des rinceaux de la confole *R (Fig. 5)* , qui n'eft pas encore à fa place, & ce rinceau-là même eft
fouvent compofé de deux ou trois pieces qu'on a travaillées féparément, ainfi
que nous l'avons expliqué plus haut ; il en eft de même des autres ornements
qui décorent cette confole , ainfi qu'on le voit en *E F (Fig. 5)*.

Comme les deux côtés d'un fronton font ordinairement femblables & fim-
métriques , on travaille en même temps les deux pieces qui doivent former
les deux côtés du fronton. On commence donc par couper deux morceaux
de tôle égaux , & un peu plus grands que le trait du deffein , & pour cela
ou bien on colle le papier fur lequel eft le deffein fur la tôle , ou bien on le
pique & on le ponce avec de la craie ; mais auparavant on a frotté légére-
ment de fuif la tôle , afin que la poudre de craie qui fort du poncif s'attache

mieux

mieux à la tôle ; par cette petite opération, le deſſein eſt tranſporté ſur un des morceaux de tôle. Mais nous avons dit qu'on en mettoit deux l'un ſur l'autre qui devoient être travaillés en même temps , & par les mêmes coups de marteau ; il faut donc que les traits du deſſein ſervent pour les deux feuilles, & il eſt eſſentiel qu'elles ne ſe ſéparent pas , & même qu'elles ne perdent pas leur premiere ſituation réciproque ; pour cela on replie les bords en pluſieurs endroits, comme on le voit à la Couronne *Fig.* 7 *Planche XII* , & au morceau d'ornement *Fig.* 8 & 9 *Planche XI.*

Comme il faut que les pieces qu'on doit travailler aillent pluſieurs fois au feu, les traits de craie qui ne tiennent qu'à de la graiſſe ſeroient bientôt effacés ; c'eſt pourquoi on marque les contours du deſſein avec un poinçon d'acier qu'on nomme *Pointeau* , & les marques ſubſiſtent juſqu'à ce que l'ouvrage ſoit preſque entiérement fini : on voit ces trous ponctués *Fig.* 8 & 9, *Pl. XI* & *Fig.* 7 *Pl. XII* ; mais ce deſſein ne ſert qu'à marquer les principaux contours des différentes parties dont les unes doivent former des reliefs & les autres des enfoncements. On commence à former ces creux & ces reliefs ſur les taſſeaux, & avec le marteau, comme nous l'avons dit en parlant des ornements qu'on fait au marteau ; mais on a grand ſoin de n'emboutir que peu à peu, ne donnant qu'une concavité ou une convexité peu ſenſible aux parties qui doivent en avoir beaucoup, puis on la fait recuire, & ce n'eſt qu'à force de recuits répétés qu'on parvient à bien emboutir : le fer n'a pas aſſez de ſoupleſſe pour être traité bruſquement ; ce n'eſt qu'à force de ménagements & de patience qu'on parvient à l'étendre ſans le rompre. Nous avons parlé plus haut de la forme des taſſeaux & de celle des marteaux, ainſi nous pouvons nous diſpenſer d'y revenir.

On bat auſſi le fer ſur le plomb ou ſur le bois creuſé en baſſin *Fig.* 12 , *Planche XI* , comme nous l'avons dit plus haut ; & quelquefois on poſe le plomb ſur un billot, comme on le voit *Fig.* 1 , *Planche XII dans la Vignette* ; à tous les recuits, on commence à travailler ſur le taſſeau, & quand l'ouvrage eſt avancé à un certain point, on le releve ſur le plomb qui ſert à former les reliefs, les creux & les rondeurs.

Tout ce que nous venons de dire ne diffère preſque pas des procédés que nous avons expliqués pour les ornements emboutis ; auſſi n'avons-nous point encore parlé de ce qu'on appelle véritablement *relever ſur le plomb.* Les ouvrages auxquels on ſe propoſe de donner cette perfection, doivent commencer par être emboutis, & alors l'ouvrage n'eſt encore qu'ébauché ; il eſt à peu près comme le repréſente *S S* (*Fig.* 7 , *Pl. XII*) , & il doit être comme les *Figures T T* , *V V* ou *X X* : ce dernier travail qu'on appelle *relever ſur le plomb* ou *ſur le maſtic* , eſt véritablement emprunté du Ciſeleur.

Mieux l'ouvrage eſt embouti, mieux il ſe travaille ſur le plomb. Pour cette derniere opération, on remplit de plomb fondu ou de maſtic, tous les creux

qu'on a formés en emboutiſſant ; pour cela on borde de terre graſſe le pourtour de la tôle en ſuivant tous ſes contours ; & quand cette terre eſt bien
ſeche, on coule du plomb fondu dans cette eſpece de baſſin ; on poſe la
face où le plomb ſe monte, ſur un billot de bois ; on y arrête l'ouvrage
avec de gros clous *a a* (*Fig.* 13 *Planche XI*), dont la tête eſt en forme de *T*,
pour qu'elle appuie ſur les bords de la piece ; car il faut que les coups qu'on
donnera pour travailler la piece, ne la dérangent pas ; c'eſt pourquoi on met
tout autour de la piece les clous *a a* preſque touchants.

La piece étant bien aſſujettie, l'ouvrier travaille à la *relever* ; ce terme exprime fort bien ce qui réſultera de ſon travail. Il s'agit d'augmenter les reliefs & les creux des endroits emboutis, de détacher de nouvelles parties &
de donner du relief à tout l'ouvrage ; tout cela s'exécute avec des eſpeces de
ciſeaux qu'on nomme *Mattoirs, Planche XI, Fig.* 16 ; ils different des vrais
ciſeaux en ce que l'extrémité qui porte ſur la tôle, au lieu d'être tranchante,
eſt toujours taillée par dents & hachures comme une lime, & cela afin que
l'outil engrene ſur le métal, & qu'il ne gliſſe pas lorſqu'on le frappe avec le
marteau : le mattoir du Serrurier eſt, à la force près, le ciſelet du Ciſeleur, &
il fait l'effet d'un repouſſoir.

Il faut avoir de grands & de petits mattoirs, & dont l'extrémité ſoit différente ; dans les uns, elle eſt quarrée, dans d'autres arrondie. On en a de minces, d'épais, de larges, d'étroits, &c. afin de pouvoir travailler dans toutes
les eſpeces de creux qu'on veut former. Pour commencer à relever, l'ouvrier
ſe ſert d'un des plus gros mattoirs, il le tient de la main gauche ayant la pointe
inclinée vers ſon corps, *Planche XII, Fig.* 1, & *Planche XI, Fig.* 3 *dans la
Vignette*, & il frappe deſſus avec le marteau ; commençant par relever ou
plutôt par enfoncer tous les traits qui marquent le contour de ce qui a été
embouti, en ſuivant les lignes ponctuées que nous avons vu piquer au
commencement ; il releve enſuite les parties compriſes entre ces traits. Pour
relever, il faut, comme nous l'avons dit, placer obliquement le mattoir, &
frapper un peu au deſſus du trait ; l'inclinaiſon qu'on donne au mattoir
oblige le plomb & le fer à s'élever, le fer s'étend ſous les coups, & ce dont
il s'étend eſt employé en convexité ; ce qui le prouve, c'eſt que le contour
du deſſein n'augmente ni ne diminue ; cependant les reliefs augmentent. Il
eſt vrai que pour produire cet effet, il ſuffit ſouvent de creuſer les concavités, & d'enfoncer les endroits qu'on veut ſillonner pour faire paroître les
nervures des feuilles.

Les contours des feuilles ou des parties de feuilles étant marqués, comme nous l'avons dit, on trace les nervures & les côtes avec de la craie avec
laquelle on fait deux traits qui renferment la largeur de chaque nervure ; ils
ſe rapprochent à leur origine où ils concourent preſque à un même point,
& ils s'écartent pour ſe diſtribuer aux différentes parties de feuilles, comme
on le voit en *R*² (*Fig.* 6 *Planche XII*).

Il faut prêter une finguliere attention à ces nervures ; car ce font elles qui font principalement diftinguer les ouvrages qu'on a travaillés fur le plomb de ceux qui font faits fur le taffeau ; les nervures fur le plomb font plus réguliérement & plus nettement tracées.

On enfonce avec les mattoirs la partie du fer qui eft fous chaque trait, d'où il fuit que l'entre-deux des traits prend du relief, & forme une côte ou arrête.

En général, quand on releve fur le plomb, il eft à propos de travailler les parties femblables les unes après les autres, & de ne pas finir tout de fuite un même côté ou un même fleuron, parce que fi l'on agiffoit ainfi, comme on porteroit le plomb d'un même côté, on trouveroit des vuides fous la tôle, quand on viendroit à travailler un autre côté du même fleuron.

Quand les pieces font fuffifamment relevées & bien finies ; on coupe les bords au cifeau, & on fait fondre le plomb qui foutenoit la tôle pendant le travail ; & quand ces bords font bien ébarbés, il ne refte plus qu'à les affembler avec des rivets, comme le font les Ouvriers *Fig.* 2, 3 & 4 *Planche XII dans la Vignette* : l'explication des *Figures des Planches XI & XII* achevera de faire comprendre comment on affemble les différents fleurons qu'on a travaillés en particulier, & qui doivent faire un tout régulier.

Suivant ce que nous avons dit des ornements emboutis ou relevés fur le plomb, on conçoit que ce font des pieces minces, & terminées par quantité de pointes ; ces raifons font qu'on ne les place qu'à des endroits élevés, non-feulement parce que les pieds les dérangeroient, mais encore parce qu'ils accrocheroient les habits ; c'eft une attention qu'il faut avoir quand on deffine des ouvrages de Serrurerie. Et c'eft pour cette raifon que les Serruriers fe contentent ordinairement de relever leurs ouvrages fur le tas: le grand fini qu'on leur donneroit fur le plomb ou fur le maftic, feroit inutile pour des ouvrages qu'on ne voit que de loin.

On fait encore, nous l'avons déja dit, des ornements de Serrurerie en évidant une piece pleine ; comme on ne fait pas ufage de ces ornements pour les grilles, nous remettons à en parler lorfqu'il s'agira des verroux, des targettes, des mains, des olives, des poignées, &c. C'eft encore pour placer chaque chofe en fon lieu, que nous remettons à un autre endroit à parler des ferrures creufées au cifelet, au burin, avec différentes limes, &c. comme on fait quelquefois les boucles ou heurtoirs de porte cochere.

E x p l i c a t i o n des Planches du Chapitre troisieme.
P L A N C H E   V I².
Où l'on détaille la façon de faire les Vitraux des Eglises, ainsi que des Chassis de fer pour recevoir des carreaux de verre, & où l'on a représenté le profil de plusieurs plate-bandes ornées de moulures.

F igure 1, elle sert à faire voir comment on assemble les bandes de fer pour faire les vitraux des Eglises.

A B, les montants : pour y joindre les traverses *C D*, on met une bande de fer plat *E F*, qui traverse le montant *A B*, & qui entame sur les traverses *C D*, où elle est attachée par des clous rivés qui sont tant sur le montant que sur les traverses ; *H G*, représente le côté du dedans de l'Eglise, & *E F*, le côté du dehors. Pour retenir les panneaux de verre, on rivoit autrefois sur les traverses & sur les montants des crochets *L L L*, qui tenoient lieu de feuillure: pour faire concevoir comment on les arrête maintenant, *a a* représente un bout d'une des traverses *C D* ; *b*, est une broche taraudée ; elle est rivée sur la traverse *a a* ; *c c*, est une bande de fer mince percée de trous de distance en distance, dans lesquels entrent les broches *b* ; on met le panneau de vitre entre *a a* & *c c*, & on les assujettit en rapprochant *c c* de *a a* au moyen de l'écrou *d*.

Les *Figures* 2, 3 & 4 sont des profils de moulures pour des plate-bandes.

La *Figure* 5 est la coupe des deux montants *A B*, de la croisée Fig. 10, dans la grosseur qu'ils doivent avoir; *a a*, sont les feuillures qui doivent recevoir les carreaux.

Les *Figures* 6 & 7 sont les montants *C D* & *E F* du chassis à verre *Figure* 10.

La *Figure* 8 est un morceau des traverses du chassis dormant *G H*.

La *Figure* 9 représente un morceau des petits fers *I K. a a*, feuillure pour recevoir les carreaux.

La *Figure* 10 est la croisée toute entiere.

La *Figure* 11 représente quatre carreaux plus en grand que dans la *Figure* 10.

La *Figure* 12 est le jet-d'eau du dormant.

La *Figure* 13 est le jet-d'eau du chassis à verre.

Explication de la Planche VII, qui représente la maniere de faire les différentes especes de Grilles simples, & de rouler le fer pour les Balcons, &c.

La *Figure* 1 *dans la Vignette* tient une barre de fer sur l'enclume.

La *Figure* 2 y fait un tenon ; elle tient de la main gauche le manche *a* d'une chasse *b* contre laquelle elle frappe.

La *Figure* 3 *dans la Vignette* perce une barre de grille, sur laquelle elle tient de la main gauche un mandrin *d*.

ef;

e f, Chambriere qui porte un des bouts de la barre ; les dents *f* d'une cremaillere donnent la facilité d'élever le crochet *e* ; fouvent cette chambriere tient lieu d'un garçon Serrurier.

La *Figure* 4 *dans la Vignette* roule une barre de fer fur un faux rouleau ; la piece *h* fur quoi eft attaché le faux rouleau, eft ferrée par les mâchoires de l'étau.

i k font deux feux d'une même forge ; & on remarquera que la forme arrondie de la forge fait que la barre qui chauffe à un des feux, n'embarraffe point l'autre feu.

Bas de la Planche.

Figure 12, *A A, A A, B B*, grille commune telle que font celles de la plupart des portes de jardins. Les montants font affemblés à tenons & mortaifes avec les fommiers des deux bouts *A A*, & les barreaux *C C* font de plus affujettis au milieu par une traverfe *B B* qui laiffe paffer les barres.

Figure 7, *A A, D D*, grille femblable à celles qu'on met le plus fouvent aux fenêtres, dont les montants font terminés en pointes par le bout fupérieur *D D* ; *B B* eft une traverfe ; *E E*, autre traverfe dont les bouts font terminés par des fcellements.

Figure 8, autre grille de fenêtres, dont les montants font coudés en *E E* & *F F* ; *H K*, un des barreaux de cette grille ; on y voit 1°. le tenon *H* ; 2°, les deux plis *E F* ; 3°, la pointe *G* ; 4°, une pointe ondoyante *f*.

Figure 18 *I K*, efpece de marteaux appellés *chaffes* pour faire des tenons aux barres, telles que *E* Fig. 13 : la *Fig.* 2 de la Vignette y travaille.

Figure 19, *L*, morceau de barre percé par des trous dont les côtés font obliques à ceux de la barre comme ceux de la traverfe *B B* Fig. 12.

Figure 9, *M*, trous dont les côtés font parallèles aux côtés de la barre comme ceux des traverfes de la grille *E E*, *B B* (*Fig.* 8).

Figure 10, *N*, barre percée fur l'angle.

O O, eft une efpece d'étampe qui foutient la barre pendant qu'on répare le nœud fur un mandrin afin de ne point endommager l'arrête.

Figure 11, *H* ; *Fig.* 15, *Q* ; *Fig.* 20, *P*, mandrins ou poinçons pour percer.

Figure 17, *R*, rondeau appellé *perçoire* fur lequel on pofe les barres pour les percer. On met les barreaux dans les entailles *a b* pour les tenir plus fermement fur la perçoire.

Figure 16, *TT, VV, XX, YY, a a, b b, d d*, grille qu'on appelle *entrelacée*, parce qu'à des endroits les montants paffent au travers des traverfes, & à d'autres endroits les traverfes paffent au travers des montants.

La *Figure* les repréfente dans l'inftant où l'on eft près de les affembler.

On voit que les traverfes enfilent les montants *T T, Y Y* depuis *T T* jufques en *V V*, & que depuis *Y Y* jufques en *X*, les montants doivent paffer au travers des traverfes ; au contraire les mêmes traverfes comprifes en *X X* &

Y Y, passent dans la partie de tous les montants comprise entré *c c* & *dd* , & ces montants à leur tour enfilent les parties des traverses qui sont entre *a a* & *b b.*

e une barre de cette grille.

Fig. 5 ff , montant de grille ou de balcon qui a des tenons aux deux bouts; *g h* , autre montant qui n'a qu'un tenon au bout *h.*

i k l m n , *Fig. 6* , assemblage de pareils montants pour la porte d'une baluftrade ; en *i* eft un pivot & fa crapaudine , & en *l* des mortaises.

Figure 21 & 22, *n o* , étampes ou chasses à tenons ou à pointes , ou forte de clouyere.

Figure 23, *p q* , font des mandrins.

Figure 25, *s s,t t*, faux rouleau; *s s* eft la piece fur laquelle eft assujetti le faux rouleau *t t.*

Figure 28, *u x y z &* , diverses fortes de griffes , de fourchettes , de tourne à gauche pour faire entrer les barres dans les faux rouleaux.

Figure 27 , *i i i* , barres droites.

a b c de , diverses barres plus ou moins avancées à rouler.

Figure 26, *A B* , deux morceaux de fer roulé qu'on assemble quelquefois dans la position où ils font ici.

Figure 14, *G G* , panneau d'une baluftrade ou d'un balcon, dont les ornements font faits par les différents contours du fer.

Explication de la Planche VIII, où l'on a repréfenté des baluftrades, des frifes, des arcboutants, des pilaftres & d'autres détails.

FIGURE 1 , une baluftrade fimple à hauteur d'appui avec une porte au milieu ; *M N O* , les crampons pour la fceller dans la plate-bande de pierre de taille ; *I* , le pivot de la porte & fa crapaudine ; *K*, le lien qui fert de bourdonniere ; on peut le faire plus folide comme il eft repréfenté en *AB*, *Fig.* 4.

Les *Figures* 2 & 3 repréfentent des arcboutants , l'un fimple , l'autre orné de rouleaux.

Les *Figures* 5 & 6 repréfentent des baluftrades en arcade , les unes fimples , les autres ornées de rouleaux & de liens de différentes fortes.

Les *Figures* 7 & 12 font des frifes de différents goûts.

Les *Figures* 8 , 9 , 10 & 11 font des pilaftres différemment compofés.

La *Figure* 13 eft un barreau *P* , terminé par un tenon en *C* , & au-deffous une mortaife *Q.*

La *Figure* 14 qui eft deffinée plus en grand , fert à faire voir comment on rapporte un lardon de fer doux à un barreau de fer aigre pour faire un bon tenon ; quelques Serruriers ne foudent point ce lardon , ils fe contentent de le ferrer dans la fente qu'ils ont faite au bout du barreau.

A la *Figure* 15 on fait un petit rouleau dans une fourchette.

La *Figure* 16 eſt un morceau d'ornement pour une friſe, & les *Figures* 17 & 18 ſont deſtinées à expliquer différentes manieres de le travailler.

La *Figure* 20 eſt un morceau d'ornement où trois enroulements partent d'une même origine, & on voit *Figure* 19, comment on doit ſouder les barres pour faire cet ornement.

La *Figure* 22, *A*, eſt une eſpece de chaſſe pour tenir coup dans les endroits où l'on fait une rivure lorſqu'on ne peut pas y atteindre avec la maſſe d'un marteau.

La *Figure* 21, *B*, eſt un rivet.

La *Figure* 23, *C*, eſt une ſauterelle, eſpece de compas à verge, dont nous parlerons lorſqu'il s'agira de monter les rampes des eſcaliers.

Explication de la Planche IX, qui repréſente la maniere de faire les Balcons & d'étamper le fer.

Nous avons dit quelque choſe dans le Chapitre I de la façon d'étamper le fer; mais ç'a été d'une façon ſi générale, que je ne puis pas me diſpenſer d'y revenir : je m'abſtiendrai ſeulement de parler de la façon de faire les étampes, parce que je me ſuis principalement attaché à traiter cet article.

Les *Figures* 1 & 2 dans la *Vignette*, frappent ſur une barre de fer pour l'étamper.

La *Figure* 2 tient la barre ſur l'étampe, & frappe ſur le fer, ainſi que la *Figure* 1.

La *Figure* 3 étampe une feuille d'eau; elle tient de la main gauche le poinçon ou l'étampe en relief qui emboutit la feuille dans l'étampe qui eſt en creux.

La *Figure* 4 tient avec des tenailles la feuille d'eau ſur l'étampe qui eſt en creux.

La *Figure* 5 arrange les pieces qui doivent compoſer le quartier tournant d'un eſcalier ſur un moule de bois *b b*, qui en a le contour, & qui porte le deſſein de la grille.

La *Figure* 6 perce une piece avec une machine à percer pareille à celle qui eſt marquée au bas de la Planche par les *Figures* 23 & 24.

Les pieces qui ſont repréſentées ſur le bas de la Planche, ne ſont point aſſervies à une échelle, parce qu'on en fait de différentes grandeurs; ainſi ce n'eſt pas ici le cas où l'on peut être embarraſſé pour les meſures. Le deſſein de l'ouvrage regle les meſures de chacune de ces parties.

La *Figure* 9, *A A*, eſt une moitié de panneau de balcon.

La *Figure* 7 eſt une portion de rampe qui a un quartier tournant *C C C.* Les mêmes lettres marquent dans ces deux figures des parties ſemblables.

D D D, rouleaux en anſe de paniers; *E*, autre rouleau qui tient de l'anſe de panier.

F F , Entre-troifes.

G G , Montants.

H H , Rouleaux fimples foudés avec des rouleaux en anfe de panier.

I , Rouleau en cul-de-lampe.

L , Support.

K K K , Feuilles d'eau.

M , Graines.

a a & *N*, Liens à cordon.

La fuite donne en détail les pieces qui entrent dans les deux figures pré-cédentes.

Figure 10, *O P Q* , faux rouleau.

Figure 11, *S T* , *V V* , morceaux de fer qui ont été roulés.

Figure 8 , *X Y*, modele de quartier tournant fur lequel on pofe les pieces de fer pour voir fi on leur a fait prendre la courbure & le rampant conve-nables, comme le fait l'Ouvrier , *Figure* 5 *dans la Vignette.*

Figure 12, *a a* , fer étampé propre à faire des liens à cordon.

b , Cifeau avec lequel on coupe le cordon.

C 1 , morceau de fer coupé pour faire un lien à cordon ; il eft vu du côté de fon quart-de-rond.

C 2 , le même vu du côté plat.

C 3, autres pieces qui avec la précédente forment le lien à cordon.

C 4 , le lien à cordon fini.

C 5 , un lien à cordon recouvert.

C 6 , la couverture vue féparément.

Figure 16 , *d* , étampe propre pour les plate-bandes quarderonnées, pofée fur l'enclume.

e , lien ou bride qui arrête l'étampe.

f f , trous pour recevoir une clavette.

g , cette clavette.

h , clou qui arrête la clavette.

i , crochet qui retient un des bouts de la barre fur l'enclume pour l'empê-cher de fe déranger , afin d'épargner un Compagnon.

i k l , le même crochet vu féparément.

Figure 15, *l* , autre étampe retenue fur l'enclume par deux brides.

m m , ces deux brides.

n n m, *Figure* 15², bride de l'étampe *l*, *Figure* 15 , vue féparément.

e f f , *Figure* 16², bride de l'étampe *d*, *Fig.* 16 , vue féparément.

Figure 14, *p* , étampe détachée de l'enclume ; *a a* , les crochets qui fervent à l'attacher fur l'enclume.

Figure 17 , *q* , bout de plate-bande étampé.

s , bout de plate-bande de pieces rapportées comme on les faifoit avant
qu'on

qu'on eût imaginé les étampes. On voit auprès la coupe de cette plate-bande.

Figure 19 , t^1 , Etampe à feuilles d'eau.

t^2 , Coupe de cette étampe.

t^3 , Poinçon pour emboutir les feuilles d'eau dans l'étampe.

t^4 & t^5 , autre forte d'étampe.

u , Feuille d'eau fimplement forgée & coupée de grandeur.

u^2 , Feuille d'eau emboutie, vue du côté convexe.

u^3 , Feuille d'eau emboutie, vue du côté concave.

t^5 x , Etampe dans laquelle on plie le corps de la feuille d'eau en gouttiere.

u^4 , Feuille d'eau qui a été pliée en gouttiere dans l'étampe précédente.

u , Feuille d'eau qui a été cintrée fur la bigorne.

u^6 , Feuille d'eau qu'on a commencé à onder.

u^7 , Feuille d'eau qui a toutes fes ondes.

t^5, t^6, t^7, Tas qui servent à onder & à perfectionner les feuilles d'eau.

Figure 20 , A^2 , Etampe pour les feuilles de palmier.

A^3 , Coupe des deux branches de cette étampe.

A^4 , Une des branches.

B^2 , Feuilles de palmier fimplement forgées , & découpées.

B^3 , Les mêmes embouties.

B^4 , Feuilles de palmier montées fur une tige où un rivet en tient plufieurs affemblées.

D^2 , Branche de palmier où font entortillées des feuilles de lierre.

E^2 , Feuille de lierre qu'on a commencé à forger.

E^3 , Deux feuilles foudées enfemble.

E^4 , Feuille de lierre finie.

E^5 , Feuilles de lierre affemblées.

E^6 , Graine de lierre.

E^7 , Tige autour de laquelle on a entrelacé des feuilles de lierre.

Fig. 21 , F^2 Piece de fer enlevée qui doit fervir de tige à plufieurs graines.

F^3 F^4. Graines coupées ou détachées.

H^2 , Etampe à graines.

H^4 & H^5 , Autre étampe pour détacher les graines.

H^3 , Cifeau à couper les graines.

F^5 , Piece qui a fes graines & feuilles d'eau.

Figure 22, 23 & 24 , Machines à percer : nous les avons décrites au Livre premier.

Figure 13, N^2 , Efpece de mordache fort commode pour travailler les liens à cordon.

Explication de la Planche X, où l'on explique la façon de faire & de poser les Rampes des Escaliers.

FIGURE 1 est un petit instrument qui se termine par deux pointes, & qui fait l'office d'un compas à verge pour prendre l'ouverture des angles *a* & *b*, *c* & *d* de la *Figure 2.*

Figure 2, elle représente le bâti d'une rampe d'escalier, les montants 1, 2 & 3 doivent être bien d'à plomb.

Figure 3 est un panneau de Serrurerie quarré pour mettre sur un palier, & la *Figure 4* fait voir comment on transporte le dessein de la *Figure 3*, pour lui donner une forme de losange, lorsqu'on veut en former une rampe.

La *Figure 5* fait voir comment on peut transporter ce même dessein sur la superficie d'un cylindre, pour le mettre à un quartier tournant.

La *Figure 6* est une grille dont le rampant est fort doux, & elle emprunte tous ses ornements des enroulements du fer, des feuilles d'eau & des graines, ce qui est beau, mais tient un peu du goût gothique.

La *Figure 7* est une grille dont le rampant est un peu plus roide, & qui est formée de feuilles d'ornement, de rinceaux & de consoles, dans le goût moderne, comme les ouvrages dont nous allons parler dans la Planche suiv.

Explication de la Planche XI, sur la maniere de faire des Ornements au marteau, & sur le tas.

LA *Figure 1 dans la Vignette*, travaille un fleuron au marteau ; on voit ce fleuron appuyé sur un petit tas.

La *Figure 2* emboutit un morceau de tôle sur le plomb : le billot porte la piece de plomb.

La *Figure 3* travaille à proprement parler sur le plomb, elle releve un fleuron avec le mattoir qu'elle tient de la main gauche.

La *Figure 4* joint ensemble par des rivures différentes parties d'un même branchage ou rinceau.

Bas de la Planche.

Figure 7, A, marteau qui sert à emboutir ; *B C*, marteau dont la tête *B* est propre à emboutir, & la panne *C* propre à relever.

D, Marteau dont les deux bouts servent à relever.

Figure 6, E, Tasseau fourchu par les deux bouts.

F G, Tasseaux fendus par un bout, & arrondis à l'autre.

H, Tasseau qui se termine en coin par les deux bouts.

I, Tasseau plat.

K, Tasseau ou perçoire qui sert à percer les petites pieces ; on les appuie sur son bout *K*, & on frappe dessus avec un poinçon.

L, Ce poinçon.

M, Tasseau ou perçoire qui sert à percer de plus grandes pieces que le tasseau *K* ; on le gêne dans l'étau, & on pose la partie à percer vis-à-vis un de ses trous. Quelquefois on se sert de ces tasseaux pour faire de petits enfoncements ; alors on prend un poinçon mousse & on ne frappe pas assez fort pour percer le fer.

Figure 10, *N*, Piece de tôle coupée pour faire le milieu d'un fleuron.

O O, Côtés de ce fleuron.

P Q Q, Le fleuron relevé au marteau.

R s s, Différents revers du fleuron qui se rapportent avec des rivures.

Figure 5, *T V X*, Trois pieces de tôle coupées pour composer un rinceau.

T² V² X², Ces trois pieces embouties & percées où elles doivent être jointes ensemble par des rivures.

Y, Rinceau fini & composé des trois pieces précédentes.

Z, Revers fini au marteau.

Z², Autre revers découpé.

Z³, Ce revers relevé au marteau.

*Fig.*13,*aaa*. Clous pour attacher sur le billot la piece à relever sur le plomb.

Figure 16, *c d e f g h*, Différents mattoirs.

Figure 9, *i, i, i, i*, Deux pieces de tôle posées l'une sur l'autre : les coins *i i i i* renversés les tiennent assemblées. On voit les points qui marquent le dessein du fleuron.

k l, Deux parties opposées qui sont déja relevées ; on releve de même les unes après les autres les parties opposées.

m m, Le fleuron précédent fini.

Figure 8, *n n*, rinceau prêt à être relevé sur le plomb.

Figure 12, *o p*, billot sur lequel on attache la piece qu'on veut relever ; la surface de ce billot est quelquefois creusée, & d'autres fois en relief.

Figure 11, *A B C*, Vase de fer qui se forme des parties suivantes.

D D, Piece garnie de divers étoquiaux *d d*, qui font l'embase ou le socle du pied du vase.

E, La piece précédente pliée.

F, Une des pieces des côtés du pied qui en forment la doucine.

G, Tige vue séparément, & en place dans le pied.

H, Pied fini.

I, Virole qui se met au-dessus.

K, Fleuron qui se met au-dessus de la virole précédente.

L, Le corps du vase.

M, La partie qui en fait le fond.

N, Une des petites lames qui s'assemblent sur le fond, & dont plusieurs ensemble forment le corps du vase & ses godrons.

* Ils se voyent à côté du Vase *Fig.* 11.

O , Cordon qui fépare le corps du vafe de fon couvercle.

P , Une des viroles qui compofent le cordon.

Q , Virole de fer roulée qui eft entre deux viroles plates.

R , Lame de fer plate & un peu courbée pour compofer la virole.

S , Mandrin fur lequel fe roule la bande *R*.

T , Couvercle du vafe.

V , Le haut du couvercle où font affemblées les lames dont il eft formé.

u u , marque deux lames en place.

X , Petit vafe au-deffus du grand , d'où fort une flamme.

Y , La flamme : on la fait ordinairement de bois peint en couleur de fer, ou il faudroit la faire de fonte.

Explication de la Planche XII , où l'on travaille l'Ornement.

LA *Figure* 1 *dans la Vignette* releve une Couronne fur le plomb.

La *Figure* 2 affemble les confoles du couronnement.

La *Figure* 3 affemble les pieces qui compofent le cordon de l'Ordre.

La *Figure* 4 monte des fleurs de Lys fur un écuffon.

Bas de la Planche.

Figure 5, *A A E E F F* , repréfente un couronnement de grille.

A A , en eft la bafe.

B B , Le plan de cette bafe.

C C , La piece qui fait la face de devant.

D , Profil de la bafe.

E F , *E F* , font les confoles du couronnement. Elles font chargées chacune de divers rinceaux & fleurons.

Figure 6, *G H* , eft la partie inférieure de la confole *E* vue féparément.

I K L L , Les deux pieces *G H* féparées ; *L* eft l'endroit où elles fe rivent.

M N , Les deux pieces dont la partie fupérieure de la confole *F* eft compofée.

O P Q R , Les quatre pieces dont la confole eft compofée , réunies par des rivures.

R Un des rinceaux de la confole.

Figure 7 , *S S* , Couronne emboutie & prête à être travaillée fur le plomb.

T T V V , Couronne finie deffus le plomb , & qui eft déja tirée ou découpée en *V V*.

XX, Couronne à laquelle on a ajouté les cordons du haut & du bas du bandeau.

Y , Un de ces cordons.

Z , Diamants de la couronne qui ne font que des têtes de clous taillées à facettes.   *a a, a a*, La couronne garnie de ses diamants.

b b, Ecusson avec quatre rivures pour recevoir un cordon.

c c, Ecusson entouré de son cordon , & garni de ses fleurs de Lys.

d, Fleur de lys séparée.

e e, Cordon de l'Ordre de Saint Michel.

ff, Fait voir comment on fait ce cordon sur le plomb.

g, Une des coquilles du cordon.

h, Sa médaille.

i, Cordon de l'écusson.

k k, Collier de l'Ordre du S. Esprit.

l l, Quelques-unes de ses parties : elles se font sur le plomb.

o o o, Fil de fer auquel on rive toutes les pieces du cordon : il est garni de perles en *o o o*.

p, La croix du Saint-Esprit.

q, Vase qui se fait à peu près comme celui de la Planche précédente.

r, Son pied.

ſ, Espece de cornet, sorte de vase.

t, La flamme qui sort du vase *ſ*.

CHAPITRE IV.

Des Ouvrages de Serrurerie qui ont rapport à la fermeture des Portes, des Croisées, des Armoires & des Coffres.

CETTE partie de la Serrurerie donne beaucoup d'occupation aux Ouvriers ; ainsi nous devons essayer de la traiter en détail.

Il faut commencer par mettre les portes , les croisées , les armoires en état de s'ouvrir & de se fermer au moyen des charnieres ou de pieces qui en tiennent lieu, telles que les pentures, les gonds , les fiches à broche ou à vase, les couplets, &c. ensuite on les garnit de loquets, de verroux, d'espagnolettes , de bascules & de targettes , & d'autres petites serrures qui les tiennent fermées , mais qui permettent en même temps à tout le monde de les ouvrir ou de les fermer. Enfin, pour interdire à tous autres qu'aux Propriétaires, la faculté d'ouvrir ou de fermer les portes & les coffres , on fait usage des serrures & des cadenas. Ce dernier travail où l'adresse & l'industrie des Ouvriers a plus brillé que dans tous les autres, exige de plus grands détails : mais heureusement il s'est trouvé fait dans les papiers de M. de Réaumur ; c'est pourquoi, à cause de son étendue , & de son importance , il fera un Chapitre particulier qui sera le cinquieme de cet Ouvrage.

     ART DU SERRURIER.

Des différentes sortes de Pentures ; Paumelles, Briquets & Fiches
ou Charnieres qui rendent les portes , battantes , ouvrantes
& fermantes.

ON fortifie les affemblages de Menuiferie par des équerres qu'on encaftre
de leur épaiffeur dans le bois , & qu'on attache foit avec des clous foit avec
des vis ; & quelquefois , pour plus de folidité , on met des équerres en
dehors & en dedans , & les têtes des clous rivés font fur l'équerre du dehors ;
l'autre bout fe rive fur l'équerre du dedans ; pour les croifées battantes & les
portes légeres , on fe fert de petites équerres à peu près comme *Fig.* 1 *Planche XIII*; mais pour les portes cocheres, on met des équerres *B B* (*Fig.* 2) ,
qui ont toute la longueur de la traverfe , & portent à leur extrémité
deux branches *A A* qui remontent fur les deux montants; ces branches ne
font pas toujours aux extrémités des équerres, & le corps des équerres *B B*,
ainfi que les branches *A A*, font fouvent contournés pour s'ajufter à la forme des pieces fur lefquelles elles doivent être attachées : nous en donnerons
des exemples , principalement en parlant de la ferrure des équipages. Quelquefois on termine les branches par des fleurons *C C* , & quelquefois auffi on
arrête le bout des branches par des crampons *D D.*

On ferre donc différemment les portes fuivant leur grandeur & leur pefanteur , & auffi fuivant le degré de propreté qu'elles exigent.

Les grandes portes des fermes & des granges où l'on ne cherche que de
la folidité , font fufpendues par un pivot & une bourdonniere.

Le pivot *E F* (*Fig.* 3 *Planche XIII*) , eft un fort étrier compofé de deux
branches *E* & d'un mamelon *C*; les deux branches de l'étrier embraffent
le chardonnet de la porte , & elles font traverfées par des clous rivés qui ont
pour point d'appui l'une & l'autre branche. Le mamelon *C* repofe fur la
crapaudine *Figure* 4 , & c'eft ce pivot qui fupporte tout le poids de la porte : quelquefois le pivot *C* (*Fig.* 5) , eft porté par une équerre dont les
deux branches *A* & *B* font arrêtées fur l'épaiffeur du chardonnet & de la traverfe d'en bas par des clavettes *A* (*Fig.* 6) qui font goupillées : voilà la ferrure
du bas. Celle du haut ne fert qu'à empêcher le déverfement de la porte au
moyen de ce qu'on appelle *la bourdonniere* ; les plus fimples font faites par
le haut du chardonnet de bois *B* (*Fig.* 7) , qui eft arrondi & qui entre dans
une bride ou un lacet *A* (*Fig* 7²) , qu'on fcelle au haut du jambage ; d'autrefois la bourdonniere eft formée par une douille de fer *A* (*Fig.* 8) , qui
eft fcellée au haut du jambage , & dans laquelle entre un gond *B* qui répond
à un enfourchement qui embraffe le chardonnet , & eft retenu fur le haut de

la porte par des clous rivés. On le met dans une situation renversée, pour que quand le pivot ou la crapaudine s'usent, le poids de la porte ne charge point ce gond qui ne doit servir qu'à empêcher le devers, & prévenir que la porte ne baisse du nez, comme disent les Ouvriers, ou ne s'incline du côté opposé à la bourdonniere.

Aux grandes portes propres & à panneaux, on fait les crapaudines en équerre *A B* (*Fig.* 5) ; la branche horizontale de l'équerre passe sous la traverse du bâti, & la branche perpendiculaire sur l'épaisseur du montant ; le pivot *C* est la prolongation de la branche verticale, & ces branches sont retenues sur la Menuiserie par des clavettes *A* (*Fig.* 6), qui sont traversées par des goupilles *B*.

Le bout du pivot est reçu par la crapaudine *Fig.* 4, & le devers de la porte est retenu par des fiches à gonds *A B C D* (*Fig.* 9), composées des deux gonds *A B*, liés par la broche *C*, qui sont représentés séparément *Fig.* 10, avec la fiche à gond *D*, qui est représentée seule en *D* (*Fig.* 11); les deux gonds sont liés par le boulon *C* (*Fig.* 9 & 10) ; mais il faut laisser du jeu entre les deux gonds *A B* (*Fig.* 9), & l'aile *D* pour que le poids de la porte repose toujours sur la crapaudine & le pivot, même quand l'une & l'autre s'usent ; à l'égard des deux gonds *A B* (*Fig.* 10). ils doivent être scellés dans les jambages de la porte, & l'aile *D* de la fiche à gond doit être ferrée dans le montant de la porte, étant retenue avec des broches comme nous l'expliquerons dans le Chapitre du Ferreur.

Pour faire le pivot en étrier, on soude au bout *F* (*Fig.* 3), & entre les deux barres *E E* qui doivent embrasser le chardonnet, un morceau de fer pour faire le mamelon *C*, & on forge le dedans de l'étrier ou sur la bigorne ou dans l'étau.

Le pivot à équerre *Fig.* 5, se fait à peu près de même, excepté qu'on ouvre à ouverture d'équerre celle des branches qui doit être posée horizontalement sous la traverse de la porte, & qu'au lieu de simples trous, on ouvre des mortaises qui reçoivent les clavettes *Fig.* 6 : nous remettons à expliquer comment se font les fiches à gonds, & les gonds, après que nous aurons parlé de toutes les espèces de pentures.

Les pentures les plus simples qui servent pour les portes d'entrée dans les différents bâtiments, sont de longues barres de fer dont un bout est roulé en anneau sur un mandrin *Fig.* 12 ; mais pour le mieux, il faut que l'anneau qu'on appelle *le nœud* de la penture soit soudé à la barre comme *Fig.* 13.

Il y a des pentures qui sont composées d'une double bande appliquées de part & d'autre de la porte, de sorte qu'elles reçoivent entr'elles deux toute l'épaisseur du bois, c'est ce que Jousse a appellé *Pentures flamandes*, *Fig.* 14 ; quelquefois les deux branches sont égales & semblables, quelquefois elles sont de différente forme & grandeur comme dans la *Fig.* 14, pour s'ajuster à la menuiferie fur laquelle les pentures doivent être attachées.

Les portes de chambres qui font légeres, & qui ne font pas travaillées avec beaucoup de foin, fur-tout les portes battantes qui n'ont qu'un bâti couvert d'étoffe, fe ferrent avec des pentures qu'on nomme *Paumelles*; elles différent des autres en ce qu'elles font plus courtes & plus larges; comme on veut les attacher fur le bâti immédiatement auprès du nœud, elles s'élargiffent pour prendre la forme d'une platine, afin que s'étendant haut & bas fur le bâti, leur largeur fupplée en partie à ce qui manque à leur longueur pour leur donner de la force : il y en a qui s'évafent comme une patte percée de trois trous *A* (*Fig.* 15), on les nomme *à queue d'aronde*, d'autres qu'on nomme *en S, B même figure*, fe partagent en deux parties dont une remonte & l'autre defcend, le nœud étant entre deux.

Toutes ces pentures s'affemblent avec des gonds qui font, les uns à fcellement, les autres à patte & les autres à pointe *Fig.* 20, 21, 22 & 23, fuivant qu'ils doivent être attachés à de la maçonnerie ou à de la menuiferie : il y a cependant des pentures dont le bout fe termine en pivot *A B* (*Fig.* 16), & alors ce pivot eft reçu dans une crapaudine *Fig.* 17, qui eft ou à fcellement ou à pointe. Il y a des pentures qui font droites *Fig.* 12, 13, d'autres font coudées *Fig.* 18; quelquefois le gond eft rivé fur l'équerre qui fortifie l'affemblage *Fig.* 19; celles-ci font employées pour les portes qui fe ferment d'elles-mêmes. Il y a auffi des gonds droits *Fig.* 20 & 21; d'autres coudés *Fig.* 22 & 23; entre les uns & les autres, il y en a à fcellement *Fig.* 20 & 22, d'autres à patte *Fig.* 23, qui fe clouent fur la menuiferie, & d'autres à pointe *Fig.* 21, qu'on enfonce dans le bois du chambranle.

Quand une fois on eft prévenu que les nœuds des pentures fe font fur un mandrin, on ne peut être embarraffé à les forger, à moins qu'on n'y mette beaucoup d'ornements qui ne font que des acceffoires inutiles, & qu'on fait comme les autres ornements dont nous avons parlé à l'occafion des grilles, ou dont nous aurons encore occafion de parler dans la fuite.

On pourroit citer comme un chef d'œuvre en ce genre les pentures des deux petites portes qui font aux deux côtés de la grande porte de l'Eglife de Notre-Dame de Paris. M. de Réaumur, comme bien d'autres, a été frappé de la fingularité de cet ouvrage, & je trouve dans fes papiers, fur une feuille volante, une note que je crois devoir inférer ici.

« Il eft certain, dit M. de Réaumur, que peu de Serruriers aujourd'hui ofe-
» roient entreprendre un pareil ouvrage. Plufieurs même ont imaginé que
» ces pentures ont été jettées en moule, & que Bifcornet, (c'eft le nom du
» Serrurier qui l'a fait) avoit le fecret de faire du fer moulé de la qualité du
» fer forgé. Jouffe regrette la perte de ce fecret qui effectivement feroit
» fort à regretter, s'il avoit été découvert. Au lieu que nos pentures font en
» dedans des bâtiments, celles-ci font en dehors des portes. Le corps de la
«penture

» penture eſt à l'ordinaire une large bande de fer qui forme une eſpece de
» tige qui jette de toutes parts une infinité de branchages, chacun deſquels
» en fournit d'autres. Trois pareilles pentures ſoutiennent chaque porte, &
» de part & d'autre de la penture du milieu, c'eſt-à-dire, entre elle & la
penture d'en haut, & entre elle & la penture d'en bas, il y a une *fauſſe pen-*
» *ture* ; je donne ce nom à une bande de fer qui ſert de tige à divers orne-
» ments pareils à ceux des pentures. Ces portes qui ſont fort grandes ſont
» partout couvertes d'ornements qui prennent leur naiſſance de ces cinq pen-
» tures ; ils font le même effet que ſi la porte étoit ſculptée par tout, & les
» ornemens d'une penture rencontrent ceux de l'autre.

» Quoi qu'on en diſe, le corps des pentures & les ornements ſont de fer
» forgé & faits, comme on les feroit aujourd'hui ; de divers morceaux ſou-
» dés tantôt les uns ſur les autres, tantôt les uns au bout des autres ; ce qu'il
» y a de mieux n'eſt pas même la façon dont ils l'ont été ; les endroits où il y
» a eu des pieces rapportées ſont aſſez viſibles à qui l'examine avec attention ;
» on n'a pas pris aſſez de ſoin de les réparer, quoique cela fût aiſé à faire.

» Quoi qu'il en ſoit, ces pentures ſont certainement un ouvrage qui a de-
» mandé un temps très-conſidérable, & qui a été difficile à exécuter. Il n'eſt
» pas aiſé de concevoir comment on a pu ſouder enſemble toutes les pieces
» dont elles ſont compoſées ; il y a cependant apparence que toutes celles
» d'une penture l'ont été avant qu'elle ait été appliquée ſur la porte ; car on
» auroit brûlé le bois en chauffant les deux pieces qui devoient être réu-
» nies.

» On n'a pas mis non plus une pareille maſſe à une forge ordinaire;
» il paroît néceſſaire que dans cette circonſtance la forge vînt chercher l'ou-
» vrage ; on s'eſt ſervi apparemment de ſoufflets portatifs comme on s'en ſert
» encore aujourd'hui en divers cas ; on a eu ſoin de rapporter des cordons,
» des liens, des fleurons, &c, dans tous les endroits où de petites tiges &
» des branches menues ſe réuniſſoient à une tige ou branche plus conſidéra-
» ble. Les pieces rapportées cachent les endroits où les autres ont été ſou-
» dées ; c'eſt ce qu'on peut obſerver en pluſieurs endroits où les cordons ou
» fleurons ont été emportés, ces cordons & fleurons avoient ſans doute été
» rapportés & réparés après avoir été ſoudés.

» Ce n'a pas non plus été choſe facile que de rapporter ſur la porte & d'y
« ajuſter une penture de cette grandeur ; il y a même ici une choſe qui em-
» barraſſe ceux qui examinent ces pentures.

» Le corps de la penture eſt, comme nous l'avons dit, en dehors ; mais il
» faut que le nœud ſoit à l'ordinaire en dedans ; pour cela, la penture ſe cou-
» de à angle droit à quelque diſtance du bord de la porte le plus proche des
» gonds ; là elle paſſe au travers de la porte dans une mortaiſe ; de l'autre
» côté de cette mortaiſe elle a un nœud pareil à ceux des portes ordinaires

SERRURIER. F f

» qui a pourtant moins de hauteur que ceux des gonds ordinaires proportion-
» nellement à la grandeur de la penture.

„ Ce nœud embarraſſe ceux qui n'y regardent pas d'aſſez près ; ils croient
» qu'il faut qu'il ait été foudé après que la penture a été attachée, & ne peu-
» vent point imaginer comment il l'a été.

„ Mais toute leur difficulté naît de ce qu'ils croient que le nœud n'a pu
» paſſer au travers de la porte, parce qu'il ne paroît pas en dehors qu'on ait
» fait une mortaiſe aſſez grande pour le laiſſer paſſer, parce que la penture
» recouvre elle-même une partie de cette mortaiſe. Il n'y a pourtant rien en
» cela que de ſimple ; & ſi l'on vouloit aujourd'hui ſuſpendre une porte avec
» une penture attachée en dehors, & qui pour aller joindre le gond paſſât au
» travers de la porte, on s'y prendroit préciſément comme on s'y eſt pris
» pour faire paſſer le nœud de ces grandes pentures ; mais, comme nous ve-
» nons de le remarquer, on a donné peu de hauteur à ces nœuds, afin de
» n'être pas obligé de tailler une trop grande mortaiſe dans la porte.

Comme M. de Réaumur a beaucoup travaillé ſur l'adouciſſement du fer
fondu, il a été engagé à examiner avec attention ces belles pentures qui ont
toujours paſſé pour avoir été fondue, & qui ſe trouvent être d'un fer doux.

Les pentures dont M. de Réaumur vient de parler ſont donc très-char-
gées d'ornements, plus remarquables parce qu'elles ſont difficiles à exécuter,
que par leur bon goût ; on peut même dire que ces ornements ſont déplacés
& poſtiches ; une grande partie de la difficulté de l'exécution auroit été
ſauvée, ſi le Serrurier avoit mis ces trois fortes pentures en dedans de l'E-
gliſe, & qu'il eût couvert le dehors de la porte d'une dentelle de Serrurerie, qu'on auroit pu faire d'un meilleur goût que le nombre infini d'enroule-
mens qu'on voit ſur ces portes. Mais dans ces temps où le goût gothique
régnoit, il ſembloit que les ouvrages étoient d'autant plus beaux qu'ils
étoient plus difficiles à exécuter. Au moins en réſultoit-il qu'il ſe formoit
d'habiles Ouvriers qui auroient exécuté avec facilité des ouvrages de meilleur goût. C'eſt ce qu'on peut dire de plus avantageux pour les ouvrages gothiques.

Je reviens à mon ſujet, & je dis que comme il n'eſt pas probable qu'on
retombe dans ce mauvais goût, les pentures ſont des ouvrages ſur leſquels
il n'y a pas beaucoup de préceptes à donner pour la façon de les forger ; tout
le travail ſe réduit, comme on l'a déja vu, à étirer une barre, à en rouler un
des bouts ſur un mandrin, à percer des trous tout du long de la barre pour
recevoir les clous qui doivent l'attacher ; lorſque le nœud eſt fait, on en
foude le bout avec le corps de la penture ſur l'arrête de l'enclume.

Il y a des eſpeces de paumelles comme *Figure 19, Pl. XIII*, où le nœud
eſt fait d'une piece rapportée ſur l'équerre qui fortifie l'aſſemblage du bâti
de menuiſerie. On n'en fait uſage que pour des portes battantes très-légeres &
garnies d'étoffe.

Pour donner aux paumelles une figure en *S* (*Fig.* 15), on fend la piece de fer, & on écarte l'une de l'autre les parties fendues.

Il y a des façons plus compofées de ferrer ou de pendre les portes ; on les emploie dans les appartements : mais avant que d'en parler, il faut dire quelque chofe des gonds qui entrent dans les pentures.

Les gonds confiftent en un morceau de fer qui doit s'attacher par un bout dans l'embrafure des portes, & porter à l'autre bout une cheville ou gougeon qui entre dans le nœud d'une penture.

Comme les gonds doivent être attachés ou à de la maçonnerie ou à du bois, on les termine, au bout qui fait leur attache, ou par un fcellement comme *Figures* 20 & 22, ou par une pointe comme *Figure* 21, ou par une patte comme *Figure* 23 ; à l'égard de la tige, on la fait le plus fouvent droite comme à la *Figure* 20, & quelquefois coudée comme aux *Figures* 22 & 23.

La plus fimple maniere de faire les gonds foit en bois foit en fcellement, eft de prendre la cheville qu'on nomme *le mamelon* dans la même piece dont eft fait le corps du gond, en refoulant un peu le bout du barreau pour donner du corps au mamelon, & le courbant enfuite à l'équerre. Ces gonds font les moins chers & auffi les moins bons ; la petite attention qu'ils exigent eft, par le refoulement dont nous avons parlé, de laiffer le fer plus renflé qu'ailleurs à l'endroit où doit être l'angle faillant du gond ; fans cette précaution, l'angle feroit arrondi, & le mamelon ne feroit pas bien ajufté au bout du corps du gond, ce qui arrive fréquemment à ces fortes de gonds.

Les gonds font beaucoup mieux faits quand on rapporte le mamelon, comme nous allons l'expliquer : mais cela fe fait de deux façons différentes, une pour les gonds à fcellement, & l'autre pour les gonds en bois.

Pour les gonds à fcellement, on perce à chaud d'outre en outre avec un poinçon & un mandrin le bout du corps du gond où doit être le mamelon ; on fait entrer dans ce trou le boulon qui doit faire le mamelon, & on les foude principalement en rivant à chaud l'extrémité du mamelon qui excede en deffous le corps du gond ; car fi l'on frappoit fur le nœud, il s'étendroit & fe fouderoit mal avec le mamelon. Comme en perçant le nœud du gond avec un mandrin, on a étendu le fer en cet endroit, il s'enfuit que le fer faillit tout autour du mamelon, & cette faillie forme un point d'appui à l'endroit où doit repofer le nœud de la penture. Quelques coups de marteau donnés quand on perce le trou, ou fur le mandrin, ou quand on rapporte le mamelon, arrondiffent cette partie comme on le voit à la *Figure* 20.

Comme les gonds en bois font plus foibles que les autres, & comme ils fe terminent fouvent en pointe ; on courroit rifque de les fendre fi on les perçoit comme les autres, c'eft pourquoi on y apporte plus de ménagement. On applatit & on arrondit le bout où doit être le mamelon ; on y forme un nœud, à peu près comme celui des pentures; & quand le mamelon a été mis dans ce nœud, on foude les deux pieces enfemble. Je reviens aux autres efpeces de ferrures qu'on emploie pour pendre les portes.

Ce qu'on nomme des *fiches* differe des pentures & des paumelles en ce que leur attache eft dans le bois, comme la partie *D* de la fiche à gond, *Planche XIII, Fig.* 9 & 11, au lieu que les autres font appliquées deffus la menuiferie. La partie *D* de la fiche *Fig.* 11, peut être regardée comme un tenon qui entre dans une mortaife qu'on fait dans le bâti de bois, elles y font en quelque façon fichées, ce qui probablement les a fait appeller des *fiches*. Quoique cette ferrure convienne aux portes légeres, on ne laiffe pas d'en mettre aux grandes portes cocheres, principalement aux *Poutis* ou guichets; mais ces ferrures font toujours deftinées pour les portes de menuiferie propres & ornées de panneaux auxquelles il feroit defagréable de voir les moulures coupées par des bandes de fer.

La partie des fiches qui entre dans le bois fe nomme *l'aileron D (Fig.* 11, *Planche XIII*) ; celle qui eft en dehors & qui eft analogue au nœud des pentures, eft nommée *la boîte, E même Figure.*

Dans certaines fiches qu'on nomme *à vafe (Planche XIV Fig.* 5 & 6), cette boîte plus alongée que le nœud, eft terminée d'un côté par un petit ornement qu'on appelle *le Vafe*, parce qu'il en a ordinairement la figure.

La boîte de la fiche à vafe reçoit un gond *M* comme les nœuds des pentures; ce gond eft ajufté à une partie *F G (Fig.* 25), qui eft entierement femblable à la boîte, qui porte comme elle un aileron qui fert à arrêter ce gond dans le chambranle, comme l'aileron de la boîte *B (Fig.* 21), l'eft dans le montant de la porte.

Il y a des fiches qui ne portent point de gond, on les appelle *des fiches à nœuds, (Fig.* 11), ou quand elles font très-groffes, des *fiches à chapelet, Fig.* 24, *Planche XIII* : ce font de vraies charnieres qui au lieu de boîte ont deux ou un plus grand nombre de nœuds; la diftance d'un nœud à l'autre eft égale à la longueur du nœud même; c'eft une boîte qui a été pour ainfi dire coupée en plufieurs parties, on emploie enfemble deux pareilles fiches dont l'une a un nœud moins que l'autre; les nœuds de celle-ci font reçus entre les nœuds de celle-là à la maniere des charnons d'une charniere ordinaire, & on les retient enfemble par une broche *b (Fig.* 27, *Planche XIII*), ou *X (fig.* 8 *Planche XIV*); qui enfile tous les nœuds : on voit de ces fiches aux volets brifés, ainfi qu'aux poutis des portes cocheres.

Pour les poutis des portes cocheres, les chapelets font faits, comme nous l'avons dit, d'autant de pieces détachées qu'il y a de nœuds tout-à-fait femblables *a a (Fig.* 27, 28 & 29, *Pl. XIII*), qui font embrochés par un fort boulon *b (Fig.* 27 & 28); pour les croifées, les portes d'armoires ou les volets, les fiches à nœuds ont une aile commune à toutes *Y Y (Fig.* 7, *Planche XIV*). On

On nomme *Fiches coudées* celles dont les ailerons font pliés en équerre, on les emploie dans certaines difpofitions de portes d'armoires.

Une autre forte de ferrure moyenne entre les paumelles & les fiches eft ce qu'on nomme *les couplets Fig.* 13, *Planche XIV* ; ils s'affemblent à charnieres comme les fiches à nœud, & ils s'attachent fur le bois comme les paumelles ; ils peuvent auffi fervir à des volets, brifés ou non ; mais on ne les emploie jamais que pour des ouvrages de menuiferie légers, & qui ne font pas faits avec beaucoup de foin.

Pour la fermeture des boutiques, on emploie quelquefois des pentures brifées par des nœuds *A* qui forment des couplets *Planche XIII*, *Fig.* 36 ; après ce que nous avons dit, la feule infpection de la figure fuffit pour que l'on conçoive la maniere de les faire.

On donne le, nom de *Briquet* à une efpece de couplet *A,B, C* (*Fig.* 15, 16 & 17, *Planche XIV*), qui ne fçauroit fe plier que d'un côté, & qui a deux nœuds, deux parties en faillie qui empêchent qu'on ne le plie des deux côtés oppofés.

On les applique par le côté oppofé au nœud *Planche XIV*, *Fig.* 15 ; les nœuds *Fig.* 16 & 17, n'entrent point l'un dans l'autre ; mais il y a une piece *D* (*Fig.* 18), qui forme deux nœuds, & qui au moyen de deux broches, complette la charniere, comme on le voit *Fig.* 15 & 17.

Les tables à manger qui ne fe plient que d'un côté, font ordinairement af-femblées par des briquets.

On peut fans doute varier ces efpeces de ferrure ; mais les exemples que nous venons de donner fuffifent pour jetter du jour fur les ferrures dont nous ne parlons point. Il nous refte à expliquer la façon de faire les fiches ; elle eft plus recherchée & plus induftrieufe que celle des pentures.

Pour faire une fiche à boîte *Planche XIV*, *L K* (*Fig.* 5), on prend un mor-ceau de tôle forte *A* (*Fig.* 20) ; on le coupe de la largeur que doit avoir la fiche, non compris le vafe, & on lui donne affez de longueur, pour qu'é-tant pliée en deux, elle fourniffe la boîte & les deux pieces qui doivent former l'aileron. On plie cette tôle fur un tas ou fur une bigorne, & on for-me une gouttiere au milieu de la piece qui doit faire la boîte *A* (*Fig.* 20) ; en mettant un mandrin dans cette gouttiere, on rapproche les deux par-ties qui doivent faire l'aileron ; au moyen du mandrin, ce rapprochement forme la boîte, & on fait l'aileron en foudant l'un à l'autre les deux morceaux de tôle *B* qui excedent le cylindre creux ou la boîte *Fig.* 21.

Pour des ouvrages très-recherchés, on prend la boîte, l'aileron & le vafe dans un même morceau, & on perce la boîte au foret comme on feroit une clef ; mais ces fiches exigent beaucoup de travail, & elles ne font guere meilleures que les fiches ordinaires lorfqu'elles font bien faites.

Pour faire le vafe de cette fiche, on forge un morceau de fer cylindrique *C*

(*Fig.* 22), terminé à un de fes bouts par un lardon *D* auffi cylindrique , mais plus menu , de telle forte que ce lardon puiffe entrer jufte dans la boîte de la fiche, & que la partie qui furmonte le lardon foit de la grof-feur de l'extérieur de la boîte. Le lardon qui entre dans la boîte, y eft retenu par une rivure , & la portion plus groffe *D* (*Fig.* 23), doit excéder la boîte pour être figurée en forme de vafe *E* (*Fig.* 24) ; la boîte ne fera donc fermée que par un de fes bouts où fera le lardon , & l'autre bout ouvert en cylindre creux pourra recevoir le gond. Affez fouvent, au lieu de la goupille , on foude dans la boîte la partie *D* (*Fig.* 23) qui doit faire le vafe.

Si l'on vouloit avoir une fiche à gond , il n'y auroit qu'à faire entrer par un bout de la boîte un gond ou une broche , & ne mettant point de vafe le river fur le bout de la boîte où nous avons dit qu'on attachoit le vafe ; la fi-che à boîte feroit par-là changée en fiche à gond ; mais il eft bon pour les fiches à vafe que cette broche excede par le bas de la boîte , & qu'elle y foit un peu renflée *Fig.* 25 *F*, pour y faire un vafe femblable à celui qui termine la boîte. On voit les deux pieces réunies aux *Figures* 5 & 6 , & 27.

Une fiche à nœud ou à charniere fe prend fuivant la force qu'elle doit avoir ou dans une piece de fer battu , ou dans une piece de tôle pareille à celle dont on fait les fiches à boîte ; mais pour les fiches à nœud on évide en *R* la piece de fer , comme on le voit *Fig.* 30. En la découpant , on laiffe au milieu un nombre de bandes féparées pareil au nombre des nœuds que doit avoir la fiche.

Chacune de ces bandes a en longueur & en largeur de quoi fournir à la hauteur & au contour d'un nœud , & elle eft découpée tant plein que vui-de ; on conçoit qu'en repliant en deux & roulant fur un mandrin la partie du nœud où font les bandes , en rapprochant les ailes , & en les foudant , comme nous l'avons expliqué pour les fiches à vafe, on fait une fiche à nœud *S* (*Fig.* 9) & *T* (*Fig.* 10) , de forte qu'en réuniffant ces deux parties comme on le voit en *V* (*Fig.* 11) , & en paffant une broche *X* (*Fig.* 8), dans tous les nœuds , la charniere *Y* (*Fig.* 7) eft complete : c'eft ce qu'on nomme *une fiche à nœud* ou *à broche.*

Les couplets *Z* (*Fig.* 13 & 14), fe font comme les fiches à nœud , excepté qu'ils ont moins de nœuds , & que le nœud eft entiérement jetté fur une des faces de l'aileron.

A l'égard des briquets *Fig.* 15, 16 & 17, ils fe font comme les couplets, ex-cepté que les deux parties font liées par une piece poftiche *Fig.* 18 , qui eft un double nœud ; & quand on a mis les deux broches , il y a deux charnieres accollées l'une à l'autre.

Comme les fiches s'emploient fur des ouvrages propres , on blanchit à la lime les nœuds & les boîtes , & on a foin de tirer les traits en long , plu-fieurs même font très-exactement polies ; à certain couplets les ailerons font découpés à jour pour les rendre plus propres.

Si l'on faifoit les vafes à la main, ils exigeroient bien du temps ; mais ordinairement on les fait affez vîte en leur donnant leur figure dans une étampe. Cette étampe eft quelquefois faite de deux pieces féparées, comme nous
l'avons repréfenté fur la *Planche III*, qui portent chacune en creux la forme
de la moitié du vafe, & on leur ménage un repaire pour que la rencontre
foit précife, d'autres fois ce font des efpeces de tenailles *O P* (*Planche XIII,
Fig.* 28), au bout de laquelle *P* eft gravée la figure de la moitié du vafe ; on
renferme la portion de fer rougie au feu & ébauchée pour former le vafe, entre ces deux parties de l'étampe ; un Ouvrier les tient bien exactement placées pendant qu'un autre Ouvrier frappe avec le marteau fur l'endroit où
font figurés les vafes en creux : à la vérité par cette opération les vafes ne
font pas finis, on eft obligé de les réparer au fortir de l'étampe avec la lime
& fur un tas *N* (*Fig.* 26), s'aidant d'un cifeau, dont le taillant eft circulaire &
qu'on nomme *Dégorgeoir*, parce que ces efpeces d'étampes fervent à former
les gorges, & à creufer les parties qui détachent le corps du vafe *Q* (*Fig.* 29).

Mais quand on travaille des fiches très-propres, on répare les vafes fur le
tour.

A R T I C L E II.

*Des Ouvrages de Serrurerie qui fervent pour tenir les Portes & les
Croifées fermées, tels que les Verroux, les Targettes, les
Efpagnolettes, les Crémones, &c.*

Nous avons fuffifamment détaillé toutes les efpeces de ferrures qui pro-
curent aux portes & aux battants d'armoires un mouvement de charniere,
au moyen duquel on peut les ouvrir & les fermer ; mais pour que ces portes & ces battants d'armoires foient véritablement utiles, il faut ajouter d'autres ferrures fans lefquelles celles dont nous avons parlé ne feroient pas
d'une grande utilité ; elles ne tiendroient rien à couvert puifqu'il leur feroit
indifférent d'être ouvertes ou fermées, le moindre vent les mettroit dans
l'un ou l'autre état ; auffi les Serruriers ne manquent-ils jamais de les garnir
de ferrures, qui remédient à ces inconvéniens : les unes les tiennent fermées
affez exactement, pour que le vent ni les animaux ne puiffent les ouvrir ;
mais de façon que l'accès des appartements foit facile à ceux qui veulent
y entrer ; la plupart des loquets font de ce genre : par d'autres ferrures,
comme font quelques efpeces de loquets, & les verroux, le Propriétaire peut
s'enfermer ; mais elles ne garantiffent rien de la rapine des voleurs, lorfque
le Propriétaire eft forti : ce font des ferrures de ce genre dont nous allons
parler. Pour que la fermeture des appartements & des armoires foit complete, il faut non-feulement que le Propriétaire puiffe s'enfermer chez lui,
de façon qu'on n'y entre qu'avec fa permiffion ; mais de plus il faut qu'elles
foient exactement fermées quand il fort : c'eft à quoi fervent les ferrures &

les cadenas. Nous nous propofons de fuivre en détail ces différents objets ; & nous commencerons, comme nous avons fait jufqu'à préfent, par les ouvrages les plus fimples avant que de paffer à ceux qui font plus compliqués, & pour cette raifon nous parlerons des ferrures dans un Chapitre particulier.

§. I. *Des Verroux.*

Les verroux fourniffent la façon la plus fimple de s'enfermer chez foi ou dans fa chambre. Ils font tous faits d'une piece de fer ronde ou quarrée qui a une certaine longueur, & qui coule dans deux crampons qui tiennent le corps des verroux affujettis dans la pofition où ils doivent être, & un des bouts du verrou entre tantôt dans un trou fait à une des pierres de l'embrafure de la porte, tantôt dans un crampon, & quelquefois dans une gâche ; ce font ces crampons & gâches qui les tiennent fermés. Au milieu du corps du verrou eft ou un bouton, ou une queue, ou une efpece de palette affemblée à charniere avec le corps du verrou ; ces queues & boutons ferventà ouvrir ou à fermer commodément le verrou.

Le plus fimple de tous les verroux qu'on emploie pour les portes des fermes, parce qu'il eft très-folide, & qu'il ne lui manque que de la propreté, ce verrou *A* (*Planche XIII*, *Fig.* 38), eft fait d'un bout de fer forgé rond *a b* ; on le fend à chaud en *c* pour y attacher, au moyen d'une goupille, une queue *d* qui fert à l'ouvrir & à le fermer. Ce barreau coule dans les deux crampons *ce* dont les queues traverfent la porte, & font rivées fur l'autre côté. Ces crampons font fouvent faits comme le lacet *B* (*Fig.* 38), & fouvent le bout *a*, quand on ferme le verrou eft reçu dans un pareil lacet, la forme de la queue *d* varie, quelquefois elle s'affemble au point *c* à charniere, & étant plate comme *C*, elle porte un paneton ou auberon qui entre dans la fente de la ferrure plate *D*, & alors la porte eft auffi bien fermée que fi elle l'étoit avec une ferrure à pêne : on ne fait ufage de ces ferrures plates que quand on met les verroux en dehors des portes.

On en fait d'un peu plus propres *Fig.* 39, dont le corps *a b* eft quarré, les crampons *e e* le font auffi, & on rive ordinairement au milieu un bouton *d* qui fert à le fermer & à l'ouvrir. On pofe fouvent ces verroux quarrés fur une platine *Fig.* 40.

On met ordinairement les verroux *Fig.* 38, en dedans des maifons ou des appartements ; mais quand on les met en dehors, on fait la queue droite & fendue, pour que quand le verrou eft fermé, elle fe rabatte fur un crampon qui la traverfe & dans lequel on paffe un cadenas, qui tient le verrou fermé. Quand les verroux font plats ou quarrés comme la *Figure* 40, ils ne peuvent tourner dans leur crampon ; c'eft pourquoi, au lieu du bouton, on y ajufte une queue qui étant attachée au corps du verrou par une charniere,

peut

peut fe relever ou s'abaiffer pour entrer dans une ferrure plate, comme nous l'avons dit, ou recevoir le crampon & le cadenas dont nous venons de parler.

A l'égard des verroux qui fe pofent en dedans, comme en faifant un petit trou à la porte, il feroit facile avec un crochet de pouffer la queue du verrou & d'ouvrir la porte, on met quelquefois au-deffus du verrou *Figure* 40, *Planche XIII*, un petit crochet *f* qui retombe de lui-même derriere le verrou quand il eft fermé, & on ne peut ouvrir ce verrou qu'auparavant on n'ait foulevé le crochet.

On met aux portes cocheres propres des verroux plus ornés *Figure* 41, qui font, à proprement parler, de grandes targettes femblables à celles qu'on employoit autrefois pour tenir les volets fermés ; & ces targettes n'étoient, à proprement parler, que de petits verroux de l'efpece dont nous parlons : *B* eft la gâche du verrou *A* (*Figure* 41). On voit que la targette ou le verrou *C* (*Figures* 5 & 6, *Planche XV*) repofe fur une platine *A A* (*Fig.* 6), qui porte les deux crampons ou cramponnets *B B*, fervant de couliffe au verrou qu'on mene par un bouton *D* ; on attache la platine de ces verroux ou de ces targettes fur la menuiferie avec des vis en bois ou des clous. Il eft vrai qu'on a fait des targettes dont la platine recouvroit le verrou *Figure* 43, *Pl. XIII* ; le bouton *a* tenoit à une queue qui excédoit la platine *b b*, & le verrou couloit au-deffous de la platine dans une cage de tôle à laquelle il y avoit une fente qui recevoit un petit bouton pour empêcher le verrou d'en fortir ; la partie du verrou recouverte par la platine eft marquée fur cette *Figure* 43, par des lignes ponctuées : comme ces targettes fe mettoient à des volets arrafés, le verrou entroit dans une efpece de gâche. Maintenant la platine eft prefque toujours entre le verrou & le bois ; & comme on fait les battants des croifées à recouvrement, le verrou eft reçu dans un crampon ou une gâche *B* (*Fig.* 41), qu'on difpofe de différentes façons fuivant la place.

Les verroux dont nous avons parlé jufqu'à préfent, fe meuvent horizontalement : il y en a dont le mouvement eft vertical, & le plus fimple de tous eft celui repréfenté *Figures* 30 & 31, *Planche XIII*, qu'on mettoit anciennement au bas des portes cocheres ; ce verrou n'eft qu'un gros barreau de fer quarré taillé en chanfrein par en bas, pour qu'il entre mieux dans la gâche. On foude au milieu un talon pour empêcher qu'il ne forte des crampons qui le retiennent. On ajufte en haut une boucle ou un anneau qui fert à l'arrêter à un crochet pour le tenir ouvert. Ce verrou gliffe dans des crampons *B* qui traverfent le battant de la porte ; & quand on l'a décroché, il retombe & fe ferme par fon propre poids ; le crochet *A* qui l'empêche de retomber, eft repréfenté à part *C* (*Fig.* 31); on a fait de ces verroux *Figure* 30, qui étoient ajuftés fur une platine. Enfin pour fermer le haut des portes, on a encore fait des verroux à queue *Figures* 44 & 45. Nous en parlerons en détail lorfqu'il s'agira des croifées.

SERRURIER. H h

Je n'explique point ici comment on fait les platines ornées & à jour, parce que j'en ai parlé au commencement de cet Art, Chapitre I, pag. 30 & suivantes. On peut encore consulter sur ce sujet les *Figures* 31, 32, 33, 34, 35 & 36 de la *Planche XIV*, avec l'explication de cette Planche.

Je suis obligé de m'écarter un peu de mon objet pour faire mieux comprendre ce que j'ai à dire sur la fermeture tant des croisées que des portes à deux vantaux.

§. II. *Des Croisées anciennes.*

ANCIENNEMENT on laissoit un montant dormant ou meneau *q q* (*Fig.* 4, *Planche XV*), au milieu des baies des croisées, & on les traversoit au milieu de leur hauteur par un imposte *r s*, de sorte que la baie étoit divisée par une croix dormante; à ces croisées, les chassis à verre étoient arrasés, & les volets étoient à recouvrement; les chassis à verre, tant du haut que du bas, étoient fermés par des targettes qui entroient dans des gâches, & on n'ouvroit presque jamais les chassis à verre du haut; les volets du bas étoient fermés par des targettes dont le verrou entroit dans un crampon; & comme on ne pouvoit se dispenser d'ouvrir les volets d'en haut qui étoient trop élevés pour qu'on pût les ouvrir, si l'on y avoit employé des targettes, on faisoit usage des loqueteaux.

§. III. *Changements qu'on a faits aux Croisées, & qui ont engagé à faire des Verroux à ressort.*

PEU à peu on a élevé l'imposte pour faire la partie d'en bas des croisées beaucoup plus grande que celle d'en haut, comme on le voit *Figure* 4; alors on ne pouvoit plus atteindre aux targettes qui étoient au haut de cette partie; c'est ce qui a fait imaginer les verroux à ressort & à queue *Planche XIII*, *Figures* 44 & 45; le verrou *A* est retenu sur une platine par deux crampons *B B* comme le verrou des targettes; mais comme ce verrou est dans une position verticale, son propre poids l'auroit fait descendre & ouvrir de lui-même, si par le frottement d'un ressort qu'on met entre le verrou & la platine, on n'avoit pas fait un obstacle à sa descente. On voit sur les côtés du verrou deux petits oreillons *e e* (*Fig.* 10, *Pl. XV*) qui servent à limiter sa course entre les deux crampons *B B* (*Fig.* 44 & 45, *Pl. XIII*); ces verroux ferment dans un crampon qu'on met au-dessus de la croisée sur l'imposte, & ils se ferment sur le montant de la croisée. Il est sensible qu'en alongeant la queue de ces verroux, le bouton se trouvoit à portée d'être saisi de la main; & pour maintenir toujours cette longue queue dans une même situation, on l'entretenoit en différents endroits par de petits crampons *E* qui faisoient l'office de conducteurs.

On a fait encore un grand usage de ces verroux à ressort pour fermer les armoires ; le verrou qui fermoit le haut avoit une longue queue , & celui du bas en avoit une affez courte.

On a toujours fait le bout des verroux en chanfrein *Z (Fig.* 10 , *Planche XV*), afin que fi le bois fe déjettoit , la pointe du verrou prenant dans le crampon , on pût , en forçant un peu , obliger le bois de revenir dans fon joint. Afin de rendre le chanfrein plus confidérable , on a fait des verroux très-étroits & fort épais *Z (Fig.* 10 , *Planche XV*) ; mais il falloit que le battant fe fût peu déjetté pour que ce moyen le fît revenir. Il en a été à peu près de même des verroux qui portoient à leur extrémité un crochet *g* (*Fig.* 12) , & qui fe fermoient en tirant le bouton en enbas ; l'avantage qu'on fe procuroit, fe réduifoit à ce qu'on a plus de force en tirant le bouton en enbas qu'en le relevant ; mais quand la croifée étoit affez déjettée pour que le crochet ne prît point dans le crampon elle bâilloit toujours par le haut.

La forme des croifées a encore changé , & au lieu de les arrafer dans le montant ou le meneau du milieu , on les a faites à recouvrement ou à noix ; dans l'un & l'autre cas , un battant s'appuyant fur l'autre , & n'y ayant plus de meneau dormant , il fuffifoit d'arrêter le vantail qui s'appliquoit fur l'autre pour que les deux le fuffent ainfi avec deux verroux à reffort attachés fur le vantail qui recouvroit l'autre ; les deux étoient fermés , le verrou d'en bas entroit dans une gâche qui étoit fur l'appui de la fenêtre , & celui d'en haut dans un crampon.

Il a enfuite paru plus commode de n'avoir à porter la main que fur un bouton pour ouvrir ou fermer une porte d'appartement , une croifée , une armoire.

§. IV. *Deux Verroux liés par une barre de fer nommée* Crémone.

La plus fimple maniere de produire cet effet étoit de joindre le verrou d'en haut avec le verrou d'en bas par une verge de fer , ou de faire que les queues des deux verroux fe joigniffent , & qu'elles fuffent foudées l'une à l'autre , en faifant le verrou d'en bas comme les autres verroux à reffort , & le verrou d'en haut à crochet *Fig.* 12 , *Planche XV* , & en mettant à la hauteur de la main un bouton ou une main *k* (*Fig.* 13.) Il eft clair que lorfqu'on abaiffoit la main , les deux verroux fe fermoient , & qu'en pouffant en haut la même main , les deux verroux s'ouvroient , parce qu'au moyen du crochet *Figure* 12 , les deux verroux fe fermoient en baiffant , & ils s'ouvroient en montant. On faifoit la main *k* (*Fig.* 13) , à charniere , afin qu'elle n'accrochât point lorfqu'on paffoit par les portes. Ces verroux qu'on a nommés *Crémone*, ne font plus d'ufage ; on leur a préféré les efpagnolettes à bafcule *Figure* 15 , *Planche XV.*

§. **V.** *Des Efpagnolettes à bafcule.*

A & *B* font les queues des deux verroux à reffort *a b*, *a b*. *C D* eft un
levier qui a fon point d'appui au point *G* où eft un tourillon *H*, fur lequel
il tourne, & ce tourillon *H* eft fermement attaché à la platine *E F* qui eft
arrêtée par des vis au montant de la croifée ou de la porte, l'extrémité *I* du
verrou *A* eft attachée à l'endroit *i* du levier *C D*, & le bout *K* du verrou
B eft attaché au point *k* de ce même levier ; ces attaches *i* & *k* font des goupilles rondes qui ont la liberté de tourner dans les trous *I* & *K* qui font
l'extrémité des verroux. Il y a un bouton en *D*, & on fait le levier *C D* affez
long pour que celui qui ferme la croifée puiffe vaincre la réfiftance que les
verroux éprouvent pour entrer dans leurs gâches. Ces efpagnolettes à bafcule font fort bonnes, fur tout depuis qu'on a beaucoup diminué le balancement des queues des verroux, occafionné par le levier *C D*. Voici comme on y
eft parvenu : d'abord les queues des verroux n'étoient point coudées ; elles
alloient s'inclinant un peu de côté & d'autre répondre tout droit aux points
i k, ce qui produifoit un grand balancement qu'on a évité en partie en faifant à l'extrémité des queues des verroux les coudes arrondis qu'on voit dans
la *Figure* 15; maintenant on pofe fur une platine *E F* (*Fig.* 15) une rondelle
de fer retenue par le tourillon *H* qui lui permet de tourner quand on
appuie fur la queue *D*, qu'on fait affez longue, & qui emporte avec elle la
rondelle *G* : à la circonférence de cette même rondelle font attachés par deux
goupilles rivées les bouts des deux verroux *A B* qui peuvent tourner fur les
goupilles *i k*, il eft évident que quand on hauffe ou quand on baiffe le levier
D pour faire tourner la rondelle, les deux verroux montent ou defcendent
en même temps ; le balancement des verroux eft moindre qu'il n'étoit d'a-
bord à caufe du coude de la queue des verroux *A B*, ainfi qu'il eft repréfenté dans la *Figure* 15. On recouvre ordinairement ces bafcules par une efpece
de palâtre qui les rend fort propres.

§. **V I.** *Des Efpagnolettes à pignon.*

On eft encore parvenu à faire que les coudes des verroux ne balancent
point du tout par un moyen fort ingénieux & commode, qui eft connu fous
le nom d'*Efpagnolette à pignon* *.

On place *Figure* 16, au milieu de la platine *F F*, un pignon ou une petite
roue dentée qui tourne fur un axe qui traverfe la platine *F F*, ainfi que la
couverture ou le palâtre qui recouvre tout cet engrenage, & qu'on n'a point
repréfenté dans la figure ; le bout des deux verroux *A B* eft coudé à angle

---

* Je ne fçais qui a fait *appeller Efpagnolettes* toutes les ferrures dont nous parlons ; car il eft probable qu'elles ont été imaginées par les Serruriers de Paris.

droit

droit en *C D*, & chacun porte un rateau qui engrene dans la roue dentée placée au centre de la platine. On voit que quand on hauffe le bouton *G*, on éleve le verrou *B*, mais en même temps on éleve auffi le rateau de ce verrou qui engrene dans le pignon, lequel engrenant dans le rateau du verrou *A*, fait defcendre ce verrou de la même quantité que l'autre s'éleve, ce qui rend très-fenfible le jeu des deux verroux, tant pour ouvrir que pour fermer la porte ou la croifée.

Pour empêcher que les rateaux ne s'écartent du pignon, on a pratiqué fur chaque piece une ouverture longue dans laquelle il y a des conducteurs ou petites chevilles qui font rivées fur la platine *F F*. On met de diftance à autre le long des queues des verroux, des conducteurs *L*, & on couvre tout l'engrenage d'un palâtre qui rend ces efpagnolettes fort propres.

Toutes ces efpagnolettes ont cet avantage que les queues des verroux fe prolongeant fur toute la longueur des battants, elles les empêchent un peu de fe voiler, mais elles n'ont pas celui de les faire revenir à leur place quand ils le font : c'eft ce qui a fait donner la préférence aux efpagnolettes dont nous allons parler ; mais auparavant il eft bon de faire remarquer qu'on eft parvenu à tenir les volets fermés par les mêmes efpagnolettes à verrou que nous venons de décrire : le moyen eft bien fimple ; on mettoit fur la queue des verroux un paneton qui, quand le verrou s'élevoit ou s'abaif-foit, portoit fur un autre paneton attaché au volet ; & quand on chan-geoit le verrou de fituation, comme les deux panetons ne fe recouvroient plus, on pouvoit ouvrir les volets fans ouvrir les chaffis à verre ; il eft vrai que la rencontre de ces deux panetons exigeoit de la précifion, & qu'ils étoient expofés à fe détraquer.

§. V II. *Des Efpagnolettes à agraffe & à pignon.*

L'Efpagnolette dont nous allons parler, fert en même temps à fermer les chaffis à verre & les volets, on peut la nommer *à agraffe & à pignon* ; fa prin-cipale partie *Fig.* 18, *Planche XV*, eft une verge de fer ronde *r r*, auffi longue qu'un des montants du chaffis à verre, elle eft retenue contre le montant qui eft à recouvrement par des lacets à vis *t t u u*, elle a autant de colets, c'eft-à-dire, d'endroits où elle a moins de diametre qu'ailleurs, qu'il y a de lacets employés à la retenir. Chaque lacet *A B* (*Fig.* 19), a une tête ronde formant une efpece d'anneau qui entoure un des collets de la verge *r r* (*Fig.* 18) ; comme le diametre de la verge eft plus grand au-deffus du collet, on ne refferre l'anneau du lacet que quand la verge y eft engagée : on voit un collet en *b b* (*Fig.* 20.)

Il eft déja aifé de comprendre que la méchanique qu'on emploie ici ne ref-femble point à toutes les efpagnolettes dont nous avons parlé jufqu'à pré-fent, puifque la verge ne peut ni s'élever ni s'abaiffer ; mais elle peut tour-

ner autour d'elle-même. Voyons d'abord comment, en tournant, elle ferme
le chaffis haut & bas : chaque extrémité de la barre *r r* (*Fig.* 18) a une partie *r s* en crochet qui eſt perpendiculaire au corps de la verge ; ce crochet
qu'on appelle *le paneton de l'eſpagnolette*, eſt perpendiculaire au chaffis lorſque l'eſpagnolette eſt ouverte, & il eſt parallele au plan du chaffis, lorſque
l'eſpagnolette eſt fermée ; ce paneton eſt coudé à angle droit près de ſon
extrémité : quand le corps du paneton eſt parallele au chaffis, ſon coude ſe
trouve accroché dans un crampon, ou quelque choſe d'équivalent, & il s'en
dégage quand le corps du paneton devient perpendiculaire à la traverſe de
la croiſée.

La piece qui ſert de crampon peut être faite de différentes manieres ; mais
avant que de nous occuper de ces petites variétés, voyons le ſecond effet de l'eſpagnolette qui conſiſte à tenir les volets fermés. On a imaginé quelque choſe
de plus ſimple ; mais voici comme on s'y prenoit d'abord.

Il y avoit deux platines de fer *z z* attachées contre le montant du chaffis à
verre qui fait le recouvrement : l'une eſt proche du bout ſupérieur de la verge, &
l'autre de ſon bout inférieur. Dans chacune de ces platines étoient arrêtés deux
des lacets à vis *t t*, qui arrêtoient la verge de l'eſpagnolette ; la partie de la verge qui eſt entre ces deux lacets étoit aſſujettie à une partie de pignon qui n'a-
voit de dents que ſur un quart de ſa circonférence *a a* (*Fig.* 18 & 20) ; le
nombre de ces dents n'alloit ordinairement qu'à trois ; le reſte de la circonférence du pignon étoit uni & circulaire ; la partie où les dents étoient taillées
étoit circulaire par rapport au chaffis ; quand l'eſpagnolette étoit fermée,
ce pignon portoit une eſpece de long paneton *Z* d'environ ſix pouces de
longueur, on le nommoit *l'aileron*, & il étoit perpendiculaire à la verge de
l'eſpagnolette. Quand cet aileron s'appliquoit contre le volet, il le tenoit
fermé ; un autre aileron pareil *Z*² (*Fig.* 18 & 21) s'appuyoit ſur l'autre
volet, & le tenoit de même fermé ; ce ſecond aileron étoit auſſi la queue d'un
ſecond pignon *y* qui n'avoit, comme l'autre, des dents que dans le quart de
ſa circonférence ; mais celui-ci avoit un eſſieu particulier qui étoit retenu par
deux petites pieces *V*, perpendiculaires à la platine ſur laquelle elles
étoient rivées ; le pignon *a* de la verge, & celui *b* qui en eſt ſéparé, s'engrenoient l'un dans l'autre ; ainſi lorſqu'on tournoit la verge dans ces ſens,
on tournoit les deux ailerons juſqu'à les obliger de s'appliquer l'un contre l'autre ; l'aileron *Z* qui tenoit au pignon *a* de la verge, en ſuivoit le mouvement ;
mais en même temps, au moyen de l'engrenage, il faiſoit tourner l'autre pignon *b* dans un ſens contraire du ſien, & l'aileron *Z*² s'approchoit de l'aileron *Z* ; alors on pouvoit ouvrir les deux volets. On arrêtoit au contraire les
deux volets en faiſant tourner la verge dans un ſens contraire ; car les deux
ailerons s'écartoient l'un de l'autre juſqu'à ce qu'ils fuſſent dans une même
ligne droite, l'un & l'autre étant exactement appliqués contre les volets.

Pour que les volets & les chaſſis à verre reſtaſſent fermés, il ne s'agiſſoit plus que de fixer la verge dans cette poſition ; pour cela, entre les deux nœuds *u u* (*Fig.* 18), on joignoit à la verge une eſpece de queue *x* qui lui étoit attachée par un boulon ou une charniere ; cette queue pouvoit s'élever ou s'abaiſſer, par conſéquent on pouvoit la faire aiſément entrer dans un crampon à patte *y* qui étoit attaché à un des volets, & alors tout étoit fixé ; c'eſt cette même piece qui ſervoit de main ou de levier pour ouvrir la croiſée, ce qui s'exécutoit en levant la queue *x* pour la dégager du crampon *y*, enſuite on la faiſoit tourner horizontalement, la verge ſuivoit ce mouvement, les ailerons ſe relevoient, & déja on pouvoit ouvrir les volets ; en même temps les griffes ou agraffes *r s* ſe dégageoient de leurs crampons, & rien n'empêchoit qu'on n'ouvrît les chaſſis à verre. Ces pignons étoient ſujets à ſe détraquer ; les ailerons étoient embarraſſants. C'eſt pour ces raiſons qu'on a abandonné ces ſortes d'eſpagnolettes, & celles qu'on fait aujourd'hui ſont infiniment plus ſimples. Nous allons en parler.

§. VIII. *Des Eſpagnolettes à agraffe ſimple.*

Les eſpagnolettes à agraffe dont il s'agit ſont, pour le corps de l'eſpagnolette, tout-à-fait ſemblables à celle dont nous venons de parler ; le chaſſis à verre eſt fermé par les crochets ou agraffes qui ſont en haut & en bas ; elles n'en different que par l'ajuſtement qui eſt deſtiné à tenir les volets fermés ; cet ajuſtement eſt beaucoup plus ſimple, auſſi maintenant on n'en fait preſque point d'autres. L'eſpagnolette à agraffe *Figure* 22, a une tige de fer aſſujettie ſur un montant de la croiſée par des pitons à vis *Fig.* 19, reçus dans des collets ; les bouts de cette tige de fer portent pareillement des crochets qui prennent dans des gâches tenant au dormant : ces eſpagnolettes ont, comme les autres, un levier *D* en forme de poignée pour tourner l'eſpagnolette ; mais elles n'ont point les pignons dentés & à aileron qu'on voit aux *Figures* 18, 20 & 21.

On ſoude ſur la barre deux ou trois panetons *a* (*Fig.* 22, 23, 24), dont la ſaillie doit être dans le même plan que la main ; quand donc on met la main perpendiculaire au plan de la croiſée, les petits panetons le ſont auſſi ; on a attaché ſur le volet qui doit fermer le chaſſis à verre qui porte l'eſpagnolette, & vis-à-vis le petit paneton dont nous venons de parler, une eſpece de porte *b* (*Fig.* 22 & 25), qui n'eſt autre choſe qu'une plaque de fer qui a un œil quarré, ou qui eſt ſuffiſamment évidée pour recevoir le paneton, & ces pieces ſont un peu courbées par leur bout, de façon que quand le volet eſt fermé, cette partie recourbée embraſſe la verge de l'eſpagnolette.

On conçoit que les petits panetons *a* étant dans une ſituation perpendiculaire au plan de la croiſée, ſi l'on abat le volet, le paneton *a* entre dans l'ou-

verture de la porte *b* , & fi l'on retourne la main pour fermer l'efpagnolette , les panetons *a* s'agraffent dans la porte *b* , & ce volet fe trouve fermé. A
l'égard de l'autre volet, on attache deffus de petites pattes *c* (*Fig.* 22 & 26)
dont le bec *c* a affez de longueur pour être un peu attrapé par le bout du
paneton *a* (*Fig.* 22 & 23) : on conçoit donc que par les trois petites pieces *a b c* (*Fig.* 22) , les volets font auffi exactement fermés par les efpagnolettes que fi l'on avoit mis les pignons de la *Figure* 18.

Quelquefois on a compris ces agraffes entre deux nœuds qui traverfoient
une petite platine *d* (*Fig.* 22 & 24). Mais communément on n'en met point,
& on met tout fimplement les agraffes comme *a b* (*Fig.* 28) fans platines.

Une chofe qu'il eft plus important de faire remarquer , c'eft qu'on ne peut
pas fe fervir d'un crochet à patte *y* (*Fig.* 18 ou 30) , pour arrêter fur le
chaffis à verre la main des efpagnolettes , quand on veut qu'elle ferme en
même temps les volets , parce que l'épaiffeur de ces crochets empêcheroit
les volets de s'approcher des chaffis à verre ; dans ce cas on met fur le dehors des volets le crochet à patte *y* (*Fig.* 18) , & fur les chaffis à verre , on
met de petits crochets plats *G* (*Figure* 27 ou 35) , qui fe brifent à charniere en
G tout auprès du montant, afin que ce crochet puiffe fe coucher fur le montant
fans faire d'épaiffeur , lorfqu'on veut fermer les volets.

La *Figure* 28 nous fervira à faire remarquer qu'on trouve encore quelques
efpagnolettes qui fervoient par en bas à faire monter & defcendre un verrou
au moyen d'un pas de vis très-alongé *A* , qui prenoit dans un écrou taraudé dans l'intérieur du verrou ; on voit que tournant la barre de l'efpagnolette , on faifoit monter & defcendre le verrou. Affurément cette conftruction ne vaut pas le crochet dont on fait ufage aujourd'hui ; mais il y a apparence qu'on ne s'eft pas déterminé tout d'un coup à abandonner les verroux qui étoient prefque la feule fermeture dont on fît ufage.

En examinant toutes les efpeces d'efpagnolettes qui fe trouvent dans des
bâtiments qui commencent à devenir anciens, on reconnoît que les efpagnolettes ne font pas parvenues tout d'un coup au degré de perfection où nous
les voyons aujourd'hui. Les premieres efpagnolettes étoient très-fimples,& femblables à la *Figure* 29. Les pitons étoient attachés fur les montants par des efpeces de pattes *a a* ; ils ne pouvoient fervir qu'à fermer des chaffis à verre ; &
comme la main ne devoit point embraffer de volets , on fe contentoit de
fendre le barreau , & de retenir dans cette mortaife l'extrémité de la main
avec une goupille, de façon néanmoins qu'elle pouvoit s'élever & s'abattre ;
ou bien on faifoit la main à charniere, comme on le voit en *b* (*Fig.* 29 &
30). On fe fert encore de ces efpagnolettes fimples pour fermer les croifées
qui n'ont point de volets, ou certaines portes.

Si dans le commencement de l'invention des efpagnolettes , on vouloit
couvrir de volets les chaffis à verre , ou bien les volets étoient tenus fermés

par

par des verroux , des targettes ou des loqueteaux ; ou bien on mettoit une
feconde efpagnolette fur un des volets ; cette efpagnolette *Fig.* 30, avoit
haut & bas des crochets qui tenoient fermé le volet où elle étoit attachée ,
& outre cela elle avoit , comme nous l'avons dit , deux grands ailerons *C C*
qui , quand il s'agiſſoit de fermer les volets , s'appliquoient fur le volet
auquel la verge de l'efpagnolette n'étoit pas attachée ; cette feconde efpagnolette avoit auſſi une main *b* pour la tenir fermée.

§. IX. *Comment on fait les Efpagnolettes pour fermer les Volets aux Croiſées qui*
ont un Impoſte.

Quelquefois les Propriétaires defirent avec raifon qu'il refte au haut de
leurs croiſées au moins quatre carreaux dormants , comme on le voit à la
Fig. 4, *Planche XV* : les chaſſis à verre compris dans ces croiſées depuis l'impoſte
juſqu'au haut reftent toujours fermés , ainſi point d'embarras à cet égard. On
peut les tenir fermés avec des verroux , des targettes & des loqueteaux qui ne
fervent que quand on nettoie les vitres ; & l'efpagnolette ne s'étend que depuis
l'impoſte juſqu'en bas, ce qui fuffit pour les chaſſis à verre ; mais les volets font
rarement interrompus , ils s'étendent depuis le bas juſqu'au haut de la croiſée ; ſi l'efpagnolette ſe termine en *q* (*Fig.* 4) , ou à l'impoſte, la partie
q r des volets n'eft point foutenue par l'efpagnolette ; fouvent il n'y a pas
grand mal : comme cette partie n'eft pas confidérable , pour peu que les bâtis
foient forts & de bois fec, cette partie ſe maintient fans ſe déjetter : mais on
veut quelquefois qu'elle foit aſſujettie ; alors on emploie deux moyens, l'un
eft de prolonger l'efpagnolette juſqu'en *r* , & tout l'inconvénient qui
en réfulte ſe réduit à ce que quand le chaſſis à verre eft ouvert, on voit un
bout d'efpagnolette qui en excede le bâti : l'autre moyen qu'on emploie
plus communément confifte à couper l'efpagnolette en *q* (*Fig.* 31) , d'attacher la partie *q r* fur la partie dormante *q r* du chaſſis à verre de la croiſée
Fig. 4 , le bas de cette partie ſe termine par un enfourchement dans lequel
entre le tenon *S* qui termine la partie d'en bas de l'efpagnolette ; & au
moyen de ce tenon qui ſe loge dans l'enfourchement, quand on ferme la
croiſée, la partie *q r* eft emportée par la partie d'en bas , & elle en fuit tous
les mouvements, comme ſi l'efpagnolette étoit d'une feule piece.

§. X. *De quelques façons de fermer les Contrevents.*

A la campagne, fur-tout aux croiſées du raiz-de-chauſſée qui donnent fur
les parcs, on defire quelquefois avoir des contrevents qui rendent les
appartements plus fûrs contre les voleurs, & qui protegent les croiſées qui
fans cela reftent expoſées aux injures de l'air, même pendant l'abfence des
Maîtres; la plupart de ces contrevents font ferrés avec des pentures qui

SERRURIER. K k

font clouées fur les contrevents , & des gonds fcellés dans les pierres de taille qui forment le tableau ; de cette façon toute l'eau qui coule le long du mur , tombe fur le contrevent , qui pourrit quoique fouvent on ait la précaution de mettre au haut des contrevents une emboîture de chêne qui réfifte mieux à la pourriture que le bout des planches de fapin dont eft formé le contrevent. Il eft mieux de ferrer les contrevents par en bas avec un pivot coudé qui aboutiffe à une crapaudine fcellée dans l'appui, & de mettre en haut une penture coudée pour que le contrevent étant fermé , il entre dans l'embrafure de la croifée , & qu'il foit un peu à l'abri de la pluie. Comme on veut que les contrevents paroiffent le moins qu'il eft poffible quand ils font ouverts , on les peint en blanc fur le côté qui alors fe montre en dehors ; & comme d'un autre côté on trouve agréable que les baies des croifées foient marquées quand les contrevents font fermés , on peint en brun l'envers du contrevent , ou la face qui fe montre ; moyennant cette attention, les contrevents paroiffent peu quand ils font ouverts ; & quand ils font fermés, l'ouverture des croifées fe diftingue bien des murs.

Pour tenir ces contrevents fermés , on ne peut pas fe fervir de crochets , parce que les chaffis à verre font maintenant à noix ; mais les Serruriers ont imaginé différents moyens qu'ils ont variés fuivant les circonftances , & qui la plupart produifent affez bien ce qu'on defire.

Les contrevents dont nous venons de parler font fort bons ; mais ils ne font pas auffi propres que ceux qui font ferrés fur le dormant de la croifée , & qui s'appliquent immédiatement fur le chaffis à verre ; ces contrevents ont à l'ordinaire deux vantaux , & chaque vantail fe plie en deux ; quand les murs ont affez d'épaiffeur, le contrevent ainfi brifé n'excede point, quand il eft ouvert , le tableau de la croifée ; mais quand le mur n'a pas affez d'épaiffeur relativement à la largeur des croifées, on forme la brifure de façon qu'elle fe trouve fur l'angle du tableau , & une partie du contrevent fe replie en dehors fur le mur ; quand le contrevent eft fermé , il doit s'appliquer exactement fur le chaffis à verre : il refte à favoir maintenant comment avec des chaffis à verre qui font à noix , on peut tenir les contrevents fermés. C'eft ce que nous allons expliquer le plus clairement qu'il nous fera poffible.

L'efpagnolette n'a aucun rapport avec le contrevent , ainfi elle eft faite à l'ordinaire. Comme les contrevents font brifés , ils font garnis dans leur hauteur de trois pentures reçues dans trois gonds à pointe qui entrent dans les montants du dormant , & à l'endroit de la brifure elles ont une charniere comme une fiche à broche ; l'extrémité de ces pentures s'étend jufqu'au bord du contrevent , & les bords font taillés en chanfrein , afin que les deux vantaux puiffent rentrer d'environ un demi-pied dans l'intérieur de la chambre, lorfque les chaffis à verre font ouverts ; c'eft pour cette raifon que les contrevents ne portent pas jufqu'à l'appui ; ils fe terminent par en bas à la hauteur du jet-d'eau du chaſſis à verre : on retire donc en dedans les deux vantaux du contrevent dont les bords s'éloignent l'un de l'autre , d'autant plus qu'ils entrent davantage dans la chambre pour la même raiſon qu'ils s'éloignent quand on les pouſſe en dehors pour les ouvrir. Or il y a ſur le montant du chaſſis à verre qui porte la gâche de la noix , ſix crochets qu'on place pour plus grande ſolidité à la hauteur des bandes des pentures des contrevents , & trois de ces crochets ont leur croc à droite , & les trois autres ont leur croc à gauche. Suppoſons maintenant qu'on a tiré en dedans de la chambre les deux vantaux des contrevents , & que pour la raiſon que nous avons dite , il s'en faut d'une certaine quantité que les bords ne ſe touchent ; on pouſſe les chaſſis à verre dans leur baie pour les fermer à l'or-dinaire ; les crochets paſſent entre les bords des deux vantaux du contrevent ; & continuant à pouſſer les chaſſis à verre , on pouſſe en même temps les con-trevents, dont les bords ſe rapprochent d'autant plus qu'ils ſont plus près d'être dans le plan de la croiſée ; ils s'engagent ainſi ſous les crochets qui les retirent, & empêchent qu'on ne les puiſſe ouvrir juſqu'à ce qu'ayant ouvert les chaſſis à verre , & ramené les contrevents en dedans de la chambre , les bords des vantaux du contrevent s'écartent, & ſe dégagent des crochets qui ſont ſur le montant du chaſſis à verre ; alors ayant ouvert les chaſſis à verre , on pouſſe en dehors les contrevents.

Comme ces contrevents s'appliquent très-exactement ſur les chaſſis à ver-re , il faut qu'ils s'ouvrent de toute la hauteur arce que l'épaiſſeur de l'im-poſte , s'il y en avoit un, ne permettroit pas d'en faire uſage.

Comme le contrevent ſe termine au-deſſus du jet-d'eau du chaſſis à verre , ce qui eſt néceſſaire pour qu'il entre dans la chambre , ce jet-d'eau ſemble fait pour le contrevent lorſqu'il eſt fermé.

On pourroit placer les crochets du chaſſis à verre à la hauteur qu'on vou-droit ; ils ne retiendroient pas moins les contrevents : mais il eſt mieux qu'ils ſe rencontrent ſur l'extrémité des pentures.

On a coutume de mettre ſur les contrevents aux endroits où ſe rencon-trent les crochets , un morceau de fer recourbé , ou une eſpece de gâche qui les recouvre , & qui empêche qu'avec une pince on ne puiſſe les rompre.

§. XI. *De la façon de faire les Eſpagnolettes.*

Aprè's avoir amplement décrit toutes les baſcules & eſpagnolettes qui ont été , ou qui ſont en uſage , il faut dire quelque choſe de la façon de les faire ; mais je m'attacherai particuliérement à celles qui ſont le plus d'uſage, celles dont j'ai parlé en dernier lieu , & qu'on connoît ſous le nom d'*Eſ-pagnolettes à agraffe.*

Pour faire une de ces eſpagnolettes , on prend un barreau de carillon, *Fi-*

gure 46 , *Planche* **XIII**. qui doit avoir une longueur pareille à la hauteur de la
croisée ; on en abat les angles & on lui forme huit pans ; ensuite on l'arrondit à l'étampe comme je l'ai dit plus haut , c'est-à-dire , qu'on le forge entre deux étampes qui sont creusées chacune en demi-rond , & en retournant
fréquemment le barreau dans l'étampe , il est bientôt arrondi comme une
tringle. Il est question ensuite de renforcer les endroits qui approchent des
nœuds ; pour cela , on forge des mises en viroles ou des anneaux qui restent
ouverts , & on les soude aux endroits qui avoisinent les nœuds comme *a b c d*
(*Fig.* 47) ; comme ces endroits doivent avoir des collets & être ornés de
moulures ainsi que *c de f* (*Fig.* 35) , on finit par les forger sur une étampe
qui porte en creux les moulures qu'on veut faire en relief sur le barreau ; on
frotte l'étampe de suif ; on retourne fréquemment le barreau à mesure
qu'on le forge dans l'étampe, & en très-peu de temps les ornements des moulures sont faits ; il n'est plus question que de les repasser un peu avec la lime.

Lorsqu'on fait des espagnolettes très-propres , on ne se sert point d'étampe , on met sur le tour les endroits où doivent être les moulures comme *b c*
(*Fig.* 48) , & on forme toutes les moulures avec l'outil , ensuite on soude
ces morceaux travaillés au tour sur la tige de l'espagnolette.

Quand on se propose de les bronzer , on se contente de les blanchir ; mais
si l'on veut les mettre en couleur d'eau , il faut leur donner un beau poli ;
alors il ne s'agit plus que de les attacher sur le montant du chassis ; cela se
fait, comme nous l'avons déja dit, par des lacets ; auxquels on donne différentes
formes suivant le goût du Serrurier. Mais il est plus important de dire comment on met ces lacets en place à l'endroit *f* (*Fig.* 47) : les parties *a b c d* étant
plus grosses que le collet *f* qui les sépare , il n'est pas possible d'enfiler le
lacet par le bout de l'espagnolette ; les Serruriers s'y prennent de deux façons
différentes , qui sont à peu près aussi bonnes l'une que l'autre. On forge un
morceau de fer *b c* (*Fig.* 48) , qui est assez large au milieu pour former le
corps du lacet , & il se termine en pointe par les deux extrémités pour en
faire la queue ; on étampe le corps pour lui donner la forme qu'on juge convenable , on replie ce lacet sur un mandrin qui doit être de la même grosseur
que la partie du collet *f* (*Fig.* 47) , où il doit être placé ; les deux pointes
rapprochées, soudées, & taraudées jusqu'en *e* (*Fig.* 50) , forment la queue du
lacet ; mais on chauffe & on ouvre le corps du lacet, comme *f* (*Fig.* 50) ,
pour le mettre en place ; & quand on l'a mis à l'endroit *f* (*Fig.* 47) , on le res-
serre avec l'étau pour lui faire reprendre sa première forme ; d'autres (*Fig.*
49) , après avoir soudé la queue *a* du lacet à la partie *b c* qui en doit faire
le corps , roulé & soudé cette partie *b c* , coupent l'anneau comme on le
voit en *a* (*Fig.* 51) ; puis ayant chauffé & ouvert l'anneau, ils le passent dans le
collet , & le resserrent dans l'étau ; & quoique le corps du lacet ne soit
que rapproché , la seule force du fer suffit pour qu'il ne s'ouvre jamais , quand

on l'a mis en place comme *g* (*Fig.* 35), la queue ayant traverſé le montant de la croiſée, eſt arrêtée par l'écrou *D* (*Fig.* 50) qui eſt de l'autre côté du montant : on voit *Fig.* 52 , toutes les pieces ſéparées qui doivent former la main d'une eſpagnolette ſemblable à *C* (*Fig.* 35).

On a repréſenté en *D* (*Fig.* 53), un paneton préparé pour être mis en place comme on le voit en *D* (*Fig.* 35).

On voit *Planche XV* , *Fig.* 19 , *A* & *B* , des lacets dont nous avons déja parlé plus haut.

Pour rendre les poignées & les agraffes des eſpagnolettes plus propres, on les découpe quelquefois comme on le voit *Planche XV*, *Fig.* 34, 35 , 36 & 37.

Les crochets des eſpagnolettes s'agraffent quelquefois dans des crampons à peu près ſemblables à celui qui eſt repréſenté *Figure* 39 , mais plus communément dans une gâche *Figure* 33 , *Planche XV*.

Nous allons parler dans un article ſéparé des groſſes & fortes ferrures qu'on emploie pour les portes cocheres. Nous reviendrons enſuite à ce qui regarde les portes d'appartement, & les vantaux des armoires.

A R T I C L E   III.

De la fermeture des Portes Cocheres.

Autrefois pour tenir les portes cocheres fermées , on mettoit au bas les gros verroux *Fig.* 30 ou 31 , *Planche XIII*, & en haut on mettoit le fléau *Figure* 32 ; c'étoit un gros barreau de fer quarré *L L* , qui étoit percé dans ſon milieu pour recevoir le gros boulon *N*, ce boulon traverſoit le montant de la porte environ aux deux tiers de ſa hauteur ; on mettoit entre le fléau & la porte, la platine *O* , & par-deſſus le fléau , la rondelle *P* ; le tout étoit arrêté par une clavette qu'on paſſoit dans l'œil du boulon ; le fléau dans cette ſituation n'empêcheroit pas qu'on n'ouvrît la porte ; mais on poſoit ſur les deux vantaux deux forts panetons & crochets *M*, qui étoient attachés dans des ſens contraires, de ſorte.que quand on faiſoit tourner le fléau ſur le boulon qui le traverſoit, il s'accrochoit dans ces deux crampons ; & quand on vouloit ouvrir la porte, on tiroit en en bas la barre *R* , & le fléau ſortant des crochets & devenant perpendiculaire, ſe rangeoit ſur le montant de la porte qui pouvoit s'ouvrir aiſément ; la barre *R* portoit en *S* un paneton ou un auberon qui entrant dans la ſerrure plate *T*, empêchoit ceux qui étoient en dedans de la maiſon d'ouvrir le fléau.

Outre le gros verrou & le fléau, pour aſſurer la fermeture des portes cocheres , on mettoit encore ſur le poutis une crémaillere *G* (*Fig.* 33) , dans laquelle s'accrochoit la barre *I H* (*Fig.* 34), qui entrant dans les différents crans de la crémaillere, permettoit d'aſſujettir le poutis à telle ouverture qu'on jugeoit convenable. Au moyen de toutes ces ferrures, les portes étoient bien fermées. Mais on emploie maintenant des ferrures beaucoup plus simples & qui font à peu près auffi fûres.

On ferme le haut de la porte au moyen d'une demi-efpagnolette très-forte à peu près comme *A B* (*Fig.* 35), qui s'étend depuis le haut de la porte jufqu'à la hauteur de la ferrure, & le bas *A* eft terminé par des moulures en cul-de-lampe ; le crochet *B* tient le haut de la porte exactement fermé, & le corps de l'efpagnolette qui eft un fort barreau, empêche que le montant de la porte ne fe déjette : on ne met point en bas de verrou qui rouille ordinairement, & ne peut plus couler dans fes crampons ; mais on met une barre *I H* (*Fig.* 34), qu'on pofe affez bas pour affujettir très-folidement la partie baffe de la porte en s'accrochant dans les pitons *K* ou *K* qui font ou à vis ou à rivure.

A l'égard du poutis, il eft tenu fermé par une groffe ferrure à deux tours & deux forts verroux *Fig.* 38, 39, 40 & 41.

On conçoit que ceux qui font en dedans de la maifon peuvent lever le crochet, & ouvrir l'efpagnolette, ainfi que les verroux ; alors la porte n'étant fermée que par le pêne, il feroit poffible à celui qui auroit ouvert l'efpagnolette, la barre & les verroux, d'ouvrir la porte en forçant fur le pêne ; pour obvier à cet inconvénient, on met dans l'œil *K* de la barre *Fig.* 34, & au bout de la main *C* (*Fig.* 35), un moraillon & auberon qui entre dans une ferrure plate *T* (*Fig.* 32), au moyen de quoi il n'eft pas poffible de lever la barre ni d'ouvrir l'efpagnolette ; mais ces moraillons font defagréables ; de plus il faut avoir de petites clefs pour ouvrir les ferrures plates, & ces petites clefs font fouvent égarées.

Voici comme nous avons remédié à ces petits inconvéniens ; d'abord pour empêcher qu'on ne puiffe décrocher la barre *E* (*Fig.* 42), nous avons ajufté dans la gâche *B* de la ferrure *A* un faux pêne *C*, qui étant pouffé par le pêne *D* de la ferrure, recouvre le crochet *E* de la barre, & empêche qu'on ne le dégage de fon crampon : tant que la porte eft fermée, le pêne *D* empêche qu'on ne faffe rentrer le faux pêne *C* dans la gâche *B* ; mais quand la ferrure eft ouverte, on fait aifément reculer le faux pêne, & alors on peut lever le crochet pour ouvrir les deux battants de la porte ; ce qu'il y a de commode, c'eft que quand on a fermé le premier battant, & mis le crochet, le faux pêne *C* eft pouffé par le pêne *D*, & placé fur le crochet *E* fans qu'on y faffe attention. Nous avons fait ufage avec grand fuccès de cette petite méchanique.

Nous avons encore imaginé un moyen tout auffi fimple pour empêcher qu'on n'ouvre les efpagnolettes fans avoir recours aux moraillons ni aux ferrures plates. *A* (*Pl. XIII, Fig.* 37) eft une portion de la tige d'une efpagnolette à la hauteur de la ferrure ; cette portion de l'efpagnolette traverfe la gâche *B* qui doit recevoir le pêne *C* de la ferrure ; vis-à-vis ce pêne *C*, nous faifons fouder à la tige *A* de l'efpagnolette, un petit paneton femblable à *D* (*Fig.* 35), qui s'éleve dans la gâche quand on ouvre l'efpagnolette, & qui fe couche au fond de la cage de la gâche, quand on ferme l'efpagnolette; quand la ferrure eft ouverte, rien ne s'oppofe à ce mouvement, & on eft maître d'ouvrir ou de fermer l'efpagnolette comme on le juge à propos. Mais fi l'efpagnolette étant fermée, le paneton *D* eft couché au fond de la gâche, & qu'on vienne à fermer la ferrure, le pêne *C* coule fur le paneton, & alors il n'eft plus poffible d'ouvrir l'efpagnolette; ce moyen eft bien fimple & extrêmement commode.

Si l'on vouloit en même temps & d'une feule opération tenir l'efpagnolette & le crochet fermés fans avoir recours aux moraillons, il faudroit ajufter à la tige de l'efpagnolette à la hauteur du crochet, un pignon denté feulement dans la moitié de fa circonférence, & que ce pignon engrenât dans des dents qui feroient à la queue d'un faux pêne, formant comme une crémaillere; car en tournant l'efpagnolette pour la fermer, le pignon feroit fortir le faux pêne qui fe placeroit au-deffus du crochet.

Nous avons parlé plus haut des ferrures qu'on fait pour fortifier les affemblages des portes cocheres, ainfi que des pivots, gonds, fiches à gond & à nœuds qu'on emploie pour les tenir battantes; ainfi il ne s'agiffoit dans cet article que de détailler les moyens qu'on peut employer pour les tenir exactement fermées; ayant fatisfait à ce point, nous allons revenir à la ferrure des portes des appartements & des armoires.

A R T I C L E   IV.

Des ferrures que les Serruriers emploient pour tenir les Portes fermées, telles que les différentes efpeces de Loquets & de Becs de Canne.

On peut regarder les loquets comme un genre particulier de fermeture qui en quelques circonftances a prefque les avantages des ferrures, puifqu'on eft obligé d'employer une clef pour les ouvrir.

Le loquet ordinaire eft compofé d'une longue piece de fer *A B* (*Fig.* 1, *Planche XVI*), appellé le *Battant*, & en quelques pays la *Clinche*; c'eft une efpece de levier qui tourne librement autour d'un clou qui eft le plus fouvent à un des bouts du battant *A*; l'autre bout *B* qu'on appelle *la tête* eft retenu par un crampon *C C* qui modere fon mouvement fans l'empêcher de s'élever & de s'abaiffer d'une certaine quantité; quand la tête du battant eft abaiffée, elle eft engagée dans une efpece de crochet *H* & *T Fig.* 2 & 3, qu'on nomme le *Mentonnet* qui eft attaché au chambranle dans l'embrafure, ou à l'huifferie de la porte, laquelle eft ainfi retenue fermée par le battant du loquet. La *Figure* 2 *H*, repréfente un mentonnet à pointe pour mettre dans la menuiferie, & le mentonnet *T* (*Fig.* 3), eft à fcellement pour les embrafures en plâtre.

Pour ouvrir la porte, il faut élever le battant du loquet par le moyen d'une piece de fer *L M* (*Fig.* 4), qui traverse la porte dont on éleve quelquefois la queue en appuyant le pouce sur un évasement *L* qui est au bout de ce petit morceau de fer, & qui se présente au dehors de la porte; c'est ce qu'on appelle un *Loquet à poucier*; il y a au-dehors de la porte une espece de poignée *K* (*Fig.* 4), qui sert à tirer la porte pour la fermer : cette poignée & ce poucier *L M* sont retenus par une platine *N O* qui est clouée sur la porte. D'autres fois il y a au-dehors de la porte une boucle *F* (*Fig.* 5), une olive *D* (*Fig.* 1), ou un bouton qu'on tourne pour élever le battant. On fait assez communément usage de cette disposition de loquet pour les portes des chambres, en tournant l'olive *D* ou l'anneau *F*, le petit morceau de fer *G* ou *E* souleve le battant; quelquefois la tige de l'olive *D* ou de l'anneau *F* est quarrée; elle entre dans le trou *A* (*Fig.* 1), qu'on fait alors quarré, & en tournant l'olive, le battant se leve; mais il y a souvent trop de frottement & de résistance. Il y a d'autres loquets plus industrieusement disposés qu'on ne peut ouvrir qu'avec une clef. On fait de ces loquets de deux sortes différentes, les uns qu'on appelle *à Vielle*, & les autres *à la Cordeliere*.

Les loquets à vielle *Figure 6*, ont une entrée semblable à celle des serrures; quand la clef *Figure* 10, est assez enfoncée pour que son paneton excede l'épaisseur de la porte, en la tournant, le paneton souleve une espece de manivelle *N O Fig.* 7 & 8, ou un levier recourbé qui souleve le battant, comme on le voit *Figure 9*.

Les loquets à la Cordeliere qui sont fort en usage dans les Dortoirs des Couvents, ont aussi une clef *Figure* 15, mais qu'on ne tourne point; on ne fait que la soulever; le bout du paneton de cette espece de clef éleve une petite piece de fer *f* (*Fig.* 12), qui tient au battant; ce paneton est évidé en plusieurs endroits dans lesquels passent des morceaux de fer de pareille figure, ce qui forme une espece de garniture assez ingénieusement imaginée.

Ce que nous venons de dire des différentes especes de loquets, ne peut qu'en donner une idée générale; pour les faire mieux connoître, il faut les suivre les uns après les autres plus en détail. Nous allons essayer de le faire.

§. I. *Des Loquets simples.*

Il est clair que si l'on attachoit sur le battant d'une porte, & en dedans de l'appartement, un morceau de fer semblable à *A B* (*Planche XVI, Fig.* 1), en mettant un clou dans l'œil *A* pour que ce morceau de fer qu'on nomme *le battant du loquet* puisse tourner sur le point *A*, & qu'on mît sur le chambranle de la porte aussi en dedans de l'appartement un mentonet *H* (*Fig.* 2), dans lequel s'engageroit le bout *B* du battant *A B* (*Fig.* 1), il ne seroit pas possible à celui qui seroit en dehors d'entrer dans l'appartement, & celui qui est en dedans en sortiroit en levant avec le doigt le bout

B

B du battant pour le dégager du mentonnet *H* (*Fig.* 2); afin d'empêcher le
bout *B* (*Fig.* 1), de tomber par son propre poids dans la perpendiculaire
ponctuée *A F* & afin qu'il ne s'éleve point trop , on le renferme dans le
crampon *C C* (*Fig.* 1), qui limite son mouvement ; quand la porte bat dans
une embrafure de plâtre , au lieu du mentonnet *H* (*Fig.* 2), on en met un
coudé *T* (*Fig.* 3), qui a deux fcellements pour l'affujettir dans l'embrafure.

Ordinairement on fouhaite que les loquets puiffent s'ouvrir en dedans
& en dehors des appartements , & on leur donne cette propriété de plufieurs
manieres très-fimples.

La plus commune a été d'attacher fur le dehors de la porte une platine *I*
(*Fig.* 4), de la traverfer par une branche courbe *K* , qui étant rivée en dedans de la chambre , fournit une poignée pour tirer la porte à foi , & la fermer ; la platine *I* eft encore traverfée par une broche *L M* affujettie
à la platine par une échancrure & une goupille ; cette broche s'évafe en dehors de la chambre par une palette *L* qu'on nomme *le Poucier* , parce qu'en
appuyant le pouce fur cette palette , on contraint la partie *M* de s'élever &
de foulever le battant du loquet jufqu'à ce qu'il ait échappé le crochet du
mentonnet ; quand on eft en dedans de l'appartement , on ouvre le loquet
ou en foulevant le bout *M* , ou en foulevant immédiatement le bout *B* du
battant *Figure* 1 ; mais communément on met un bouton vers *G* par lequel
on le leve.

Une maniere encore plus fimple , & qu'on pratique fouvent pour produire le même effet , eft de faire le trou *A* (*Fig.* 1) quarré , de paffer dedans une broche quarrée retenue en dedans de la chambre par un écrou ,
& qui répond en dehors à un bouton ou à une olive femblable à *D*
(*Fig.* 1), qui porte fur une platine en rofette ; il eft clair que ce bouton qui fert à tirer la porte , fert auffi à ouvrir le loquet en le tournant ; le
feul inconvénient eft que s'il y a du frottement du battant dans le mentonnet ,
comme cette réfiftance eft appliquée à un long bras de levier , on a peine à
tourner le bouton , ce qui oblige de le faire ovale , ou de lui donner un affez
grand diametre ; fouvent à ces fortes de loquets , on rive en dedans de la
chambre fur le battant vers *G* un petit bouton qui fert à foulever le battant
& à tirer à foi la porte , lorfqu'on l'ouvre.

La *Figure* 1 repréfente une autre difpofition de loquet à bouton ; *D* eft
un bouton qui eft au dehors de la chambre ; à fon centre eft une broche *E*
qui porte une partie en faillie *E E* faite en portion de cercle , & qui fouleve le battant ; quelquefois on fubftitue au bouton une boucle *F* (*Fig.*
5), & on ajufte à la broche une piece de fer *G* qui fouleve le battant quand
on tourne la boucle *F* ; quelquefois en pouffant un bouton , on fait agir
une bafcule qui fouleve le battant ; & puifqu'il ne s'agit que de lever le

battant , on peut imaginer une infinité de moyens pour produire cet effet : ainfi nous n'infifterons pas davantage fur ce point ; & nous allons parler des loquets un peu plus compofés.

§. I I. *Des Loquets à vielle.*

ON a voulu qu'il y eût quelque difficulté à ouvrir les loquets pour entrer dans des cabinets , & par-là mettre les loquets en état de tenir en quelque façon lieu de ferrures à la vérité bien imparfaites, mais qui font fuffifantes pour renfermer des effets peu précieux , ou pour tenir fermées des portes qui , étant dans des Dortoirs , font déja affez fûres ; il faut une clef, ou quelque chofe d'équivalent , pour ouvrir ces loquets, qu'on nomme *à vielle* , apparemment parce que leur jeu fe fait par une manivelle qu'on a comparée à celle d'une vielle.

Ces loquets font formés d'une platine *P* (*Fig. 6*) , qui eft attachée fur la porte par quatre vis , & au milieu eft l'entrée pour la clef ; le battant du loquet eft attaché de l'autre côté de la porte ; fur la face oppofée *Fig.* 7 , eft rivée une broche ou un étoquiau *O* qui porte le levier coudé *N* , ou la vielle qui eft mobile autour de la cheville *O* ; on apperçoit encore une petite garniture en *M* : ainfi il faut concevoir *Figure* 8 , que l'étoquiau *S* eft folidement attaché à la platine ; que la manivelle étant terminée au bout *S* par une douille enfilée par l'étoquiau, elle peut tourner autour du point *S* , & l'on voit que le paneton de la clef s'appuyant au point *T* , il fouleve la vielle , & la branche *R* repréfentée en *V* (*Fig.* 9) , leve le battant *A B* jufqu'à ce qu'il foit échappé du mentonnet; on conçoit que la platine *P P* (*Fig.* 9) fert de palâtre fur lequel on attache l'étoquiau *O* , la garniture *M* (*Fig.* 7) , & l'entrée de la clef; pour éviter que toutes ces ferrures n'éprouvent du frottement , on ajoute la couverture *X* (*Fig.* 9) , percée d'un trou dans lequel l'extrémité de la clef *Figure* 10 , qu'on tient pour cette raifon un peu longue , peut entrer. On attache encore fur la platine un crampon à rivet *Z* (*Fig.* 11) qui fert de conducteur à la partie *B* du battant.

Ces loquets font d'un ufage très-commun pour fermer des garde-robes & d'autres cabinets qui ne renferment pas des effets très-précieux ; cependant on peut les ouvrir aifément avec un crochet. Ceux dont nous allons parler font un peu plus difficiles à ouvrir quand on n'en a pas la clef; on les nomme *à la Cordeliere.*

§. I I I. *Des Loquets à la Cordeliere.*

A B (*Fig.* 12) eft le battant du loquet ; *C* eft le crampon qui lui fert de conducteur ; *D* eft un bouton attaché folidement à la partie *g* du battant ; *g f* eft une tige de fer attachée folidement au bout *g* de la broche du bouton *D* , & qui forme en cet endroit un retour d'équerre ; tout cela eft en dedans de la chambre , & on voit que pour fortir de la chambre, on ouvre ce loquet en foulevant le bouton D, & qu'étant en dehors de la chambre, on ouvrira le loquet en foulevant le bout de la broche f; mais afin d'obliger d'avoir une clef pour foulever le petit barreau fg, on a mis fous la platine *Figure* 13, une efpece de garniture. Pour donner une idée de ce petit ajuftement, confidérons la chofe dans un autre point de vue.

aa (*Fig.* 13) eft une platine clouée fur la face de la porte qui regarde le dehors de la chambre; elle porte l'entrée b du loquet à la Cordeliere, & elle lui fert de palâtre; la cloifon c qui divife en deux fuivant fa longueur l'entrée b, eft formée par l'aileron cae de la *Figure* 14. Cette piece *Figure* 14, eft attachée fur la platine *Figure* 13, à l'endroit c par l'évafement e (*Fig.*14); la partie ec (*Fig.* 14) divife l'entrée en deux par la cloifon c (*Figure* 13), & la partie arrondie b (*Figure* 14), forme une partie de la garniture, parce qu'on verra dans un inftant qu'elle doit paffer dans la partie arrondie i de la clef *Figure* 15.

ee (*Fig.* 12) eft une platine creufée en gouttiere qui eft attachée fous le palâtre a (*Fig.* 13); elle tient lieu d'un foncet de ferrure pour empêcher la clef d'entrer trop avant; & la courbure concave de cette piece doit correfpondre à la courbure convexe de la partie hg (*Fig.* 15) de la clef.

Pour concevoir la maniere de fe fervir de ce loquet, imaginons la platine a (*Fig.* 13) clouée fur le derriere de la porte, que le loquet AB (*Fig.* 14) foit ajufté fur la partie de la porte qui eft en dedans de la chambre par une vis ou un clou qui entre dans l'œil A, & à l'autre bord par le crampon C; ajoutons qu'on a fait une échancrure dans l'épaiffeur de la porte pour recevoir le foncet ee (*Fig* 12), qui tient à l'intérieur de la platine a (*Fig.* 13), qui fert de palâtre où entre la partie gh de la clef *Figure* 15: en la préfentant de plat dans l'ouverture gh de la *Figure* 13, la cloifon cc (*Fig.* 13 & 14), entre dans la rainure a de la clef *Figure* 15, la partie arrondie b de la *Figure* 14, entre dans l'ouverture i de la clef *Figure* 15; les ailes ad de la *Figure* 14, entrent dans l'ouverture bc de la *Figure* 15; en foulevant cette clef, elle appuie fous l'extrémité f du petit morceau de fer f (*Fig.* 12) & fouleve le battant g du loquet AB (*Figure* 12), jufqu'à ce qu'il ait échappé le paneton. La garniture de ces efpeces de loquets confifte au rapport qu'il doit y avoir entre toutes les parties des pieces $cced$ (*Fig.* 14) & ee (*Fig.* 12), avec la forme de la clef; ce qui fait que les loquets à la Cordeliere font plus difficiles à ouvrir que ceux en vielle.

§. IV. *Des Loqueteaux à reffort.*

On mettoit autrefois très-fréquemment, & on met encore quelquefois aux volets des croifées qui font élevées, des loqueteaux à reffort; ces loqueteaux *Figure* 1, *Planche XV*, font compofés d'une platine ordinairement découpée ; fur un des bords de la platine eft rivé un cramponnet *X*, dans lequel entre l'extrémité *Y* d'un battant de loquet *Y Z* ; ce battant eft percé d'un trou en *T*, & attaché en cet endroit fur une platine par une goupille rivée, de forte qu'on peut regarder ce battant de loquet comme un levier qui a fon point d'appui au milieu de fa longueur où eft la goupille *T* qui lui permet de fe mouvoir : un reffort de chien *V* * retenu en *K* par un étoquiau a fes branches engagées dans le cramponnet, & elles appuient la partie *Y* du battant fur le bas du cramponnet. Il eft maintenant évident qu'en tirant le cordon qui eft dans l'œil *Z*, on fouleve l'autre bout du battant, & on le dégage du mentonnet *Y* (*Fig.* 2) ; & en tirant un peu ce cordon en dehors, le volet s'ouvre ; pour le fermer, on conduit fortement par le cordon le volet contre la croifée ; l'extrémité *Y* du battant *Figure* 1, gliffe fur la partie inclinée du mentonnet *Y* (*Figure* 2) ; le reffort le fait defcendre dans la coche de ce mentonnet, & le volet refte fermé jufqu'à ce qu'on tire le cordon.

On a été long-temps à fe fervir de ces loqueteaux pour fermer les volets *n n* de la partie d'en haut de la croifée *Fig.* 4, *Planche XV*, parce qu'on n'y pouvoit pas atteindre avec la main. Mais ces loqueteaux qui n'étoient pas bien forts étant expofés à effuyer de violentes fecouffes, exigeoient d'affez fréquentes réparations. C'eft pourquoi on leur a fubftitué des ferrures plus folides & plus propres à faire revenir un volet qui fe feroit dejetté. Nous en avons parlé affez amplement.

§. V. *Des Becs de Canne.*

On fait une efpece de petite ferrure à pêne employée affez fouvent par les Moines au même ufage que les loquets, & qui s'ouvre avec une clef fans paneton. La forure de la clef eft quarrée ou à plufieurs pans, comme celle des clefs de pendules *Planche XVI, Fig.* 18 ; *q* eft la clef ; *p*, le quarré qui tient à la ferrure, & qui entre dans la clef ; elle reçoit donc une broche *p* (*Fig.* 16) de pareille figure, cette broche eft arrêtée fur la couverture, mais elle y tourne aifément. La même broche porte une lame de fer *O* (*Fig.* 17), affez femblable au paneton d'une clef, & qui en fait auffi la fonction : ici la clef eft donc en quelque façon divifée en deux, fon paneton eft rivé fur la broche *p* (*Fig.* 16, 17 & 18) ; quand la clef tourne, elle fait tourner la broche, & le paneton pouffe en même temps le reffort *n*² (*Fig.* 17 & 20), ainfi que les barbes du pêne *s s*, alors le pêne *K K* avance ; *i i* (*Fig.* 16 & 17) eft une platine ou le fond d'un palâtre ; *n* (*Fig.* 16) eft le foffet ; *l m n*², (*Fig.* 16 & 17), le grand reffort, il eft repréfenté féparément *Figure* 20.

K K, le pêne ; on le voit féparément *Fig.* 19 ; *s*, fes barbes ; *t*, fes encoches ; *u*, (*Fig.* 16 & 17), les picolets ou cramponnets qui conduifent le reffort.

---

* Je crois qu'on nomme ces refforts *de chien*, parce que ce font des refforts pareils que les Arquebufiers mettent aux chiens des platines de fufil.

On voit que la fûreté de ces efpeces de verroux à reſſort dépend de ce qu'il faut que la douille quarrée de la clef ſoit de groſſeur à recevoir la broche quarrée qui doit y entrer : auſſi n'emploie-t-on ces eſpeces de ſerrures que pour renfermer des choſes qui ne ſont pas très-précieuſes , & qu'il ſuffit de mettre un peu à couvert de la main.

Voici encore une eſpecede petite ferrure qui eſt moins ſûre que la précédente, puiſque ce qui tient lieu de la clef, reſte toujours attaché à la porte ; c'eſt un bouton en dedans de la chambre , & un en dehors qu'il n'y a qu'à tourner pour ouvrir la ſerrure , ou, ſi l'on veut, le petit verrou à reſſort qu'on nomme *un Bec de canne.*

Figure 22 eſt le palâtre ou la cage d'une petite ſerrure ; *A*, le trou par où paſſe la tige des boutons ou olives qui ſervent à ouvrir le pêne ; *B*, trou pour mettre une des vis qui ſervent à l'attacher à la menuiſerie ; *C*, trou dans lequel on rive l'étoquia ſur lequel eſt roulé le reſſort à boudin ; *D E* , un trou & une petite mortaiſe qui ſervent l'un & l'autre pour attacher le picolet qui embraſſe le reſſort ; *F* , ouverture pour le pêne ; *Fig.* 23 , le palâtre garni de toutes les pieces qui font jouer le pêne ; *G H I*, le pêne qu'on voit ſéparément *Figure* 24 ; *K L*, le cramponnet ou picolet qui ſert de conducteur au pêne ; il eſt repréſenté ſéparément *Figure* 25 ; il eſt aſſujetti par la vis *M*, & on voit qu'il limite le mouvement du pêne à la longueur de l'entaille *N O* (*Fig* 24) ; *P*, reſſort à boudin qui pouſſe le pêne en dehors; il eſt repréſenté ſéparément *Figure* 26. *Q R* (*Fig.* 23) , eſt un morceau de fer qui tient lieu du paneton de la clef pour faire mouvoir le pêne ; on l'a repréſenté ſéparément *Figures* 27 & 28.

On peut y remarquer un trou quarré *S* dans lequel doit entrer la partie quarrée *V* de la tige des olives *X X* (*Fig.* 29). La face qu'on voit *Figure* 28 , eſt celle qui regarde le côté du palâtre, & on apperçoit un petit congé *t t* qui empêche que les ailes *q r* ne portent contre le palâtre. Suppoſons maintenant, pour appercevoir l'effet de cette eſpece de ſerrure, que la broche quarrée *V* (*Fig.* 29) , ſoit dans l'ouverture quarrée *S* (*Fig.* 23) ; on voit que quand on tournera une des olives *X* (*Fig.* 29) , une des ailes *R* ou *Q* du bec de canne preſſera la partie recourbée *H I* du pêne qui ſera par-là obligé de rentrer dans la ſerrure ; & la partie *G* de ce pêne étant dégagée de ſa gâche, on pourra ouvrir la porte quand on laiſſera les olives en liberté ; le reſſort *P* s'appuyant ſur la partie recourbée du pêne, le pouſſera en dehors, & la partie *G* entrant dans ſa gâche , la porte ſera fermée. On taille ordinairement la partie *G* du pêne en chanfrein pour qu'il gliſſe ſur ſa gâche , & que la porte ſe ferme en la pouſſant, ſans qu'on ſoit obligé de tourner les olives ; c'eſt ce qu'on appelle *un bec de Canne.* La *Figure* 30 eſt une roſette découpée qu'on attache ſur la porte à l'endroit où l'on a fait le trou par lequel paſſe la tige *V* qui répond aux olives *X*.

Il y a encore de petits becs de canne qu'on emploie pour les portes de Bibliotheque & qui font beaucoup plus fimples que ceux dont nous venons de parler ; ils confiftent en une feule platine *A A* (*Planche XVII, Fig. 16*) qui s'attache avec des vis fur le battant intérieur de l'armoire : *B B* eft une petite portion de rebord qui fournit un paffage au pêne , & qui fert à le guider dans fa marche ; *C D* (*Fig.* 14 & 16) eft le pêne ; *C* en eft la tête qui eft taillée en chanfrein ou en bec de canne ; on voit *Figure* 14 , qu'en *E* ce reffort diminue beaucoup d'épaiffeur , ce qui fait que le bout du reffort à boudin *K* s'appuie fur la partie faillante , & chaffe le pêne en dehors. On peut remarquer auffi à ce pêne une ouverture *G* dans laquelle eft une cheville à tête quarrée *I* , qui fert de conducteur au reffort , & qui limite fa courfe. Au deffous du pêne eft une barbe *H* fur laquelle s'appuie le paneton *L* (*Fig.* 14 , 15 & 16), quand on tourne le bouton *M* (*Fig.* 15) qui eft en dedans de la chambre ; lorfqu'on veut ouvrir l'armoire , il eft clair qu'en tournant le bouton *M* le paneton *L* s'appuie fur la barbe *H* du pêne , ce qui l'oblige de rentrer dans la ferrure ; & quand on lâche le bouton, l'extrémité du reffort *K* pouffe le pêne en dehors ; *N* (*Fig.* 15) eft une petite platine qu'on attache avec des pointes fur le battant de l'armoire pour recouvrir le trou qu'on a fait pour paffer la broche *O* du bouton *M*.

Les Serruriers ne fe bornent pas à faire leur ouvrage , ce font encore eux qui le mettent en place , c'eft ce que nous allons traiter dans l'article fuivant.

ARTICLE III.
Ouvrages de la Serrurerie qui regardent le Ferreur.

FERRER des portes , des chaffis de fenêtres , des contrevents , &c , c'eft y attacher les ferrures néceffaires pour les tenir en place & pour les ouvrir ou fermer, favoir, les pentures , les fiches ou couplets , & les ferrures, loquets, verroux , targettes ou crochets. Le Ferreur fuppofe toutes ces pieces faites , il n'a aucunement à façonner le fer ; ce qu'il a même fouvent de plus difficile à faire, c'eft d'entailler le bois; ainfi les Arts qui ont pour objet de travailler le bois, fembleroient avoir droit de revendiquer cet article : auffi les Menuifiers adroits ferrent-ils très-bien; & pour les ouvrages propres, il eft bon, dans la plupart des Provinces , que le Menuifier & le Serrurier fe réuniffent pour mettre les ferrures en place. Nous regarderons néanmoins l'Art du Ferreur comme une partie de la Serrurerie , d'autant que les Statuts des Serruriers leur donnent, par privilege , le droit de ferrer ; d'ailleurs il eft bon de voir tout de fuite mettre en place les pieces que nous avons vu travailler.

§. I. *Des Portes à Pentures & à Gonds.*

LE Ferreur n'a pas occafion de montrer fon adreffe, quand il n'a qu'à fufpendre une porte avec des pentures ordinaires. Il commence par la préfenter à l'huifferie ou à la baie , & à l'y appliquer comme il veut qu'elle y foit

tenue ; il marque alors par deux traits fur le mur ou fur le montant du chambranle ou du dormant , la place d'un des gonds. Il tire avec l'angle d'un cifeau un trait le long de la partie inférieure du gond , & un autre au bout de
fon mamelon ; avec le même outil, il trace deux autres traits fur la porte, l'un
en fuivant le bord fupérieur du nœud de la penture , & l'autre en fuivant le
bord inférieur du même nœud ; & de la même maniere, il marque tout de
fuite la place de l'autre gond & de l'autre penture, ou des autres gonds &
pentures, s'il y en a plus de deux ; il eft feulement important que le deffous
de la porte oppofé aux gonds releve plutôt un peu au lieu de plonger, car
c'eft un grand défaut à une porte que de baiffer du nez, & de traîner fur le
plancher.

La porte étant retirée de l'ouverture, le Ferreur la couche à plat, & y
attache les pentures entre les traits précédemment marqués : car c'eft prefque toujours par elles qu'on commence ; on eft plus gêné quand les gonds
font pofés les premiers ; on attache les pentures ou avec des clous ordinaires,
& alors leur tête eft fur la penture même , ou ce qui eft la même chofe, vers
le dedans de la porte, ou bien on les attache avec des clous rivés qui font des
clous à groffe tête, pareils à ceux qu'on voit fur les portes cocheres ; la
tête de ceux-ci eft en dehors de la porte. Pour les faire paffer, on perce dans
le bois des trous vis-à-vis ceux des pentures , les clous doivent y entrer avec
affez de peine pour être gênés , & ils doivent être affez forts pour qu'on ne
rifque point de les caffer en les enfonçant ; enfin on rogne la tige du clou à
une ou deux lignes de la penture , & on rive le bout excédant fur la penture
même ; comme les clous rivés font chers , on fe contente fouvent de
mettre deux clous rivés fur chaque penture près des nœuds , & les autres
font des clous à pointe. Autrefois on faifoit des clous dont la tête étoit à
pointe de diamant , & la tige étoit fendue ; on mettoit la tête en dehors de
la porte fur le bois & quelquefois fur une virole mince découpée qui faifoit
comme une efpece de rofette ; la tige traverfoit la porte ainfi que la penture , & on écartoit les deux branches du clou qui embraffoient la penture
dans le fens de fa largeur.

Les pentures étant attachées , il faut fceller les gonds. Ceux qui le doivent être dans le mur, n'occupent que les Serruriers de Province. Le droit de
les fceller appartient à Paris aux Maçons. On les fcelle communément avec
du plâtre ; mais comme le trou qu'on a fait pour les recevoir eft fouvent beaucoup trop grand , on le remplit de morceaux de tuileau qui avec le plâtre
compofent un maffif fort folide ; au lieu de tuileau , d'autres Ouvriers fur-
tout quand , faute de plâtre , ils font obligés de fceller en mortier, enfoncent
des morceaux de bois taillés en coins ; ils font entrer les premiers par le gros
bout, & les autres par la pointe. Jouffe a raifon d'avertir que des gonds fcellés de la forte ne le font folidement qu'autant que le bois refte fain ; mais

quand on emploie de bon cœur de chêne,il fubfifte long-temps fans fe pourrir.

Dans les Pays où le plâtre eft cher, on fcelle les gonds avec du mortier de chaux & de ciment, dans lequel on mêle de la mouffe qui donne du fou-tien au mortier & qui ne pourrit jamais. On fe fert encore, pour fceller les gonds, de limaille de fer détrempée dans du vinaigre ; on en entoure le gond qu'on enveloppe enfuite de filaffe, on le fait entrer à force dans fon trou qu'on remplit de limaille autant qu'on peut. Le vinaigre fait rouiller cette limaille, la rouille unit les grains enfemble jufqu'à en faire une maffe folide & très-dure ; d'autres ajoutent à la limaille du tuileau pilé & paffé au tamis. Le défaut de ce maftic eft d'être long-temps à prendre corps ; & comme la limaille gonfle en rouillant, elle ne manque pas d'éclater les pierres lorfqu'elles font tendres, ou quand le fcellement eft près du bord de la pierre ; en ce cas on pourroit employer un maftic fait avec de la poudre de chaux bien détrempée avec une huile defficcative, de la filaffe & du ciment paffé au tamis de crin, fans fe difpenfer de fourrer dans le trou des morceaux de tuileau frottés d'huile. Il y a des endroits à la campagne où cette poudre de tuileau fait le corps de la compofition ; on la lie en la mêlant avec des limaces rouges broyées ; enfin d'autres fe fervent de diverfes efpeces de ci-ment, comme de la chaux vive & du ciment gâchés avec du fromage mol & du lait. Enfin dans les Pays où il y a des meulieres pour travailler le fer, j'ai vu faire de très-bons fcellements avec la boue qui fe trouve au fond des auges où trempe la meule, qui n'eft autre chofe que de la limaille de fer & du grès.

Si les gonds font en pointe, c'eft l'affaire du Ferreur de les enfoncer dans le chambranle qui eft de bois ; mais on n'arrête jamais ni les uns ni les autres avant que d'avoir remis la porte garnie de fes pentures en place ; elle fixe la pofition qui leur convient.

Le défaut le plus ordinaire des portes eft de traîner en bas du côté op-pofé aux gonds ou le plus proche de la ferrure. Le poids de la porte fem-blable à celui d'un levier dont les gonds feroient le point d'appui, fait ef-fort pour faire fortir le gond fupérieur, & pour enfoncer davantage le gond inférieur ; fi la porte étoit folidement fufpendue, les axes des deux gonds devroient être dans une même ligne verticale tirée à diftances égales du mur de la porte ; mais comme il arrive fouvent que les gonds ou les pentures ce-dent un peu, il eft à propos de donner au gond inférieur un peu plus de faillie qu'au gond fupérieur ; mais cette différence doit aller à bien peu de chofe, & c'eft à la prudence de l'Ouvrier à la régler.

Nous ne croyons pas devoir nous arrêter à expliquer la maniere d'attacher les pivots, les verroux, les loquets, les ferrures, les gâches à ces fortes de portes. Il feroit encore fuperflu de faire obferver que toutes les ferrures des portes qui donnent fur la rue, & fur-tout des portes cocheres, doivent

être

être très-fortes, non-feulement parce que ces portes font fort lourdes, mais encore parce que ce font elles qui font la principale fûreté des maifons ; & pour cette raifon on attache ces ferrures avec de forts clous rivés.

§. II. *Maniere de ferrer les Fiches à nœuds ou à gonds.*

Où il y a le plus de foin à apporter pour le Ferreur, & où la propreté de fon travail peut paroître, c'eft dans la maniere de ferrer les fiches foit à nœuds foit à gonds. Il commence toujours par préfenter la porte foit de maifon, foit de chambre, foit d'armoire, à l'ouverture qu'elle doit fermer ; il prend enfuite deux fiches emboîtées comme elles le feront lorfqu'on les aura fichées ; & appliquant l'aileron de l'une fur la porte, & l'aileron de l'autre fur le chambranle ou montant de la baie à la place où il convient qu'elles foient placées, il marque avec deux traits l'endroit où répond le bord fupérieur & le bord inférieur de chaque aileron qui fervent d'une regle, le long de laquelle il tire fes traits. Il marque tout de fuite & de même la place des autres fiches qui feront employées.

Pour ferrer à préfent chaque fiche, il y a deux chofes à faire, 1°, de creufer dans l'épaiffeur du bois une mortaife qui reçoive fon aileron qu'on peut regarder comme un tenon, 2°, d'arrêter cet aileron dans la mortaife, par le moyen de deux pointes qui traverfent le montant de la porte ou du chambranle. Après avoir forgé l'aileron, on y a percé deux trous, ou fouvent le Ferreur les perce lui-même ; ces trous doivent recevoir & laiffer paffer les pointes. Il faut marquer en quels endroits de l'entaille fe trouveront ces trous quand la fiche y fera logée ; autrement il ne feroit pas aifé de les faire enfiler par les pointes. La largeur des ailerons, & les endroits qui feront vis-à-vis de leurs trous étant marqués, on creufe la mortaife.

Pour la commencer, on perce avec un vilebrequin *q* (*Fig.* 47), garni d'une meche *s* (*Fig.* 38), des trous prefque touchants dans toute la longueur de la mortaife qui doit être égale à la largeur de l'aileron ; la mortaife ne doit avoir de profondeur que la longueur de l'aileron, ainfi chaque trou du vilebrequin ne doit pas pénétrer à une plus grande profondeur ; c'eft pourquoi le Ferreur marque fur la meche du vilebrequin la longueur de l'aileron, & on ne la fait entrer dans le bois que jufqu'à cette marque : on voit dans la Vignette, *Fig.* 4, *Planche XIV*, un Ferreur occupé à percer ces trous. A fes pieds font à terre deux fiches à vafe, un panier & une efpece d'étui où font fes outils.

On coupe enfuite avec un cifeau *Fig.* 39 & 40 fur lequel on frappe à l'ordinaire avec un marteau, le bois qui eft refté entre les trous, & on enleve ce bois, ou on nettoie la mortaife avec le bec d'âne *Figure* 41, & le crochet *y* (*Figure* 45).

Ce qu'il y a de plus long dans le travail du Ferreur, eft de creufer ces mor-

SERRURIER.   O o taifes ; quelques Ouvriers fuivent une méthode qui l'abrege beaucoup. Après avoir percé les premiers trous, ils en percent d'autres qui rencontrent ceux-ci obliquement en inclinant le vilebrequin ; ainfi au lieu que les autres trous étoient paralleles aux bords de la porte, ceux-ci leur font inclinés. Le vilebrequin expédie bien plus d'ouvrage que le cifeau & le bec d'âne, il refte peu à faire à l'un & à l'autre de ces outils.

Mais cette pratique a fon inconvénient ; en perçant obliquement, on conduit fouvent la pointe du vilebrequin par de-là l'endroit où feront les côtés de l'aileron ; cela ne fait à la vue aucun mauvais effet, mais la fiche en eft moins fermement affujettie ; elle n'eft plus retenue que par les feules pointes, au lieu que quand l'entaille n'a précifément que la largeur de l'aileron, les côtés mêmes de l'entaille la foutiennent. Il en eft comme d'un tenon qui ne fait jamais un bon affemblage quand il eft à l'aife dans fa mortaife.

Quoi qu'il en foit, l'entaille étant faite, on perce les deux trous qui doivent la traverfer, & laiffer paffer les pointes *Fig.* 44, qui affujettiront l'aileron ; on fait enfuite entrer cet aileron dans la mortaife. On cherche alors fi les trous percés dans le bois fe rapportent bien à ceux qui le font dans le fer ; car malgré les précautions qu'on a prifes, & dont nous avons parlé, il arrive fort fouvent qu'ils ne font pas bien précifément l'un vis-à-vis de l'autre. On fait entrer par un des trous un outil appellé *Cherche-pointe* χ (*Fig.* 42), & qui eft lui-même pointu ; on frappe deffus : quand on fent qu'il n'avance pas aifément, ou que les coups de marteau donnent un certain fon plus clair que celui du bois, c'eft une preuve que la pointe ne rencontre pas le trou de l'aileron ; alors on change l'inclinaifon de l'outil ; ou on prend un cherche-pointe qui eft un peu courbé χ^2 (*Fig.* 43), jufqu'à ce qu'on ait trouvé l'inclinaifon convenable pour rencontrer le trou de l'aileron ; alors on retire cet outil, & on fait entrer une pointe de fer *Fig.* 44, ou un clou fans tête en fuivant l'inclinaifon qu'avoit le cherche-pointe, & enfin on coupe cette pointe de part & d'autre à fleur de la porte. On apperçoit au haut du cherche-pointe un crochet qui eft très-commode pour le retirer lorfque les coups de marteau l'ont rendu très-ferré dans fon trou ; c'eft auffi pour donner prife aux tricoifes lorfqu'on eft dans le cas de retirer la pointe *Fig.* 44, qu'on y pratique une petite tête.

Nous devons faire remarquer que les portes fe placent de deux manieres : ou elles font en recouvrement fur les dormants, ou elles font arrafées, c'eft-à-dire, qu'elles ne débordent ni de part ni d'autre les montants. Quand les portes font en recouvrement, l'ouverture de la mortaife qui reçoit l'aileron des fiches à gond, ou de celles qui en tiennent lieu, eft fur une des faces du dormant qui eft recouverte par la porte, c'eft-à-dire, que le plan de l'aileron eft perpendiculaire au plan de la porte fermée ; c'eft le cas où les fiches qui entrent dans la porte demande le moins de fujétion. Quand on perce leur mortaife, il faut feulement prendre garde qu'il y ait depuis le milieu de cette mortaife jufques à la partie de la porte qui s'applique fur le montant, le demi-diametre de la fiche, & quelque petite chofe de plus; cet excédant n'eft pas néceffaire, mais il eft avantageux quand les gonds tirent trop la porte.

Quand les portes font arrafées ou qu'elles ne font point en recouvrement, l'ouverture des mortaifes qui reçoit les ailerons des fiches à gonds ou de celles qui en tiennent lieu, eft dans la face qui marque l'épaiffeur du dormant; dans ce cas, les ailerons des fiches font paralleles au plan de la porte fermée. L'ouverture de ces mortaifes fe prend alors pour l'ordinaire auprès de l'angle ou dans l'angle même. C'eft auffi ce qu'on appelle *ferrer fur l'angle c* (*Figure* 17).

Dans ces cas, les nœuds des fiches empêcheroient la porte de s'approcher affez près du dormant; il y refteroit un vuide dont le diametre feroit égal à celui du nœud, fi l'on n'entailloit en feuillure la partie de la porte, & celle du montant qui répondent aux fiches. On donne à chacune de ces entailles autant de largeur que le nœud a de diametre.

Les volets brifés fe ferment auffi d'une maniere femblable. Il eft important pour ces fortes de ferrures de marquer bien précifément jufques où peut aller la boîte ou nœud, ou, ce qui eft la même chofe, marquer bien précifément le centre de la mortaife qui reçoit l'aileron. On le peut faire avec le compas après avoir pris le demi-diametre du nœud. Mais le trufquin *Planche XIV* , *Figure* 46 , qui eft décrit dans l'explication de cette Planche, eft un outil bien plus précis; il ne donne pas feulement le diametre de la fiche, il fert à tracer la ligne qui doit être tout du long du milieu de la mortaife, & dans fa vraie direction.

Si l'on emploie des fiches à nœuds, l'ufage eft d'arrêter celles qui en ont le plus contre le dormant.

Au refte celles qui tiennent lieu de gond, qui font celles du dormant s'arrêtent, ou en terme de l'Art, *fe pointent* les dernieres; il eft plus aifé de les hauffer, baiffer, avancer & enfoncer, felon qu'on le trouve néceffaire, qu'il ne feroit aifé de le faire fur les autres. Il n'y a que les fiches à gonds des chaffis à verre, qui ont des volets, où l'on pointe les fiches à gonds les premieres; comme dans le même endroit du même montant il doit y avoir deux fiches féparées par peu d'épaiffeur, on n'eft pas libre de changer leur place à volonté; auffi commence-t-on par elles, & on vient enfuite à celles des volets & des chaffis à verre qui demandent des Ferreurs exercés.

Il n'y a point d'efpeces d'ouvrages à Paris qui ne puiffent occuper plufieurs Ouvriers. Il y a des Serruriers qui ne s'occupent qu'à ferrer des fiches, & ce font ceux qu'on nomme *Ferreurs.* On n'a guere recours à eux pour ferrer les pentures qui exigent peu de favoir. On donne communément depuis deux fols jufqu'à trois pour ferrer chaque fiche, c'eft-à-dire, pour ferrer une fiche en boîte, & celle qui lui fert de gond.

§. III. *De la façon de mettre en place les Espagnolettes.*

Pour mettre en place les espagnolettes, ayant établi le chassis sur des tre-teaux comme *Fig.* 4, *Planche XIV* dans la Vignette, le Ferreur pose l'es-pagnolette sur le montant de la croisée où elle doit être attachée précisément comme elle sera en place ; il marque sur le montant les endroits où répondent les lacets qui doivent assujettir les espagnolettes ; il perce des trous pour recevoir la queue de ces lacets, & il les arrête avec les écrous faisant une petite entaille dans le bois pour que ces écrous soient arrasés ; il met ensuite en place les volets pour marquer vis-à-vis les panetons les en-droits où il faut placer les portes & les agraffes qui servent à assujettir les vo-lets. Enfin il met dans leur dormant la croisée ou au moins les chassis à verre pour tracer en place les entailles qui doivent recevoir les crochets, & il finit par y attacher les gâches. Tout cela s'exécute assez aisément, & n'exige pas autant d'adresse que les fiches. Ce que nous venons de dire suffit pour in-diquer aux Ouvriers comment ils doivent s'y prendre pour mettre en place les autres ouvrages de Serrurerie.

Voilà les portes & les croisées ouvrantes & fermantes, & de plus elles sont garnies de petites ferrures telles que les loquets qui suffisent pour empê-cher le vent & les animaux de les ouvrir ; quelques-unes même de celles que nous avons décrites, telles que les loquets à vielle ou à la cordeliere, exi-gent qu'on ait des especes de clefs pour ouvrir les portes ; d'autres enfin tien-nent les portes & les fenêtres très-sûrement fermées pour celui qui se ren-ferme dans sa chambre ou sa maison, de ce genre sont les verroux, les cro-chets, les fléaux, les espagnolettes ; mais aucune de ces ferrures ne remplit l'office d'une bonne serrure : si le Propriétaire se renferme dans sa chambre, elle équivaut à un bon verrou ; s'il en sort emportant avec lui sa clef, il est très-difficile à un étranger d'y entrer ; souvent les voleurs trouvent plus de facilité à rompre les portes ou à percer les murs. Ce que je viens de dire a son application aux coffres & aux armoires : pour peu donc qu'on réfléchisse à la grande utilité des serrures, on doit convenir que c'est une belle inven-tion, & que cette partie de la Serrurerie méritoit d'être bien décrite : heureu-sement M. de Réaumur s'est chargé de ce soin, & le Chapitre V sera en-tiérement de lui. *

---

* On sera peut-être choqué de voir que nous n'avons point observé un ordre régulier & rela-tif au discours dans l'arrangement des Figures que nous avons données jusqu'à présent ; en voici la raison. J'ai trouvé dans le dépôt de l'Académie un nombre de Planches gravées, & ne connoissant pas l'ordre que M. de Réaumur s'étoit proposé de suivre, j'ai été obligé de faire effacer plusieurs Figures pour y en substituer d'autres. Je n'ai pu même me dispenser de faire graver en entier plusieurs Planches que j'ai intercalées entre les autres ; ce qui fait que le discours renvoie à la Planche VII, par exemple, puis à la Planche VIII, puis à la Planche IX, & il oblige de revenir en-suite tantôt à la Pl. VII, & tantôt à la Pl. VIII. Mais ayant eu soin de renvoyer assez exactement aux Planches qui représentent les objets dont je parle, j'espere qu'on pourra, sans beaucoup d'em-barras, suivre mon Discours.

EXPLICATION

Explication des Planches du Chapitre quatrieme.
PLANCHE XIII.

Où sont représentées les Ferrures qui servent à tenir battantes & fermées les portes communes, & à fortifier les assemblages de Menuiserie ; on y voit aussi les ferrures pour les Portes Cocheres.

FIGURE 1, Une équerre simple pour donner du soutien aux tenons.

Figure 2, Une équerre à deux branches qui sert pour les portes cocheres : le corps *B B* se prolonge tout du long de la traverse d'en bas, & les branches *A A* remontent sur les montants ; elles sont attachées par des clous rivés & quelquefois avec des crampons *D D* ; on a rompu le corps *B B* pour ne point embarrasser la Planche.

Figure 3, Pivot à enfourchement ou à étrier pour les portes des fermes ; *E E*, ses branches ; *C*, son mamelon ; *F*, la réunion des deux branches.

Figure 4 est une crapaudine dans laquelle tourne le pivot des portes cocheres, & autres portes ou volets.

Figure 5, Equerre qui porte un pivot *C* ; la branche horizontale *B* de cette équerre passe sous la traverse d'en bas de la porte, & la branche verticale *A* est attachée sur l'épaisseur du chardonnet ; l'une & l'autre sont attachées par des chevilles à clavette *A*. *Figure 6*, la clavette est marquée *B*.

La *Figure 7* fait voir comme on arrondit le haut du chardonnet d'une porte de ferme pour entrer dans une bourdonniere qu'on voit *Figure 7²*.

On fait de ces bourdonnieres en fer comme *A Figure 8*, qui reçoit le mamelon d'un gond à enfourchement *B*.

Figure 9 est une fiche à gond. *A B C D* fait voir comment les différentes parties qui la composent s'ajustent les unes avec les autres ; *D* est l'aileron de la fiche qui entre dans le chardonnet ; *A*, un gond avec son boulon *C* qui traverse le nœud *E* de la fiche & la bourdonniere *B* ; les *Figures* 10 & 11 représentent les mêmes choses développées & indiquées par les mêmes lettres.

Figure 12, Penture ordinaire.

Figure 13, Penture plus forte dont le nœud est soudé, & qui porte un talon.

Figure 14, Penture appellée *Flamande*, qui est fort bonne, parce qu'elle embrasse l'épaisseur de la porte : celle-ci a une de ses branches en patte ; il y en a qui ont leurs deux branches droites, d'autres les ont de différentes figures suivant la sorte de menuiserie où on les pose.

Figure 15, Penture dont la queue refendue en deux, se prolonge haut & bas sur le bâti de la menuiserie ; celle cotée *B* est en *S*, & celle cotée *A* est en patte.

Figure 16, Paumelles : celle cotée *A* est à pivot recourbé, & celle cotée *B* est à pivot droit. *Figure 16* est une paumelle qui termine une barre.

SERRURIER. P p

Figure 17 , Crapaudine des paumelles précédentes.

Figure 18, Penture coudée.

Figure 19 *S* , nœud de penture rivée fur une équerre.

Figure 20 , Gond à fcellement & à repos ; le boulon ou mamelon eft rapporté.

Figure 21 , Gond à bois & à repos ; le mamelon eft rapporté.

Figure 22 , Gond à fcellement coudé ; le mamelon eft pris dans la piece.

Figure 23 , Gond à patte.

Figure 24, Fiche à chapelet.

Figure 27, 28 & 29, *a,* une des fiches dont l'affemblage forme le chapelet ; *b* , broche des fiches à chapelet terminée par un vafe ; *b c* , une broche féparée en deux parties, ainfi qu'elles le font avant que l'on ait enfilé les fiches ; on affemble les deux parties *b c* par une rivure qui traverfe une des fiches.

Figure 36, Penture à charniere pour la fermeture des boutiques ; les nœuds de la charniere font en *A A.*

Figure 30 , Gros verrou dont le mouvement eft vertical , & qui eft attaché fur une platine.

Figure 31 , Verrou femblable au précédent qui eft retenu par des crampons *B. A, C,* crochet qui fert à le tenir ouvert. Ces verroux fe mettent pour tenir le bas des portes cocheres fermé.

Figure 32 *L L*, Fléau qui fert à tenir fermés les deux grands battants des portes cocheres ; *N*, boulon du fléau ; *O P* , virole & plaque du boulon ; *M,* les mains du fléau ; *R* , verge qui tient l'auberon *S* qui doit entrer dans une ferrure plate dont *T* eft l'entrée.

Figure 33 , *G* Crémaillere où s'engage le bout *I* de la barre à crochet.

Figure 34 , *L* lacet à fcellement qui retient la queue *H* de la barre *HI*, & *K* eft un fort piton où entre le crochet *I* ; il eft bon que ce piton foit à vis & rivé.

Figure 38 , *a b* Verrou rond retenu par des crampons *e e* ; fa queue *c* porte un auberon *d* qui entre dans la ferrure plate *D* ; *B* eft un lacet fervant de gâche à ce verrou.

Figure 39 , *a b* Verrou quarré retenu par les crampons *e* ; en *d* il y a un bouton pour l'ouvrir ou le fermer.

Figure 41 eft encore un verrou quarré dont le mouvement eft horizontal ; mais fa platine *A* eft ornée , & le verrou eft reçu dans une gâche *B.*

Figure 43 , Verrou à queue *a* dont le mouvement eft horizontal , & qui eft recouvert par la platine *b.*

Figure 44 , Verrou vertical & à queue , affujetti fur la platine *A B C* ; il y a entre le verrou & la platine en *e* , un reffort pour l'empêcher de defcendre par fon propre poids.

Figure 45 , *A* Verrou à queue femblable au précédent, mais plus proprement travaillé ; il eft pofé fur la platine *B B* ; en *E* eft une conduite pour empêcher la queue de balancer.

La *Figure* 42 fert à faire voir comment, au moyen d'un verrou ou faux pêne *C*, qui eft placé dans la gâche *D*, & qui eft pouffé par le pêne de la ferrure *A*, on peut empêcher qu'on ne leve le crochet *E* de la barre quand la ferrure eft fermée.

La *Figure* 35 eft une demi-efpagnolette à agraffe dont on fe fert affez fouvent pour fermer le haut des portes cocheres ; il faudroit en *A* une moulure en cul de lampe ; le paneton *D* eft inutile, & il faudroit que la main *C* fût plus du côté de *A*.

La *Figure* 37 fert à faire voir comment en mettant dans la gâche *B* un paneton femblable à *D* (*Fig.* 52) le pêne *C* de la ferrure coule deffus lorfque l'efpagnolette eft fermée, & empêche que ceux qui font en dedans de la maifon ne puiffent ouvrir l'efpagnolette lorfque la ferrure eft fermée.

La *Figure* 46 eft une barre de carillon deftinée à faire une efpagnolette.

Les *Figures* 47, 52 & 53 fervent à faire voir comment on fait les collets *f*, & comment on affemble les panetons *D*, & les mains *C* des efpagnolettes.

Les *Figures* 48, 49, 50 & 51 fervent à faire voir les différentes manieres de faire les lacets qui doivent être placés dans les collets *f*, pour affujettir les efpagnolettes fur la menuiferie.

EXPLICATION de la Planche XIV, où l'on repréfente la maniere de faire les Fiches, & comment le Serrurier qu'on nomme Ferreur, les attache aux Portes, aux Battants d'Armoires & aux Volets ; & auffi la maniere de faire les Platines pour les Verroux & Targettes.

LA *Figure* 1 *dans la Vignette* repréfente un Ouvrier qui coupe une barre en morceaux propres à faire des fiches ; la barre eft foutenue en *b* par un crochet qu'on nomme *Chambriere*, pour épargner un compagnon Serrurier. On éleve ou on abaiffe le crochet à volonté au moyen de la corde qui le porte, qui paffe deux fois au travers du manche *c d* du crochet ; le frottement de la corde fait un arrêt fuffifant pour que le crochet ne defcende pas ; & le frottement eft d'autant plus fort que le poids eft plus confidérable.

La *Figure* 2 repréfente un Ouvrier qui répare à la lime le vafe d'une fiche.

L'Ouvrier *Figure* 3, lime de long le nœud d'une fiche ; *Figure* 4, eft un Ferreur qui perce avec le vilebrequin, un chaffis de bois qu'il veut ferrer. On voit à terre une efpece d'étui & un panier, où font les outils du Ferreur, avec les deux fiches qu'il va mettre en place. Les autres figures font au bas de la Planche. Je vais commencer par détailler les outils du Ferreur.

La *Figure* 9, *x* eft un tournevis que le Ferreur met quelquefois dans fon vilebrequin, pour tourner les vis dont la tête eft fendue.

La *Figure* 10, *u* eſt un morceau de fer diſpoſé pour faire une meche de vilebrequin. La *Figure* 12, *t* eſt une meche de vilebrequin vue du côté de la gouttiere. *Figure* 38 , *s* eſt une meche de vilebrequin vue par le dos. *Figure* 47,
q eſt un vilebrequin garni de ſa poignée & de ſa vis. *Figure* 13 *r*, eſt ce vilebrequin dont on a ôté la poignée & la vis qui ſont à côté.

La *Figure* 39 *p* , eſt un ciſeau pour nettoyer les mortaiſes. La *Figure* 40
o , autre ciſeau plus mince. *Figure* 45 *y* , eſt un crochet en bec d'âne pour
vuider les mortaiſes. *Figure* 41 *y*², autre bec d'âne plus fort pour les groſſes
ferrures. *Figure* 42 *z* , eſt un cherche-pointe droit. La *Fig.* 43 *z*², un cherche-
pointe courbe , & la *Figure* 44 une broche ou pointe pour retenir les fiches
dans leurs mortaiſes.

La *Figure* 46 *f g h i* , eſt un truſquin ou une eſpece de compas avec lequel
on prend ſoit les diametres , ſoit les longueurs des fiches pour tracer les dimenſions des entailles. On prend ces meſures entre la pointe *g* du truſquin &
ſon corps *h* ; *k l* eſt le corps du truſquin traverſé en deux ſens par deux trous
l k qui ſe rencontrent un peu dans l'intérieur ; *l* eſt l'entaille où paſſe la branche *h* qui porte la pointe ; *k* l'autre entaille où entre le coin *i*. On voit au-
deſſus en *m*, la branche qui porte la pointe, & en *n* l'autre branche faite un
peu en coin qui ſert à fixer la branche *m* en la preſſant contre l'entaille.

La *Figure* 17 *a a* repréſente le montant d'une armoire qu'on ferre; la mortaiſe eſt faite en *b* , ainſi que les trous *d d* qui doivent recevoir les pointes.
On voit en *c* une des fiches à nœuds en place , & en *e* on voit l'aileron qui
doit entrer dans le battant. Voilà tout ce qui regarde le Ferreur .

La *Figure* 20 *A*, eſt un morceau de tôle préparé pour faire une fiche à
ſimple nœud équarri & roulé en partie. *Figure* 21 *B* , le morceau de tôle
entiérement roulé. *Figure* 22 *C*, morceau de fer préparé pour le vaſe qui doit
être mis au bout de la fiche. *Figure* 23 *D* , fiche au bout de laquelle le cylindre *C* de la figure précédente eſt ſoudé. *Figure* 24 *E* , vaſe fini rivé au
bout d'une fiche. *Figure* 25 *F* , fiche qui porte un gond *G* propre à recevoir
une des fiches précédentes. *Fig.* 27 *H*, les deux fiches aſſemblées , ou, ſi l'on
veut, une fiche miſe ſur ſon gond. *Fig.* 5 *L* , fiche miſe ſur ſon gond, & dont
les vaſes ſont finis. *Fig.* 6 *M* , fait voir comment le gond entre dans la fiche.
Figure 28 *O P* , eſt une étampe en tenaille propre à faire les vaſes beaucoup
plus promptement que lorſqu'on les travaille à la main. On a coupé une de
ſes branches en *O*. *P* , repréſente une des moitiés de l'étampe , & l'autre moitié eſt dans l'autre branche. *Figure* 29 *Q* , eſt un vaſe étampé dans la tenaille
dont nous venons de parler. *Figure* 26 *N*, eſt un dégorgeoir pour préparer les collets des vaſes avant que de les travailler à l'étampe. On pique la
queue du dégorgeoir dans un billot, on poſe le morceau de fer où l'on veut
faire le vaſe ſur ce dégorgeoir. Un ſecond Ouvrier en tient un autre pareil
deſſus , & tandis qu'il fait tourner d'une main le fer entre ces deux dégor-
geoirs , un Ouvrier frappe ſur le ſupérieur.   La

La *Figure* 30, *RR* eſt un morceau de tôle équarri & évidé pour faire une fiche à double nœud. *Fig.* 9, *S* eſt la fiche à double nœud roulée & ſoudée. *Figure* 10, *T* eſt une fiche à trois nœuds. *Figure* 11, *V* les deux fiches précédentes aſſemblées. *Figure* 8, *X* broche qui doit paſſer dans les nœuds de cette fiche. *Figure* 7, *Y Y* eſt une fiche aſſemblée avec ſa broche ; les ailerons *Y Y* ſont étendus.

La *Figure* 13, *Z* repréſente un couplet aſſemblé. *Figure* 14, les deux pieces qui compoſent le couplet. *Figure* 15 eſt un briquet ou une eſpece de couplet qui ne s'ouvre que dans un ſens. Ils ſervent ordinairement pour les tables à manger. *Figure* 16, les deux pieces qui compoſent le briquet. *Figure* 17, le briquet vu dans un autre ſens. La *Figure* 18 ſert à réunir les deux pieces 16 au moyen de deux broches.

Il ne nous reſte plus à parler que de la façon de faire les platines, & nous le ferons fort en bref, parce qu'il en a déja été queſtion dans le Chapitre I.

Figure 32, 1, 1, morceau de tôle découpé pour faire une platine.

Figure 31, 6, piece d'acier trempé qui a la figure de la roſette qu'on ſe propoſe de faire. On en a deux pareilles entre leſquelles on met pluſieurs feuilles de tôle qu'on découpe toutes à la fois ; à la *Figure* 34, les platines 4, 4, 5, ſont en partie découpées, & à la *Figure* 33, elles le ſont entierement ; 2, 2 & 3, 3 marquent les vis qui aſſujettiſſent les platines entre les deux moules. Quand il y a de petites parties qu'on ne peut découper de cette façon, on les marque avec le traçoir *Figure* 35, qui ſert auſſi d'aléſoir pour arrondir certains contours.

La *Figure* 36 eſt une eſpece d'étau pour aſſujettir à plat les roſettes & les platines qu'on veut polir : on le ſaiſit dans un autre étau par la partie *a*. On couche la platine ou la roſette ſur la planche *d d*, & on l'y aſſujettit par l'étrier & la vis *b* ; cet étrier *b c d* eſt repréſenté à part *Figure* 37.

La *Figure* 19 eſt une eſpece de gouge pour découper les ajours des platines & roſettes des *Fig.* 31.

EXPLICATION de la Pl. XV, où ſont repréſentés pluſieurs ouvrages de Serrurerie qui ſervent à tenir les Portes & les Croiſées fermées.

FIGURE 1, loquet à reſſort ; *Y Z*, le battant du loquet ; auprès de *T* eſt un clou ſur lequel tourne ce battant ; en *Z* eſt un cordon qui ſert à ouvrir le loquet ; *V* eſt le reſſort qui le ferme ; *X*, le picolet ou cramponnet qui ſert de conducteur & au battant & au reſſort ; *K*, l'étoquiau du reſſort.

Figure 2, le mentonnet de ce loquet ; ce mentonnet eſt formé par une piece arrondie ſur laquelle coule le battant du loquet ; & quand le reſſort l'a fait retomber derriere cette partie ſaillante, le volet eſt fermé ; ce mentonnet eſt attaché en *V* ſur une platine.

Figure 4, une croiſée garnie de ſes volets briſés ; *m m*, dormant ; *r s*, impoſ.

te ; *q q*, montant du milieu du chaſſis à verre qui porte la noix, & ſur lequel eſt ferré l'eſpagnolette ; en *p* eſt la main de cette eſpagnolette ; cette eſpagnolette eſt à pignon comme on le voit en *o o*.

Figure 5 & 6, petit verrou ou targette ; *C* en eſt le verrou avec ſon bouton *D*. *B B*, les picolets ou cramponnets qui ſervent à l'attacher ſur la platine *A A* ; il ferme dans un crampon tel que la *Figure 39*, qui ſert de gâche à ce verrou.

Nous avons parlé précédemment des verroux verticaux qu'on nomme *à reſſort*, parce que pour les empêcher de retomber par leur propre poids , on met entre le verrou & la platine qui le porte, un petit reſſort ſemblable à *dd* (*Fig. 9*). On peut ſe rappeller que nous avons dit que, pour ouvrir les croiſées fermées avec ces ſortes de verroux , on étoit obligé de porter la main ſucceſſivement ſur le verrou d'en haut & ſur celui d'en bas, pour les ouvrir l'un après l'autre , & de même pour les fermer ; pour parvenir à ouvrir à la fois le haut & le bas , on a imaginé de faire le verrou d'en haut à crochet *g* (*Fig.*) 12 ; & pendant qu'avec la main *k* (*Fig.*) 13, on faiſoit deſcendre le verrou d'en bas dans ſa gâche, celui d'en haut *Figure 12*, s'engageoit dans un crampon *Figure 11* ; & en levant la main *k* (*Figure 13*), le verrou d'en bas ſe dégageoit de ſa gâche, & celui d'en haut de ſon crampon.

On a produit le même effet au moyen des verroux à baſcule *Figure 15* ; les verroux *a b*, l'un montant, l'autre deſcendant, dont le prolongement de la tige du deſcendant eſt repréſenté par *K B*, & celui du montant par *I A*, ſont rivés par les bouts *I* & *K*, aux goupilles *i k* qui ſont ſur l'évaſement de la main *C D* ; au milieu de cet évaſement eſt un trou *G* dans lequel entre la broche qui eſt au centre de la pièce *H* rivée ſur la platine *E F* ; on voit qu'en élevant la main *D*, les deux verroux ſortent de leurs gâches , & qu'en abaiſſant cette main, les deux verroux rentrent dans leurs gâches ; ces verroux ont été très-à-propos nommés *à baſcule* ; on voit que les queues des verroux éprouvent un petit balancement, c'eſt un fort petit inconvénient ; cependant on l'a évité par les verroux à pignon *Figure 16*, appuyant ſur le bouton *G*, on abaiſſe dans ſa gâche le verrou d'en bas *B* ; mais en même temps au moyen de la crémaillère *D*, on fait tourner la roue dentée *E* qui fait élever le verrou d'en haut *A*.

Tous ces verroux ne peuvent faire revenir dans leur place les volets qui ſe ſont déjettés, qu'autant que le biſeau du verrou peut prendre dans la gâche ou le crampon qui eſt deſtiné à le recevoir ; c'eſt pour cette raiſon qu'on taille toujours en chanfrein le bout *Z* (*Fig.* 10) des verroux ; & pour augmenter cet effet, on place les verroux de champ, les faiſant étroits & fort épais dans le ſens qui eſt perpendiculaire à la croiſée comme *Z*² (*Fig.*7), au lieu que la forme ordinaire eſt repréſentée par la *Figure 10* ; *e e* ſont deux petites oreilles qui limitent le mouvement du verrou à la diſtance qu'il y a entre les chevilles *c c Figure 9* ; en ſuppoſant des verroux à pignon attachés au

montant du milieu d'un chaſſis à verre, on conçoit qu'il ſera aiſé de l'ouvrir
& de le fermer ; mais on a voulu le rendre propre à fermer en même temps
les volets. Pour faire comprendre comme on s'y eſt pris, j'ai repréſenté *Figure* 8, la queue du verrou *B* (*Figure* 16) plus en grand ; on ſoudoit ſur
cette queue *a* (*Figure* 8), un paneton *f* qui eſt repréſenté beaucoup trop
grand ; & quand on fermoit les verroux, ce paneton prenoit ſur une petite
pièce de fer plat qui étoit ſur le volet ; & en ouvrant le chaſſis à verre, comme le paneton ne répondoit plus à cette petite plaque de fer, le volet avoit
la facilité de s'ouvrir.

On a continué à perfectionner les ferrures qui devoient ſervir à ouvrir &
à fermer les croiſées, & au lieu de lever & de baiſſer les queues des verroux,
on a attaché une forte barre de fer ronde ſur le battant du chaſſis à verre
qui portoit la noix, & cette tringle de fer ronde *Figure* 28, y étoit retenue
par des lacets *a b*, reçus dans des collets ſemblables à *b* (*Fig.* 20) qui
permettoient à la barre de tourner ſur elle-même. On étoit alors bien près
d'imaginer les eſpagnolettes telles que nous les avons aujourd'hui ; mais ac-
coutumé qu'on étoit aux verroux, on ne les a pas abandonnés tout de ſuite ;
en employant cette tringle qui empêchoit les chaſſis de ſe voiler, on a cher-
ché à faire mouvoir verticalement des verroux *A B* (*Fig.* 28), lorſqu'on
feroit tourner la barre ; on y a réuſſi au moyen de la vis *A* qui avoit des
pas très-alongés, afin que le verrou *A B* parcourût plus de chemin dans la
révolution d'un demi-tour. Enfin on a entièrement abandonné les verroux,
& l'on a imaginé les eſpagnolettes à agraffe *Figure* 29 ; la barre *A B* fermement aſſujettie au montant du chaſſis à verre par des lacets *a*, retenus par des
pattes ou plus fréquemment par des vis, portoit à ſes extrémités *A & B*, deux
crochets tels que celui qu'on apperçoit en *A* ; en faiſant tourner cette barre
ſur elle-même au moyen d'un levier appliqué en *b*, ces crochets ou agraffes
prenoient dans le crampon *Figure* 39, ou la gâche *Figure* 33, ou dans une
cheville de fer recouverte par la gâche *Figure* 40, & le chaſſis étoit fermé ;
en tournant en ſens contraire le levier, les agraffes ſortoient du crampon ou
de la gâche, & on pouvoit ouvrir la croiſée. Par cette méchanique très-ſim-
ple non-ſeulement on tient les croiſées exactement fermées, mais de plus la
barre empêche qu'elles ne ſe déjettent, & les crochets font revenir les chaſſis
qui malgré cela ſe feroient déjettés.

D'abord ces eſpagnolettes à agraffes ne fermoient que les chaſſis à verre,
on fermoit les volets avec des verroux à reſſort, des targettes, des loqueteaux à reſſort, &c, puis on a pris le parti de mettre ſur un des volets une ſeconde eſpagnolette *Figure* 30, qui par ſes crochets tenoit ce volet fermé ;
mais cette eſpagnolette portoit deux longs panetons *C* qui s'appuyoient lorſque l'eſpagnolette étoit fermée ſur l'autre volet qui par ce moyen étoit
exactement fermé. Mais voilà deux eſpagnolettes au lieu d'une, & les Serru-

riers ont employé leur induſtrie pour faire enſorte que les volets fuſſent fermés par la même eſpagnolette qui fermoit les chaſſis à verre.

D'abord ils ont imaginé de mettre ſur la verge de l'eſpagnolette un paneton C (*Fig.* 20), qui s'appliquoit ſur un des volets, en voilà déja un de fermé d'une façon bien ſimple ; pour fermer l'autre volet, ce paneton C (*Figure* 20), ou plutôt la verge de l'eſpagnolette portoit un pignon *a* armé de trois ou quatre dents qui engrenoient dans un autre pignon *b* placé au bout d'un autre paneton Z² ; cet engrenage déterminoit le paneton Z² à s'appliquer ſur l'autre volet qui ſe trouvoit fermé : tout cet ajuſtement eſt repréſenté par la *Figure* 18, ainſi que les platines Z. *t t u u* ſont les lacets ; *x*, la main ; & *y*, le crampon à patte qui la retient.

Les Serruriers ont encore beaucoup ſimplifié ces eſpagnolettes : car *Figure* 22 & 24, pour tenir les volets fermés, il ſuffit de ſouder ſur la verge de l'eſpagnolette un petit paneton *a*, d'attacher ſur un des volets une petite patte C (*Fig.* 26), & ſur l'autre volet une eſpece de porte *b* (*Fig.* 25) ; on voit que toutes ces pieces étant placées bien exactement l'une vis-à-vis de l'autre, quand on tourne la verge de l'eſpagnolette pour fermer la croiſée, le paneton *a* de la verge paſſe dans l'ouverture de la porte *b*, & appuie ſur l'extrémité du paneton *c*, comme on le voit *Figure* 22 ; & les volets ſont auſſi exactement fermés que les chaſſis à verre, par un ajuſtement bien ſimple & très-ſolide. Aujourd'hui on ne met plus de platine comme on en voit une en *d* au haut de la *Figure* 22 ; on ferre les lacets & les agraffes immédiatement ſur le bois, comme on le voit au bas de la *Figure* 22.

Quand il n'y a point d'impoſte aux croiſées, les crochets des eſpagnolettes prennent dans les traverſes du haut & du bas du dormant ; mais quand il y a un impoſte comme à la *Figure* 4, il faut, ſi l'on veut aſſujettir les volets dans toute leur hauteur, faire enſorte qu'ils s'étendent de toute la hauteur par-deſſus l'impoſte. En ce cas on coupe l'eſpagnolette à la hauteur de l'impoſte, comme on le voit *Figure* 31 ; la partie *r t* eſt attachée par deux lacets depuis l'impoſte juſqu'au haut du dormant, & eſt terminée au bout *t* par une entaille en enfourchement, & l'extrémité *s* de l'eſpagnolette qui répond à la hauteur de l'impoſte, eſt taillée en tenon ; lorſqu'on ferme le chaſſis à verre, ce tenon *q* entre dans l'enfourchement *t*, & pour lors l'eſpagnolette eſt comme d'une piece. Quand on tourne la poignée de l'eſpagnolette, les crochets qui ſont aux deux extrémités tournent auſſi, & l'eſpagnolette eſt fermée. On peut, ſi l'on veut, mettre à la partie *r t* une agraffe qui aſſujettiſſe les volets en cet endroit.

La *Figure* 27 eſt un crochet qu'on met ſur les chaſſis à verre pour retenir la queue de l'eſpagnolette ; il a une charniere en *G* pour qu'il puiſſe ſe coucher ſur le chaſſis à verre quand on ferme les volets.

A l'égard des crochets *Y* qui ſont ſur les volets *Figure* 18 & 30, ils ne ſe plient point.

On voit au bas de la *Planche Figure* 34, une main. *Figure* 35, un crochet à charniere. *Figure* 36 & 37, une agraffe décorée de quelques ornements.

Explication de la Planche XVI, qui représente plusieurs manieres simples de tenir les Portes fermées.

Figure 1, *A B* battant d'un loquet à bouton; *A*, la queue du battant; *B*, sa tête; au milieu de la ligne ponctuée *F A*, est un œil, où l'on met un clou sur lequel tourne le battant; *C C*, crampon qui empêche le loquet de s'écarter de la porte, de s'élever ou de s'abaisser trop : quelquefois on fait l'œil quarré, & on entre dedans une broche quarrée qui répond à un bouton qu'on tourne pour lever le loquet.

D, bouton.

E, tige de fer avec une partie en saillie qui sert à soulever le battant quand on tourne le bouton.

Figure 5, *F* boucle de fer qui tient lieu du bouton pour lever le loquet au moyen de la petite piece *G*.

Figure 2, *H* mentonnet qui tient au chambranle, & qui sert à recevoir la tête du battant pour tenir la porte fermée. *Figure* 3, *T* autre mentonnet qui se scelle dans l'embrasure.

Figure 4, garniture pour un loquet à poucier; *I*, platine de ce loquet; *K*, branche qui sert de poignée, & qu'on tire pour fermer la porte; *L*, la piece qu'on abaisse avec le pouce pour lever le battant du loquet au moyen de la partie *M*, qui est en dedans de la chambre.

Figure 7, *M* loquet à vielle vu du côté qui est appliqué contre la porte; la platine *P P* tient lieu de palâtre & d'entrée; *N O*, petite manivelle qu'on nomme *la Vielle*; *O*, étoquiau autour duquel elle tourne; *M*, petite garniture pour la clef.

Figure 6, *P P* la même platine vue par dehors; alors elle sert d'entrée; *A B*, partie du battant du loquet.

Figure 8, *R S T* la vielle vue séparément avec son étoquiau.

Figure 9, le même loquet vu par derriere avec toutes les pieces qui en dépendent. *A B*, le battant du loquet; *K*, œil où l'on met le clou; *V*, branche de la vielle passée sous le loquet, & qui le leve quand elle est elle-même levée par la clef; *O*, étoquiau de la vielle; *P P*, la platine; *X*, couverture sous laquelle doit être la vielle. On la voit séparée indiquée par la même lettre *X*.

Figure 10, la clef.

Figure 13, loquet à la cordeliere vu par devant; *a a*, la platine où est l'entrée, & qui sert de palâtre; *b*, l'entrée. On apperçoit en *c* une cloison qui est la partie *e c* de la piece *e c d* (*Figure* 14) qui tient lieu de garniture, & qui oblige, pour ouvrir ce loquet, d'avoir une clef qui lui soit assortie.

Figure 12 *e e*, est une platine pliée au milieu en gouttiere; elle est attachée contre la platine *a a* (*Figure* 13) , & elle tient lieu de ce qu'on appelle dans les ferrures *le foncet*; *f* eſt une tige qui tient au loquet , & qui eſt libre , étant iſolée dans la gouttiere. Quand on ſouleve la clef, elle appuie ſur le bout *f* de cette tige qui leve le loquet *A B g. C* eſt le crampon qui limite le mouvement du loquet; *D* , eſt le bouton qui ſert à ouvrir le loquet quand on eſt en dedans de la chambre.

Figure 15 eſt la clef pour ouvrir cette eſpece de loquet ; *i* reçoit la partie arrondie *b* (*Figure* 14) ; la partie *c e a d* (*Figure* 14) entre dans *b a c* (*Fig.* 15) , & l'arrondiſſement *f* (*Figure* 12) reçoit la partie *g h* de la clef *Figure* 15.

Les *Figures* 16 & 17 ſont des eſpeces de petites ferrures dont la clef n'a point de paneton ; toutes deux repréſentent cette ferrure du côté qui eſt appliqué contre la porte.

La *Figure* 16 a toutes ſes pieces , & on en a emporté quelques-unes à la *Figure* 17.

i le palâtre; *K K*, le pêne; *l*, pied du reſſort; *m*, le reſſort qui a ſes arrêts en *m*; *n*, le foncet ; *n²*, gorge du reſſort. *O*, palette qui tient lieu du paneton de la clef , les parties du reſſort ſont indiquées par les mêmes lettres à la *Figure* 20 ; *p* (*Figure* 18) eſt la tige où tient le paneton *O* ; *q* , la clef forée comme celle d'une pendule , pour recevoir le bout de la tige qui eſt quarré.

Figure 19, *K* le pêne ſéparé ; *s s s*, ſes barbes; *t t t*, ſes encoches ; quand on tourne la clef, le paneton *o* (*Fig.* 17) porte ſur la partie convexe de la gorge du reſſort *n²* qui ſouleve la partie *m*, les arrêts ſe dégagent des encoches *t* (*Figure* 19); alors rien n'empêche que le pêne ne gliſſe dans les picolets *u u*, & le paneton portant ſur la barbe *s* qu'il rencontre , fait avancer le pêne; quand le paneton a échappé la gorge *n²* du reſſort, la partie *m* ſollicitée par la partie *l*, retombe à ſa place, un arrêt prend dans une encoche *t*, ce qui fixe le reſſort dans ſa ſituation , & la porte eſt fermée juſqu'à ce que la clef revenant ſur ſes pas produiſe les mêmes effets en ſens contraire pour retirer le pêne en dedans & ouvrir la porte.

q (*Figure* 20) eſt l'étoquiau marqué *q* (*Figure* 17).

La *Figure* 23 eſt une eſpece de verrou à reſſort qu'on nomme *Bec de canne* ; *Figure* 22 , *a a* le palâtre ; *b b* , la cloiſon ; *c c* , le rebord où eſt percé l'ouverture *F* pour le paſſage du pêne *G* (*Fig.* 23); *d*, étoquiaux ; *K L* (*Figure* 23 & 25) , piece qui tient en quelque façon lieu du foncet, & qui ſert à diriger la route du pêne : elle eſt repréſentée à part *Figure* 25. *M*, la vis qui l'attache au palâtre ; *G H I* (*Fig.* 23 & 24), le pêne qui eſt coudé en équerre ; il eſt repréſenté à part *Figure* 24. *N O* , eſt une entaille qui limite la courſe du pêne , étant embraſſé par la piece *Figure* 25.

Figures 23 , 27 & 28, *R S Q* levier à deux branches, qui tourne ſur le point *S* , & qui appuyant contre la partie *H I* du pêne, le fait rentrer en dedans ;

cette piece *R S Q*, est dessinée à part *Figure* 27 ; & à la *Figure* 28 , elle présente le côté qui regarde le palâtre. On voit en *t t* une petite partie saillante qui empêche les branches de cette piece de frotter contre le palâtre ; le trou quarré qui est au milieu *S*, reçoit la broche quarrée *Figure* 29 ; la partie ronde *Y* (*Fig.* 29) entre dans le trou *A* (*Fig.* 22) ; la partie quarrée *V* (*Fig.* 29) entre dans le trou quarré *S* (*Fig.* 23 , 28 ou 27, & la partie *VZ* entre dans le quarré du bouton *X²*. on apperçoit qu'en tournant un de ces boutons , on pousse la partie *Q* ou la partie *R* de la piece *R S Q* , contre la partie *H I* de la queue du pêne , & la tête *G* rentre dans le palâtre ; pour le faire sortir , il est pressé en sens contraire par un ressort à boudin *p* (*Fig.* 23 & 26) qui est arrêté au centre des révolutions à un étoquiau.

La *Figure* 30 est une rosette qu'on cloue sur la menuiserie à l'endroit où elle est percée , pour recevoir la broche *Z Y* (*Figure* 29).

On trouvera dans la suite la maniere de faire les pâlâtres, les étoquiaux , les ressorts & toutes les pieces qui forment une serrure.

CHAPITRE V.

Des Serrures de toutes les especes , par M. DE REAUMUR.

ARTICLE I.

Des Serrures en général.

NOUS voilà enfin parvenus aux serrures qui font la sûreté des fermetures des portes des armoires , des coffres & de tout ce qu'on veut y renfermer : heureusement cette belle partie de la Serrurerie s'est trouvée faite par feu M. de Réaumur ; c'est donc lui qui va parler.

Il n'y a point de machines plus communes que les serrures ; elles sont assez composées pour mériter le nom de *Machine* ; mais je ne sais s'il y en a qui soient aussi peu connues par ceux qui les emploient. Il est rare qu'on sache en quoi consiste la bonté d'une serrure , le degré de sûreté qu'on peut s'en promettre. Leur extérieur est presque la seule chose à quoi on s'arrête. Les usages importants auxquels elles sont employées, devroient cependant exciter la curiosité à les connoître , si la curiosité étoit toujours excitée raisonnablement. Il n'y a rien dans la Serrurerie qui demande plus d'adresse & d'habileté de la part de l'Ouvrier ; aussi est-ce toujours une serrure que les *Statuts* de cet Art proposent pour chef-d'œuvre à chaque aspirant à Maîtrise.

Il y a bien des especes de serrures , dont les unes conviennent mieux pour certaines fermetures , & d'autres pour d'autres. Elles ont chacune des parties ou des dispositions de parties particulieres ; les unes sont plus aisées à forcer que les autres ; il y en a qui donnent prise aux crochets simples, d'autres ne peuvent être ouvertes que par deux crochets ; d'autres plus parfaites font à l'épreuve des crochets : enfin il y en a d'aifées à ouvrir avec des roffignols ou des clefs corrompues , & d'autres qui ne le peuvent être que très-difficilement. Voici l'ordre que nous nous fommes propofés de fuivre pour faire connoître toutes ces différences & en général tout ce qui contribue à rendre les ferrures parfaites ou défectueufes.

1°. Nous ferons connoître les principales parties des ferrures , celles qui leur font communes à prefque toutes , & nous donnerons en même temps une courte explication des termes dont nous aurons befoin dans la fuite.

2°. Nous indiquerons après les principales efpeces de ferrures , celles auxquelles toutes les autres peuvent être ramenées.

3°. Nous les ferons mieux connoître , chacune par une courte defcription, & fur-tout par une explication de la Planche où elles font repréfentées.

4°. Les ferrures étant connues , nous viendrons à la maniere de faire leurs parties, de les affembler ou de compofer toute la ferrure , les clefs , les garnitures , & la façon de les piquer.

5. Enfin nous ferons quelques remarques fur leurs défauts & leurs perfections. Nous décrirons les manieres dont on les ouvre fans la clef , & comment elles doivent être faites pour être le plus fûres qu'il eft poffible.

ARTICLE II.

Détail des différentes parties qui compofent une Serrure.

ON fait qu'une ferrure *Planche XVII* , eft une efpece de boîte ordinairement rectangle ou quarrée *Figure* 1 , qui renferme un ou plufieurs verroux qu'on ne peut ouvrir que par le moyen d'une clef. Cette efpece de boîte eft fouvent ouverte d'un côté, c'eft celui qui eft appliqué contre le bois : le côté parallele à celui-ci ou à la piece de bois contre laquelle la ferrure eft attachée , & qui forme l'extérieur de la boîte *r* (*Fig.* 1, 2 & 3) s'appelle *le Palâtre* ; c'eft fur le palâtre que font affujetties la plupart des pieces de la ferrure ; des quatre autres faces de la ferrure , l'une *a a* (*Fig.* 1 & 2) eft nommée *le rebord du palâtre* ; c'eft celle où eft une ouverture *z* par où fort & entre l'efpece de verrou qui ferme la ferrure qu'on nomme *le Pêne* : elle eft nommée *rebord du palâtre* , parce qu'elle eft faite de la même piece que le palâtre qui a été plié à angles droits.

Les trois autres faces *x x* de cette efpece de boîte font nommées enfemble *la cloifon* ; elles font compofées d'une piece de fer pliée deux fois à angle droit , & arrêtée perpendiculairement fur le palâtre. Elle l'eft par de petites pieces de fer *b b* (*Fig.* 1 & 2) , appellées *Etoquiaux* , nom commun dans la Serrurerie à la plupart des petites pieces qui en portent ou qui en arrêtent d'autres ; celles-ci font forgées quarrément ; elles ont très-peu de diametre,

metre , & font prefque auffi longues que la bande qui forme la cloifon , eft large ; un des bouts de chaque étoquiau eft terminé par un tenon qui entre dans le palâtre , & eft rivé deffus ; à quelque diftance de l'autre bout, l'éto-quiau a un autre tenon en faillie fur un des côtés , c'eft-à-dire , perpendicu-laire à fa largeur ; celui-ci entre dans la cloifon , & s'y rive.

L'efpece de verrou que la clef fait aller & venir , & qui tient la porte fer-mée, eft appellée *Péle* , & plus fouvent *Péne*. M. Félibien a préféré ce der-nier nom , nous l'adopterons auffi , quoique les Serruriers lui donnent pref-que toujours le premier.

Le pêne eft retenu dans la ferrure par un crampon *A* (*Fig.* 5) qui lui tient lieu de couliffe ; on l'appelle *le Picolet* ; il eft attaché au palâtre par un tenon *a* & une vis qu'on met en *b* ; on le voit en place *Figure 3*.

Le corps du pêne a des efpeces de petites dents *B* (*Fig.* 4) , qui don-nent prife à la clef, comme on le voit *Fig.* 6 ; ce font , en terme de l'Art , *les barbes du pêne* ; le bout *D* qui fort de la ferrure, ou plus généralement celui qui tient la porte fermée , eft fa tête , & l'autre *E* fa queue : quelquefois le pêne a deux têtes , & il eft appellé *Pêne fourchu* ; quelquefois il en a encore davantage.

Si le pêne n'étoit pas arrêté fixement où il a été conduit par la clef, ce ne feroit qu'une efpece de verrou , il feroit ouvert toutes les fois qu'on pourroit le pouffer avec une lame de couteau ou avec un clou ; c'eft pour cela qu'en même temps que la clef le pouffe , elle le dégage de l'endroit où il eft arrêté. Dans plufieurs ferrures , le pêne a des entailles *C* (*Fig.* 4) appellées *Encoches* ; une petite piece de fer qui, fuivant les conftructions de ferrures, eft tantôt fur le pêne & tantôt fur le reffort , & auffi quelquefois fur le palâtre , fe nomme l'*Arrêt du pêne* qui s'engage dans une encoche qui eft ou fur le pêne , ou fur la gâchette. Quand cet arrêt eft porté par le reffort , la clef le foule-ve toutes les fois qu'elle fait marcher le pêne ; fi la petite piece qui fert d'arrêt eft portée par le pêne , elle s'engage dans une encoche qui eft à une piece attachée contre le palâtre qu'on nomme *la Gâchette* : les Planches donneront des exemples de ces différentes difpofitions d'encoches & d'arrêts.

Mais ce qui caractérife principalement la ferrure , & ce qui la rend plus fûre , ce font les pieces appellées communément *les Gardes* , & dans la Ser-rurerie , *les garnitures* ; ce font elles qui empêchent de tourner toute clef qui n'a pas certaines entailles. Il y en a de cinq fortes dont il fera plus aifé de donner l'idée quand nous aurons remarqué les différents endroits où les clefs peuvent être fendues.

Toute clef eft compofée d'une partie longue *b c* (*Fig.* 7) , qui en eft la tige ; un des bouts de la tige fe termine par un anneau *a* , l'autre bout eft tantôt percé , & alors la clef eft dite *forée*, *Fig.* 7 , tantôt il eft façonné en bou-ton ; on appelle ces clefs *à bout, Figure* 7° ; près de ce dernier bout , la clef a

une partie plate en faillie *e d* qui eft appellée *le Paneton.* Le paneton eft le plus
fouvent plat & toujours coupé quarrément. Le côté du paneton oppofé &
parallele à la tige eft pour l'ordinaire plus épais que le refte ; on le nomme
le Mufeau de la clef g g ; il y a des panetons courbés deux fois felon leur longueur qu'on nomme *Panetons en S*, parce qu'ils en ont la figure. On fait de
refte que c'eft le paneton qui fait marcher le pêne ; l'ouverture de la ferrure
qui le laiffe paffer, s'appelle avec raifon *l'Entrée.* On nomme auffi *Entrée* un
ornement de fer *Figure* 13, rapporté fur la porte autour du trou qui laiffe
paffer la clef ; mais afin que tout paneton qui peut entrer dans la ferrure, n'y
puiffe pas tourner, on l'entaille, & on attache dans la ferrure des pieces qui
s'oppofent au mouvement des clefs qui ont leurs entailles d'une autre figure
ou d'une autre grandeur.

On fend les clefs de bien des manieres différentes, & qui peuvent encore
être plus variées qu'on ne le fait ; elles fe réduifent à cinq efpeces principales
d'entailles qui conduifent à toutes les autres. Celles qui ont leur ouverture
fur les côtés, foit inférieur foit fupérieur du paneton *e e* (*Fig.* 7), font appellées *les Rouets* ; il y a pourtant une de ces fortes de fentes qui a toujours
le nom de *Bouterolle*, c'eft celle qui eft taillée vers le bout inférieur, & qui
fépare, pour ainfi dire, le paneton de la tige *f* ; les autres fentes plus avancées
vers le mufeau font toujours nommées *Rouets.* Les entailles de la troifieme
efpece font moins profondes que les rouets, elles font creufées dans le mufeau ; il y en a plufieurs paralleles les unes aux autres, on les appelle *les Rateaux g g* ; elles forment les dents de la clef ; mais lorfqu'une de celles-ci,
c'eft ordinairement celle du milieu, eft pouffée plus loin que les autres, &
jufqu'auprès de la tige *m*, elle prend le nom de *Planche*, & fait la quatrieme
efpece de fente qui demande dans la ferrure une partie très-différente de
celle que demandent les rateaux. Enfin quand la fente appellée *Planche* s'é-
largit quelque part vers le milieu du paneton, ou proche de la tige, comme on le voit aux *Figures* 7, on donne un nom particulier à cet endroit de
la fente, on le nomme un *Pertuis* ; & quoique ce ne foit qu'une modification
de la planche, nous le mettons dans une claffe particuliere, parce qu'il
engage à un travail fort différent. Quand il y a une entaille ifolée dans le
paneton, c'eft-à-dire, qui ne communique ni avec la planche ni avec les rateaux, elle porte auffi le nom de *Pertuis.*

Ainfi toutes les fentes des clefs fe réduifent aux rouets, bouterolles, rateaux, planches & pertuis : mais il y en a des unes & des autres de bien des
figures différentes dont il n'eft pas temps de parler : il fuffit de remarquer à
préfent que quand une clef tourne dans une ferrure, chacune de fes fentes
reçoit une piece de fer qui lui eft proportionnée, & ce font toutes ces pieces enfemble qui portent le nom de *Garniture.* Elles ont auffi chacune le nom
particulier de l'entaille de la clef, à qui elles conviennent : un rouet de la clef

tourne, par exemple, autour d'une piece appellée *Rouet* qui eſt une lame de fer roulée , & ainſi des autres ; mais quelquefois la clef ne rencontre que dans une partie de la circonférence qu'elle décrit , la piece qui arrêteroit une au-tre clef ; les pieces appellées *Rateaux* de la ſerrure *Figure* 11 , n'occupent preſque jamais qu'une petite partie de cette circonférence.

Quelquefois toutes ces pieces ſont recouvertes par une piece plate auſſi grande que le palâtre , on la nomme alors *la couverture* , elle eſt le deſſus de la boîte ; mais plus ſouvent elles ſont cachées ſeulement par une piece plate beaucoup plus petite C (*Fig.* 10) ou en place *Figure* 1 & 3 ; elle eſt portée par deux pieds *e e* qui ſont arrêtés ſur le palâtre par des vis , & cette piece eſt nommée *le Foncet*, auſſi eſt-elle le petit fond ; elle porte, comme le palâ-tre, quelques-unes des garnitures ; ſi la clef a, par exemple, des rouets de part & d'autre, un de ces rouets eſt attaché au foncet, l'autre au palâtre.

Quand la ſerrure n'a qu'une entrée, qu'on ne peut l'ouvrir que d'un cô-té, cette entrée eſt du côté du foncet. Si la clef eſt forée, il y a dans la ſer-rure une broche *Figure 9* , qui en porte auſſi le nom, qui va au moins juſqu'au foncet, & même par-delà. Cette broche eſt la garniture du trou de la clef.

Mais quand la clef n'eſt pas forée, on attache ſur le foncet une eſpece de tuyau C (*Fig. 6* , *Planche XIX*), appellé *Canon* qui a autant de longueur à peu près que le bois de la porte a d'épaiſſeur ; ce canon conduit la clef dans la ſerrure. Celles qui ont des broches n'en ont pas beſoin , la broche produit le même effet. Cependant pour les ſerrures ſolides , comme ſont celles des portes , on met un canon quoiqu'elles aient une broche.

On appelle *Serrures à pluſieurs fermetures* , celles qui ſe ferment en plus d'un endroit ; ce qui ſe fait ou par le moyen de pênes qui ont pluſieurs tê-tes , ou des têtes diviſées en pluſieurs parties , ou par le moyen de pluſieurs pênes différents , ou enfin par le moyen de quelques autres pieces dont nous parlerons dans la ſuite. Car nous donnerons des exemples de tout ceci dans différentes planches.

La longueur que la clef fait parcourir au pêne pour l'ouvrir , eſt nommée *la Courſe du pêne.*

A R T I C L E I I I.

Diviſion des Serrures, & expoſition des parties qui ſont propres à chacune.

Toutes les ſerrures ſe rangent aſſez naturellement en deux claſſes dont la premiere comprend celles hors deſquelles eſt le pêne , lorſqu'elles ſont fer-mées , & l'autre celles au-dedans deſquelles le pêne reſte en entier , quoi-qu'elles ſoient auſſi fermées. Nos ſerrures ordinaires de portes de chambre , d'armoires , de bureaux , &c, ſont de la premiere claſſe. Les ſerrures de coffre fort , les ſerrures en boſſe , les ſerrures plates qui retiennent les fléaux des portes cocheres, les ferrures antiques & les cadenas font de la feconde claffe.

Les premieres fe divifent en ferrures à broche, en ferrures befnardes, & en ferrures qui fans être befnardes, n'ont pourtant point de broches. Les ferrures à broches font celles dont les clefs font forées. Les ferrures befnardes, celles dont la clef n'eft point forée, & qui s'ouvrent de l'un & de l'autre côté de la porte par le moyen d'une même clef qui entre par des ouvertures pofées l'une vis-à-vis de l'autre. Enfin il y en a qui, quoiqu'elles n'aient pas de broche, ne s'ouvrent pourtant que d'un côté; on en a repréfenté une *Planche XXI, Fig. 19.* Les ferrures des portes de chambre font prefque toujours befnardes; celles des portes d'armoires & bureaux font à broche, ou au moins elles ne s'ouvrent que d'un côté.

La tête du pêne ou des pênes des unes & des autres eft tantôt quarrée, & tantôt taillée en bifeau, d'un côté. Il y en a quelques-unes qui ont prefque toujours ce bifeau, & qui en prennent le nom de *Serrure en bec de canne*; on en voit fouvent aux bureaux. Quand ces ferrures font fermées, les têtes de leurs pênes font ou arrêtées dans une entaille faite dans le bois pour les recevoir, ou paffées fous une piece de fer nommée *Gâche*; entre les gâches les unes fe fcellent en plâtre, & on les appelle *à fcellement*; les autres qu'on nomme *Gâches à pointe*, font effectivement terminées par des pointes qu'on enfonce dans le bois.

A préfent toutes les ferrures fe font pour être attachées en dedans de la chambre ou de l'armoire. Il n'y a plus que quelques ferrures de la feconde claffe qu'on attache en dehors. Pour rendre celles qui étoient en dehors auffi fûrement attachées, & afin qu'elles ne fiffent pas un effet défagréable, il falloit les charger de beaucoup d'ouvrage. On en verra des exemples dans les ferrures antiques.

Il y a des ferrures, foit befnardes, foit à broches, dont les unes font appellées *à pênes dormants*, & cela parce que le pêne ne fort de la ferrure, ou n'y rentre que quand il eft pouffé par la clef; & à d'autres qui font appellées *Serrures à tour & demi*, leur pêne n'eft entiérement dans la ferrure que quand on le tient ouvert; il y a un reffort qui tend continuellement à l'en faire fortir. Nous ferons voir dans les Planches fuivantes les différentes difpofitions qu'on donne à ce reffort. Ces ferrures fe ferment d'un demi-tour en tirant la porte, c'eft-à-dire, qu'il faut un demi-tour de clef pour les ouvrir de ce que le reffort les ferme; on les ouvre auffi par le moyen d'un bouton placé en dedans de la chambre, on les appelle *à tour & demi*, parce que la clef fait un tour & demi pour les ouvrir entiérement, ou un pour les fermer, parce que ce reffort a fermé le demi-tour.

On donne auffi affez fouvent pour nom aux ferrures le nombre des tours que fait la clef pour les ouvrir; on appelle *Serrure à demi-tour* celle que la clef ouvre en un demi-tour; on n'en fait point de celles-ci pour des portes,

&

& rarement en fait-on dont les pênes fortent en dehors : nous en avons pourtant un exemple dans les coffres forts d'Allemagne (*a*). On appelle *Serrure à un tour*, celle où la clef n'en fait qu'un ; *à deux tours*, celle où elle en fait deux. Il n'y a que des ferrures extraordinaires où les tours de la clef paſſent ce nombre.

Outre le pêne, les ferrures de cabinet ont quelquefois une efpece de verrou qui fe ferme fans la clef ; de forte qu'une ferrure à pêne dormant fe ferme en tirant la porte, comme une à tour & demi ; ce verrou eſt pouſſé hors de la ferrure par un reſſort comme le pêne des tours & demi, & on l'y fait rentrer par le moyen d'un bouton, ou avec la clef qui, en faifant marcher le pêne, fait auſſi marcher le verrou, parce que le pêne le tire : on en trouvera un exemple dans les Planches.

On peut encore ramener à cette claſſe de ferrure celles de buffet : outre les pênes dormants qu'elles ont de commun avec quelques-unes des précédentes, elles ont de plus des verroux qui fe ferment haut & bas, afin que l'argenterie foit plus en sûreté ; dans les unes, ces verroux hauſſent & baiſſent par le moyen d'un levier appellé *Bafcule* ; & dans d'autres, par le mouvement d'un pignon qui engrene dans des dents taillées dans ces verroux, & difpofées comme celles des crémailleres. On en trouvera le détail dans les Planches, & on y a joint une maniere de fufpendre les portes qui s'ouvrent des deux côtés, comme celles de quelques chaifes roulantes, parce que ces fortes de pentures ont au moins autant de rapport avec les ferrures de buffet, qu'avec les pentures ordinaires.

Les Serrures de la feconde claſſe, outre l'entrée de la clef, ont une ou plufieurs ouvertures, felon qu'elles font à une ou à plufieurs fermetures, pour recevoir des efpeces de crampons appellés *Auberons*. Tantôt l'auberon eſt rivé à une bande de fer qui fe baiſſe & fe leve, comme on le voit aux portes cocheres, aux ferrures antiques ; cette bande eſt nommée *le Moraillon* (*b*). Tantôt il tient au manche d'un verrou, tel eſt celui des ferrures en boſſe ; tantôt il eſt attaché au couvercle d'un coffre. Les ouvertures qui laiſſent entrer les auberons, font ou dans le rebord du palâtre ou dans le palâtre, lorfque les ferrures s'attachent en dehors. Toutes ces ferrures font fermées lorfque l'auberon eſt arrêté dedans de façon à n'en pouvoir fortir : or il y a trois manieres dont on l'y arrête, favoir, 1°, par un pêne femblable à ceux des autres ferrures, tel eſt celui des ferrures en boſſe, ferrures de caſſette qui s'attachent en dehors, & ferrures de fléaux de portes cocheres ; 2°, par le moyen d'un pêne qui a une longue branche perpendiculaire qui fe recoude ou fe termine par une tête parallele au rebord du palâtre : on nomme *Pênes en bord* les ferrures qui en ont de cette derniere efpece : 3°, enfin

(*a*) On peut en prendre l'idée par le petit Bec de canne, Planche XVII, Figure 16.
(*b*) Nous en avons parlé à l'occafion des Verroux.

SERRURIER. T t

elles fe ferment par le moyen de *gâchettes.* La Serrurerie fait un double em-
ploi de ce terme ; nous nous en fommes déja fervis pour exprimer des pieces qui arrêtent les pênes ordinaires ; peut-être pourtant que la fignification
ne fera pas équivoque, parce que les pieces qu'il fignifie, different affez de
figure & de pofition pour qu'il foit toujours aifé de reconnoître de laquelle
on veut parler. Nos gâchettes qui fervent à fermer, font portées par un étoquiau autour duquel elles tournent, comme un levier autour de fon point
d'appui ; un des bouts qui eft d'un côté de l'étoquiau, donne prife au paneton
de la clef, & l'autre a une tête propre à s'engager dans un auberon. Quelquefois la même ferrure a des pênes & des gâchettes. Les plus mauvaifes de
toutes qu'on emploie quelquefois pour des coffres, n'ont qu'une feule gâchette, on les nomme des *Houffettes* ; elles s'ouvrent à un demi-tour, & fe
ferment à la chûte du couvercle.

Celles à pênes en bord & à gâchettes ont en dedans des pieces analogues
aux gâches des ferrures de la premiere claffe ; on les nomme des *Coqs* ; la
tête du pêne ou de la gâchette, après avoir paffé dans l'auberon, entre dans le
coq, elle fert à le foutenir.

Les cadenas font des ferrures qui ne s'attachent point à demeure contre
les portes qu'ils tiennent fermées. La plupart reviennent aux ferrures de la
derniere claffe ; ils fe ferment par un pêne qui ne fort point : mais plufieurs
femblent compofer un genre particulier, ils ne fe ferment point par des pênes, gâchettes, &c ; mais par des refforts, ou d'autres difpofitions de pieces.

Tout ceci s'éclaircira par l'infpection des figures qui fuivent, & les expli-
cations qui y font jointes. Mais auparavant nous allons donner une idée fu-
perficielle de la maniere de faire les différentes pieces qui compofent une
ferrure ; ce que nous aurons à dire dans la fuite en deviendra plus clair.

ARTICLE IV.

Idée générale de la maniere de faire les différentes pieces dont une
Serrure eft compofée, de piquer la Serrure & d'affembler
toutes fes Pieces.

Il faut commencer par faire la clef, comme nous l'expliquerons, c'eft la
bafe fondamentale de la ferrure.

Nous fuppofons donc que la clef de la ferrure qu'on entreprend eft finie,
ou au moins que fes garnitures font fendues, puifque c'eft la clef qui détermine la pofition & même la figure de la plupart des autres pieces. Le palâtre eft la bafe où s'attachent ces mêmes pieces ; on commence pour cette
raifon par le forger. On le fait ou de tôle ou d'une barre étirée, felon qu'on
le veut plus ou moins épais ; on l'équarrit & on plie enfuite fon rebord,
qui eft ce qu'il y a de plus difficile à l'égard de la cage d'une ferrure ; ce
rebord doit faire un angle droit avec le corps du palâtre ; la maniere ordi-

naire eft de faire prendre fucceffivement différents angles à cette partie jufqu'à ce qu'elle foit arrivée à l'angle droit , & cela en la forgeant ou fur l'enclume, ou fur une mâchoire de l'étau. D'habiles Serruriers au contraire plient
d'une feule chaude la partie deftinée au rebord jufqu'à venir toucher le palâtre & s'appliquer deffus ; dans la chaude fuivante , ils relevent cette même
partie, ils la mettent à l'équerre avec le refte : la raifon qui leur fait préférer
cette pratique à celle qui eft le plus en ufage , c'eft qu'ils ont obfervé qu'en
fuivant la premiere,on affoiblit trop le rebord dans l'endroit où il fait un angle
avec le corps du palâtre ; à mefure qu'on le plie,les coups le rendent plus mince
en cet endroit , & c'eft cependant où il a befoin d'avoir plus de force. On
voit affez fouvent des ferrures où ce rebord baille , où il s'écarte de la cloifon , ce qui ne feroit pas arrivé s'il eût eu plus d'épaiffeur du côté extérieur
de l'angle, au lieu qu'en ouvrant ce rebord après l'avoir entiérement plié ,
on refoule la matiere vers le fommet de l'angle, & on y en trouve de refte
quand on veut applanir l'angle du palâtre avec la lime.

Nous ne dirons point comment on ouvre dans le rebord du palâtre le trou
ou les trous qui laiffent fortir les têtes des pênes, ou qui donnent entrée aux
auberons ; il n'y a fur cet article aucune pratique à remarquer.

Le palâtre étant forgé , on forge la cloifon qui fe fait auffi d'une bande
de tôle , ou d'une barre de fer étirée à qui l'on donne un peu plus de largeur que le paneton de la clef n'a de hauteur : on plie cette bande à angles droits en deux endroits différents , à quoi il y a moins de fujétion qu'à
plier le rebord du palâtre, parce que la cloifon fatigue moins ; d'ailleurs elle
n'eft pas prife dans la piece qui forme le palâtre; elle y eft affemblée comme
nous allons l'expliquer.

Nous avons vu des ferrures faites avec foin où la cloifon portoit les étoquiaux qui fervent à l'arrêter fur le palâtre; ils font pris dans la piece même
dont elle eft formée. Ce font des endroits où l'on a réfervé plus d'épaiffeur ,
& qu'on a percés enfuite tout du long pour laiffer paffer des vis ; mais on
ne prend de pareils foins que pour des ferrures de chef-d'œuvre : les étoquiaux de toutes les ferrures communes font de petites pieces rapportées &
faites avec peu de façon , un même morceau de fer étiré fort long, & de la
groffeur qui leur convient en fournit plufieurs. Chaque étoquiau eft rivé par
un bout fur le palâtre; il a pour cela un tenon à ce bout, & il a quelque
part dans fa longueur & fur le côté, une partie en faillie ou un tenon qui
fe rive fur la cloifon. On donne à la piece étirée pour faire des étoquiaux,
plufieurs de ces petites parties faillantes diftantes les unes des autres de la
longueur d'un étoquiau ; divifant enfuite cette piece entre deux de ces parties faillantes , & autant de fois qu'on peut faire de pareilles divifions , on la
partage en plufieurs étoquiaux.

Il y a pourtant des étoquiaux un peu plus façonnés ; ils fervent auffi à un double uſage; on les appelle des *Etoquiaux à patte*; celui de leurs bouts qui ne ſe rive pas dans le palâtre, porte une patte, une eſpece de tête percée par un trou qui laiſſe paſſer une vis qui ſert à aſſujettir la ſerrure contre la porte, ce qui eſt une maniere plus propre & plus ſûre d'attacher les ſerrures que la maniere ordinaire.

Le palâtre, la cloiſon & les étoquiaux étant préparés, on encloiſonne la ſerrure, c'eſt-à-dire, qu'on attache la cloiſon ſur le palâtre. On verra dans les Planches les places où ſe mettent les étoquiaux, & qu'on en donne plus ou moins aux ſerrures ſelon leur grandeur. On marque la place des étoquiaux qu'on veut employer tant ſur le palâtre que ſur la cloiſon, & on perce, avec un foret, des trous dans tous les endroits marqués. Chaque étoquiau entre dans deux de ces trous, ſavoir dans un du palâtre, & dans un trou correſpondant de la cloiſon; on rive les tenons en dehors, on en fait de même à tous les étoquiaux.

Dans les ſerrures communes, la cloiſon n'eſt point aſſujettie avec le rebord du palâtre, & nous avons déja remarqué qu'il arrive auſſi fort ſouvent que ce rebord baille, qu'il s'écarte de la cloiſon. Ce rebord eſt appliqué ſur le bord de la porte; il réſiſte aux efforts qui tirent la ſerrure du côté des gonds, & il a de ces efforts à ſoutenir toutes les fois qu'on pouſſe une porte contre ſa baie avant que le pêne ſoit rentré, & encore plus dans d'autres circonſtances. Le mieux ſeroit donc que le rebord du palâtre & la cloiſon fuſſent liés enſemble; quelques-uns le font en entaillant les deux bouts de la cloiſon, & ceux du rebord du palâtre, de façon qu'ils peuvent s'aſſembler à queue d'aronde.

Mais une manœuvre plus ſûre, & auſſi commode pour arriver au même but, c'eſt de faire la cloiſon plus longue qu'on ne la fait ordinairement; au lieu qu'elle ſe termine de part & d'autre où commence le rebord du palâtre, il faut qu'elle ſoit pliée à angle droit à chacun de ces endroits; chacune des parties qui ſont par-delà ces angles ou plis, deviennent par conſéquent paralleles au rebord du palâtre, avec lequel on les aſſujettit par des rivures. Il n'eſt pas néceſſaire de donner beaucoup de longueur à l'une & à l'autre de ces parties.

Voilà la boîte de la ſerrure faite, il reſte à la remplir de ſes pieces, du pêne, du picolet, & des reſſorts, gâchettes, garnitures, foncets, &c. On forge & lime ordinairement toutes ces différentes parties avant que de commencer à en piquer ou aſſembler quelqu'une. *Piquer une piece*, c'eſt marquer par des traits ſa place ſur le palâtre. Si la ſerrure eſt pour un coffre fort, & qu'elle ait des coqs, ce ſont les premieres pieces qu'on pique, & qu'on aſſemble; mais ſi la ſerrure eſt du genre de celles dont le pêne ſort, on commence par piquer le pêne; on marque par un trait à quelle diſtance de la cloiſon doit être celle de ces faces d'où partent les barbes, & cette diſtance eſt

au

au moins prife prife au diametre du cercle que décrit la clef ; on lui donne
même quelque chofe de plus ; car il faut que la clef tourne aifément.

Une autre chofe à déterminer dans la fituation du pêne, c'eft la longueur
de fa courfe ; or cette longueur eft toujours égale à la diftance d'une barbe
à l'autre, & de plus à l'épaiffeur d'une des barbes, de forte qu'en faifant les
barbes au pêne, on regle l'étendue de la courfe qu'il aura dans la ferrure ;
car fi cette ferrure eft bien faite, quelque nombre de barbes qu'il ait, la premiere de fes barbes, ou la plus proche de la tête, doit fe trouver quand le
pêne eft entiérement ouvert à des diftances des deux bouts de la ferrure pareilles à celles où en eft l'entrée de la clef, ou plus exactement pareilles à
celle où eft le centre du cercle que la clef décrit, & la derniere des barbes
doit être dans la même place quand le pêne eft fermé.

On enleve les pênes comme toutes les pieces maffives au bout d'une barre, on les façonne felon que la ferrure le demande, & on efpace leurs barbes proportionnellement au chemin qu'on veut qu'ils faffent dans leur courfe, & on fait quelle eft cette diftance dans des ferrures communes. Les Ouvriers même qui fe font mis fur le pied de donner leur ouvrage à bon mar-
ché, & qui par conféquent n'y peuvent employer que peu de temps,
ont des étampes à barbes, c'eft-à-dire, des fers où la figure des barbes eft gravée en creux à la diftance où elles doivent être les unes des autres. On forge le pêne fur ce fer, & on y étampe les barbes ; mais il y a encore à déterminer la longueur de ces mêmes barbes ; car plus une barbe eft longue, &
plus long-temps la clef a prife deffus pendant qu'elle fait fon tour : la raifon
en eft claire ; fi une barbe ne faifoit que toucher ou entrer peu dans la partie fupérieure du cercle que la clef décrit, la clef ne feroit que toucher, ou
elle pousseroit peu cette barbe ; fi au contraire la longueur de la barbe éga-
loit celle du rouet que décrit la clef, & que le pêne fût fur la tangente du
bord fupérieur de ce cercle, la clef pousseroit la barbe pendant un quart de
tour, & pourroit amener la barbe fuivante par-delà la place que nous lui
avons affignée comme la plus convenable.

Or pour bien déterminer la longueur des barbes par rapport à leur diftance, ou, ce qui eft la même chofe, par rapport à l'étendue de la courfe du
pêne, il faut, fi la ferrure eft à broche, piquer la broche, ou, fi elle a une
clef à bout, y piquer le centre de la tige. Pour cela on applique le paneton
de la clef contre le bord du pêne mis en place, mais entre fes barbes, &
on appuie le bout de la tige de la clef fur le palâtre ; on tire deux traits paralleles au pêne, qui font deux tangentes du bout de la tige ; au milieu de
ces deux tangentes, on perce un trou qui eft celui de la broche, ou le trou
qui laiffe paffer la tige de la clef à bout.

Souvent même l'Ouvrier ne prend pas tant de précautions pour marquer
le centre de la clef, & ne laiffe pas de bien faire ; il mouille le bout de la

clef avec sa salive, & l'applique, comme nous l'avons dit, sur le palâtre ; si la clef est forée, elle mouille la circonférence du cercle qu'il faut ouvrir ; si elle est à bout, elle mouille le centre de ce cercle.

Il est de conféquence que la clef en tournant affleure le bord du pêne ; car par-là le pêne devient lui-même une garniture, puifqu'il empêche d'entrer toute clef qui auroit le paneton plus large que celle qui doit l'ouvrir.

Le centre de la clef étant piqué, il est aifé de voir jufqu'où elle doit conduire chaque barbe, afin que celle qui fuit vienne dans la place où elle a pris la premiere quand elle abandonne cette premiere, & on pique aussi la place du picolet & celle des arrêts & des gorges du ressort du pêne. Les arrêts doivent trouver l'encoche chaque fois que la clef cesse de pousser une barbe, & la clef doit presser la gorge des ressorts toutes les fois qu'elle commence à agir contre une barbe.

Le picolet est une efpece de crampon qui fe forge comme tous les autres.

Les grands ressorts, les ressorts à boudin, fouillot, ressorts de chien, fe font d'acier de Hongrie peu trempé : s'ils l'étoient trop, ils feroient plus cassants, & il fuffit qu'ils aient fuffifamment d'élafticité ; à beaucoup de ferrures, ces ressorts font de fer ; & pour leur donner de l'élafticité autant qu'il faut, après les avoir enlevés & forgés à chaud, on les bat à froid, on mouille de temps en temps le marteau avec lequel on les frappe ; les Ouvriers attentifs ne les frappent de la forte que fur une des faces, fur celle qui est du côté où le ressort tend à s'ouvrir, ce qui leur fait prendre une figure qui augmente encore leur action.

On fait toujours en acier les ressorts à deux branches qui ferment le pêne d'un demi-tour, quand une des branches du ressort agit immédiatement contre la queue du pêne, qu'elle ne la presse point par le moyen d'un fouillot, parce que dans ce cas le ressort doit agir plus loin, & que le fer ne conferveroit pas toute l'élafticité néceffaire. Ces ressorts étant forgés, on les trempe, & on leur donne un recuit au fuif, ou on les recuit fans fuif : les bons Serruriers, au lieu de ressorts de chien, emploient ceux à boudin, & généralement tous ceux qui doivent réagir avec force, font faits avec de bon acier de Hongrie, auquel ils donnent un recuit convenable.

Enfin le pêne, le picolet & les ressorts étant piqués, ou, fi l'on veut, arrêtés, on pique les garnitures ; en faifant tourner la clef, on trouve les circonférences fur lefquelles doivent être les rouets. Les dents de la clef montrent aussi alors jufques où peuvent aller les rateaux. On marque avec des traits la place de toutes ces pieces. S'il y a des planches, des pertuis, la clef regle de même la hauteur de leurs pieds. Toutes ces pieces fe rivent à l'ordinaire.

La derniere piece à mettre est le foncet, ou la couverture, fi la ferrure en a une ; la furface extérieure de l'une & de l'autre doit être mife de niveau avec le bord de la cloifon , autrement on feroit obligé d'entailler la porte où l'on veut attacher la ferrure, & il eft à propos de n'avoir à y faire d'autre entaille que celle qui laiffe paffer la clef ou fon canon.

Voilà en gros comme fe font les ferrures ; mais ces idées générales ne fuffifent pas, on trouvera les détails dans la fuite : il faut auparavant décrire toutes les efpeces de ferrures qui font en ufage ; & pour le faire avec ordre, nous parlerons d'abord des ferrures auxquelles la tête du pêne fort du palâtre pour entrer dans une gâche.

Nous parlerons enfuite de celles où le pêne refte dans la ferrure , & paffe dans une efpece de gâche qu'on y introduit & qu'on nomme *Auberon*.

Enfuite nous traiterons des Cadenas.

ARTICLE V.

Des Serrures auxquelles la tête du Pêne fort du Palâtre pour entrer dans une Gâche.

EXPLICATION des Figures du Chapitre cinquiéme.

PLANCHE XVII.

Où l'on a repréfenté un petit Bec de canne , & quelques parties d'une Serrure , pour commencer à les faire connoître d'une façon générale avant que d'entrer dans de plus grands détails. Ainfi cette Planche peut être regardée comme une continuation de la Planche XVI du Chapitre IV.

LA *Figure* 16 eft un petit bec de canne qu'on met aux portes des Bibliotheques , ou à des portes vitrées très-légeres ; comme ces petites ferrures conduifent peu à peu aux ferrures, j'ai profité d'un vuide qui fe trouvoit fur la *Planche XVII*, pour en placer un différend de ceux qui font fur la *Pl. XVI*.

A A, le palâtre ; *B* , petit rebord du palâtre par lequel fort le pêne ; *C D* , le pêne qui a une ouverture en *G*, dans laquelle eft une cheville à tête *I* , qui fert de conducteur au pêne , & tient lieu des picolets ; & cette cheville qui , par fa tête, affujettit le pêne , limite fa courfe.

On voit en *H* une efpece de barbe fur laquelle s'appuie le paneton *L*, qui eft foudé à la broche du bouton, & qui tient lieu du paneton d'une clef, pour retirer le pêne dans l'intérieur de la ferrure.

P , eft un picolet qui reçoit le bout de la broche *O* du bouton, & qui fert à l'affermir.

En *Q* font les trous pour attacher le palâtre au battant de la porte ; *K* , eft un reffort à boudin qui pouffe le pêne en dehors, quand le paneton du bouton le laiffe en liberté.

La *Figure* 14 repréfente le pêne *D C* , fa barbe *H* , fa fente *G* , qui reçoit la cheville à tête *I*; une partie de la broche *O* du bouton, & fon paneton *L*;

enfin le reffort à boudin K, qui appuie contre le talon E, qu'on a formé en diminuant l'épaiffeur du pêne à la partie $E F$.

On voit à la *Figure* 15 le bouton M, fa broche O, fon paneton L, & une petite platine N, qui recouvre le trou qu'on a fait au battant de l'armoire pour paffer la broche O.

Je pourrois m'étendre beaucoup plus fur de pareilles petites ferrures que les Serruriers favent varier fuivant les circonftances ; mais nous croyons devoir nous abftenir d'entrer à ce fujet dans de plus grands détails. Ainfi nous allons entamer ce qui regarde les ferrures qui doivent faire l'objet du Chapitre V.

Les *Figures* 1, 2 & 3 repréfentent une ferrure à broche & à gâchette attachée fur le palâtre.

La *Figure* 1 repréfente cette ferrure prefque entiere, vue en perfpective du côté de l'entrée de la clef.

La *Figure* 2 eft la même ferrure à laquelle il manque plufieurs parties.

La *Figure* 3 eft le plan de cette même ferrure.

Il faut remarquer que dans toutes les figures, les mêmes pieces font repréfentées par des lettres pareilles ; $r r$, le palâtre ; $x x$, fa cloifon dont une partie eft brifée en y ; aux *Figures* 1 & 2, $a a$ le bord du palâtre, dans lequel eft l'ouverture χ du pêne $E D$. b, les étoquiaux qui fervent à affembler la cloifon avec le palâtre ; C (*Figures* 1 & 3), le foncet. On le voit féparément à la *Figure* 10, avec fes pieds ou attaches $e e$, & l'entrée qui à ces ferrures eft percée dans le foncet ; F (*Fig.* 1 & 2) eft la broche. On la voit féparément avec fon pied *Figure* 9.

$D E$ (*Figures* 1 & 3), le pêne ; il eft vu féparément *Figure* 4 ; D, fa tête ; E, fa queue ; B, fes barbes ; d, l'ouverture pour l'attache du bouton G (*Figures* 1 & 12).

H (*Figures* 2 & 8), la gâchette ; h, fon pied autour duquel elle tourne comme on le voit *Figure* 6 ; g, fa gorge.

I, le reffort de la gâchette qui eft attaché au palâtre en K, & qui va s'appuyer fur la gâchette en fe prolongeant derriere l'étoquiau h.

A eft le picolet ; il eft en place *Figures* 1 & 3 , & on le voit féparément *Figure* 5 : il fert de conducteur au pêne, il a à un bout a un tenon qui entre dans le palâtre, & à l'autre b un œil pour recevoir une vis.

On voit à la *Figure* 6 , comment le paneton de la clef prend dans les barbes du pêne, & comment il leve la gâchette.

P (*Figures* 1 , 3 & 12) eft un reffort à deux branches qui fert à fermer le demi-tour ; Q eft fon pied ou l'étoquiau qui l'attache au palâtre ; une de fes branches s'appuie fur la cloifon, comme on le voit *Figures* 1 & 3 en b ; l'autre appuie fur une levre ou talon qui eft à la queue du reffort, & il y a en R (*Fig.* 1, 3 & 12), un étoquiau qui empêche cette branche du reffort de trop avancer.

On

On voit à la *Figure* 12, comment le bouton & la couliffe s'ajuftent avec le pêne pour ouvrir le demi-tour.

La *Figure* 13 eft une platine de tôle découpée & percĕe pour recevoir la clef, c'eft ce qu'on nomme *l'Entrée* ; on la cloue fur le battant de forte qu'elle réponde exactement à l'entrée qui eft ouverte dans le foncet.

Figure 11 eft un rateau avec fon pied : on verra dans la fuite que c'eft une garniture qui entre dans les dents qui font au mufeau de toutes les clefs.

Figure 7, clef forée ; *Figure* 7ᶜ, clef à bout ; *a*, l'anneau ; *b c*, la tige ; *d e*, le paneton ; *g g*, le mufeau : nous parlerons ailleurs des garnitures.

Explication des Figures de la Planche XVIII, qui repréfente des Serrures à clef forée ou à broche, pour des Portes d'Apparte-ments & d'Armoires.

Cette Planche repréfente *Figures* 1, 2, 3 & 4, une ferrure forée à tour & demi, à pêne en paquet, ou monté fur gâchette.

Les *Figures* 17 & 18 repréfentent des ferrures plus petites, fervant pour des Bibliotheques ; elles n'ont point de gâchette, mais ont un grand reffort placé entre le pêne & la cloifon.

La *Figure* 1 repréfente la ferrure parfaite & montée ; *A*, le palâtre ; *B*, la cloifon ; *C*, le rebord du palâtre ; *D*, la queue du pêne ; *E*, fa tête ; *F*, le reffort double ; *G*, le foncet ; *P*, la broche ; *S*, l'entrée.

Figure 2, la même ferrure où l'on a ôté la cloifon & le foncet, pour mieux faire appercevoir les parties du dedans ; *A*, le palâtre ; *C*, le rebord ; *D*, la queue du pêne ; *E*, fa tête ; *K K*, fes barbes ; *H*, le picolet ; *I*, l'ouverture pour recevoir le bout de la couliffe ; *L*, la gâchette ; *M*, fa gorge ; *O*, le rouet ; *P*, la broche ; *T*, les rateaux ; *F*, le reffort double.

La *Figure* 3 ne repréfente que le palâtre *A* ; *C*, fon rebord où eft l'ouverture du pêne ; *I*, l'ouverture faite au palâtre pour la couliffe ; *L*, la gâchette ; *M*, fa gorge ; *N*, fon reffort ; *a a*, ouverture pratiquée au palâtre pour recevoir les pieds du rouet.

Figure 4 eft le plan de cette ferrure où l'on a ponctué le foncet ; *A*, le palâtre ; *D*, la queue du pêne ; *E*, fa tête ; *K K*, les barbes ; *H*, le picolet ; *M*, la gorge de la gâchette ; *F*, le reffort double ; *G*, le foncet qui eft ponctué ; *S*, l'entrée ; *T T*, pieds des rateaux.

Figure 5, *O* les rouets détachés.

Figure 6, *F* le reffort double.

Figure 7, *L* la gâchette ; *M*, fa gorge ; *N*, fon reffort.

Figure 8, *P* la broche avec fon pied.

Figure 9, *T* le rateau avec fon pied.

Figure 10, *H* le picolet.

Serrurier. X x

Figure 11 , *Q* la couliſſe ; *Figure* 12 , *R* ſon bouton ; *Figure* 13 , *Q R* ces deux parties jointes enſemble.

Figure 14, *E D* le pêne ; *K* , ſes barbes ; *I*, ouverture pour recevoir la queue de la couliſſe.

Figure 15 , *G* le foncet renverſé pour faire voir ſes pieds , ſon rouet & l'entrée.

Figure 16 , la clef dont le paneton eſt refendu d'un rouet ſimple, d'un rouet à pleine croix , & des dents pour le rateau.

Figure 17 , une petite ſerrure à pêne dormant , & à deux tours.

A, le palâtre ; *B* , la cloiſon ; *C* , le rebord du palâtre ; *D E* ; le pêne ; *K K* , ſes barbes ; *L* , le reſſort ; *M*, ſa gorge ; *H* , le picolet ; *G* , le foncet ponctué ; *S* , l'entrée.

Figure 18 , la même ſerrure vue en perſpective , & à laquelle on a ôté une partie de la cloiſon & le foncet.

A, le palâtre ; *B* , la cloiſon ; *C*, le rebord ; *D E*, le pêne ; *K K* , ſes barbes ; *H*, le picolet ; *L L* , le reſſort ; *M*, ſa gorge ; *P*, la broche ; *S* , l'entrée ; *T T* , les pieds des rateaux.

Figure 19 , *D E* le pêne détaché ; *K K K* , les barbes.

Fig. 20 , *G* le foncet ; *a a*, les ouvertures pour river les pieds d'un rouet ; *S* , l'entrée ; *b* , un des pieds du foncet.

Figure 21 , *P* la broche avec ſon pied ou ſa patte.

Figure 22 , *H* le picolet.

Figure 23 , *T* le rateau.

Figure 24 , la clef qui eſt fendue pour un rouet *i*, une bouterolle *b* , & les dents d'un rateau.

EXPLICATION *des Figures de la Planche XIX, où ſont repréſentées des Serrures Beſnardes.*

ELLE repréſente une ſerrure beſnarde à deux tours à pêne dormant , qui eſt arrêté par un grand reſſort poſé au-deſſus de ce pêne.

Cette ſerrure peut ſervir pour donner une idée générale des ſerrures beſnardes. L'entrée *B* de la clef de la *Figure* 1 , eſt pour ouvrir la ſerrure lorſqu'on eſt dedans la chambre. Le canon *Y Y* de la *Figure* 2 , conduit la clef dans la ſerrure lorſqu'on veut l'ouvrir étant en dehors. La partie de la Planche *Q Q* (*Figure* 3) partage l'épaiſſeur de la ſerrure en deux. Le pertuis *R* a autant de ſaillie du côté de *Q Q*, qui eſt caché, que de celui qui eſt en vue. De quelque côté qu'on faſſe entrer la clef, la fente *a* (*Fig.* 5) qui partage ſon paneton en deux parties égales, reçoit la planche *Q Q* de la *Figure* 3 autour de laquelle elle tourne , d'où il ſuit que pendant que les dents d'une des moitiés du paneton ſoulevent le grand reſſort *Figure* 3 , qu'elles pouſſent la gorge *K* ; les dents d'une autre moitié du paneton pouſfent une des barbes du pêne ; le pêne peut alors céder à l'effort de la clef, parce que l'arrêt du reſſort ne ſe trouve plus engagé dans les encoches du pêne , lorſque la clef éleve le grand reſſort.

Cette diſpoſition de reſſort eſt commune à bien des ferrures : on voic dans la *Figure* 4 les encoches *H* du pêne où s'engage l'arrêt du reſſort au bout de chaque tour , & les barbes *G* du pêne. La Figure féparée 25 repré-fente ce pêne *p s* ; ſon étendue vers *n* eſt l'arrêt qui empêche le pêne de fortir de ſon palâtre, plus loin que ſa courſe ; *q* , les barbes ; *r* , les enco-ches. On voic en *s* un talon qui fert à éloigner le pêne du palâtre pour qu'il ait moins de frottement.

Les figures féparées montrent auſſi la maniere dont ſe forge le reſſort , ainſi que les canons & les planches , & la maniere d'aſſembler les planches avec le pertuis. Entrons dans les détails.

La *Figure* 1 repréſente la ferrure vue du côté de la chambre.

Figure 2 la repréſente vue du côté qui s'applique contre la porte.

Les *Figures* 3 *&* 4 la repréſentent vue à peu près du même côté que la *Figure* 2 , mais avec beaucoup moins de parties.

Les autres figures font des parties détachées des figures précédentes.

A A A , le palâtre. Ils marquent auſſi *Figure* 1 , les ouvertures par où paſ-fent les vis qui attachent la ferrure.

B (*Figure* 1), l'entrée de la clef ; *C* , cache-entrée.

Figure 11 *&* 12 , *D D* deux cache-entrées vus féparément , & de deux-différens côtés.

E E E (*Fig.* 1 *&* 2) la cloifon : on l'a ôtée aux *Figures* 3 *&* 4.

F , le rebord du palâtre percé en *F* , pour laiſſer paſſer la tête du pêne.

G (*Figure* 4) le pêne en place ; *G* , marque auſſi ſes barbes.

H (*Figure* 4) les encoches du pêne.

Fig. 25 féparée *I* , le pêne vu retourné , ou du côté qui eſt le plus proche du palâtre dans la *Figure* 4 ; *p s* , la longueur du pêne ; *q* , les barbes ; *r* les encoches ; *n* , l'arrêt du pêne.

Figure 4 *&* 17 , *M* le picolet du pêne.

N (*Fig* 4), le rouet du palâtre : on voit auſſi ce rouet en *N* dans la *Fig.* 19.

O (*Figure* 20) la piece dont eſt fait ce rouet.

P P (*Figure* 4) les trous où ſe rivent les pieds de la planche.

Q Q (*Figure* 3) la planche.

R (*Figure* 3) pertuis de la planche.

Figure 15 , *S* piece féparée dont on fait la planche.

Figure 14 , *T T* planche qui a ſon pertuis.

Figure 23 , $T^2 T^2$ pertuis féparé de la planche, vu en deux ſenſ différens.

V (*Figure* 2) le foncet qui cache la planche & d'autres garnitures,

X , pied de la planche.

Y Y , canon de la clef.

Z a b (Figure 9) eſt le même foncet vu hors de la ſerrure ; *a,* ſon pied ; *b ,* le canon.

Figure 6 , *c* canon vu ſéparément.

Figure 7 , *d* piece de fer roulée pour faire un canon.

Figure 8 , *e* canon ſur le mandrin qui ſert à le rouler.

Figure 10 , *f* piece de fer dégroſſie pour faire le canon.

Figure 16 , *g* eſt le foncet renverſé , c'eſt-à-dire , vu du côté intérieur de la ſerrure ; on voit qu'il porte en *g* un rouet.

h i k (Figure 3 *&* 13) ſéparée , eſt le grand reſſort poſé ſur le pêne.

h , ſon pied ou étoquiau par lequel il eſt attaché au palâtre.

i , ſon encoche.

k , la gorge du reſſort.

Figure 18 , *m , n , o , p p* le grand reſſort ſéparé.

o , renvoi du reſſort , & qui ſert à former la rondeur qui reçoit le pied *p p.*

r , la lame du milieu du reſſort.

m n , la partie la plus étroite.

u , partie qui doit s'encocher dans le pêne.

s t , la troiſieme partie du reſſort pliée en *s.*

q r , endroits où la partie du milieu eſt rivée contre la partie courbée.

s , gorge du reſſort.

t , contour qui ne ſert gueres qu'à l'ornement.

Figure 22 , *x y ʒ* piece forgée pour faire un reſſort ſemblable.

y , l'arrêt ou partie qui doit s'encocher dans le pêne.

Fig. 21 , 3 , 4 , 5 , 6 la piece précédente qui eſt déja pliée en un endroit.

4 , l'arrêt.

5 , l'endroit où il reſte à la plier.

Figure 24 , 7 rateaux pour la garniture.

Figure 5 , clef 8 ; & 9 , le paneton où ſont marqués les deux rouets, 8, 9, la planche *a* , & le rateau *b b.*

EXPLICATION des Figures de la Planche XX, qui repréſente une Serrure Beſnarde à deux pênes , qui nous donnera lieu de faire diverſes remarques ſur le moyen de rendre les Serrures plus ſûres.

10. ELLE donne un exemple des ſerrures qui ont une couverture. Dans la *Figure* 1 , le palâtre eſt emporté ; *A A* eſt la couverture. Dans la *Fig.* 2 *&* 3 , la couverture eſt emportée , & *B B* eſt le palâtre : mais la couverture ne ſert ſouvent que pour une propreté aſſez inutile ; le foncet lui tient lieu de cette piece.

2°. Elle a deux pênes dont le fort eſt dormant , & à deux tours ; auſſi lui

voit-on

voit-on dans les figures trois barbes & trois encoches. L'arrêt de ce pêne est double de ceux des pênes que nous avons vus ; car outre qu'il est tenu par un grand ressort *H* (*Figure* 2) , il porte encore une gâchette en paquet *Figure* 1 *D E E*. L'arrêt qui entre dans les encoches *E E* de cette gâchette, est rivé sur le palâtre. On peut aussi remarquer une position de gâchette différente de celle qui est sur la *Planche XVII*, & quelque différence dans sa figure & celle du ressort.

Le pêne qui est ainsi arrêté par une gâchette & un grand ressort , en vaut mieux, non-seulement parce qu'il est retenu par une force double , mais sur-tout parce qu'il est plus mal-aisé aux crochets de l'ouvrir ; car si les garnitures permettent à un crochet de lever ou le ressort ou la gâchette , celui des deux qui n'est pas levé , tient encore le pêne aussi fortement que le pêne des serrures ordinaires est tenu.

3°. Elle a un second pêne à demi-tour qui dispense de fermer le plus fort quand on est dans la chambre. Un ressort à boudin *Q* ferme, le demi-tour de ce pêne ; on l'ouvre dans la chambre par le moyen d'un bouton *P* ; la clef ouvre aussi ce petit pêne par dehors après avoir ouvert entiérement le plus gros , & cela parce qu'il y a une équerre mobile *O N M* (*Figure* 1) qui tourne autour du pied *N* ou étoquiau qui la porte ; ce pied passe au travers de l'angle de l'équerre , & est rivé sur le gros pêne ; une des branches *O* de la même équerre est horizontale & couchée sur le gros pêne , quand ils sont tous deux entiérement fermés ou ouverts ; l'autre branche *M* alors est verticale , & engagée par le bout *V* dans une entaille faite dans le petit pêne *K*. La *Figure* 4 montre la disposition des deux pênes *R S* & *I K* l'un par rapport à l'autre , & celle de l'équerre *O N M*, quand ils sont tous deux entiérement ouverts ou fermés ; mais quand le gros pêne *R S* est entiérement ouvert , & que le petit *I K* ne l'est point encore , les deux branches de l'équerre prennent des positions inclinées comme on le voit *Figure* 5 , parce que la partie *M* de l'équerre marche avec le pêne sur lequel elle est arrêtée ; alors le bout *O* de la branche qui étoit couché sur le gros pêne est en dessous de ce pêne, & dans un endroit où il peut donner prise aux dents de la clef. Voyez *Fig.* 5 *O N M*. Par conséquent si la clef tourne , elle releve cette branche *O* qui s'oppose à son passage ; l'équerre entiere tourne donc sur elle-même , d'où il suit que la branche *M* qui est engagée dans le petit pêne , l'ouvre.

4°. Les coupes *o o p p* (*Figure* 15), font voir qu'on donne quelquefois des canons aux serrures besnardes ; ce canon tourne avec la clef : il est arrêté dans la serrure , parce qu'il a plus de diametre qu'en dehors, ou que n'en ont les entrées de la clef ; ce qui est montré par *m* & *l* (*Fig.* 6). Ce canon est une bonne garniture pour les serrures besnardes ; comme il tourne avec les crochets , il les empêche de trouver les barbes du pêne.

Reprenons ces objets pour les examiner plus en détail.

La *Figure* 1 repréfente la ferrure ayant fon palâtre emporté.

La *Figure* 2 la repréfente ayant la couverture & une partie de fa cloifon emportées.

La *Figure* 3 eft un plan de cette ferrure qui eft en perfpective dans les *Figures* 1 & 2.

A A (*Figure* 1), la couverture.

B B (*Figures* 2 & 3), le palâtre.

C , le grand pêne.

D E E (*Figure* 1), la gâchette ; *D* , fon pied ; *E E* , fes encoches, dans lefquelles entre un étoquiau rivé fur le palâtre qui ne fauroit paroître dans aucune des trois figures.

H (*Figures* 2 & 3), grand reffort avec fes arrêts.

I (*Figures* 1 & 2) un des pieds de la planche ou pertuis qui n'a point été mife ici pour éviter la confufion.

K , le fecond pêne.

L , fon picolet.

M , une des branches de l'équerre qui ouvre le fecond pêne.

N (*Figure* 1), le pied de cette équerre.

O (*Figure* 1), fa gorge.

P (*Figures* 2 & 3), bouton qui ouvre ce pêne dans la chambre.

Q (*Figures* 1, 2, & 3), reffort à boudin qui le ferme.

Figure 4, *R S* le grand pêne vu féparément avec fa gâchette *D E* en paquet, & fon équerre *O N M* dans la pofition où elle eft quand le petit pêne *I K* & le grand font tous deux ouverts ou fermés.

Figure 5, *O N M* fait voir la pofition de l'équerre dans le cas où le grand pêne eft ouvert, & le petit fermé ; elle montre comment la clef a prife alors fur la gorge *O* de l'équerre.

Figure 7, *O N M* équerre féparée.

a , autre efpece d'équerre qu'on emploie quelquefois.

Figure 8, *b* piece dont on fait un reffort à boudin *c*.

d , étoquiau pied de ce reffort.

Figure 9, *e* le bouton du petit pêne.

Figure 10, *ff* planche coupée par le milieu où l'on voit fon pertuis.

g , partie du canon tournant.

h (*Figure* 11), un des pieds de la planche.

i (*Figure* 12), picolet.

K (*Figure* 13), grand reffort.

l m (*Figure* 6), canon tournant & fa coupe ; il ne fauroit fortir de la ferrure à caufe de la partie *m l* qui eft plus groffe que le refte.

Figure 14, *n* clef befnarde.

Figure 15 , *o o* coupe de la ferrure prife par le milieu du canon qui eft garni de fa clef.

p p , autre coupe.

EXPLICATION des Figures de la Planche XXI , qui repréfente les Serrures propres aux Portes légeres.

CETTE Planche repréfente deux ferrures dont la premiere, *Figures* 1, 2 & 3, eft une ferrure befnarde à tour & demi , à pêne en paquet ou monté fur gâchette.

La feconde ferrure , *Figures* 18 & 19 , eft une ferrure de même efpece , mais faite pour une porte vîtrée.

Les ferrures des portes de cabinet , & la plupart de celles des portes de chambres font pareilles à la premiere ; la clef fait un tour & demi pour les ouvrir , & n'en a qu'un à faire pour les fermer ; parce que le reffort qui pouffe le pêne, lui fait parcourir ce que feroit un demi-tour de clef.

La difpofition du reffort du demi-tour eft différente ici de celle de la *Planche XX* ; il ne pouffe pas immédiatement le pêne. Ce reffort *h i k* (*Fig.* 2, 3, 5 & 7), agit contre une piece appellée *Souillot l m* , *l m n* (*Figure* 3, 6 & 7), qui peut tourner comme autour d'un centre autour de l'étoquiau qui lui fert de pied ; cette efpece de reffort eft appellée *Reffort de chien.*

Mais nous avons eu fur-tout en vue de faire connoître dans cette ferrure ce qu'on appelle *un Pêne en paquet* ou *monté fur gâchette.* C'eft un pêne qui porte avec foi la gâchette , & le reffort qui tient la gâchette abaiffée dans le temps que le pêne eft arrêté. La gâchette *X Y* (*Figures,* 3, 7 , 8 , 9 & 10), eft une lame de fer plus épaiffe à un bout qu'à l'autre. Les bons Ouvriers font un trou dans cette épaiffeur , & les mauvais, au lieu de rendre le bout de la gâchette plus épais , fe contentent de le rouler. Dans le trou *X* qui eft au bout de la gâchette eft un étoquiau qui lui fert de pied , & qui eft rivé tout auprès de l'endroit où eft la tête *B* du pêne *Figure* 8. La gâchette va jufqu'auprès de la queue du pêne ; elle eft recourbée dans la partie *Y* qui doit fe trouver entre les deux barbes *P P* (*Figures* 3 & 8) ; elle y forme une convexité qu'on appelle *la gorge de la gâchette* , & qui donne prife aux dents de la clef, on fait quelquefois cette gorge d'une piece rapportée ; par-delà cette gorge la gâchette a deux encoches *z* (*Figures* 7, 8 & 10) dans le côté qui eft le plus proche du palâtre.

Le reffort *&* , *Figures* 7 , 8, 10 & 11 , d'où dépend en partie le jeu de la gâchette , eft une lame pliée prefque à angle droit en deux parties inégales : la plus courte a un pied *f* (*Figures* 7 & 11) , rivé fur le pêne proche de fa queue , un peu par-delà le pli : la branche la plus longue s'incline & vient s'appuyer fur la gâchette prefque horizontalement, ayant fa gorge affez avancée entre les barbes du pêne ; la gâchette ne peut cependant avancer davantage vers le côté où le reffort la pouffe ; la feconde branche du reffort de la gâchette en empêche : elle paffe par-deffus le bout de la gâchette ; mais le reffort ne manque jamais de ramener la gâchette en fa place d'abord que la clef ceffe de lui faire violence ; & quand la gâchette eft dans cette difpofition, le pêne ne fauroit fe mouvoir horizontalement ; il y a au-deffous de *P* (*Figure* 3) un petit arrêt fixé fur le palâtre qui s'engage alors dans une des encoches *z* de la gâchette, d'où la gâchette n'eft dégagée que quand la clef l'éleve.

La *Figure* 12 *g*, eft un morceau d'acier difpofé pour faire un reffort de gâchette.

La ferrure des *Figures* 18, 19 & 20 eft, comme la précédente, une ferrure befnarde à tour & demi, à pêne en paquet, monté fur gâchette ; elle eft pour une porte vîtrée ; & comme ces fortes de portes donnent peu de place à la ferrure, au lieu de les faire oblongues, on les fait prefque quarrées ; le pêne *Figure* 21 y eft plus court, par conféquent on place le picolet plus proche du rebord du palâtre.

Le reffort qui ferme le demi-tour eft différent de ceux que nous avons vus, & eft un reffort à boudin *F*, c'eft-à-dire, qu'il eft roulé quelques tours autour de fon pied ; le bout de ce reffort eft engagé dans une entaille creufée dans le pêne entre le picolet & le rebord du palâtre.

Entrons dans de plus grands détails pour donner une idée encore plus jufte des ferrures dont il s'agit.

La *Figure* 1 eft la ferrure befnarde qui fert à une porte ordinaire vue du côté qui eft dans la chambre.

La *Figure* 2 eft le plan de la même ferrure vue du côté qui s'applique contre la porte.

La *Figure* 3 eft la même ferrure en perfpective vue du côté dont la *Figure* 2 donne le plan.

Les autres figures qui font entre les trois précédentes, font les parties de la ferrure repréfentées féparément.

A A A (*Fig.* 1 & 2) eft le palâtre ; auprès de ces lettres font les trous qui fervent à attacher la ferrure fur la porte.

A la *Figure* 18, comme cette ferrure eft courte, les trous pour l'attacher font en *a a a* fur le rebord du palâtre, & fur une efpece de patte qui eft attachée à la cloifon.

B (*Figures* 2 & 3), & *b* (*Figures* 18, 19 & 20), eft le rebord du palâtre dans lequel la tête du pêne paffe, comme quand il eft fermé à demi-tour.

C & *c* eft la cloifon ; on ne l'a pas mife à deffein de deux côtés aux *Figures* 3, 19 & 20.

D (*Figure* 1), le bouton qui ouvre le demi-tour ; on ne peut pas l'appercevoir

percevoir à la *Figure* 18 , & communément il n'y en a point à ces fortes de ferrures lorfqu'elles font deftinées pour des armoires.

E (*Figure* 3) petit étoquiau du bouton avec une clavette pour retenir le bouton *D Figure* 1.

F (*Figure* 1) le cache-entrée ; il n'y en a point aux ferrures d'armoires qui n'ouvrent que d'un côté.

G & *g*, le foncet, *Figures* 14 , 15 , 18 & 26.

H & *h* (*Figures* 15 & 26), fes pieds : on voit *Fig.* 2 & 3 , feulement la place où ils fe pofent.

I (*Figure* 13) , le canon pour fervir de conducteur aux clefs qui ne font point forées.

K & *k* (*Fig.* 14, 15 & 18), l'entrée de la clef du côté de la couverture.

L & *l* (*Figure* 26 & 28), pertuis fait pour la clef *Figure* 4.

M (*Figure* 4 & 27), pertuis de la clef.

O Q R P P , & *o q p p* (*Figure* 21 & 29), le pêne féparé vu du même côté que dans la *Figure* 3.

O , entaille proche de la tête : à toutes les ferrures à demi-tour , la tête du reffort doit être en bifeau , ce qui les fait nommer *en Bec de canne.*

P P & *p p* , fes barbes.

Q , l'endroit entaillé pour l'étoquiau du bouton quand il y en a.

R (*Figure* 29) , encoche pour recevoir l'arrêt de la gâchette.

V X Y Z & *P P* , & *u x y z p p* (*Figure* 8 & 22) , eft le même pêne vu d'un autre côté & renverfé de haut en bas pour faire voir fa gâchette & fon reffort.

V u , la tête du pêne.

X x , l'endroit où la gâchette eft portée par un pied.

Y y , gorge de la gâchette.

Z z , l'encoche de la gâchette où l'arrêt s'engage.

Figures 8 & 24 , & le reffort qui preffe la gâchette en *X* , & qui en retient pourtant la tête vers *Z*.

X Y Z & *Figure* 10 font voir la gâchette & fon reffort détachés du pêne, & ces pieces placées comme elles le doivent être l'une par rapport à l'autre.

X x Y y (*Figures* 9 & 23) , gâchette féparée ; la gorge *Y* eft prife dans la piece.

& (*Figures* 11 & 24) eft le reffort de la gâchette , vu féparément ; *e* eft le petit rebord qui arrête le bout de la gâchette.

f , eft le pied du reffort, par le moyen duquel on le rive contre le pêne.

g (*Figure* 12) , piece dont eft fait le reffort précédent *Figure* 11.

h i k (*Figure* 5) , reffort appelé *Reffort de chien.*

h , fon pied.

i , la branche qui s'appuie contre la cloifon.

SERRURIER.   Z z

k, la branche qui preſſe le fouillot.

l m n (*Figure* 6), le fouillot; *l*, ſon pied; *m*, la partie entaillée qui laiſſe paſſer le pied du reſſort; *n*, le bout qui preſſe contre le reſſort de la gâ-chette.

La *Figure* 7 fait voir comment le reſſort de chien, le fouillot & la gâchet-te en paquet ſont diſpoſés les uns par rapport aux autres.

u u (*Figure* 2), les rateaux qui entrent dans les entailles *u u* de la clef *Figure* 4 & 27.

Les *Figures* 18 & 19 repréſentent une ſerrure de porte vîtrée : elle eſt vue du côté de la couverture ; mais dans la *Figure* 19, cette couverture & deux des côtés de la cloiſon ont été ôtés.

g (*Figure* 18), la couverture ou plutôt le foncet.

Figure 26 eſt ce foncet enlevé & renverſé ; *l* eſt un rouet comme la clef *Figure* 27 le demande.

h, eſt un des pieds du foncet.

Figure 27, la clef.

b (*Figures* 18 & 19), le pêne qui eſt toujours taillé en bec de canne.

F (*Figures* 18 & 19), le reſſort à boudin qui le ferme d'un demi-tour ; *F*, ſon pied ; *O*, ſon aile : on le voit ſéparé *Figure* 25.

Figure 21, le pêne ſéparé & renverſé qui fait voir la place des étoquiaux qui portent la gâchette & ſon reſſort.

Figure 22, le pêne avec ſon paquet, c'eſt-à-dire, avec la gâchette & ſon reſſort.

Figure 23, gâchette ſéparée dont la gorge *y* eſt rapportée.

r, l'encoche de la gâchette.

Figure 20, pâlatre nud, où l'on ne voit que le petit étoquiau *m*, qui eſt l'arrêt de l'encoche de la gâchette, & l'entaille pour le jeu du bouton.

O (*Figure* 25), reſſort à boudin avec ſon pied *F*.

Q Q (*Figure* 19), la planche.

R, le pertuis fait comme le demande la clef *D* (*Figure* 27).

EXPLICATION des Figures de la Planche XXII, où l'on a repréſenté une Serrure à broche, à double entrée & à pluſieurs fermetures.

CETTE Planche qui repréſente une ſerrure à broche s'ouvre cependant des deux côtés, & elle ſe ferme à quatre fermetures par le moyen de deux pênes & d'un verrou.

Quoique les ſerrures à broche ordinaires ne puiſſent être ouvertes que d'un côté, il eſt aiſé d'en faire qu'on ouvre de l'un & de l'autre côté, & cela ſans multiplier aucune des pieces eſſentielles ; tout ſe réduit aux changements & aux additions ſuivantes.

A ne pas mettre les deux entrées l'une vis-à-vis de l'autre, quoiqu'on les mette fur une même ligne. Aucune ne doit être au milieu du palâtre ou de la couverture. Pour la diſtance qui doit être entre l'une & l'autre, & l'addition des parties, on en jugera aiſément par celle que nous allons prendre pour exemple qui a un pêne dormant & à deux tours. Ce pêne eſt fendu ; mais ne nous arrêtons point encore à cette circonſtance. Les arrêts de ce pêne ſont portés par un grand reſſort *G*, placé horizontalement en deſſus du pêne, comme nous l'avons expliqué en parlant des pênes dormants ſimples *Planche XIX* ; ce que ce reſſort a de particulier, c'eſt qu'il a deux gorges *Fig.* 2 *H* & *I* ; le milieu de l'une eſt vis-à-vis le milieu d'une des entrées, & le milieu de l'autre gorge vis-à-vis le milieu de l'autre entrée; par conſéquent ſoit que la clef tourne dans l'une, ſoit qu'elle tourne dans l'autre ouverture, elle leve ce reſſort, elle le deſencoche. On multiplieroit en même proportion le nombre des gorges des gâchettes, ſi c'étoit un pêne en paquet.

On voit de même qu'il faut multiplier le nombre des barbes du pêne. Au lieu de trois, il faut en donner ſix à notre pêne dormant à deux tours, afin que la clef en puiſſe pouſſer trois par chaque entrée. Pour le nombre des encoches du pêne, il reſte de même ; il ne faut auſſi de même qu'un arrêt.

On met quelquefois moins de garnitures à celle des entrées par où on ouvre en dedans de la chambre, qu'à l'autre, parce qu'il n'importe pas autant qu'une ſerrure ſoit bien fermée quand on eſt dans une chambre, que quand on en eſt dehors : c'eſt ce qu'on voit dans la *Figure* 4, le rouet ſimple *b* répond à l'entrée du dedans de la chambre.

Pour ne pas trop multiplier le nombre des Planches, la même ſerrure nous ſervira encore à faire voir quelques ſtructures particulieres. Celle-ci a deux pênes réels, & par dehors ſemble en avoir quatre.

1°. Le premier eſt un pêne fourchu, un pêne à deux têtes, qui ont chacune une ouverture particuliere dans le rebord du palâtre *c d* (*Figure* 4):

2°. Il a de plus un ſecond pêne *e* (*Figure* 4), qui ſe ferme par un demi-tour, & qui s'ouvre immédiatement par la clef, & non par le moyen d'une équerre comme le petit pêne de la *Planche XIX* ; près de ſa tête, ce pêne a une haſture, & cela afin que ſon corps s'éleve bien plus haut que la tête ; il va ſe placer horizontalement entre le palâtre & le pêne dormant ; & voici pourquoi il ferme toujours à un demi-tour. Un reſſort de chien qui preſſe un fouillot, comme nous l'avons expliqué *Planche XIX*, tient ce demi-tour fermé. Le même pêne a un étoquiau, & il y a une couliſſe ou entaille pour recevoir cet étoquiau taillé dans le pêne dormant *X*, de façon qu'il peut aller & venir dans la couliſſe. Celui-ci n'a que deux barbes, le reſſort de chien le ferme toujours d'un demi-tour, la clef fait faire le tour & demi-reſtant.

3°. Enfin il ſemble que cette ſerrure ait un quatrieme pêne *l* (*Fig.* 4); elle porte un verrou qui en a la figure ; ce verrou eſt poſé ſur la cloiſon ;

On l'ouvre & on le ferme à l'ordinaire d'un bouton ; il s'ouvre ici par le moyen d'une couliſſe *n* (*Figure* 3) , qu'on a miſe ſeulement pour varier.

Les détails où nous allons entrer, acheveront de rendre ceci très-clair.

La *Figure* 1 eſt le palâtre ſans cloiſon ni rebord.

A , le paneton d'une clef dont la tige eſt cenſée par-delà le palâtre.

B , rouet qui remplit toutes les ouvertures qui ſont taillées dans la clef.

C , broche qui enfile la clef quand elle entre du côté de la couverture.

D , rouet ſimple tel qu'il eſt dans le bout du paneton de la clef.

La *Figure* 2 eſt la ferrure en perſpective à laquelle on a ôté la couverture & la cloiſon d'un côté.

La *Figure* 3 eſt le plan de la figure précédente.

E , l'entrée du côté du palâtre ; on remarquera qu'il n'y a pas tant de garnitures ici qu'en *B* (*Figure* 1) , & cela parce qu'on n'a pas beſoin de fermer ſa porte auſſi ſûrement quand on eſt dedans , que quand on eſt dehors.

F , place de la broche qui répond à l'entrée qui eſt du côté de la couverture.

G , grand reſſort qui ſert d'arrêt au pêne dormant.

H I , les deux gorges.

K G H I (*Figure* 7) vers le haut de la planche eſt le même reſſort ; *K* marque ſon entaille.

L (*Figures* 2, 3 & 4) reſſort de chien.

M , fouillot preſſé par le reſſort précédent.

N M (*Figure* 9) montre l'entaille du fouillot , & comment il peut atteindre le pêne à tour & demi ſans rencontrer le pêne dormant.

Figure 8 , *L* le reſſort de chien ſéparé.

Figure 6 *O P P* le pêne dormant qui paroît avoir deux têtes *P P* , parce qu'il eſt fourchu.

Q Q Q , les encoches ; on y voit auſſi ſes barbes.

S , *même figure* , la tête du pêne à tour & demi.

S T V X , ce pêne en entier.

T , eſt ſa haſture , ou un coude formant renvoi pour que la tête du pêne ſorte de la ferrure en *e* (*Figure* 4) , & que le corps *f g* ſoit poſé dans la ferrure ſur le pêne dormant.

V V (*Figure* 6) , ſes barbes.

X , l'étoquiau qui entre dans la couliſſe *E* du pêne dormant.

Figure 4 eſt la même ferrure vue du côté du palâtre d'où on l'a enlevé , excepté ſon rebord : elle fait voir la diſpoſition du pêne à tour & demi.

Y , le rebord du palâtre qui eſt reſté.

a , l'entrée du côté de la couverture.

b , la place de la broche pour l'entrée qui eſt dans le palâtre.

ç d,

c d , les têtes du pêne dormant.

e , la tête du pêne à tour & demi.

f , hasture de ce pêne.

g , sa queue.

h , souillot qui presse la queue du pêne.

i , ressort de chien.

l m n , (*Figures* 2 , 3 , 4 & 10) , le verrou ; *l* , sa tête ; *m* , l'endroit où le bouton est arrêté.

n , le bouton : c'est , *Figure* 11 , une piece à coulisse.

o , (*Figure* 12) , rouet simple ; *p* , de même.

Figure 13 , *r* rouet en S ; le même rouet vu du côté de ses pieds.

Figure 14 , *q* rateau qui fait partie de la garniture : on le voit en place dans les *Figures* 2 & 3.

Figures 5 *A* & 6 *B* , coupe de la serrure prise par le milieu de chacune de ses entrées.

Figure 5 *A* , 3 3 , coupe du rouet qui répond à l'entrée du dehors de la chambre.

4 , coupe du rouet simple qui répond à l'entrée du dedans de la chambre.

7 , 8 , coupe du pêne & du dormant.

Figure 6 , *B* coupe du pêne qui est mené par le ressort.

8 , 9 , coupe des deux rouets simples. 5 , coupe du verrou. 1 , 2 , les broches des deux entrées. Peu à peu nous passons des serrures les plus simples à celles qui sont plus composées.

EXPLICATION des Figures de la Planche XXIII , représentant une Serrure qui , outre la fermeture ordinaire , ferme une porte de chambre ou de buffet haut & bas , & arrête de plus une barre horizontale placée en travers vers le milieu de la porte.

ON ne se contente pas des serrures ordinaires pour les portes des buffets ; on en veut qui arrêtent la porte en haut & en bas , & qui de plus fortifient la porte même , en y arrêtant une barre en travers. On emploie aussi ces sortes de serrures pour des portes de chambre qu'on veut fermer bien sûrement. On trouve ici une des façons dont cela s'exécute.

La *Figure* 1 représente une porte avec son chambranle. Outre le pêne qui entre dans la gâche *D* à l'ordinaire , il y a deux verroux *C* fermés par la même serrure. La porte est de plus fortifiée par une barre *E F* , dont un bout est arrêté dans le crochet *F* , & l'autre dans la serrure.

Pour suivre toutes les fermetures de cette serrure , commençons par celle de son pêne. La *Figure* 2 montre qu'il est ouvert par deux tours de clef , comme tous les pênes dormants à deux tours ; c'est un grand ressort qui fait fon arrêt ; mais on voit qu'il fe recoude à angles droits où finiſſent les autres pênes *Figure* 2 *K* , pour deſcendre vers la cloiſon auprès de laquelle il ſe coude une feconde fois ; la partie qui eſt après le fecond coude *L M* (*Figure* 2) , a environ le tiers de la longueur du corps du pêne , & lui eſt parallele : nous la nommerons *la queue du Pêne.*

En fermant le pêne , on ferme les deux verroux & la barre horizontale ; celle-ci l'eſt par la queue du pêne. Le bout de la barre porte un crampon ou auberon *Figure 6* , *Q* & *R.* La cloiſon eſt entaillée pour laiſſer entrer cet auberon dans la ferrure ; quand la tête du pêne le ferme , ſa queue entre dans l'auberon , & alors la barre eſt arrêtée ; la queue du pêne a un picolet par- ticulier , il a une entaille dans laquelle entre auſſi l'auberon , cet auberon en embarraſſe moins. Ici la queue agit comme les pênes en bord.

Reſte à voir comment le pêne en ſe fermant ferme le verrou d'en bas & celui d'en haut. Ils font chacun attachés par un bouton autour duquel ils roulent au bout d'un des bras du levier appellé *Baſcule Figure 5* ; ces deux bras font égaux , ils font horizontaux lorſque le pêne eſt ouvert , & alors les deux verroux font ouverts ; mais dès-lors que le pêne fort de ſa gâche , le levier s'incline, la branche la plus baſſe ferme le verrou d'en bas, & la plus haute celui d'en haut. Voici par quelle méchanique cela s'exécute : le levier tient à une tige plate attachée au pêne par un bouton ; c'eſt donc le pêne qui porte le levier ; dès-lors que le pêne marche , il emporte avec foi le bouton ; la tige du levier ne peut pas le ſuivre en conſervant ſa poſition verticale , les deux verroux qui tiennent aux branches du levier s'y oppoſent , ils font ar- rêtés eux-mêmes par les entailles de la cloiſon dans leſquelles ils paſſent ; tout ce que peut faire la tige du levier , c'eſt de s'incliner , ce qui lui eſt permis , parce que le bouton qui lui ſert de pied eſt reçu dans une eſpece de couliſſe ou d'entaille plus longue que large. Le pêne oblige donc la tige du levier à s'incliner , par conſéquent les deux branches du levier s'inclinent auſſi , l'une deſcend & l'autre monte , la premiere pouſſe en enbas un ver- rou , & la feconde pouſſe l'autre en enhaut.

Le poids des deux verroux doit être égal , afin que la clef trouve moins de réſiſtance à les ouvrir & à les fermer.

On a encore quelquefois ajouté un verrou z (*Figures* 2 & 3) , à cette fer- rure ; il eſt fermé par un reſſort , & on l'ouvre en tournant un bouton qui tient à une tige de fer *D* (*Figure* 2) , laquelle porte une platine qui a priſe ſur le talon du verrou.

Détaillons plus exactement cette méchanique.

La *Figure* 1 repréſente la porte entourée de ſon chambranle & fermée.

A A , la porte.

B B , ſon chambranle.

C C , les verroux qui ferment haut & bas.

D , la gâche où entre le pêne & le verrou.

E F , la barre.

E , l'endroit où fon auberon entre dans la ferrure.

F , le crochet qui foutient l'autre bout de la barre.

G , le bouton fur lequel peut tourner la barre quand elle n'eft point arrê-tée dans la ferrure.

La *Figure* 2 repréfente en perfpective la ferrure à qui on a ôté fa couver-ture, la cloifon du côté fupérieur, ainfi que ce qui produit le mouvement des verroux.

La *Figure* 3 eft le plan de la *Figure* 2.

H , le grand reffort.

I K L M eft le pêne recoudé à angles droits en *K* ; & en *L M*, eft fa queue ; il eft auffi marqué des mêmes lettres dans une *Figure* 7.

N (*Figures* 2 & 3), le picolet ordinaire.

O (*Figures* 2 & 3), picolet fendu pour laiffer paffer l'auberon de la barre : on le voit en *O* (*Figure* 8) & en *R* (*Figure* 6).

P Q (*Figure* 6), bout de la barre *E* (*Figure* 1).

Q , fon auberon.

R S (*Figure* 6) fait voir comment l'auberon *R* entre dans le picolet fendu, & la queue du pêne coupé en *S*, qui eft entrée dans cet auberon.

T V (*Figure* 9) eft le même pêne avec fon paquet, favoir, fon reffort *T*, & fa gâchette *V*.

X , le reffort féparé.

Y , la gâchette auffi féparée.

Z (*Figures* 2 & 3) verrou qui eft tenu fermé par un reffort.

a , ce reffort.

b , picolet du verrou.

c , lame de fer qui a prife fur la queue du verrou.

d , tige de fer auquel tient cette lame.

La *Figure* 4 eft une coupe faite près des boutons qui ouvrent le verrou.

e e , boutons dont un eft de chaque côté de la porte. Ce bouton eft dé-taillé en *u x*.

f , la tige de fer qui tient au bouton.

g , la lame qui rencontre la queue du verrou.

La *Figure* 5 eft une partie de la ferrure qu'on a prife feulement de la grandeur néceffaire, pour démontrer d'où dépend le jeu des verroux qui ferment haut & bas.

h i k l m , la bafcule en **T** renverfé.

h i , les deux bras du levier.

k , étoquiau rivé dans le palâtre autour duquel les deux bras précédents peuvent tourner.

l m, tige *de la* bafcule qui a une entaille ou couliffe *l m*, où entre un étoquiau rivé dans le pêne, & marqué *I* (*Figures* 2 & 3).

o, verrou fupérieur.

p, le trou de la cloifon par où il paffe.

q, l'endroit où l'on a coupé ce verrou.

r, verrou inférieur, & le trou de la cloifon par où il paffe.

s, l'endroit où il a été coupé.

t (*Figure* 10) la clef.

2, 3, 4, (*Figure* 5) partie de la couverture qui empêche que les verroux & la bafcule n'agiffent contre les garnitures pendant leur mouvement.

EXPLICATION des Figures de la Planche XXIV, qui repréfente, 1°, une Serrure de buffet à pignon ; 2°, une Serrure qui ouvre une porte par fes pentures ; 3°, une maniere de fermer une porte haut & bas.

Au lieu des bafcules pareilles à celles de la Planche précédente, on met fouvent des pignons aux ferrures qui ferment des verroux en haut & en bas, ou qui ont des efpeces de pênes verticaux. Les tiges de ces verroux paffent dans des entailles faites à la cloifon ; leur partie qui eft en dedans de la ferrure eft dentée à peu près comme le font les crémailleres *Figure* 1 ; les dents d'un des verroux font tournées vers les dents de l'autre, auffi s'engrenent-elles dans le même pignon ; ce pignon a pour pied un étoquiau hori-zontal rivé dans le palâtre. Ce pignon peut tourner autour de fon pied, & en tournant il ferme & ouvre les verroux ; car il eft clair qu'il fait monter l'un & defcendre l'autre ; * il n'y trouve pas grande réfiftance fi le poids de chaque verrou eft le même ; c'eft un levier dont les bras font également chargés.

Refte feulement à faire tourner le pignon, & rien de plus fimple : c'eft le pêne qui en eft chargé ; outre fes barbes ordinaires, il en a d'autres, ou des dents qui s'engrenent dans le pignon *Figure* 2 ; par conféquent toutes les fois que la clef fait marcher le pêne, le pignon tourne, & fait monter un des verroux & defcendre l'autre, ce qui les ferme ou les ouvre, felon que le pêne s'eft avancé du côté de la gâche, ou qu'il s'en eft éloigné.

Nous avons fait mettre encore à cette ferrure un pêne qui le ferme à un demi-tour feulement *Figure* 3, & que la clef ouvre par le moyen d'une équerre. La difpofition de cette équerre eft différente de celle que nous avons fait voir dans la *Planche XIX* ; le pied de celle-ci eft arrêté fur le pa-lâtre, & non fur le pêne comme l'autre. A chaque tour que fait la clef, elle rencontre la gorge de la branche fupérieure de cette équerre, elle la releve,

---

* Nous avons eu occafion, en parlant des Ver-roux, de décrire les verroux à bafcule, & ceux à pignon ou à crémaillere ; comme les deffeins que nous avons mis fur la Planche XV, font fort petits, on fera bien d'avoir recours à ceux qui font fur cette Planche XXIV.

par

par conféquent les branches inférieures pouffent le pêne, elles l'ouvrent, & le reffort le referme fi la clef commence un nouveau tour.

Il y a des portes qu'il eft commode d'ouvrir des deux côtés (a). La *Figure* 7 donne l'idée d'une des manieres dont cela s'exécute : les gonds des pentures font de chaque côté des efpeces de verroux qu'on fait fortir de leurs boîtes qui tiennent lieu de gâche. On éleve une tige de fer à laquelle tiennent ces gonds. Cette tige peut être élevée par un pignon, fi on le veut, ou d'une maniere plus fimple, comme il eft repréfenté dans la Planche.

La *Figure* 10 fait voir une maniere de fermer haut & bas une armoire avec de fimples verroux, lorfqu'il ne s'agit que de bien maintenir les montants (b).

Nous allons expliquer les *figures de la Planche XXIV* plus en détail.

L'échelle de cinq pouces eft pour la ferrure à pignon.

L'échelle d'un pied eft pour les autres pieces.

La *Figure* 1 eft la ferrure vue du côté qui s'attache contre le bois.

A A, couverture qui cache toutes les parties intérieures.

B, l'entrée qu'on a faite en *S*, & à laquelle on a donné une broche.

C C, deux entailles percées dans la cloifon entre fon bord & la couverture pour fervir de couliffe à un des verroux.

D E, ce verrou coupé en *D* & en *E*, la partie *E* prolongée eft celle qui porte la tête du verrou, & qui ferme en haut.

F G, l'autre verrou dont la partie *F* prolongée ferme en bas.

H, le pignon.

I K, les dents du verrou où le pignon s'engrene; il eft à remarquer que le poids des deux verroux doit être tel, & la longueur de la partie qui ne s'accroche point telle, que le pignon foit toujours à peu près également chargé de chaque côté.

La *Figure* 2 eft la ferrure vue du même côté, dont on a ôté la couverture.

L, le pêne dont les barbes s'engrenent dans le pignon, d'où l'on voit comment, en faifant aller ce pêne, on fait tourner le pignon, & par conféquent comment on fait monter un des verroux, & on fait defcendre l'autre.

M, le pignon.

N, reffort qui ferme un fecond pêne, parce qu'on a fait cette ferrure à deux fermetures outre celles des verroux.

O, ce fecond pêne.

La *Figure* 3 eft la même ferrure, mais vue du côté du palâtre qui a été emporté.

P, le pêne.

Q, le pignon.

(a) Nous avons été tentés d'en parler lorfque nous avons expliqué la façon de faire les fiches à nœuds; mais comme nous avons vu que M. de Réaumur en avoit traité, nous n'en avons rien dit; c'eft encore pour cette raifon que nous nous difpen- ferons d'en parler, lorfqu'il fera queftion de la ferrure des Equipages.

(b) On peut confulter ce que nous avons dit fur les Verroux à bafcule & à pignon.

R, étoquiau qui fert d'effieu au pignon.

S T T, les deux verroux coupés en *S S* & en *T T*.

V X, équerre qui ouvre le fecond pêne quand la clef preffe fa gorge.

Figure 4, *Z Y* cette équerre.

Figure 5, le pêne dont *a a* marque la couliffe.

Figure 6 *b*, la partie fupérieure d'un des verroux.

c, crampons qui la retiennent.

d, fon arrêt.

La *Figure* 7 fait voir la difpofition d'une porte qui s'ouvre de deux côtés. On a repréfenté la portiere d'une chaife roulante, parce que c'eft ordinairement le cas où l'on en fait ufage.

e f, *e f*, chaffis dormant.

g i, *g i*, la partie de ce chaffis fermée par une porte.

h i, penture de chacun des côtés de la porte.

k, *k*, *k*, *k*, les fiches des pentures.

l h, *l h*, refforts qui pouffent les pentures en enbas.

m i, *m i*, refforts qui tirent ces pentures en enbas. Les uns & les autres refforts ne font pas abfolument néceffaires.

n, efpece de ferrure qui a un bouton par le moyen duquel on ouvre la porte de ce côté.

o, le bouton qui ouvre l'autre côté où l'on a ôté le palâtre de la ferrure.

p, barbes de la penture que le paneton du bouton éleve ou abaiffe felon qu'on veut ouvrir ou fermer la porte. Il eft aifé d'imaginer qu'une clef avec un paneton pourroit faire l'effet de ce bouton; auffi s'en fert-on quelquefois.

q r s eft une partie de cette porte qui a été brifée; *q* en eft le bois.

r s, reffort qui tend à abaiffer la penture qu'on a élevée pour la mettre comme elle eft quand la porte eft ouverte.

t, une des fiches de la penture, tirée de fes boîtes quand on veut ouvrir la porte.

u, les boîtes de cette fiche.

x, les mêmes boîtes vues féparément.

ȝ, fiches ou contre-fiches qui fe placent entre les deux boîtes *x*.

La porte, dans la pofition où elle eft repréfentée, eft fermée; il n'eft pas poffible de l'ouvrir ni du côté de *n*, ni du côté de *o*. Mais quand on tourne le bouton *o*, le paneton qui s'engage dans les barbes *p*, fouleve le barreau vertical, & en même temps la broche *t*; alors les nœuds *u u* & la broche *t* s'emportent avec la portiere, & il ne refte d'attaché au battant que le gond *ȝ*: il eft clair qu'alors les gonds *k k* qui font du côté de *o*, font l'office de verroux verticaux, pendant que ceux qui font du côté de *n* font l'office de charniere, & le contraire arrive quand on tourne le bouton *n*.

Les *Figures* 9, 10 font voir une difpofition de deux verroux qui ferment haut & bas une armoire , & qu'on ouvre par le dehors avec un bouton.

2, 3 , *Figure* 10 , ces deux verroux coupés en deux & en trois.

1 , bouton qui tient à une verge qui ferme ou ouvre les verroux félon l'inclination qu'on lui donne.

4 , l'endroit où eft l'effieu ou étoquiau , autour duquel tourne cette verge.

5 , 6 , 7 , 8 , *Figure* 8 , fait voir cette verge en entier.

5 eft la place de l'étoquiau autour duquel elle tourne.

6 , fon bouton.

7, 8 , fes deux bras à qui tiennent , par deux étoquiaux , les bouts des ver-roux courbés.

9, 9 , les verroux.

10 , 11 , *Figure* 9 , la partie courbe des verroux , vue féparément avec fes étoquiaux.

Figures 11 & 12 , la rofe qui recouvre les parties coudées *Figure* 9.

Figure 13 , la platine qu'on met fous les coudes des verroux.

On peut confulter ce que nous avons dit de ces fortes de verroux à baf-cule à l'endroit où nous avons parlé des verroux.

ARTICLE VI.

Des Serrures dont le Pêne refte renfermé dans le Palâtre.

EXPLICATION des Figures de la Planche XXV ,

Qui repréfente une Serrure à pêne en bord à une feule fermeture , & une autre Serrure de même genre à deux fermetures.

LES ferrures dont nous avons parlé jufqu'à préfent qui fervent pour tenir les portes & les armoires fermées , ont toutes des pênes qui fortent du pa-lâtre , & entrent dans une gâche : il eft bon de dire quelque chofe d'une au-tre efpece de ferrure dont les pênes reftent renfermés dans le palâtre ; un crampon qui entre dans la ferrure par une fente qui eft au bord , fait l'office d'une gâche dans laquelle le pêne entre. Ces efpeces de ferrures fervent pour les couvercles des bureaux qui fe rabattent, pour les coffres , les pendu-les , & en quantité d'autres occafions.

La *Planche XXV* fert donc à faire connoître un genre de ferrures dont nous avons fait la feconde claffe , favoir , de celles qui fe ferment fans que le pêne forte en dehors. Celles qui font repréfentées ici , font appellées *des Pênes en bords* , apparemment parce que la tête du pêne marche toujours en fuivant le rebord du palâtre.

Les ferrures des coffres font communément de cette efpece , & on les fait toutes aujourd'hui comme celle de la *Planche XXV* , pour être attachées en dedans. Elles ne font jamais befnardes ; on leur donne toujours des broches ;

on pourroit pourtant y mettre des clefs à bout ; mais elles en feroient moins bonnes.

Nous allons commencer à nous faire une idée des chofes qui leur font communes, en fuivant les *figures* 1, 2, qui repréfentent la plus fimple des ferrures de ce genre.

Ces ferrures font de figure rectangle, comme celles des portes, mais au lieu que dans les autres ferrures, les plus longs côtés font horizontaux ; dans la ferrure en place comme on la repréfente ici, ils font verticaux. Le rebord du palâtre eft alors la partie la plus élevée ; il a une ou plufieurs entailles B (*Figure* 1), qui reçoit un crampon appellé *Auberon*, attaché au couvercle du coffre. La *Figure* 5, D D C fait voir la bande auberonniere du côté où elle eft attachée au couvercle, & en deffous fon auberon C.

Le corps du pêne, la partie du pêne où font les barbes, eft horizontale à l'ordinaire, & portée vers le milieu du palâtre par deux picolets qui lui fervent de couliffe. Ceci eft affez femblable aux ferrures dont nous avons donné la defcription. Mais d'un des bouts du corps de ce pêne s'éleve une tige de fer jufqu'auprès du rebord de la cloifon : c'eft au bout de cette tige qu'il faut chercher la tête du vrai pêne Q (*Figure* 6) ; c'eft une partie en faillie taillée quarrément & parallele au rebord du palâtre.

Quand le pêne marche, il porte avec foi la tige précédente dont la tête entre dans l'auberon du coffre, & alors le coffre eft fermé.

Afin que la tête du pêne, après qu'elle eft paffée dans l'auberon, ait moins de jeu, elle eft reçue dans une piece de fer qui eft, pour ainfi dire, une gâche *Figure* 7 féparée, H I G. Cette piece eft attachée contre le rebord du palâtre & contre le palâtre même ; elle fait l'office de conducteur, on la nomme *Coq* : il y en a de doubles & de fimples, celui de la *Figure* 7, H I G eft fimple.

Quand ces fortes de ferrures n'ont qu'une feule fermeture, il faudroit donner au pêne une tête trop longue fi la tige qui la porte étoit droite ; c'eft pour s'épargner cette longueur qui feroit inutile & incommode, qu'on recourbe la tige d'une façon qui approche fon bout fupérieur de l'entaille qui reçoit l'auberon *Figure* 1 M, & Q (*Figure* 6).

La clef fait marcher le pêne de ces ferrures comme celui de toutes les autres, & rencontre des barbes o o (*Figure* 6), femblablement placées.

Le pêne eft arrêté par un reffort *Figure* 8, qui eft pofé au-deffus ; il eft femblable aux grands refforts que nous avons vus placés de même en d'autres ferrures ; il n'en differe qu'en ce qu'il eft plus court.

Les *Figures* 3 & 4, & les figures féparées qui y ont rapport, montrent la conftruction d'une ferrure à pêne en bords à deux fermetures. Elle a deux ouvertures a b dans le rebord de fon palâtre qui reçoivent deux auberons G G (*Figure* 9) de la bande auberonniere g. L'auberon qui entre dans l'entaille

taille *b (Figure* 3) y eſt arrêté par la tête du pêne. Ce pêne ne diffère de celui de la ſerrure précédente qu'en ce que ſa tige eſt moins coudée; elle n'a pas auſſi ſi loin à aller trouver ſon auberon.

L'auberon qui entre dans l'entaille *a* eſt fermé par une gâchette *q r s (Fig.* 3, 4 & 10). Cette gâchette eſt une piece de fer plus longue que la tige du pêne, mais qui lui eſt ſemblable par en haut; elle a une tête telle que la ſienne, au lieu que quand la tige du pêne ſe meut, elle eſt portée parallélement à elle-même; la gâchette tourne comme un levier autour de ſon point d'appui ou pied *r*. Quand elle eſt fermée, elle eſt verticale; & elle eſt toujours fermée ici quand la clef ne la tient pas ouverte; un reſſort qui la preſſe continuellement, contraint la tête à ſe tenir dans ſon coq. Ce reſſort eſt un reſſort double ou compoſé d'une lame *t x y* pliée en deux branches *Figure* 11, & qui font entre elles un angle très-aigu; une des parties ou une des branches du reſſort a deux pieds *t x* qui la fixent ſur le palâtre, l'autre branche *y* a ſeule du jeu, & preſſe la gâchette au-deſſus de ſon pied.

La clef, en tournant, rencontre la partie inférieure de la gâchette, dont la gorge *s (Fig.* 3 & 4) s'oppoſe à ſon paſſage; ainſi tant que le paneton eſt horizontal & tourné du côté de la gâchette, il la tient ouverte, mais elle ſe ferme ſi-tôt que la clef l'abandonne.

Les lettres *c d (Figures* 3 & 4) marquent les coqs dans leſquelles entrent les têtes du pêne & de la gâchette; ceux-ci ſont des coqs doubles. La *Figure* 12, *f g e* le fait appercevoir.

On conçoit comment les coffres qui ont de ces ſortes de gâchettes ſe ferment par la chûte du couvercle. La tête de la gâchette eſt taillée en biſeau *q* (*Figure* 10). La preſſion du couvercle force par conſéquent cette gâchette à s'ouvrir, à laiſſer entrer l'auberon, & la figure de la tête de la même gâchette s'oppoſe à la ſortie de l'auberon, tant que cette gâchette n'eſt pas tenue ouverte par la clef.

On fait de petites ſerrures qui ne ſe ferment que par une ſeule gâchette: mais il nous a paru inutile d'en faire repréſenter une. Il eſt aiſé d'imaginer en examinant les *Figures* 3 & 4, que le pêne *o* (*Figure* 13) eſt ôté, & que la gâchette eſt plus près du milieu; cette ſerrure en ſeroit une qui ſe fermeroit avec une ſeule gâchette; mais ce ſont les plus mauvaiſes de toutes les eſpeces, elles s'ouvrent par un ſimple demi-tour. On n'en fait guere d'uſage que pour les ſerrures plates, celles qu'on met aux caſſettes, aux portefeuilles, aux pendules, &c.

Dans la *Figure* 3, *ʒ* eſt la broche qui eſt auſſi repréſentée *Figures* 15 & 15² en *ʒ* & en *Y*; *ʒ* & *&*, les rateaux qui ſont repréſentés *Figure* 16; *ʒ* (*Fig.* 3) repréſente auſſi le rouet qu'on voit en *Z* (*Figure* 17); *p*, le reſſort du pêne qu'on voit à part *Fig.* 14.

K (*Figure* 3) le grand pêne qui eſt vu à part, *Fig.* 13, avec ſes barbes *n*, & ſes encoches *o*. Les *Figures* 18 repréſentent l'entrée de la couverture, & la

SERRURIER. C c c

Figure 19 la clef ; 6 ,la partie du canon de la clef qui eſt forée ; 5, le paneton.

EXPLICATION *des Figures de la Planche XXVI, qui repréſente une Serrure de coffre fort à trois fermetures.*

IL n'eſt point de ferrures où il ſoit plus ordinaire & plus néceſſaire de multiplier les fermetures qu'à celles des coffres forts. C'en ſont de ce genre qu'on prend pour les chef-d'œuvres les plus difficiles. Celle-ci eſt une des plus ſimples & des plus en uſage ; elle ſe ferme à trois fermetures, dont une dépend du pêne & les deux autres des deux gâchettes. Comme ces ſortes de ferrures ſe font avec ſoin , on leur donne ſouvent des couvertures ornées ; on en voit une *Figure* 1. Quelquefois on les fait plus chargées d'ornements inutiles ; car le bois contre lequel ils ſont appliqués les cache. Les remarques que nous avons à faire ſur cette ferrure ſont : 1°, que la tige *H* du pêne s'éleve à peu près du milieu *I* du corps *Figures* 2 & 4 ; ce pêne n'a que deux barbes *M M* (*Figures* 2 & 5) , & peut être ouvert ſeul , & fermé par un demi-tour de la clef ; mais la ferrure entiere ne l'eſt que par un tour & demi , & voici comment. Suppoſons la ferrure entiérement fermée comme elle l'eſt *Figure* 2 , où les têtes du pêne & des gâchettes ſont dans leurs coqs, & que le pêne s'ouvre en allant de *R* vers *N*, parce qu'il peut paſſer ſous le pied de la gâchette *X V E* ; la clef, en tournant de *R* vers *V* , ouvre donc le pêne ; en continuant ſa route elle arrive vers *X*, elle y rencontre la gorge *X* de la gâchette *X V E* (*Figures* 2 & 6), elle l'ouvre, mais la clef doit achever ſon tour pour parvenir à la gâchette *d e c b* (*Figures* 2 & 7) ; ſi-tôt qu'elle abandonne la gâchette *X V E* , elle ſe ferme : elle quitte donc celle-ci ; mais pour y revenir, elle va juſqu'à la gorge *d*, & ouvre la gâchette *d e b c*, celle-ci eſt alors ouverte , & elle ne ſe ferme point comme l'autre, quoique la clef l'abandonne : nous en verrons bientôt la raiſon ; mais ſuppoſons-le à préſent. Reſte donc à ouvrir la gâchette *X V* (*Fig.* 2) ; pour cela on fait faire à la clef un demi-tour en ſens contraire du tour qu'elle a fait, on la ramene par en bas de *d* vers *X*, & lorſque ſon paneton eſt horizontal , on l'arrête ; ce paneton ouvre la gâchette & l'empêche de ſe fermer. Il eſt aiſé de voir pourquoi on fait rebrouſſer chemin à la clef quand elle eſt arrivée en *d* ; les barbes du pêne qui ne peut plus céder, l'arrêteroient ſi elle vouloit continuer ſa route dans le même ſens. Ces ſortes de ferrures ſont miſes au nombre de celles qui ont des ſecrets, parce que bien des gens ne s'aviſent pas de faire tourner une clef dans le ſens contraire à celui où ils l'ont tournée pour achever d'ouvrir.

2°. Il y a différentes manieres de tenir la gâchette *d e c b* ouverte après que le paneton l'a quittée. En voici une. On a un reſſort qui eſt une ſimple lame de fer ou d'acier *f g* (*Figure* 8), coupée plus longue que large à peu près quarrément. Son reſſort tend à lui donner une petite convexité ; cette lame eſt attachée par un bout contre le palâtre, entre le pêne & celui de ſes picolets qui eſt le plus proche de la gâchette ; *h* (*Figure* 5) repréſente le côté convexe de la lame ou reſſort qui touche le palâtre ; quand le pêne eſt fermé, il tient le reſſort applati & entiérement appliqué contre le palâtre ; mais lorſ-qu'on ouvre le pêne, & qu'on fait faire un demi-tour à la clef, alors ce de-mi-tour faiſant tourner de la droite vers la gauche la partie *d* de la gâchette *d c b e* (*Fig.* 2 & 7), le bout du reſſort *f g* (*Fig.* 8) s'échappe de deſſous la gâchette, ſe préſente à la partie *e* placée au-deſſous du pied de cette gâchette, & la tenant en reſpeĉt, s'oppoſe à ſon retour, de ſorte qu'elle ne peut plus ſe fermer qu'en faiſant faire un tour entier à la clef. Ceci deviendra plus clair par l'explication de la Planche XXVII.

3°. Cette ſerrure ſe ferme par un tour de clef ; car ramenons la clef de *X* en *d*, en la faiſant paſſer par *M M.* 1°, la gâchette *X* ſe ferme dès-lors que le paneton abandonne ſa gorge. 2°, Ce paneton rencontrant les barbes du pêne, ferme le pêne, & il ferme en même temps la gâchette *d c b* ; car le pêne en avançant, abaiſſe le reſſort qui s'oppoſoit au retour de cette gâ-chette. La *Figure* 5, *h R I N* fait entendre comme le pêne abaiſſe ou laiſſe relever ce reſſort ſelon qu'il marche vers *R* ou vers *N*.

4°. Le pêne a ici deux picolets *N R*. Son arrêt eſt produit par une gâchet-te *P* & *O* (*Figure* 9). Cette gâchette eſt une eſpece de loquet qui a ſon pied attaché à un des picolets, & dont la tête s'élève & s'abaiſſe dans une eſpece de mentonnet *Q* (*Fig.* 3 & 5), ou de couliſſe taillée dans l'autre pico-let. Le même picolet fournit un reſſort ſimple & étroit qui preſſe la gâchette vers ſon pied ; ce reſſort eſt appellé *Reſſort en feuille de ſauge*. La gâchette a une gorge *O* qui ſe trouve entre les deux barbes du pêne quand il eſt fer-mé ; elle a de plus une encoche ou entaille *P* (*Figure* 9), dont l'ouvertu-re eſt à ſa partie inférieure. Le pêne porte un petit étoquiau ſur lequel tom-be l'encoche ou partie entaillée quand la gâchette eſt abaiſſée, alors le pêne ne ſçauroit être mû horizontalement ; mais quand la clef relève la gâchet-te, l'arrêt ou étoquiau du pêne ſe trouve hors de l'encoche, & alors le pê-ne peut avancer.

Pour achever de rendre ceci plus clair, je vais ſuivre plus en détail l'ex-plication des figures.

La *Fig.* 1 repréſente la ſerrure vue du côté qui s'applique contre le coffre.

A (*Figure* 10) eſt la bande auberonniere qui s'attache au bord du cou-vercle du coffre.

B B B, les trois auberons.

C, queue de la bande auberonniere.

D D (*Figure* 1) eſt le rebord ſupérieur du palâtre.

E E E, ſont les trous qui laiſſent paſſer les auberons.

F F, la cloiſon du palâtre.

G G, la couverture qui cache la garniture.

H H, la partie supérieure de la couverture qui est évidée, & cela simplement pour l'ornement.

I, la broche qui entre dans la forure de la clef.

K, entrée faite en *S* (elle doit être droite parce que la clef l'est).

L M, foncet, ou couverture des garnitures.

N N N, les trois coqs.

O, la tête du pêne.

P P, les deux gâchettes.

Q, les ressorts qui ferment les gâchettes.

La *Figure* 2 représente la même serrure de la *Figure* 1, à laquelle on a ôté le rebord *D D*, & un des rebords *F* & la couverture *G G*. On n'y a pas mis non plus la garniture.

La *Figure* 3 est le plan de la même serrure, & les autres figures plus petites sont les parties détachées des figures précédentes.

On a marqué dans toutes ces figures les parties semblables avec les mêmes lettres.

A, le trou de la broche. Le cercle ponctué marque le cercle que décrit le paneton de la clef.

B, le palâtre auquel on a ôté sa cloison, ainsi qu'en *B* (*Figure* 2).

C, C, C, C, étoquiaux ménagés dans l'épaisseur de la cloison pour l'attacher au palâtre avec des vis, ce qu'on pratique dans les serrures de chef-d'œuvre.

D D D, les trois coqs.

E E E (*Figure* 2) font voir les têtes du pêne & des gâchettes engagées dans dans les coqs.

F D G E (*Figure* 11) est un coq détaché.

E est la partie qui reçoit la tête du pêne ou gâchette.

F est un des deux pieds du coq qui l'attache au palâtre.

G est le trou qui sert à l'attacher au rebord du palâtre.

H (*Figure* 4) la tige du pêne.

I en est le corps.

K I est le pêne en entier vu du côté qui s'applique contre le palâtre.

L I, (*Figure* 5) est le pêne dont on a coupé la tige en *L*, où l'on voit ses picolets, gâchette, ressort, &c.

M M, barbes du pêne.

N, picolet qui porte le pied & la gâchette du pêne.

O, la gorge de la gâchette du pêne.

P (*Figure* 9) l'encoche de cette gâchette.

Q (*Figure* 5) l'arrêt engagé dans l'encoche précédente.

R (*Figure* 5) second picolet dont la partie *S* est le ressort en feuille de sauge qui presse la gâchette du pêne.

T V X (*Figure* 6) une des gâchettes qui ferme la serrure, savoir celle qui n'est ouverte que quand elle est tenue par la clef.

T

T, fa tête.

V, l'endroit où paffe l'étoquiau qui la porte.

X, la gorge contre laquelle agit la clef.

Figure 12, *Y Z a* un des refforts; *Y Z*, fes deux branches; la branche *Y* a un pied, il y en a un autre en *a*.

b c (*Figure* 7), partie fupérieure de la gâchette qui refte ouverte quand le pêne l'eft; *b*, fa tête; *c*, place de l'étoquiau; *d*, fa gorge.

e, la partie qui rencontre le reffort qui arrête cette gâchette.

f g(*Figure* 8), ce reffort.

g, l'endroit où eft l'étoquiau qui l'attache.

La *Figure* 5 du pêne dont la tige eft brifée en *L*, fait voir le reffort précédent marqué *h*, placé comme il le doit être par rapport au pêne.

i (*Figure* 13) un des rateaux.

k (*Figure* 14), la garniture.

l (*Figure* 15), le paneton de la clef; *R S*, le picolet & fon reffort marqués des mêmes lettres qu'à la *Figure* 5.

o (*Figure* 16) un anneau de clef qui eft fort orné.

EXPLICATION des Figures de la Planche XXVII repréfentant une Serrure de coffre à quatre fermetures.

ELLE s'ouvre comme celle à trois fermetures par un tour & demi de clef dont le demi-tour eft en fens contraire du tour. Deux de fes fermetures dépendent auffi de deux gâchettes difpofées comme celles de la Planche précédente, & dont par conféquent nous n'avons rien à dire.

Ce qu'elle nous offre de plus particulier, c'eft, en terme de Serrurerie, fon *pêne brifé*, ou plus clairement fes deux pênes qui fervent pour les deux autres fermetures. Enfemble ils n'occupent guere plus de place qu'un feul pêne à tige, & cela parce qu'ils font entaillés de façon qu'ils s'emboîtent mutuellement l'un dans l'autre.

Ils ont chacun une tige *I K* (*Figure* 1), *f d* (*Figure* 4), *l i* (*Figure* 5) qui ont chacune une tête tournée de différents côtés. Les deux tiges font appliquées l'une contre l'autre quand la ferrure eft ouverte, elles s'éloignent l'une de l'autre quand on la ferme; la clef n'agit que fur un pêne pour les faire marcher toutes deux.

Un d'eux a feul des barbes, fon corps eft plus fort que celui de l'autre.

La *Figure* 6 *r u t s*, & la *Figure* 7, *o p q n x*, repréfentent les deux pênes auxquels on a coupé les tiges en *n* & *r*, & font voir comment une partie du pêne qui n'a point de barbes entre dans l'autre pêne, & réciproquement comme une partie du pêne à barbes entre dans celui qui n'en a point.

La *Figure* 8, *t t* montre ces deux pênes dont on a coupé les tiges, autant emboîtés l'un dans l'autre qu'ils le peuvent être; on y voit pourtant un efpace vuide χ au-deſſous duquel ſont des dents taillées dans le pêne à barbes ; on voit de même des dents au-deſſus de cet eſpace taillées dans l'autre pêne ; celles-ci lui tiennent lieu de barbes qui ſont pouſſées par un pignon.

Ce pignon 2 *Figure 9* , eſt arrêté ſur le pêne à barbes par un pied ou eſſieu autour duquel il eſt mobile ; quand les deux pênes ſont fermés , il eſt également éloigné des dents des deux extrémités , & celles du milieu ſont engrenées entre les ſiennes ; par conſéquent toutes les fois que la clef fait avancer les pênes à barbes vers un côté, le pignon fait aller l'autre pêne de l'autre côté ; car les dents de ce premier pêne ſont tourner le pignon, & le pignon, en tournant , pouſſe le ſecond pêne : ainſi ces pênes s'écartent ou viennent à la rencontre l'un de l'autre ſelon le ſens dans lequel le pignon tourne.

On donne ordinairement à ces ſortes de ſerrures un tambour MM (*Figures* 1 , 2 & 3) , qui eſt une eſpece de cylindre creux ſervant de cloiſon à toutes les garnitures. Les rouets RR ſont attachés contre ſes parois intérieures. Le tambour eſt entaillé dans les endroits où la clef doit avoir priſe ſur les barbes du pêne & ſur les gorges des gâchettes. Les *Figures* 3 & 2 montrent comment les barbes du pêne entrent dans le tambour, & les *Figures* 1, 2 , comment les gorges des gâchettes s'y placent.

Il eſt encore ordinaire de donner à ces ſortes de ſerrures un canon tournant TS, au milieu duquel on voit une broche triangulaire , parce que la clef dont on a le paneton *Figure* 10 , en 4, 5, eſt forée en tiers-point.

Si la Planche précédente n'avoit pas ſuffiſamment fait entendre comme une des gâchettes F (*Figures* 1 , 2 , 3) eſt tenue ouverte par un reſſort tant que les pênes ſont ouverts, la *Figure* 3 y ſupléeroit. Elle fait voir en 8 *Figure* 3 , le bout du reſſort ſimple paſſé ſous la gâchette ; par conſéquent ſi cette gâchette en s'ouvrant avance vers 8, le bout du reſſort s'échappera, & ce reſſort tiendra la gâchette ouverte juſqu'à ce qu'il ſoit abaiſſé par le pêne.

La *Figure* 1 repréſente en perſpective une ſerrure à quatre fermetures du côté où entre la clef.

La *Figure* 2 eſt le plan de la même ſerrure.

La *Figure* 3 eſt une autre vue du tambour que celle de la *Figure* 1.

$AABD$ (*Figure* 1) le palâtre ; on a ôté le rebord qui étoit en AA, comme dans la *Figure* 1 de la Planche précédente , & la partie de la cloiſon qui doit être en AB.

C (*Figure* 1), la cloiſon qu'on a laiſſée d'un côté.

EEE , les quatre coqs.

FG , les deux gâchettes.

HH , les reſſorts qui les tiennent fermées.

Figure 11, HX : dans ce détail, on montre un de ces reſſorts détachés. On voit en H & en X, par où on les aſſujettit contre le palâtre & contre ſon rebord.

I K (*Figures* 1 & 2), les deux pênes difpofés comme ils le font lorfque la ferrure eft fermée.

L L , les picolets des pênes.

M (*Figures* 1,2 & 3) , le tambour.

N N , fes pieds.

O P P (*Fig.* 2 & 3) échancrure qui eft au tambour pour y laiffer entrer la gorge *O* de la gâchette , & les barbes *P P* du pêne à barbes.

Q Q , les gorges des gâchettes qui entrent par deux autres échancrures.

R R , les rateaux qui font rapportés ; il eft mieux de les prendre dans la piece ; & plus ils ont d'étendue, meilleurs ils font.

S , le canon dont la broche eft en tiers-point fimple.

T (*Figures* 1 & 3) , la contre-tige du canon.

a b c d e f (*Figure* 4) , font les deux pênes vus ouverts & repréfentés du même côté qu'ils paroiffent dans la *Figure* 1.

a b font les barbes du pêne ; *c d* eft fa tige.

e eft partie du corps de l'autre pêne.

f , eft fa tige.

g h i K l (*Figure* 5) font les mêmes pênes vus du côté qui eft appliqué contre le palâtre.

g h font les deux barbes du pêne qui a *i* pour tige.

K l eft l'autre pêne.

m , marque les dentelures ou crémailleres de chacun de ces pênes.

n o p q x (*Figure* 7) eft le pêne à barbes vu du même côté que dans la figure précédente.

n eft partie de fa tige qui a été coupée.

p eft une entaille qui reçoit la partie de l'autre pêne formée en tenon.

o , la crémaillere de ce pêne.

q , partie de ce pêne taillée en tenon pour entrer dans l'autre.

r s t y (*Fig.* 6) eft celle du fecond pêne dont la tige a été coupée en *r*.

s eft la partie en tenon qui entre dans la mortaife *p* du pêne à barbes.

t eft la mortaife qui reçoit le tenon *q* du pêne à barbes.

y , les dentelures ou la crémaillere de ce pêne.

Z t t (*Figure* 8) , fait voir les deux pênes proches l'un de l'autre, comme ils le font quand la ferrure eft ouverte ; leurs tiges ont été coupées en *t t*.

Z , eft l'endroit où la noix s'engrene.

2 *Figure* 9 , la noix ou pignon.

3 *Figure* 12 , reffort qui retient les gâchettes.

4 *Figure* 10 , paneton de la clef.

6 , 7 *Figure* 13 , gâchette *G* de la *Figure* 1 qui a en 7 une entaille pour laiffer mouvoir le pêne.

8 *Figure* 14 , l'autre gâchette.

L (*Figure* 15) picolet féparé. On le voit en place dans les *Figures* 1 & 2.

EXPLICATION des Figures de la Planche XXVIII , repréfentant une Serrure de coffre fort à fix fermetures.

C'EST la plus difficile de celles qu'on donne à faire pour chef-d'œuvre aux Afpirants à maîtrife ; & parmi les Afpirants, on n'y oblige que ceux qui n'ont aucun titre , c'eft-à-dire , ceux qui ne font point fils de Maître , qui n'ont point fait leur apprentiffage à Paris , ou qui n'y ont point travaillé pendant huit ans en qualité de Compagnons. Les Statuts de la Serrurerie fuppofent que cette ferrure peut être faite en trois mois ; mais c'eft quand elle eft très-fimple , fans ornements , fans vuidanges , comme celle qui eft repréfentée ici.

De ces fix fermetures, deux dépendent de deux pênes pareils à ceux de la Planche précédente. On les a repréfentés ici ouverts *Figures* 1 & 2 , au lieu qu'ils font fermés dans l'autre Planche.

Les quatre autres fermetures fe font par quatre gâchettes affemblées deux à deux à charniere.

Des deux gâchettes affemblées à charniere, l'une eft plus longue *d d d d* (*Figures* 1 & 2) que l'autre *e e e e* ; la plus courte ne va guere qu'au deffous de leur pied commun qui eft la broche de la charniere. La plus longue defcend jufques au tambour , & a une gorge *k* (*Figures* 1 & 2) , qui donne prife à la clef ; la clef ouvre ces deux grandes gâchettes comme dans la Planche précédente , & la ferrure entiere par un tour & demi dont le demi-tour eft en fens contraire du tour.

Quand la clef ouvre une longue gâchette , elle ouvre en même temps la petite gâchette portée par le pied , & cela par une méchanique à laquelle nous ferons attention après avoir obfervé celle qui les ferme , & les coqs qui reçoivent leurs têtes.

Un même reffort, figure féparée *p o* (*Figure* 3) , tient fermées les deux gâchettes d'une même charniere ; ce reffort eft double ; c'eft une bande de fer pliée en deux parties égales & femblables qui à l'endroit du pli forment un angle aigu. Près du fommet de cet angle , & du côté qui doit toucher le palâtre , ce reffort a un pied *o* rivé dans le palâtre à diftance égale des deux gâchettes ; l'effort que font les deux branches pour s'ouvrir ferme donc ici les deux gâchettes. Il ne differe de ceux que nous avons déja vus dans les ferrures de coffres forts qu'en ce que ces deux branches font mobiles, au lieu que les autres ont une de leurs branches fixe.

Quatre coqs fuffifent ici pour les fix fermetures, & cela parce que les deux du milieu *F F* (*Figures* 1 & 2) font doubles ; elles reçoivent chacune une tête de pêne & une tête de gâchette ; auffi ont-elles au milieu une cloifon *G* (*Figure* 4) qui les divife en deux cellules. Les Statuts de la Serrurerie

ne

ne permettent pas de faire cette cloifon d'une piece rapportée, ils veulent que le coq *D F G H* (*Figure* 4) foit d'un feul morceau de fer.

On remarquera auffi, comme nous l'avons déja fait, que dans toutes ces ferrures les étoquiaux de la cloifon font pris dans la piece même qui fait la cloifon, & qu'ils font percés pour laiffer paffer des vis qui affujettiffent enfemble la cloifon & le palâtre.

Il nous refte à voir comment la clef, en ouvrant une des grandes gâchettes, ouvre la petite avec laquelle elle eft affemblée à charniere. Entre plufieurs manieres dont cela pourroit s'exécuter, voici celle qui eft communément en ufage.

La grande gâchette, en tournant autour de fon pied, fait tourner une bafcule *y z* (*Figure* 5), qui eft un levier à deux branches inégales, dont la plus longue *z* eft verticale comme la gâchette elle-même, quand cette gâchette eft fermée, & dont la feconde & plus courte branche *y* eft alors horizontale. Cette bafcule a fon pied différent de celui des gâchettes; la longüe branche de la bafcule defcend jufques vers la gorge de la gâchette, pour lui ménager une place où l'on entaille la gâchette *u* (*Figure* 6), mais de façon que cette branche eft néceffairement entre la cloifon & la gâchette; l'entaille ne lui permet pas de venir de l'autre côté; ainfi dès-lors qu'on fait tourner la gâchette, dès-lors qu'on approche fa queue de la cloifon, on fait tourner en même temps la bafcule; la plus courte branche de celle-ci dont nous n'avons encore rien dit, ouvre alors la courte gâchette, & cela parce que le bout de cette branche eft engagé fous une petite partie entaillée qu'a la courte gâchette; cette branche pouffe donc la courte gâchette; elle l'oblige à comprimer le reffort, à le faire céder, autant qu'il eft néceffaire pour que la tête de la gâchette forte du coq.

Le mouvement de la clef feroit rude, fi la branche de la bafcule contre laquelle agit la grande gâchette, n'étoit beaucoup plus longue que celle qui agit contre la petite gâchette : cette difpofition fait que la force de la clef eft appliquée fur un levier beaucoup plus long que celui contre lequel le reffort fait effort; par-là la main eft en état de vaincre aifément fa réfiftance.

Le tambour qu'on a donné à cette ferrure ne tourne pas tout autour comme celui des ferrures précédentes; ce font des difpofitions qui fe varient à volonté, & qu'on a fait repréfenter feulement pour montrer les différentes manieres dont les Ouvriers s'y prennent pour arriver à une même fin.

Celle des grandes gâchettes qui n'a pas befoin de la clef pour être tenue ouverte, eft auffi arrêtée ici par un reffort difpofé tout autrement que dans les Planches précédentes.

Effayons d'éclaircir ceci en entrant dans de plus grands détails.

La *Figure* 1 repréfente en perfpective une ferrure du côté où la clef entre; on en a ôté la couverture qui va ordinairement jufqu'aux coqs, & les gar-

SERRURIER. E e e

nitures qui fe logent dans le tambour ; elles auroient rendu le deffein trop confus.

La *Figure* 2 eft le plan de la même ferrure.

A A (*Figure* 1) le rebord du palâtre.

B B , la cloifon.

C C C (*Figure* 2) le palâtre.

D D D D (*Figure* 1) montrent comment les coqs font attachés contre le rebord du palâtre.

E E (*Figures* 1, 2) les deux coqs fimples.

F F , les coqs doubles.

D F G H (*Figure* 4) eft un coq double.

D , l'ouverture par où paffe la vis.

G , la cloifon qui divife ce coq en deux.

H , un des pieds du coq.

I I (*Figures* 1, 2 & 7), le tambour.

K K K , entaille qui laiffe paffer la gorge d'une grande gâchette.

L (*Figures* 1 & 2) endroit où le tambour eft coupé pour donner entrée aux barbes du pêne , & à la gorge de la gâchette.

M , les rateaux.

N (*Figure* 2) , l'endroit où eft placée la broche.

O (*Figure* 8) canon dont la broche eft en tiers point canelé.

P , partie du corps du canon qui a été coupée, parce qu'elle auroit eu trop de longueur.

Q , fa contre-tige.

R R , piece de fer, qui eft attachée contre le palâtre en dehors de la ferrure, pour tenir le canon.

S (*Figure* 9) un des picolets du pêne.

T (*Figure* 10) les deux pênes.

T X Y (*Figure* 10) les montre ayant leurs tiges coupées en *T* , & du même côté où ils font repréfentés *Figures* 1 & 2 ; mais on en a ôté la piece *a a* (*Figure* 11), ce qui fait qu'on y voit de plus la gâchette *X* , & fon reffort *Y* ; du refte ces pênes font faits du côté oppofé, comme la planche précédente les repréfente.

V V font les barbes d'un des pênes.

Z (*Figure* 12) marque la gâchette avec fon reffort repréfentés féparément.

c d Figure 1 & 2) une des longues gâchettes.

e , une des petites gâchettes.

f g (*Figure* 13) eft une grande gâchette.

g , fa gorge ; *h* , fa charniere ; *i* , l'entaille où fe place la longue branche de la bafcule.

$k\,l\,m$, une petite gâchette représentée féparément ; k, fa charniere ; m, la partie qui donne prife au bras le plus court de la bafcule ; l, fa tête.

$o\,p$ (*Figure* 3) reffort qui fe place entre les deux gâchettes affemblées à charniere ; o, fon pied.

La *Figure* 6, $p\,q\,r\,s\,t$ montre deux gâchettes affemblées avec leur reffort & leur bafcule.

$p\,q$, la grande gâchette ; $r\,s$, la courte ; t, le reffort.

$u\,x$, la bafcule dont u la plus longue branche eft en dehors de la gâchette $p\,q$, & dont la branche x recoudée embraffe en x la gâchette $r\,s$.

$y\,z$ (*Figure* 5) la bafcule vue féparément.

z, fa longue branche ; y, fa courte branche.

Figures 14 ; 4, 5, 6, 7 eft la même gâchette avec fon arrêt.

5 eft la bafcule.

6, 7 eft la piece qui fait l'arrêt quand la bafcule laiffe échapper la branche de cette piece.

8, le reffort qui la preffe.

9, 10 *Figure* 5, font voir la figure & la difpofition de l'arrêt 6, 7.

EXPLICATION des Planches XXIX & XXX, qui repréfentent une Serrure dite Moderne ; *la XXIX en montre l'extérieur, & la XXX l'intérieur.*

IL y a certainement long-temps que ces fortes de ferrures ont été véritablement modernes ; elles en confervent cependant le nom, comme le Pont-Neuf conferve le fien. Le 17e article des Statuts des Serruriers tiré de ceux qui leur furent accordés par Charles VI en 1411, ordonne pour chef-d'œuvre aux Afpirants à Maîtrife, les ornements dont elles font furchargées ; ils font femblables à ceux des Eglifes Gothiques, ce qui prouve de refte qu'il faut chercher bien loin leur origine.

On en faifoit de trois fortes, de porte de chambre ou de cabinet, de buffet & de coffre fort. Elles s'attachoient toutes en dehors comme les autres ferrures antiques, au lieu qu'à préfent toutes nos ferrures s'attachent en dedans.

Les panetons des clefs des unes & des autres étoient percés de pertuis *Planche XXX, Figure* 4, $N\,M$ qui n'avoient aucune communication entr'eux ni avec les bords du paneton. Celles qui avoient le moins de pertuis en avoient fept ; elles étoient propofées pour chef-d'œuvre aux Afpirants d'apprentiffage. Celles qui étoient ordonnées aux Afpirants fans qualité, en avoient depuis fept jufqu'à 21. Les Jurés fuivoient une efpece de tour de rôle qui étoit tel : à l'Afpirant qui fe préfentoit après celui qui avoit fait une clef à neuf pertuis, ils en donnoient à faire une, à dix ; à l'Apprentif fuivant, une à onze, & ainfi de fuite ; malheur à qui fe préfentoit, lorfque le nombre des pertuis étoit devenu grand , son ouvrage en étoit beaucoup plus difficile, soit à cause des pertuis à percer , soit à cause de la garniture qu'il falloit faire. L'ouvrage d'ailleurs étoit toujours très-long. La clef & la ferrure étoient si chargées d'ornements, de vuidanges, de sculptures, de charnieres, d'un si grand nombre de dents & de rateaux fendus comme les dents des peignes & de forures difficiles, qu'il y avoit telle clef qui ne pouvoit être finie en moins de six mois par un Ouvrier diligent & habile ; la clef & la ferrure ensemble l'occupoient près d'un an ; & quelquefois jusqu'à deux.

Tout ce travail n'aboutissoit pourtant qu'à faire un ouvrage de très-mauvais goût & de mauvais usage. Les ferrures, quoique à quatre fermetures , n'étoient qu'à un demi-tour , & on pouvoit aisément en déranger les garnitures. Pour la figure des clefs, elle étoit entiérement ridicule, comme on le voit assez par celle que nous avons fait représenter *Planche XXX, Figure* 4 ; à la place de l'anneau ordinaire, elles avoient un chapiteau quarré terminé par quatre angles aigus qui ne pouvoient guere manquer de blesser la main de celui qui s'en servoit un peu indiscrétement.

Jousse en a fait représenter quelques-unes dont les anneaux sont d'un meilleur goût : mais après tout ces ouvrages ridicules , si l'on veut, & mauvais tout ensemble, assuroient à la Serrurerie des Ouvriers habiles. Il est peu d'ouvrages qu'on ne pût confier à un homme qui avoit fait une pareille clef & une pareille ferrure. Mais comme un Ouvrier capable de les exécuter, n'étoit pas souvent en état d'employer en pure perte le long-temps qu'elles demandoient, une Sentence de Police du 29 Juillet 1699 , leur a substitué d'autres chef-d'œuvres. Il seroit à souhaiter qu'on eût fait entrer dans les nouveaux une partie de ce qu'il y a de plus difficile dans les modernes ou anciens ; mais qu'on eût seulement diminué le nombre de chacune de ces choses difficiles, l'Aspirant seroit obligé à même preuve d'adresse, & n'auroit pas tant de temps à perdre.

On ne trouve plus de ces sortes de ferrures que chez les curieux. Nous ne l'avons pourtant pas fait représenter pour la seule singularité de la figure ; elle donnera occasion de remarquer quelques façons de travailler qui méritent d'être connues.

Celle qui est représentée dans les Planches est une ferrure de coffre fort , faite il y a plus de quarante ans par le Sieur Bridou qui a été un des anciens de sa Communauté. Elle est faite pour être attachée en dehors du coffre , dans l'épaisseur duquel toutes les garnitures doivent être logées par un moraillon *Figure* 3 , *Planche XXIX* , attaché au couvercle du coffre. Ce moraillon a deux branches qui vers leur milieu portent chacune en dessous un auberon *I I* (*Figure* 3) ; le palâtre est percé en deux endroits *H H* (*Figure* 2), pour recevoir les auberons, & deux pênes entrent dans ces auberons pour les fermer. On observera que les ferrures qui s'attachent en dehors , ont alors leur

palâtre

palâtre *A A* (*Planche XXIX*, *Figure* 2) en dehors, & que l'entrée de la clef est par conféquent dans le palâtre.

Cette ferrure a de plus une troifieme ouverture ; celle-ci eft en deffus dans le milieu du rebord fupérieur & le feul rebord du palâtre. Un auberon en bouton attaché au couvercle du coffre, entre dans cette ouverture. Ce font là, à proprement parler, les feules fermetures de la ferrure, qui ne laiffe pas d'être appellée *à quatre fermetures*, & cela parce que l'auberon dernier eft arrêté par deux gâchettes.

Mais avant que de voir la difpofition des parties qui fervent à fermer cette ferrure, arrêtons-nous un peu au dehors. Elle a un cache-entrée *Planche XXIX*, *C Figure* 1, *Figure* 2, *D E*. Dans les ferrures de ce genre, les cache-entrées entrent toujours dans le deffein de l'architecture de tout l'ouvrage. Ce cache-entrée s'ouvre ordinairement par un fecret, mais affez fimple. Il eft tenu par enbas à charniere, il occupe toute la place qui eft entre les deux pilaftres du moraillon jufqu'à la confole qui porte un petit Saint ; il porte en dedans un petit verrou *D* qu'un reffort *E* (*Figure* 2), tient fermé. On ouvre ce verrou en abaiffant un petit ornement qui eft en dehors du cache-entrée *E* (*Figure* 2).

De tous les ornements du dehors de la ferrure & même de la clef, nous ne parlerons à préfent que de ceux qui repréfentent des efpeces de dentel-les, pour faire remarquer la maniere dont ils font travaillés. Ils font com-pofés de trois platines différemment évidées, & plus les unes que les autres. Celle qui eft en deffous l'eft le moins, celle du milieu l'eft davantage, & enfin l'extérieure l'eft le plus, & cela afin qu'au travers de celle-ci on voie une partie des deux autres, fans pourtant laiffer diftinguer que l'ouvrage eft de trois pieces ; il en paroît finguliérement travaillé. *V X Y* (*Figure féparée*) marquent trois de ces platines. *T*, la piece qui a des couliffes pour les recevoir, & *S*, l'effet que font ces platines évidées pofées les unes fur les autres. On attache les charnieres ; celle du moraillon devoit être à onze nœuds *K K L L* (*Figure* 3).

La broche *M* (*Figure* 3), qui tenoit les nœuds ou charnons affemblés, devoit être creufe. Par un petit tour d'adreffe ils faifoient paroître cette bro-che encore beaucoup plus travaillée. Elle femble percée tout du long par trois trous féparés ; l'Ouvrier en étoit pourtant quitte pour fouder à l'un & l'autre de fes bouts une petite platine percée elle-même par trois trous, ceux d'une des platines étoient vis-à-vis ceux de l'autre ; quoique tout l'intérieur de la broche foit creux, il ne le paroît à qui la regarde, que comme les pla-tines des bouts.

La clef étoit ordinairement à double forure *Planche XXX*, *Figure* 4, *S*. Ses pertuis étoient rangés fur trois rangs *G N M* (*Fig.* 4), quand il y en avoit plus de neuf ; les pertuis étoient quarrés d'ordinaire, ou ils étoient des

·quarrés un peu refendus de deux côtés. Les pertuis du rang le plus proche
·de la tige font de la premiere efpece , & ceux des deux autres rangs *N M*
(*Figure* 4) de la feconde ; enfin ces clefs avoient ordinairement une boute-
·rolle & un rouet à chaque bout du paneton.

La forure de la clef fait affez imaginer que la ferrure devoit avoir une
broche logée dans un canon , que la broche entroit dans le trou du milieu
de la clef, & le canon dans la feconde forure de la tige. Ceci fera affez ex-
·pliqué dans la fuite à l'occafion des différentes forures des clefs.

La garniture qui mérite ici le plus d'attention eft celle des pertuis. Ce
font des fils ou des lames de fer , des portions de figure d'anneaux proportionnée à celle des pertuis. Ils font difpofés fur trois rangs concentriques,
Figure féparée R , & chaque rang eft compofé de plufieurs lames ou portions
d'anneaux pofées les unes au-deffus des autres , comme le font les rateaux
Figure féparée N M.

Toutes les lames des pertuis d'un même rang tiennent par un bout à une
même piece de fer qui leur fert de pied commun ; ces trois pieces font
foudées enfemble *Figure féparée R.*

Cette forte de garniture , difficile à travailler , a deux grands défauts. La
ferrure ne peut être fermée que par un demi-tour , il eft impoffible que la
clef faffe un tour entier; elle eft arrêtée dans l'endroit où eft le pied des lames en anneaux qui font la garniture des pertuis , la clef ne fauroit paffer
outre. Le fecond inconvénient , c'eft que chaque lame eft une portion d'anneau circulaire qui n'eft foutenue que par un bout ; il eft par conféquent fort
aifé de déranger ces fortes de garnitures ; le moindre effort eft capable de les
tirer de leur place , alors on voudroit inutilement faire entrer la clef dans la
ferrure , elle n'y fauroit plus tourner. Au refte, ces lames étoient fi bien ajuftées & fi bien proportionnées à la figure des pertuis , que la clef en tournant
en chaffoit l'huile.

Les rateaux font difpofés à l'ordinaire ; mais ils ont chacun des lames plus
longues , plus larges & plus minces que celles qu'on emploie ailleurs au
même ufage. La profondeur , le peu d'épaiffeur & la largeur des dents de la
clef le demande.

Il refte à voir d'où dépendent les mouvements de cette ferrure. Les deux
auberons du moraillon font retenus par deux pênes qui, en paffant , nous
ferviront d'exemple de pênes qui ne fortent point hors de la ferrure comme
ceux de la premiere claffe , & qui fe meuvent le long du rebord du palâtre comme ceux que nous avons vus dans les trois dernieres Planches. La clef,
en tournant, pouffe une des barbes de l'un des pênes *Figures* 1 *&* 2, *V* & figure féparée *a b.* Elle le fait avancer dans un des auberons ; dès-lors que celui-ci marche , il pouffe l'autre pêne dans l'autre auberon. Voici comment
ils font difpofés l'un fur l'autre d'une des manieres dont on difpofe des pê-

nes brifés. Celui qui a des barbes eft plus menu à un bout qu'à l'autre, *Figure féparée c*; il entre dans une entaille de l'autre pêne à peu près comme dans une caiffe, *Figure féparée g*. Ce fecond pêne eft hafté ou recoudé deux fois à angles droits, *Figure féparée e f g h*; ainfi fa partie *f h* qui eft après le fecond coude, eft parallele au pêne à barbes. Il y a une piece de fer, *Figure féparée i l*, affemblée à charniere avec le bout de cette partie du pêne recoudé, & avec l'autre pêne immédiatement au-deffus de la barbe la plus proche de la cloifon *m*. Cette piece eft percée au milieu par un trou *K*, qui reçoit un étoquiau rivé dans le palâtre; elle peut, comme un levier, tourner autour de cet étoquiau. De cette difpofition il fuit que quand le pêne à barbe eft pouffé vers fon auberon, il oblige le petit levier à prendre une pofition plus approchante de l'horizontale; ce levier pouffe donc le pêne recoudé, il le fait entrer dans fon auberon; de même quand on ramene ce fecond pêne, le levier ramene le pêne recoudé.

A l'égard des refforts qui fervent à arrêter le pêne à barbe, ils font difpofés à peu près comme dans les autres arrêts; de forte qu'il n'eft plus queftion que de voir comment eft arrêté l'auberon qui tient au couvercle du coffre : une feule gâchette y fuffiroit: pour rendre la chofe plus difficile, on avoit établi d'y employer deux *Figures* 1 & 2, *x y Planche XXVIII*; ces gâchettes font retenues vers le milieu du palâtre par un étoquiau, elles font affemblées à charniere, l'une a deux nœuds, l'autre n'en a qu'un, *Figure féparée* ʒ ʒ 3, 2, 6, 7; deux refforts 13, 13, *Fig.* 1, 2 & *Fig. féparée*, attachés chacun contre un des côtés de la cloifon, tiennent les deux gâchettes affujetties l'une contre l'autre tant qu'on ne fait pas violence aux refforts; elles font l'une & l'autre taillées en chanfrein creux, *Figure féparée* ʒ ʒ, & 9, 10, 11, & il refte affez d'efpace entre les chanfreins de l'une & de l'autre pour laiffer paffer une piece de fer, *Figure féparée I*, dont la tête eft plus groffe que le refte, c'eft une efpece de tête de clou; au deffous du chanfrein des gâchettes, il y a une cavité qui reçoit cette tête; quand le deffus du coffre tombe, la tête de l'auberon contraint les deux gâchettes à s'écarter; elle va fe loger dans leur cavité où elle eft retenue jufqu'à ce que la clef écarte les gâchettes l'une de l'autre.

La clef n'a prife que fur une d'elles, *Figure féparée* 4, & c'en eft affez; celle fur qui elle a prife, a une queue plus longue que l'autre; cette queue fe trouve dans la route de la clef, elle fait tourner cette gâchette autour de fon étoquiau, comme un levier tourne autour de fon point d'appui, & celle-ci écarte l'autre en même temps par un moyen que les Serruriers emploient dans diverfes ferrures au lieu des pignons, & dont nous fommes par conféquent bien aife de pouvoir faire mention ici. C'eft par le moyen d'une petite piece de fer qu'ils appellent une *S*, *Figure féparée* 5 & 9, 10, 11. Souvent auffi elle eft faite en *S*; elle eft tenue par un étoquiau autour duquel elle peut tourner & qui la divise en deux également ; elle est immédiatement entre les deux gâchettes, & est presque verticale quand elles se touchent, *Figure séparée* 9, 10, 11 ; le bout inférieur de l'*S* est engagé, à n'en pouvoir sortir, dans une entaille creusée dans une des gâchettes, figure séparée 10, & le bout supérieur de l'*S* est de même dans l'autre gâchette ; ainsi dès-lors que la clef retire une gâchette de sa place, cette gâchette oblige l'*S* à se coucher, ou, ce qui est la même chose, à écarter la seconde gâchette.

EXPLICATION plus détaillée des Figures de la Planche XXIX qui expose l'extérieur de la Serrure dite Moderne.

La *Figure* 1 représente le devant de la serrure chargée de tous ses ernements & ayant en place sa bande auberonniere. Les autres figures font voir en détail les parties de celle-ci.

A A A A (*Figures* 1 & 2), le palâtre.

B B (*Figures* 1, 2, 4, 5 & 6), la charniere du cache-entrée.

C (*Figures* 1 & 4), petite piece qu'on tire en bas pour ouvrir le verrou du cache-entrée.

E D (*Figure* 2), le cache-entrée ouvert, & *Figure* 5 est le cache-entrée vu hors de place.

D (*Figures* 2 & 5), le verrou du cache-entrée.

E, le ressort qui le ferme.

F (*Figure* 2) bande de fer où est percé un trou dans lequel entre le verrou du cache-entrée.

G (*Figure* 2), entrée de la clef.

H H (*Figure* 2), les trous où entrent les auberons.

I I (*Figure* 3), les auberons.

K K, charniere du moraillon.

L L, partie de la charniere de la bande du moraillon.

M, la broche de la charniere percée au bout en trois endroits.

N (*Figures* 1, 2, 3, 4), la place du petit Saint.

O O, les ornements en vuidanges qui se mettent au coin du palâtre avec la vis qui sert à l'arrêter.

P, écrou de la vis précédente.

Q, le même ornement vu retourné.

R R (*Figure* 2), les endroits où se placent les ornements précédents.

S S, deux des ornements des bords : on s'est servi de celui-ci pour montrer comment font tous les autres.

T, piece de fer qui a trois coulisses où se placent les unes sur les autres les trois lames évidées *V X Y*.

V, la lame qui a plus de plein, & la plus proche du palâtre.

X,

X, celle du milieu.

Y, l'extérieur.

Z Z, autres ornements des côtés, vus en place & féparément.

a a, ornements du bas du palâtre.

b b (*Figure* 2), place des ornements *S S*.

c c (*Figure* 2), place des ornements *Z Z*.

d d, place des ornements *A A* de la *Figure* 1.

f f, ornement qui eft placé en bas au milieu.

g g, un des ornements des côtés dont la place eft le long d'un pilaftre.

h i, vis qui fervent à attacher la ferrure.

i, l'écrou engagé dans la vis.

k dans la *Figure* 6, l'écrou féparé de la vis.

EXPLICATION *détaillée de la Planche* XXX *qui repréfente l'intérieur de la Serrure dite* Moderne.

La *Figure* 1 eft cette ferrure vue en perfpective.

La *Figure* 2 en eft le plan.

La *Figure* 3 en eft la couverture qu'on a enlevée des *Figures* 1, 2.

A A A A (*Figures* 1 & 2), le palâtre.

B B (*Figure* 1), rebord du palâtre qui s'attache fur le bord du coffre.

C C, *D D*, *E E* (*Figure* 3), la couverture où les lettres précédentes marquent les trous par où paffent des vis qui ont les mêmes lettres dans les *Figures* 1 & 2.

F, le canon qui a une double forure ou une tige ronde au milieu.

G (*Figures* 3 & 4), la bouterolle de la ferrure, & 4 celle de la clef.

H (*Figures* 3 & 4), le rouet, *idem*.

K F eft le canon vu féparément avec la piece *K*, qui du côté de la couverture n'eft pas vifible dans la *Figure* 3.

L L L L (*Figures* 1 & 2), trous par où paffent les vis qui attachent la ferrure au coffre. Les autres trous font ceux qui fervent à attacher les ornements. Voyez la Planche précédente.

M (*Figure* 4), le rang des pertuis de la clef le plus proche des dents.

N (*Figure* 4), le fecond rang des pertuis.

O (*Figure* 4), le rang de pertuis le plus proche de la tige.

P (*Figure* 4), les dents de la clef.

M N O, hors de la *Figure* 4, marquent les filets ou lames qui entrent dans les pertuis de chaque rang.

P, les rateaux.

Q, le trou où paffe le canon.

R fait voir comment font affemblées les trois pieces *M N O*, pour faire

SERRURIER.   G g g la garniture des pertuis.

S , est le plan du bout du paneton qui fait voir la double forure.

T (*Figure* 2) , ouverture de la clef.

V (*Figures* 1 & 2) , le pêne qui a des barbes.

X , le pêne plié deux fois en équerre.

a , *b* , *c* , *d* , le pêne contre lequel agit la clef.

a , *b* , sont ses barbes.

c , la partie de ce pêne qui entre dans le pêne plié en équerre.

d , partie de la charniere qui l'assemble avec l'autre pêne.

e f , pêne plié en équerre en *e* & en *f*.

g , l'ouverture où entre la partie *c* de l'autre pêne.

h , la charniere où entre le charnon de la piece *i l*.

i l , piece qui assemble les deux pênes.

k , l'essieu sur lequel elle tourne.

m , montre la maniere dont les deux pênes sont assemblés.

u , picolet du ressort portant une vis au-dessus qui sert à retenir la couverture.

x y (*Figures* 1 & 2) , sont les deux gâchettes. On les voit représentées séparément vers le haut de la Planche.

z (*Figures* 1 & 2) , l'étoquiau qui les retient.

z vers le haut de la Planche , les nœuds de leur charniere.

1 , au haut de la Planche est le clou ou bouton qui est attaché au couvercle du coffre.

2 , 3 , la cavité où se loge la tête de ce clou.

4 , la queue de la grande gâchette *y*.

5 , l'*S* qui fait ouvrir la gâchette *x* quand la gâchette *y* s'ouvre.

6 , 7 sont les entailles où se place l'*S* ; comme elles sont du côté du palâtre , elles ne sont pas visibles *Figures* 1 & 2.

9 , 10 , 11 , à côté de la *Figure* 2 est une partie des deux gâchettes retournées. On y voit l'*S* 11 portée par un étoquiau , & logée dans les entailles 9 & 10.

12 , *Figures* 1 & 2 & *figure séparée* , pieces qui font ici l'effet de la cloison.

13 , dans les mêmes figures , sont les ressorts qui tiennent les gâchettes fermées.

EXPLICATION *des Figures de la Planche* XXXI , *qui représente une de ces Serrures de coffres connus à Paris sous le nom de* Coffre fort d'Allemagne.

Il ne manque rien à ces sortes de coffres du côté de la solidité ; ils sont faits en entier de fer , & quand ils ne seroient que de bois , revêtus , comme ils le sont extérieurement de bandes de fer , ils ne pourroient être brisés que très-difficilement. Leurs ferrures font fort différentes de celles que nous avons vues jufqu'ici. Elles ont prefque autant de grandeur que le deſſus du coffre ; elles le ferment par un grand nombre de pênes. Celle que nous avons fait graver a douze fermetures ; on en fait qui en ont 24 & plus : malgré la grandeur de ces ferrures , & tout l'appareil avec lequel elles font faites , elles répondent mal à la folidité du refte du coffre. Si nous en avons fait repréfen-ter une , c'eſt furtout pour faire voir qu'on n'y doit pas avoir grande con-fiance , & pour en faire fentir les défauts , afin qu'on ne s'avife plus de faire venir de loin des ouvrages qui ne valent rien. Nous aurons en même temps occafion de faire remarquer une maniere commode de faire mouvoir à la fois plufieurs pênes ou gâchettes , dont on pourroit faire un meilleur ufage. Tous les pênes ne s'y ferment qu'à un demi-tour , c'eſt ce qu'il eſt aifé de voir par le paneton *u* (*Figure* 2) , qui pour garnitures a des pertuis diffé-rents de ceux de la Planche précédente par leur figure , mais qui de même font ifolés , & ne parviennent point jufqu'au bord du paneton. Or nous avons obfervé à l'occafion des pertuis des modernes , que toute clef qui a de pareils pertuis ne peut faire qu'un demi-tour. On le voit encore par la gar-niture de cette ferrure repréfentée féparément en *16* , *15* , *13* (*Figure* 3) le pied *15*, *13* des garnitures des pertuis empêche la clef d'achever un tour. Les pênes de cette ferrure réfifteroient fortement à qui voudroit entrepren-dre d'enlever le deſſus du coffre. Mais ce n'eſt pas par-là qu'un Crocheteur de portes les attaqueroit ; il n'y a qu'à percer le coffre en certains endroits , & alors il eſt facile de les ouvrir tous à la fois avec un poinçon , comme on le verra aſſez par la defcription de la ferrure.

Dans la Planche, le coffre *Figure* 1 eſt repréfenté ouvert ; on voit la fer-rure attachée contre la furface intérieure de fon deſſus ; afin pourtant que les pieces dont elle eſt compofée fuſſent vifibles , on a enlevé une couverture qui les cache ordinairement & qui les défend de la pouſſiere. Une partie de cette couverture eſt dans le bas de la Planche marquée *19* & *20* (*Figure* 4).

Cette ferrure *Figure* 1 a douze pênes , quatre dans fes angles , *a f h c* , fix dont trois font fur chacun de fes côtés, *d* , *d* , *e* , *d* , *d* , *i* ; & deux dont un eſt au milieu de chaque bout *b g* ; chaque pêne eſt retenu par deux picolets comme on le voit *Figure* 7. Entre ces picolets le pêne a une encoche *6* (*Fig.* 7 & 8) , dans laquelle eſt engagé un reſſort *z z* (*Fig.* 7 & 8). Ce reſſort eſt ordinairement une efpece de reſſort à boudin porté par un étoquiau ; dès-lors qu'on abat le deſſus du coffre , ces douze reſſorts ferment les douze pênes , comme les ferrures de porte à un demi-tour ferment leur demi-tour, d'où l'on voit combien ces coffres font peu fûrement fermés. Ici les pênes ne rencontrent ni gâches ni coqs ; mais il y a tout autour du coffre un rebord de fer *E E E E* (*Figure* 1) , dont la faillie eſt vers le dedans, qui tient lieu & de gâche & de coq ; les pênes s'engagent fous ce rebord , de forte que quand le deſſus du coffre ne feroit point arrêté par des charnieres, il feroit bien fo-lidement retenu fi les pênes étoient plus difficiles à ouvrir.

On n'ouvre point cette ferrure comme les autres par le devant ; pour tromper, on y met pourtant une entrée *D*. Mais la véritable entrée de la clef eſt en deſſus du couvercle vers ſon milieu ; elle eſt ordinairement cou-verte par quelque cache·entrée qui a un ſecret ; dans un demi-tour, la clef ouvre tous les pênes en pouſſant une piece de fer que nous appellerons *le grand Pêne*, quoiqu'il ſerveuniquement à faire agir les autres *P Q R S T.* (*Figure* 5) ; il eſt foutenu par des picolets *Y Y , Figures* 1.

Ce grand pêne eſt placé environ vers le milieu du deſſus du coffre parallé-lement à un côté. Quand il eſt pouſſé par la clef, il s'éloigne d'un des bouts, & s'approche de l'autre ; & c'eſt pendant ce mouvement qu'il ouvre toutes les fermetures.

A chaque bout il y a deux branches perpendiculaires à ſa tige *P Q R S* (*Figure* 1 & 5) ; entre celles-ci il y a quatre autres branches poſées deux à deux, l'une d'un côté, l'autre de l'autre, & également diſtantes du milieu *T T V V* (*Figures* 1 & 5) ; les deux branches *P Q* d'un des bouts ouvrent trois pênes, ſavoir, ceux de deux angles *a c,* & un au milieu de ceux-ci *b*. Les bran-ches de l'autre bout *R S* ouvrent cinq pênes, ſavoir, outre les trois de l'au-tre bout *a g f,* les deux les plus proches de ce bout *e i*. Les quatre autres branches n'ouvrent chacune qu'un pêne *d d d d*.

Mais voyons d'abord l'effet des deux branches *P Q* qui ouvrent trois pê-nes. Elles ſont d'inégale longueur ; la plus longue *P* s'appuie ſur le bras d'un levier *k m* (*Figures* 1, & 5 *Figure* 9), ce levier a deux bras *k m , m l,* qui font entr'eux un angle aigu. Il eſt foutenu par un étoquiau autour duquel il tour-ne librement. Son ſecond bras eſt appuyé ſur une partie en ſaillie qui eſt à la queue du petit pêne *a*, comme on le voit *Figure* 7 ; dès-lors que le grand pêne s'approche de l'autre bout du coffre, la grande branche *P* de ce pêne preſſe là branche *k m* du levier *k m l*. L'autre branche de ce levier *m l*, en tournant, tire le pêne, elle l'ouvre. Ce mouvement entendu, tous les autres font faciles à entendre ; ils dépendent d'une ſemblable méchanique.

La branche la plus courte *Q* du pêne s'appuie immédiatement ſur un re-bord en ſaillie qui eſt à la queue du pêne qui occupe le milieu de ce bout du coffre : par conſéquent dès-lors que le grand pêne marche, il ouvre celui-ci, & c'eſt ce petit pêne celui *c* qui eſt dans l'angle. Entre eux deux il y a un levier plus ouvert 4(*Figure* 10), mais du reſte aſſez ſemblable à celui dont nous avons parlé pour ouvrir le pêne *a*. Il n'en differe que par le côté vers le-quel il eſt tourné. Le petit pêne du milieu a une branche qui s'appuie ſur un des bras de ce levier. L'autre bras du même levier a priſe ſur un étoquiau *p* rivé dans la queue du pêne de l'angle. Dès-lors que le pêne du milieu s'ou-vre, il fait tourner le levier qui tire vers le dedans du coffre le pêne du

coin,

coin; ainſi, voilà les trois pênes *a*, *b*, *c*, ouverts.

Les quatre branches qu'a le grand pêne entre ſes deux bouts *T T V V*, n'agiſſent pas différemment pour faire rentrer chacun des pênes des côtés *d d d d*. Ces branches ont chacune priſe ſur un des bras d'un levier en équerre dont le bout de l'autre bras eſt appuyé ſur un rebord de la queue du pêne.

Reſte à voir comment les deux branches *R S* de l'autre bout ouvrent cinq pênes. Les autres agiſſent en tirant, & celles-ci en pouſſant. L'une qui eſt la plus courte *R*, rencontre la branche d'une équerre *r* ſoutenue par un étoquiau, comme tout ce que nous avons vu; l'autre bras de l'équerre rencontre encore le rebord de la queue du pêne *e* qui eſt ſur le devant du coffre; ainſi l'on voit aſſez comment il peut être ouvert. L'autre bras de l'équerre, que la branche du pêne pouſſe immédiatement, ouvre encore un autre pêne; c'eſt celui qui eſt au milieu du bout *g*. Entre l'équerre & ce pêne, il y a un levier en *S* (*Fig.* 1 & 11). Un de ſes bras eſt dans le chemin de la branche d'équerre que nous conſidérons, l'autre bras embraſſe un étoquiau rivé ſur le pêne du milieu *g*. L'équerre en tournant fait tourner l'*S*, & l'*S* pouſſe ce pêne en dedans du coffre. C'eſt à la derniere branche *S* à ouvrir les trois pênes reſtants; ſon bout rencontre un des bras d'une équerre *t*, dont l'autre bras s'appuie ſur le pêne de côté *i*; voilà donc de quoi l'ouvrir. Deux autres leviers *x* & *u* ſervent à ouvrir les deux des coins *f* & *h*. Ils ſont ſoutenus chacun par un étoquiau entre le pêne du milieu & un des coins. Une de leurs branches qui eſt la plus courte, s'appuie ſur un étoquiau rivé en deſſus du pêne proche ſa queue; leurs deux autres bras ſont recourbés de façon que leur convexité eſt du côté de la branche du grand pêne. Un de ces bras s'appuie immédiatement ſur la branche du pêne aſſez près de ſa tige; le bras de l'autre levier eſt logé dans la concavité du précédent. La branche du pêne pouſſe le bras qui la touche, & celui-ci pouſſe le bras de l'autre équerre; ces deux équerres tournent, & leur mouvement eſt ſuivi de celui des deux pênes *f h*. Elles ſont repréſentées à part *Figures* 9 & 10.

Mais les mouvements de tant de pênes ne peuvent ſe faire ſans de rudes frottements. Le coffre en devient difficile à ouvrir; on eſt quelquefois obligé de paſſer un petit levier dans l'anneau de la clef pour la faire tourner. Cependant par une explication plus détaillée des figures, nous allons achever de donner une idée complette de cette grande ſerrure.

Figure 1, *A A A A* eſt le coffre ouvert.

B B, *A A*, le deſſus du coffre.

C C, une des bandes horizontales qui ſoutiennent les plaques de fer dont le coffre eſt compoſé.

D, une des bandes verticales où il y a une fauſſe entrée de clef.

E E F F G G, rebord en dedans du coffre ſous lequel les pênes ſe placent.

H H, têtes de quelques-uns des clous qui tiennent les barres.

SERRURIER. H h h

I, petit coffre dans le grand.

K, piece qui se leve pour soutenir le couvercle.

L L (*Figures* 1 & 12), crochets qui arrêtent en partie le dessus du coffre.

M M, crochets ou mains du dessus du coffre qui s'engagent sous ceux du dedans *L L*.

N N, deux des charnieres de ce coffre.

O N N (*Figure* 13), les fait voir séparément.

P Q R S (*Figure* 1 & 5), le grand pêne.

P Q, les deux branches d'un de ses bouts.

R S, les deux branches de l'autre bout.

V V, deux branches du milieu.

T T, deux autres branches plus grandes.

Y Y, les picolets : on les voit séparés 8 *Figure* 6.

X (*Figure* 6), la barbe du pêne.

Z Z (*Figure* 1 , 7 & 8), quelques-uns des ressorts qui ferment les pênes.

a b c (*Figure* 1), les trois pênes qui sont ouverts par les branches *P Q*.

d d d d, les quatre pênes qui sont ouverts par les quatre branches du milieu.

e f g h i, les cinq pênes qui sont ouverts par les branches *R S*.

k l m, levier qui ouvre le pêne *a*.

k, le bras par lequel la branche *P* a prise ; *l*, celle qui tire le pêne.

m, son étoquiau ; *n*, branche du pêne *b* qui ouvre le pêne *c*.

o, le levier qui ouvre ce pêne.

p, l'étoquiau sur lequel la branche de ce levier a prise.

q q q q, les quatre équerres qui ouvrent les pênes *d d d d*.

r, équerre qui ouvre le pêne *e*.

s, levier en *S* qui ouvre le pêne *g*.

t, équerre qui ouvre le pêne *i*.

u, levier qui ouvre le pêne *h*.

x, levier qui ouvre le pêne *f*.

Les pieces, *Figures* 6 , 7 , 8 , 9 , 10 , 11 , 12 , 13 & 14 , marquées par des chiffres, sont les pieces essentielles représentées séparément.

1, 2, 3, 4, 5, sont les leviers de différentes figures employés dans le coffre.

1 est le levier *k l*.

2, les leviers *q*.

3, le levier *s*.

4, 5, les leviers *x* & *u*.

6, 7, *Figure* 8, est un petit pêne dont la gorge en entaille 6 est poussée par le ressort Z.

7, le rebord qui donne prise au levier.

8, *Figure* 6, ses picolets.

Figures 7, sont les pieces précédentes en place.

Figure 15, eft la clef deffinée fur l'échelle du coffre.

Figure 2 *u*, paneton de la clef deffiné fur une plus grande échelle.

Figure 3 ; 12, 13, 14, 15, fait voir la garniture de la clef. 12 eft la couverture.

13, 14 en font les pieds. Les garnitures font rivées contre le pied 13,
& c'eft pour cela que la clef ne peut faire qu'un demi-tour.

15, la garniture du milieu, c'eft une efpece de pertuis qui ne fauroit
convenir à une clef forée qui fait un tour entier.

16, la broche.

y (*Figure* 1) dans le deffus du coffre, fait voir la garniture en place. On
doit imaginer l'entrée de l'autre côté.

Figure 4; 19, 20, moitié de la couverture de fer qui s'attache au-deffus
du coffre pour cacher les refforts. 20, endroit où elle eft percée pour laiffer
paffer les garnitures.

21, *Figure* 16, une des mains du coffre.

On conçoit aifément qu'en pouffant le grand pêne *Figure* 5, par quelque moyen que ce foit, on ouvrira aifément tous les pênes.

ARTICLE VII.

Des Cadenas.

*EXPLICATION de la Planche XXXII repréfentant une Serrure en Boffe,
& différentes efpeces de Cadenas.*

La Serrure en boffe *Figure* 1, eft très-antique; elle n'eft plus guere en
ufage qu'à la campagne. Elle s'attache en dehors de la porte, par conféquent
l'entrée *K* de la clef eft dans le palâtre *B*; ce palâtre eft embouti, & fait une
boffe d'où la ferrure a pris fon nom. Cette figure du palâtre épargne la peine
de lui forger & de lui attacher une cloifon. Il a affez de concavité pour loger
toutes les pieces du dedans de la ferrure *H H I K G*.

Cette efpece de ferrure eft du genre de celles dont le pêne ne fort point.
Au-deffus de celle-ci il y a un verrou *C*; elle eft faite pour le tenir fermé.
Le manche ou moraillon de ce verrou *D E* a un auberon qui entre dans la
ferrure en *E*, & le pêne entre dans cet auberon, comme on le voit en *G*: du
refte, les garnitures de cette ferrure n'ont rien de particulier, on peut les lui
donner telles qu'on veut : on les fait ordinairement affez fimples, parce qu'elle eft de peu de valeur.

Ainfi *Figure* 1 eft une ferrure en boffe.

A A en eft le palâtre embouti en *B*.

C, le verrou.

D, le moraillon du verrou.

E, l'endroit où eft l'auberon.

F F, la couverture, & la ferrure vue par le dedans.

G G, le pêne.

H H, les picolets qui le portent.

I, le reffort.

K, la broche.

L, la clef.

§. *Des Cadenas.*

On appelle *Cadenas* les ferrures qui ne s'attachent jamais contre le bois à clous & à vis, mais qui ont une anfe propre à entrer dans un crampon où dans le maillon d'une chaîne. On en fait de bien des figures différentes, de fphériques *Figure* 3, de plats, de triangulaires *Figure* 4 ; on en fait d'autres en cœur *Figure* 2 ; on en fait auffi de toutes fortes de grandeurs. Les plus grands fervent à des chaînes de bateaux, à des portes de caves, les plus pe- tits aux valifes, malles ; d'autres font faits pour les fers qu'on met aux pieds & aux mains des Criminels, pour les entraves des chevaux. Nous allons en parcourir les principales efpeces.

Figure 2 eft un grand cadenas en cœur pour bateaux ou portes de caves.

On fait ceux-ci auffi grands & auffi forts que des ferrures communes. Le corps ou boîte *F G* du cadenas eft compofée de deux pieces égales & fem- blables *I I D*, dont l'une tient lieu de palâtre & l'autre de couverture. Ces deux pieces font féparées par une bande contournée comme elles, qu'on peut appeler *la cloifon du Cadenas G G*, & qui eft auffi affemblée avec les deux autres pieces par des étoquiaux *H H*. Le pêne eft affujetti contre une des deux pieces précédentes par deux picolets *K* ; le refte de la garniture n'a rien de particulier.

L'anfe *A* eft recourbée en dehors du cadenas en arc. D'un côté, cette anfe fe termine par une tige ronde & droite qui entre dans le cadenas par fa partie fupérieure, & fort en deffous par fa partie inférieure *B C*. Cette tige eft entre la cloifon & la queue du pêne, fi l'on peut donner le nom de *queue* & de *tête* à un pêne dont les deux extrémités font femblables. L'autre bout de l'anfe ne peut defcendre qu'un peu au-deffous du pêne. La partie qui doit refter en dehors eft plus groffe ; l'ouverture ne fauroit la laiffer paffer.

La partie qui eft en dedans, a une entaille affez grande pour recevoir la tête du pêne ; quand le pêne eft entré dans cette ouverture, le cadenas eft fermé. L'autre branche de l'anfe, celle qui a une tige droite, ne fauroit s'élever ; mais lorfqu'on dégage le pêne de la branche la plus courte, rien n'empêche qu'on n'éleve l'anfe entiere ; afin pourtant qu'on ne l'éleve point jufqu'à le faire fortir du cadenas, la tige droite *a*, à fon extrémité, un bouton *C* trop gros pour fortir par l'ouverture dans laquelle le refte de la tige joue. Quand on veut, on garnit ces fortes de cadenas comme les meilleures ferrures.

Ainfi la *Figure* 2 repréfente un grand cadenas en cœur.

A, anfe du cadenas.

B,

B, la tige de l'anfe.

C, fon bouton.

D, la partie de la tige qui eft dans le cadenas.

E F marque une piece de fer fur un cadenas fermé qui fert de cache-entrée ; on l'arrête avec une vis en *F* qui ne peut point fortir entiérement du cache-entrée; mais en détournant la vis, on fait marcher de côté le cache-entrée, & l'on découvre l'entrée qui eft deffous & qu'on a repréfentée fur le cache-entrée : ce cache-entrée eft repréfenté à part. L'entrée de la clef eft donc au-deffous de *E*.

G G, la cloifon du cadenas.

H H, étoquiaux fervant à attacher cette cloifon contre une des pieces qui fervent de palâtre & de couverture.

I I, une de ces pieces.

K, le pêne.

L, le reffort du pêne.

M, un rouet.

N, la broche ; elle eft repréfentée à part fur la piece qui la porte.

O, la clef.

P fait voir comment le pêne entre dans une des branches de l'anfe.

Les *Figures* 3 & 4 repréfentent de petits cadenas ronds & triangulaires dont l'intérieur eft le même.

On fait des cadenas, foit ronds, foit triangulaires, auxquels on donne une garniture affez foible, mais différente de celle du précédent. Ces fortes de cadenas ont deux oreilles, un des bouts de l'anfe eft rivé à l'une de ces oreilles *O* (*Figure* 3), mais mobile autour de fa rivure, & il y a un mouvement de charniere ; auffi-tôt que l'autre oreille a été enfoncée dans le cadenas, il eft arrêté par le pêne qui s'engage dans l'entaille qu'on a faite à cette anfe pour le recevoir. La queue de ce petit pêne eft continuellement pouffée par un reffort double *M* (*Figure* 3) femblable à quelques-uns de ceux que nous avons vus aux ferrures qui fe ferment différemment d'un demi-tour.

Ce pêne eft fouvent logé dans une couliffe ; il eft recoudé à équerre dans l'endroit où le reffort le pouffe. Une des branches de l'équerre *I L* fert de barbe ; la clef, en tournant, rencontre cette branche, & la preffant, elle fait céder le reffort & pouffe le corps du pêne en arriere ; alors le cadenas eft ouvert.

Ainfi la *Figure* 3 eft un cadenas rond.

A eft le morceau convexe qui ferme le coq du côté de l'entrée de la clef.

B, moitié d'une des oreilles.

C, moitié de l'autre oreille à laquelle l'anfe eft attachée.

D, piece de fer pour former la cloifon qui affemble deux pieces embouties pareilles à la piece *A*.

E E, deux pieces qui occupent l'espace entre les deux bouts de la piece précédente, & qui donnent les oreilles du cadenas.

F, autre piece qui bouche le vuide qui est d'une oreille à l'autre.

G, pieces qui forment une coulisse dans laquelle glisse le ressort.

H I K L est un cadenas dont le dessus est emporté.

H, la broche.

I L, le pêne dont la branche *I* entre dans l'anse.

K, le picolet.

L, la branche du pêne contre laquelle le ressort agit.

M, le ressort.

N O, l'anse.

Figure 4 est un cadenas triangulaire ouvert & fermé qui ne differe du cadenas rond que par sa forme extérieure ; la garniture de ces sortes de cadenas ressemble quelquefois à celle des serrures & quelquefois à celle des cadenas *Figure* 3.

La *Figure* 5 représente un cadenas en demi-cœur fermé par quatre ressorts sans autres garnitures.

Il est dommage qu'il ne faille que quelques coups de marteaux pour faire sauter l'anse de ce petit cadenas ; car il est des plus ingénieusement imaginés, & il n'est guere possible qu'il puisse être ouvert par une clef qui n'a pas été faite exprès.

Les deux branches de son anse se terminent en pointe *F F* qui ont chacune quatre faces planes. Il y a des ressorts rivés ou soudés sur deux des quatre faces de chaque pointe, savoir, les deux faces intérieures par rapport à l'anse *F G*, *F G*, & sur deux faces extérieures prises du même côté sur chaque pointe.

Les ressorts ne sont assujettis qu'auprès des pointes ; ils tendent à s'ouvrir entre chaque oreille *E E* ; le cadenas a des ouvertures qui laissent entrer ces pointes ; mais on ne les y fait entrer qu'avec un petit effort. Les deux bouts de l'anse étant entrés jusqu'au dessus des ressorts, le cadenas est fermé sans pêne ni gâchette ni autre appareil. Les quatre ressorts s'ouvrent, & par conséquent ils ne sauroient plus sortir par où ils sont entrés.

On ouvre ces cadenas avec une petite clef forée *K I*, dont le paneton est fait différemment de ceux que nous avons vus. La partie du milieu a quelques lignes de largeur de plus que celles des bouts, & elle a une longueur égale à la distance qui est entre les deux pointes du cadenas, ou peu moindre. Cette partie du milieu doit tourner entre les deux pointes, & presser les deux ressorts attachés contre les faces qui sont en dedans de l'anse ; & des deux autres parties du paneton, l'une abaisse un des ressorts qui est en dehors de l'anse, & l'autre abaisse l'autre ; ces quatre ressorts ainsi abaissés, rien n'empêche de retirer l'anse de dedans le cadenas, ou, ce qui est la même chose, de l'ouvrir.

Figure 5 eſt donc un cadenas en demi-cœur qui ſe ferme par quatre reſſorts.

A, ce cadenas fermé, ayant encore ſa clef en *A*.

B, ſon anſe.

C, fil de fer qui ne ſert qu'à empêcher l'anſe de tomber quand le cadenas eſt ouvert. Il empêche auſſi qu'on ne change l'anſe de côté.

E E D F G H, eſt ce cadenas ouvert.

D, l'entrée de la clef.

E E, les oreilles entre leſquelles ſont les trous où entrent les pointes de l'anſe.

F F, les pointes de l'anſe.

H F, *H F*, reſſorts attachés ſur une des faces de chaque pointe.

G F, *G F*, reſſorts attachés ſur les deux faces du dedans de l'anſe.

I K eſt partie d'un cadenas démonté où la clef eſt entrée.

I marque la broche de la clef.

K fait voir comment la clef, en tournant, abat les quatre reſſorts.

L M L, la clef.

M, la partie du paneton qui ferme les deux reſſorts marqués ci-deſſus *G G*.

L L, la partie du paneton qui ferme les deux reſſorts qui ſe préſentent en avant.

La *Figure* 6 eſt celle d'un cadenas cylindrique qui ſe ferme par une méchanique aſſez ſemblable à celle du cadenas de la figure précédente.

On fait un cadenas qui ſe ferme & s'ouvre par le même principe que le précédent, dont la clef eſt cependant fort différente.

Ce cadenas eſt un cylindre creux qui près d'un de ſes bouts a une oreille *B* où un des bouts de l'anſe eſt rivé ou ſoudé, l'autre bout de l'anſe a une eſpece d'auberon *C*; & près de l'autre bout du cylindre, il y a un trou qui laiſſe entrer cet auberon dans le cadenas. Pour l'y arrêter, on ſe ſert d'un clou *D F F* qui pour tête a un gros bouton *D*. Près de la pointe de ce clou ſur chacune de ſes faces eſt attaché un reſſort qui s'ouvre en lardoire préciſément diſpoſé comme ceux que nous avons vus dans le cadenas précédent. Le bout du cylindre le plus proche de l'auberon eſt ouvert; par cette ouverture, on fait entrer le clou, & auſſi-tôt qu'il eſt entré, l'anſe eſt arrêtée. En tirant le bouton par la tête, on ne peut plus le faire ſortir ſans briſer les reſſorts, ou ſans ſe ſervir d'une clef *G H K*.

Elle eſt fort différente de toutes celles que nous avons vues. Près de ſon bout elle eſt recoudée, & la partie recoudée eſt percée par un trou quarré. L'entrée de cette clef eſt au bout du cylindre oppoſé à celui où eſt le clou à reſſort. On fait entrer d'abord la partie percée, & enſuite la tige de la clef; tout eſt diſpoſé de façon que la partie percée reçoit le clou; en avançant, elle abaiſſe ſes quatre reſſorts, & en continuant de le pouſſer, elle l'ôte de ſa place, alors le cadenas eſt ouvert.

Figure 6, au haut de la Planche.

A, cylindre creux qui fait le corps du cadenas.

B C, son anse qui a en *C* un auberon.

D, tête du clou à ressort qui ferme ce cadenas.

Près de *E*, l'entrée de la clef.

F F font voir les ressorts attachés sur le clou *D*.

G H K, la clef dont l'ouverture *H* reçoit la pointe du clou, & presse en-suite les ressorts.

K, la partie de la clef qu'on présente à l'entrée *M* pour ouvrir la serrure, & la faire entrer peu à peu.

M N O P, est ce cadenas ouvert tout du long pour faire voir comment les ressorts du clou le ferment, & comment la clef l'ouvre.

M, la clef.

N, la tête du clou.

O, l'auberon de l'anse.

P, la clef dans laquelle la pointe du clou est entrée.

Figure 7, autre cadenas cylindrique à ressort. Le corps du cadenas est, comme celui du précédent, un cylindre creux *A*; il y a aussi une anse sem-blable *B*, & qui entre par un bout d'une maniere semblable. Une tige de fer ou une espece de pêne *a F*, entre dans l'auberon *B* de cette anse, & la tient fermée; l'autre bout *a* de cette tige est taillé en vis; la clef *I* est un écrou percé dans une tige de fer; on fait entrer cet écrou par le bout ouvert du cadenas, & en le tournant, on tire le pêne de l'auberon. Lorsqu'on veut fer-mer la serrure, il n'y a qu'à détourner l'écrou; à mesure qu'on lâche le pêne, il est poussé vers l'auberon par un ressort à boudin *H*. Ce ressort est appuyé par un bout contre le cylindre du côté où entre la clef, & de l'autre bout contre une platine ronde *G* que porte le pêne, afin que ce ressort ne pousse pas le pêne trop loin, & qu'il ne soit pas hors de la prise de la clef; il y a une platine ronde *E* brasée en dedans du cadenas, comme nous allons l'ex-pliquer plus en détail.

Figure 7 est le cadenas cylindrique qui se ferme par le moyen d'un res-fort à boudin.

A, le corps du cadenas.

B, l'auberon de l'anse.

C, la clef entrée dans le cadenas.

D E, le corps du cadenas ouvert qui laisse voir le trou *D* par où entre la clef. La platine *E* percée quarrément pour laisser marcher le pêne.

F, pêne taillé en vis par le bout *a*, le bout *F* est celui qui entre dans l'au-beron.

F est aussi l'endroit du pêne qui passe dans une platine contre laquelle il est soudé ou rivé.

G, platine attachée au pêne & à un bout du ressort à boudin.

H,

H, le reſſort à boudin.

I, la clef.

K L M font voir toutes les parties en place dans un cadenas dont un côté
à été emporté.

K, la clef coupée en deux ſelon ſa longueur pour laiſſer voir la tête du
pêne.

L, le bout du pêne qui entre dans l'auberon.

M, la platine qui empêche le pêne d'aller trop loin.

A R T I C L E VIII.

*Maniere détaillée de faire les Serrures, c'eſt-à-dire, de faire les pieces
dont elles ſont compoſées , & de les aſſembler.*

Nous pouvons ſuppoſer à préſent les différentes eſpeces de ferrures connues, puiſqu'il n'en eſt point qu'on ne puiſſe ramener à quelqu'une de celles
que nous avons décrites. Quelles qu'elles ſoient, leurs pieces s'aſſemblent à
peu près de la même maniere. Mais les pieces dont les unes ſont compoſées, ſe
travaillent tout autrement que celles qui compoſent les autres. C'eſt ſur-tout
dans les clefs & dans les garnitures que le travail varie. C'eſt auſſi ce que
nous examinerons plus en détail. 1º, Nous commencerons par les clefs, c'eſt
toujours auſſi par où les Serruriers commencent les ferrures : 2º, Nous traiterons enſuite des garnitures qui conviennent aux différentes clefs : 3º, nous
verrons forger & limer les autres parties dont le travail eſt plus ſimple,
comme les palâtres, cloiſons, picolets, étoquiaux, pênes & reſſorts : 4º,
Nous aſſemblerons enſuite ces pieces pour en compoſer une ſerrure : 5º,
Nous finirons ce qui regarde les ferrures par l'examen de la ſûreté qu'on
peut ſe promettre de chacune d'elles, ſelon leur eſpece de garniture : à l'occaſion de quoi nous dirons quelque choſe des ſecrets.

§. *De la maniere de faire les Clefs.*

On prend une piece de fer de deux ou trois pieds de longueur, & de
groſſeur proportionnée à celle de la clef que l'on veut former. Ces ſortes
de pieces ſont ordinairement des morceaux d'une barre plus large, qui a
été fendue tout du long en deux ou trois ; auſſi les nomme-t-on *des Fentons* *. On met un bout de ce fenton dans la forge. On lui donne une chaude ſuante, on le chauffe preſque fondant. On le retire alors du feu, on le
porte ſur l'enclume pour le forger & l'étirer, ou, en termes de l'Art, pour
enlever la clef. Ce qu'on appelle *enlever une Clef*, c'eſt donner groſſiérement
ſa figure au bout du fenton, étirer la tige, le paneton, percer l'anneau,

---

* A Paris, on ne ſe donne pas la peine de refendre le fer, parce qu'on en trouve de tout échantillon chez les Marchands ; mais ils choiſiſſent de bon fer de Roche.

& enfin détacher cette clef du refte du fenton. C'eft apparemment de cette
derniere opération, que la façon entiere d'enlever a tiré fon nom *. L'anneau fe prend toujours au bout du fenton. C'eft la partie qu'on forge la premiere & d'abord à plus petits coups. Quand le refte eft dégroffi, on le perce avec un poinçon de fer ; deux ou trois coups de marteau en font l'affaire.

Un bon Ouvrier enleve fa clef d'une chaude : Jouffe affure qu'il en peut
même enlever jufques à trois & quatre, quand le fer eft doux ; mais c'eft
quand on enleve la clef avant que d'avoir étiré le paneton & percé l'anneau ;
ce qui alonge la façon au moins de moitié.

On lui donne enfuite une nouvelle chaude, après laquelle on arrondit
mieux la tige ; on referve fon embafe fi elle en doit avoir une ; on dégage
cette tige du paneton ; on met le paneton de grandeur ; on forge fon mufeau. Pour former ce mufeau, la pratique de plufieurs Serruriers eft de tremper dans l'eau la clef prefque couchée, en faifant entrer la premiere, la partie de la tige la plus proche du paneton, & cela jufqu'à ce que le milieu ou
les deux tiers de la largeur du paneton foient mouillés. On la retire auffi-
tôt de l'eau, & on frappe fur le bord où doit être le mufeau, qui n'ayant
point été mouillé eft encore rouge, & par conféquent fouple, pendant que
le refte a pris plus de dureté. Il s'étend, & déborde de l'un & de l'autre
côté le refte du paneton. C'eft la méthode la plus commode ; mais les bons
Ouvriers ne la regardent pas comme la meilleure : la trempe durcit trop une
partie de la clef ; ils favent affez ménager leurs coups pour forger le mufeau
fans le fecours de l'eau. Ils ferrent le paneton dans l'étau, & laiffent en deffus
la partie qui doit être applatie.

Si la clef eft pour une ferrure befnarde, elle doit avoir une hayve, ou,
comme nous l'avons expliqué ailleurs, une partie en ligne droite, qui fait
faillie fur une des faces du paneton. On fait l'hayve avant que le mufeau foit
forgé ; on l'étampe, l'étau même fert de moule, ou d'étampe à la plupart des
Serruriers. Ils approchent fes deux mâchoires l'une de l'autre, jufqu'à ce qu'il
ne refte entr'elles qu'autant de diftance que l'hayve doit avoir de largeur.
Ils appliquent le paneton prefque blanc fur l'étau, & à coups de marteau ils
contraignent une petite partie du fer à fe mouler entre les mâchoires. D'autres fe fervent d'un fer à hayve, c'eft-à-dire, d'un fer où eft creufée une gouttiere de la profondeur & de la largeur que doit avoir l'hayve ; ils tiennent ce
fer fur l'enclume, & étampent le paneton deffus.

Il y a des panetons courbés, qu'on appelle *Panetons en S*, parce que leur
courbure reffemble à celle d'une *S*. Ceux de cette forte qui font le plus groffiérement faits, fe forgent fur l'arrête de l'enclume. Mais pour ceux qu'on
travaille avec plus de foin, on tient le paneton droit & plus épais qu'à l'ordinaire ; on y perce enfuite deux trous *Planche XXXIV, Fig.* 11, l'un où

---

* Affez généralement les Serruriers emploient ce terme quand ils détachent d'un barreau un ouvrage dégroffi.

doit être le vuide autour duquel tourne la queue de l'*S*. La maniere dont on
fore la tige apprendra celle dont on fore ces panetons; avec la lime on ouvre
chacun de ces trous d'un côté, dans toute leur longueur; le côté où l'on
ouvre l'un eſt ſur une face du paneton, & celui où l'on ouvre l'autre eſt ſur
l'autre face; enfin limant les bords de ces trous, on acheve de donner la vraie
courbure de l'*S*. On donne à d'autres panetons une courbure demi-circulaire
vers le milieu; il ne faut pour ceux-ci que la moitié du travail néceſſaire pour
ceux qui ſont en *S*.

Le paneton étant ainſi dégroſſi, on travaille à mieux façonner l'anneau :
nous ne dirons pas qu'on a donné une nouvelle chaude, nous ſuppoſons
qu'on donne celles qui ſont néceſſaires, & il en faut plus donner à proportion que la clef eſt plus groſſe, & que l'Ouvrier eſt moins habile. On tient
le paneton avec des tenailles, & on fait entrer le bout d'une bigorne dans
l'anneau; auſſi cette façon s'appelle-t-elle *bigorner* l'anneau; à coups de marteau on dégroſſit ſon contour, on l'aggrandit, on l'arrondit.

Il prend ſur la bigorne une figure circulaire; ce n'eſt pourtant pas celle
qui doit lui reſter. Les anneaux de nos clefs communes ſont un peu ovales,
le deſſus eſt applati en anſe de pannier. Lui donner cette figure, s'appelle *le
ravaler*. On ſerre pour cela la clef entre les mâchoires d'un étau, en laiſſant
l'anneau en dehors. Dans cet anneau on fait entrer un des bouts d'un outil
de fer appellé *Ravaloir*. Son corps eſt un priſme à quatre faces égales, &
ſes deux bouts ſont coniques. On frappe contre cet outil engagé dans la
clef, il alonge l'anneau du côté ſur lequel il porte; on l'alonge de même
de l'autre côté; & enfin pour ſurbaiſſer davantage le même anneau, on donne quelques coups de marteau immédiatement ſur ſa partie ſupérieure.

On dégroſſit enſuite, ſi l'on veut, la clef avec la lime quarrée, on dreſſe
mieux la tige, on la dégage davantage du paneton, on rend le paneton de
la hauteur dont on le ſouhaite; en cas qu'il ne ſoit pas bien dans le plan de
l'anneau, on l'y met. Si la clef eſt à bout, on arrondit ſon bout, on le dégage
un peu du reſte de la tige. Mais ſi la clef doit être forée, on ſonge à y travailler; on commence par faire un petit creux qui donne priſe au foret, ce
qu'on nomme *gouger la clef*, parce qu'on fait le trou avec une eſpece de burin appellé *Gouge*; il eſt plus épais que les burins ordinaires *.

Ce qu'on doit avoir principalement en vue en forant la clef, c'eſt que la
forure ait le même axe que la tige; qu'elle n'incline point plus d'un côté que
d'un autre; les forures des clefs communes ſont rondes, elles ſe font par le
moyen d'un foret d'acier bien trempé, comme tous les outils à couper le
fer. Le bout de ce foret eſt ſemblable au taillant d'un ciſeau, il n'en differe
que par ſa grandeur. Ce foret eſt dégagé derriere le taillant, c'eſt-à-dire, que

* Quand nous avons parlé, au premier Chapitre, de la façon de percer le fer, nous avons annoncé qu'il en ſeroit encore queſtion lorſqu'il

s'agiroit des clefs, & nous avons remis à cet endroit à parler de pluſieurs manœuvres que nous
avons vu qui étoient décrites par M. de Réaumur.

fon taillant a plus de diametre que le refte qui doit entrer après lui dans la
forure, afin que le fer qu'il détache, trouve iffue ; on en a de propres à des
clefs de différents diametres.

On le fait toujours agir par le moyen d'un arçon ou archet, outil connu de refte. Afin que l'arçon puiffe le faire jouer, ce foret eft engagé dans
un effieu fixé dans le centre d'une boîte. Ce que les Serruriers nomment,
Boîte du foret, eft une efpece de cylindre, qui à l'un & l'autre bout a un rebord comme une bobine. Ces boîtes ont communément un pouce fept à,
huit lignes de diametre, & quelquefois moins.

Les manieres dont on perce communément les clefs fe réduifent à deux ;
dont la premiere eft lorfqu'un Ouvrier perce feul ; il ferre le paneton de la
clef dans l'étau, au-deffus duquel la tige refte horizontale. Il appuie le bout
du foret dans le trou commencé par la gouge, & il appuie contre fon ventre
le bout de l'effieu qui porte le foret ou la boîte, ce n'eft pourtant pas immédiatement. Il a eu foin de couvrir fon ventre d'une efpece de plaftron,
appellé *Palette* ; c'eft une piece de bois plate dont la figure importe peu, contre le milieu de laquelle eft attachée une bande de fer percée de plufieurs
trous. C'eft dans un des trous de cette bande qu'entre le pivot qui termine
par un bout l'effieu de la boîte. La preffion du ventre de l'Ouvrier foutient
feule la palette, la boîte & le foret, & elle met le foret en état d'agir contre la clef. Dans cette attitude, l'Ouvrier fait aller & venir l'archet, & la clef
fe perce.

L'autre maniere de percer eft en ufage pour les groffes clefs, elle occupe deux Ouvriers. L'un ne fait que tirer l'archet, & l'autre tient la clef. Le
foret ajufté dans fa boîte, eft foutenu par un chevalet, c'eft-à-dire, par deux
petits montants de bois ; l'un eft affemblé fixe à équerre au bout d'une piece,
qu'on peut appeller *la bafe du Chevalet* ; cette piece a une entaille dans laquelle entre un tenon ménagé au bout du fecond montant. Ce tenon eft lui-
même percé par une entaille, dans laquelle on fait entrer un coin par le
moyen duquel on fixe ce fecond montant à la diftance où on le veut du premier.

Le chevalet fe place dans un étau. Ses mâchoires ferrent la piece horizontale qui fert de bafe à ce chevalet. Pendant qu'un Ouvrier armé à l'ordinaire
d'un archet, fait tourner la boîte avec vîteffe, un autre foutient la clef, il la
preffe contre la pointe du foret. Il la tient dans des tenailles à vis, appellées
Etau à main.

Comme le trou doit recevoir une broche droite & cylindrique, il doit
être percé droit & rond. A mefure qu'on le perce, on examine s'il eft tel ;
quand la clef mérite quelque attention, on mefure avec un calibre fi fes parois ont par-tout une épaiffeur égale ; fi on laiffe à la tige par-tout une égale
épaiffeur ; & c'eft afin qu'on puiffe mieux calibrer le trou, que Jouffe, avec
                                                              quelques

quelques Serruriers, veut qu'on mette la tige à huit pans avant que de la forer. Ce calibre est composé d'une bande de fer pliée en équerre *Planche XXXIII, Fig.* 13. Une des branches 4 de l'équerre est environ d'un tiers plus courte que l'autre 5 ; au bout de cette branche plus courte, il y a une broche de fer 6, parallele à la plus grande branche de l'équerre. Enfin dans le bout de la plus longue branche, il y a un écrou qui laisse passer une pointe de fer en vis 7, de sorte qu'on approche ou éloigne à volonté la pointe de la vis de la broche. Voici la maniere de se servir de cet outil. On fait entrer la broche du calibre dans le trou de la clef ; on l'applique d'un côté contre ses parois, & l'on fait approcher la pointe de la vis jusqu'à ce qu'elle touche la clef en dehors. L'épaisseur de la clef en cet endroit est donc précisément ce qui est compris entre la broche & la pointe ; en faisant tourner le calibre, en le faisant monter & descendre, on voit si l'épaisseur est par-tout la même ; où le calibre ne peut passer sans repousser la pointe, l'épaisseur est plus grande, & plus petite où elle touche moins. La broche ou tige est taillée en vis du côté où elle touche une des branches de l'équerre, & arrêtée par un écrou, ce qui donne la facilité d'alonger la broche, de la faire entrer plus avant dans la clef.

On se sert encore d'un autre calibre plus simple, & assez bon pour les clefs communes *Figure* 14. C'est une lame de fer 8 pliée trois fois à angle droit ; elle forme une espece de petit chassis, à cela près qu'un des côtés 9 de ce petit chassis est rond, & qu'il ne touche pas un des bouts. Ce côté est la broche qui doit entrer dans la clef. L'espace qui est entr'elle & un des bouts du calibre, sert à mesurer l'épaisseur de la tige de la clef. On rapproche, ou l'on écarte cette branche flexible, selon que l'épaisseur de la clef le demande.

Mais pour toutes les clefs communes, on néglige de faire usage de ces calibres, & la plupart de ceux qui s'en servent n'y ont recours que lorsqu'ils arrondissent la tige. Les autres calibrent leur trou en laissant la clef librement sur le foret, & la retournant successivement de différents côtés. Si la direction de la tige est la même dans quelque sens qu'on la pose, c'est une preuve que le trou est bien au centre ; si au contraire elle s'incline davantage, lorsque certaines parties de la tige sont au-dessus, c'est une preuve que les parois de ces parties sont plus minces que le reste, que le foret les a creusées davantage.

Outre les deux manières de forer les clefs, dont nous venons de parler, il y en a une troisieme qui a été imaginée par M. Renier, & qui est peut-être peu connue. On s'y sert d'un chevalet *Figure* 12 qui a quelques pieces de plus que le précédent ; elles épargnent l'Ouvrier occupé dans l'autre à tenir la clef, & donnent un moyen de percer la clef beaucoup plus droit. L'essieu commun à la boîte & au foret, passe par-delà les deux montants. Un des montants a une entaille quarrée, & c'est en dehors de ce montant que le foret est retenu dans le bout de l'essieu qui le reçoit, par le moyen d'une vis ; un boulon de fer empêche l'essieu de s'élever dans cette entaille. L'autre montant est

percé par un trou rond , qui laiſſe paſſer l'autre bout de l'eſſieu. Ce bout
d'eſſieu a au moins autant de longueur en dehors du montant , qu'on donne
de profondeur aux trous des clefs forées le plus avant. La baſe du chevalet
eſt prolongée par-delà ce montant , & le bout de la partie prolongée eſt entaillée ; dans cette entaille, eſt retenue, par un boulon, une piece de fer recoudée , qui a deux branches. Le coude eſt préciſément dans l'entaille. La branche ſupérieure a une rainure du côté du montant ; dans cette rainure eſt le
bout de l'eſſieu. La branche inférieure eſt chargée d'un poids autant peſant
qu'on le juge néceſſaire. Ce poids tend à faire tourner la branche recoudée
vers le montant , & par conſéquent à pouſſer l'eſſieu qui porte le foret ; ce
qui produit la preſſion néceſſaire pour que le foret trouve priſe ſur la clef.
De l'autre côté, la baſe du chevalet porte un troiſieme montant qui ſert à
tenir la clef. Le bout de la tige eſt ſur le bout ſupérieur de ce montant , &
le reſte de la clef porte ſur une eſpece de petite table quarrée. La piece qui
forme cette petite table , eſt aſſemblée à équerre près d'un de ſes bouts contre une autre piece à peu près de même grandeur & de même figure ; celle-ci
s'applique contre la face du montant, & elle y eſt retenue par un boulon à vis
fixé dans le montant. Elle a une entaille qui laiſſe paſſer ce boulon. Avec un
écrou qu'on fait entrer dans la pointe de ce boulon , on la ſerre autant qu'il
eſt néceſſaire pour la ſoutenir. Dans le deſſus de la petite table portée par cette
piece , il y a quatre vis fixées ; ces vis donnent le moyen d'aſſujettir la clef
qu'on veut forer. On poſe deſſus deux bandes de fer pliées chacune vers le
milieu en portion de cercle, & percées chacune près de leur bout par un trou
qui laiſſe paſſer une vis, d'où l'on voit aſſez qu'on gêne ces barres avec des écrous.

La clef étant ainſi en place, la branche inférieure de la piece recoudée
étant chargée d'un poids ſuffiſant, il ne s'agit plus que de faire jouer ce foret
par le moyen d'un arçon ordinaire ; ce foret va toujours droit , & la clef fixe
ne peut être que bien percée. On remarquera peut-être que le foret, à meſure qu'il avance , eſt moins preſſé contre la clef, parce que l'inclinaiſon de la
branche où le poids eſt ſuſpendu change ; mais ce changement eſt ſi peu conſidérable que l'effet n'en eſt pas diminué ſenſiblement.

Nous nous ſervirons encore de cette occaſion pour faire remarquer un
moyen ſimple dont ſe ſervoit le même M. Renier pour forer plus vîte. Au lieu
de l'huile dont les Serruriers frottent de temps en temps leur foret, il avoit
un pot qui laiſſoit continuellement tomber de l'eau ſur la clef. Cette eau a
deux bons effets: elle entraîne la limaille à meſure qu'elle eſt détachée, & empêche le foret de s'échauffer ; elle lui conſerve ſa dureté. Il y a d'autres manieres , dans la Serrurerie, de percer des trous , dont nous ne parlons point ici,
parce qu'ils ne conviennent point à ceux qui ſont profonds *.

Mais les Serruriers cherchent à prouver leur adreſſe, en faiſant aux clefs des

---

* On en a vu les moyens détaillés dans le Chapitre I.

trous bien plus difficiles que les fimples trous ronds, & qui rendent les ferrures plus parfaites : nous allons parcourir les principales de ces efpeces de
forures, & montrer comment il faut s'y prendre pour y réuffir.

Dans les forures ordinaires, la tige de la clef eft un cylindre creux, &
c'eft ce qu'on appelle *forure fimple.* Mais on fait des clefs, qu'on nomme
à double forure ; la tige eft compofée de deux cylindres creux qui ne fe touchent point l'un l'autre ; l'extérieur eft féparé de l'inférieur par un efpace
vuide ; les Serruriers les appellent même *à triple forure,* parce qu'elles demandent une forure dans la broche de la ferrure qui reçoit la clef. Quelquefois
la tige de ces clefs eft compofée de deux pieces, & c'eft la maniere la plus
fimple de les faire. On perce d'abord la tige comme pour les forures ordinaires, à cela près qu'on donne à cette forure un diametre beaucoup plus
grand par rapport à celui de la tige. On forge enfuite un fecond cylindre,
dont le diametre eft moindre que celui du creux précédent, précifément de
la quantité du vuide qu'on veut laiffer entr'eux. La longueur de ce nouveau cylindre fe prend égale à la profondeur du trou qu'on a percé dans la
clef. On le fore, comme on a foré l'autre, après quoi on le fait entrer dans
la tige de la clef, afin de l'y affujettir aifément, & de lui en faire occuper
le centre ; en le forgeant, on a attention de lui laiffer une bafe d'une ligne
ou deux de longueur, qui a même diametre ou un peu davantage que le trou
de la tige ; ainfi ce cylindre n'entrant qu'à force, pourroit être ftable ; on le
retient pourtant d'une maniere encore plus fixe ; on attache fa bafe contre
la tige par le moyen d'une rivure ; on les lime enfuite, de façon qu'elles
ne paroiffent point.

Mais la maniere la plus parfaite de faire les doubles forures, c'eft de les
percer toutes les deux dans la tige même, fans rapporter aucune piece. On
commence alors par forer le trou du centre. On forge enfuite une broche
d'acier qui a même diametre que ce trou, & qui eft plus longue qu'il n'eft
profond. Cette broche a de plus une queue de longueur arbitraire qui a plus
de groffeur que le refte de la broche. Entre la queue & le corps de la broche,
il y a une partie longue de quelques lignes, dont le diametre furpaffe celui du
corps de la broche, précifément d'une quantité égale à celle de l'épaiffeur
que doit avoir le cylindre qui entoure le vuide du milieu de la tige. Enfin on
forge une virole d'acier, un peu plus courte que la tige de la broche. Cette
virole eft elle-même un cylindre creux, elle peut pourtant s'ouvrir d'un côté
dans toute fa longueur. Etant fermée, le diametre de fon vuide eft égal à celui
du cylindre creux qui doit occuper le centre de la tige, l'épaiffeur des parois
de ce cylindre comprife ; & l'épaiffeur de la virole eft la mefure du vuide qui
doit féparer le cylindre extérieur de l'intérieur ; un des bouts de la virole eft
taillé en lime. On l'ajufte fur la broche de façon que la tige de la broche occupe fon centre. On la rive fur la partie de la broche qui a moins de diametre que

la queue, & plus que la tige. On la tient encore fermée, & fur-tout quand on commence à s'en fervir, par le moyen de boutons coulants femblables à ceux des porte-crayons.

Voilà toutes les pieces qui compofent l'outil néceffaire pour faire la feconde forure. Son ufage eft aifé à imaginer. On fait entrer le bout de la tige dans la premiere forure, & c'eft le bout de la virole qui doit faire la feconde. La tige foutient le fer autour duquel la virole fore, & contraint la virole à tourner toujours autour d'un même centre. On engage la queue de la broche dans une boîte femblable à celles des forets communs, avec lefquels un homme feul perce une clef. Pendant que l'Ouvrier fait tourner d'une main la virole qui tient ici lieu de foret, il preffe avec fon eftomac cette virole, par le moyen d'une palette, contre la clef qui eft arrêtée dans l'étau.

Si l'on vouloit faire des forures triples & quadruples, on le pourroit en multipliant le nombre des viroles, ou en en employant fucceffivement de différents diametres; mais ce feroit un travail long & difficile.

Après les forures rondes, les plus ordinaires font celles que les Serruriers appellent *en tiers-point*, c'eft-à-dire, dont l'ouverture eft triangulaire. Il y en a en tiers-point fimple, l'ouverture de celles-ci eft un triangle rectiligne; il y en a en tiers-point canelé, les trois côtés de celles-là font curvilignes. Les Afpirants à maîtrife font obligés à forer des clefs de l'une ou de l'autre façon.

Pour forer une clef à tiers-point fimple, on commence par lui faire une forure ronde; on change enfuite ce cylindre creux en un prifme à bafe triangulaire, par le moyen de fept à huit broches plus groffes les unes que les autres, dont on fe fert fucceffivement. Ces broches font d'acier trempé; leur bout eft triangulaire; le corps de la broche l'eft auffi, mais il a moins de diametre. La broche fe termine par une queue plus forte que la tige précédente, & prefque auffi longue. Près de fon bout, elle a un talon ou une partie en faillie pour qu'on puiffe la retirer facilement.

La premiere broche eft la plus petite de toutes: en frappant fur fa queue, à petits coups, on refoule le fer des côtés du trou, on en détache auffi des parcelles qui tombent dans le fond du trou; peu à peu l'on fait entrer la broche, elle rend un peu triangulaire le chemin qu'elle parcourt; mais on lui en fait peu faire fans la retirer, elle pourroit s'engager trop; & c'eft afin de la pouvoir retirer qu'on lui a laiffé un talon; en donnant quelques coups au-deffous, on la dégage. Après l'avoir retirée, on la fait rentrer une feconde fois & même une troifieme, mais de façon que les faces de la broche touchent chacune une face du trou différente de celles qu'elles touchoient auparavant, les faces du trou en deviennent plus égales entr'elles.

Cette premiere broche ayant affez élargi le trou, on en emploie une plus
groffe,

groffe ; ou plutôt, pour épargner le temps & l'acier, on fait recuire la premiere pour la détremper ; on refoule fon bout pour le rendre plus large,
& on lui donne une nouvelle trempe.

Un accident à craindre, c'eft de caffer la broche dans le trou. Il ne feroit
guere poffible d'en retirer le morceau ; & fi l'on vouloit employer des forets
ordinaires pour percer la partie reftée, on courroit rifque d'en caffer beaucoup fans avancer l'ouvrage. Une petite précaution que prennent les Serruriers, met leur travail en fûreté contre cet accident. Avant que de faire ufage
des broches, ils mettent dans la forure de la clef une petite pincée de poudre ;
& au lieu de bourre, ils chaffent un petit morceau de plomb jufqu'à la poudre ;
quand une broche fe caffe, il n'y a qu'à faire rougir la clef, elle enflamme
la poudre qui chaffe la broche *.

Les ferrures de ces fortes de clefs ont des canons qui font, pour ainfi dire,
des étuis où la clef s'emboîte ; or comme il eft ordinaire de donner à l'extérieur de la tige des clefs forées en tiers-point une figure approchante de la
triangulaire, le canon doit auffi avoir cette figure. Deux des côtés de ces tiges font plats & forment un angle, le troifieme qui eft celui d'où le paneton prend fon origine, s'arrondit ordinairement, & eft un peu détaché du
refte par deux entailles qui vont depuis le bout de la clef jufqu'à l'anneau ;
ce côté arrondi s'appelle la *contre-tige*. Cette contre-tige eft en dehors, ou
à fleur du canon : le creux du canon eft triangulaire ; on le fait par conféquent avec une broche de groffeur proportionnée à celle de la clef. Mais le
canon eft outré cela ouvert d'un côté dans toute fa longueur pour recevoir
la contre-tige, & c'eft avec une lime ordinaire qu'on fait cette ouverture.

Le centre du canon doit auffi être occupé par une broche, précifément femblable à la derniere qui a fervi à forer la clef. On l'arrête par le moyen d'une petite goupille, ou rivet qui la traverfe & le canon, tout auprès de fon fond.

La forure en tiers-point cannelé, n'eft plus difficile qu'en ce qu'elle oblige
à canneler les côtés des broches. La clef qui doit être percée de cette façon
eft d'abord forée par un trou rond ; on change ce trou en un à tiers-point
fimple, & on fait celui-ci en tiers-point cannelé.

On remarquera que la derniere broche que l'on emploie pour l'une &
l'autre forure, a prefque autant de largeur qu'au bout, fur une longueur d'environ un pouce. Mais de quelques broches qu'on fe ferve, on ne doit pas oublier de mettre fouvent de l'huile, pour les faire gliffer plus aifément.

La forure en étoile *Planche XXXIV*, Fig. 30 & 31, n'a rien de plus
difficile que celles en tiers-point, tout dépend encore de la figure des broches & de la maniere dont on les pofe.

Pour la forure en fleur de lys *Figure* 43 & 44, qui eft regardée comme une
des plus difficiles, on forme d'abord quatre trous ronds, difpofés aux quatre

---

* Il faut éviter de fe mettre devant l'ouverture de la clef qu'on fait rougir.

SERRURIER. M m m

coins d'un quarré dont le centre de la tige occupe le milieu ; le trou le plus
éloigné du paneton , se transforme ensuite en celui qui représente le fleuron
du milieu de la fleur de lys, ou, en terme de l'Art , *la lippe.* On y parvient avec
des broches en lozange. Deux des autres trous deviennent les ailerons ; on
fait passer dans chacun successivement , des broches évidées dans leur longueur ; enfin on fait le pied de la fleur avec un autre foret.

La maniere de forer les canons est la même ; un grand ouvrage est encore
celui de travailler les broches qui doivent en occuper le centre ; on le fait
avec la lime.

Il nous reste à présent à voir comment on fend les clefs , c'est-à-dire ,
comment on taille leurs rouets , rateaux , pertuis , & autres garnitures.
Lorsque les clefs méritent qu'on prenne beaucoup de précautions , avant que
de commencer à les fendre , on trace avec une pointe , appellée aussi *pointe à*
tracer , des traits qui marquent la longueur & la figure de chaque fente ,
quelques-uns noircissent auparavant le paneton avec du noir de fumée. Elles
se taillent avec deux sortes d'outils ; toutes celles qui se terminent à une des
faces du paneton , & qui font droites , comme les rateaux , bouterolles ,
rouets simples , se fendent avec une lime , que son usage fait nommer *Lime*
fendante ; pour les autres entailles , comme les bras d'une pleine croix , le
fût d'un villebrequin , & toutes autres qui ne vont pas se terminer en ligne
droite sur une des faces du paneton , elles s'ouvrent avec des burins & s'a-
chevent avec des limes fines.

Les garnitures étant tracées , on met le paneton de la clef dans des tenailles faites comme les tenailles à vis ; elles n'en différent que parce que leurs
branches s'approchent l'une de l'autre par leur ressort. On les nomme *des*
Serre-panetons. On gêne le serre-paneton entre les mâchoires d'un étau. Après
quoi on commence par fendre les entailles droites qui se terminent à une
des faces du paneton ; car c'est toujours par celles-ci qu'on commence , &
n'importe par laquelle.

La lime avec laquelle on les taille , porteroit avec plus de raison le nom
de *scie Planche XXXIII , Fig.* 17 ; c'est une vraie scie à main : les Serruriers
les font eux-mêmes , & d'un excellent acier ; les dents font peu dévoyées ;
la lime se termine par une queue qui s'engage dans un manche de bois. Mais
afin que cette scie ou lime mince ait assez de force , on la garnit d'un dossier ;
ce dossier est une piece de fer à coulisse avec un manche , aussi longue en
dehors que la scie. Le dos de la scie ou lime s'engage dans cette coulisse. La
maniere de se servir de cet outil n'a rien de particulier , en peu de coups il
taille une des fentes ; une scie ordinaire ne fend guere plus vîte le bois.

Au lieu de cette scie ou lime , d'autres se servent d'une vraie lime , qui est
taillée sur les côtés & jusqu'au tranchant , mais semblable dans tout le reste
à la scie précédente. Cette seconde lime est plus propre à aggrandir les fen-

tes déja ouvertes qu'à les tailler : les bons Serruriers ne s'en fervent qu'à cet ufage.

On voit bien que les fentes de la feconde efpece ne peuvent s'ouvrir avec les fcies précédentes; on a recours au burin, on le pouffe à la main, & quelquefois on frappe deffus avec le marteau. On dreffe, on applanit les mêmes fentes avec le burin, ou avec des limes très-fines. Comme les clefs, en tournant dans les ferrures décrivent des cercles, chaque entaille devroit être renfermée entre des arcs de cercles qui euffent pour rayons, l'un la diftance du centre de la tige au commencement de l'entaille, & l'autre la diftance du centre de la clef à l'autre bord de l'entaille; mais on fe contente de leur donner de la courbure, fans trop regarder laquelle, & encore ne le fait-on que pour les ferrures de prix.

Enfin on acheve de façonner la clef avec des limes de différentes figures pour fes différentes parties ; on lime l'anneau en dedans avec une queue de rat, & en dehors avec une lime carrelette, & de même les autres parties. On la polit avec des limes plus fines, ou avec un bruniffoir. Quand elle eft bien limée, on ne la ferre plus dans l'étau qu'avec des tenailles de bois.

Explication des Figures de la Planche XXXIII, qui repréfente la maniere de forer & de forger les Clefs communes.

La *Vignette* repréfente des Ouvriers occupés à percer des clefs.

La *Figure* 1 fore feule une clef à la maniere ordinaire ; *a* eft l'étau qui ferre le paneton de la clef ; *b*, la palette de bois appliquée contre le ventre de l'Ouvrier ; *c*, l'archet qui fait tourner le foret.

Les *Figures* 2 & 3 font occupées à forer une groffe clef. La *Figure* 2 tire & pouffe l'archet avec fes deux mains. Le foret eft porté par un chevalet. L'étau *d* tient ce chevalet affujetti. La *Figure* 3 tient avec des tenailles Q, ou un étau à main, la clef à forer, & la preffe contre le foret.

La *Figure* 4 fore feule une clef tenue par le même chevalet qui porte le foret ; *f* eft la piece de fer qui fait avancer le foret à mefure que la clef fe perce. Le bas de la Planche fera mieux entendre cette difpofition.

Bas de la Planche.

Figure 5 *A*, fenton au bout duquel on a enlevé une clef *B C*.

B, l'anneau qui n'eft encore que percé.

C, le paneton.

D, endroit où la clef eft prefque détachée du fenton.

Figure 6 *E F G*, clef un peu plus dégroffie ; *E*, l'anneau qui a été bigorné ; *G*, le paneton.

Figure 7 *H I*, clef encore plus avancée ; *H* eft le paneton auquel on a fait un mufeau.

I, l'anneau qui a été ravalé.

Figure 8 *K K*, ravaloir ; on ravale avec un des bouts *K*.

Figure 9 *L L M*, palette que l'Ouvrier s'applique contre le ventre quand il perce, comme on le voit *Fig.* 1 ; *M*, piece de fer percée de plusieurs trous dans un desquels il loge le bout de l'essieu de la boîte.

Figure 10 *N O P Q*, foret monté pour percer comme il paroît *Figures* 2 & 3.

N, la boîte.

O P, l'essieu.

Q, le foret.

R S T, le chevalet composé des deux montants *R T*, & de la traverse *S* qui est serrée par l'étau.

Figure 11 *V*, profil de l'étau à main.

X, sa face.

Figure 12 *Y Z a b c d*, chevalet de l'invention de M. Renier, avec lequel l'Ouvrier *Figure* 4 travaille.

Y Z, deux montants qui portent l'essieu de la boîte.

a c, cet essieu arrêté dans l'entaille *a* par un boulon.

b, le foret arrêté dans l'essieu par une vis.

c, le trou du montant *Y* qui laisse passer l'essieu.

e, coulisse qui reçoit le bout de l'essieu.

d f, base du chevalet.

f g, piece recourbée & mobile autour du boulon *f*.

g, la branche qu'on charge d'un poids, afin que la branche *ee* presse l'essieu.

h d, le troisieme montant du chevalet qui porte une vis en *h*.

i k l l m m, pieces qui s'appliquent contre le montant *h*, & qui y sont arrêtées par l'écrou & la vis *h i*.

l l m m, espece de table sur laquelle on arrête la clef, avec les bandes de fer qui servent à l'y assujettir.

n, *Figure* détachée, une de ces bandes; *o*, une des vis; & *k*, un des écrous qui la tiennent en place.

p q, la petite table représentée séparément ; la clef est tenue seulement par une bande.

r r, piece qui fait la base du chevalet vue séparément.

s t u, la boîte avec son essieu.

x, le foret.

y, gouge pour commencer le trou.

ʒ, burin.

1, 2, la piece recoudée qui presse le foret.

3, arçon ou archet.

Figures 13 ; 4, 5, 6, 7, calibre pour voir si les clefs se forent droit ; 4 5,

piece

piece de fer pliée en équerre ; 6, le montant qu'on fait defcendre plus ou moins par le moyen de la vis 5.

7, vis qu'on approche du montant 6, autant qu'il faut pour laiffer entre fa pointe & ce montant l'épaiffeur de la clef.

Figure 14; 8, 8, 9, calibre plus fimple & plus ordinaire dont on fait ufage en inclinant plus ou moins la branche 9.

Figure 15 ; 10, ferre-paneton ou mordache, efpece de tenailles pour tenir le paneton dans l'étau.

Figure 16 ; 11, autre ferre-paneton qui tient une clef.

Figure 17 ; 15, 16, lime à fendre ; 12, fon manche ; 13, la lime ; 14, piece de fer creufée en couliffe qui fert à foutenir la lime, & qu'on nomme *Dofferet* : on le voit féparément *Figure* 18.

EXPLICATION des Figures de la Planche XXXIV, où font repréfentées les differentes induftries auxquelles on a recours pour faire les forures les plus difficiles.

Figure 1, *A A* moule pour faire l'hayve d'une clef : il eft au moins auffi large ordinairement que le paneton ; mais s'il eût eu toute fa largeur, il auroit tenu trop de place.

Figure 2, *B B* hayve faite dans le moule précédent.

Figure 3, *C* le même paneton de clef auquel on a fait un mufeau ; on a retranché à ces clefs & à plufieurs des fuivantes l'anneau, pour ne leur pas faire occuper trop de place ; on a pourtant mis plufieurs de ces anneaux de différentes figures, pour donner une idée des manieres dont on peut les varier.

Figure 4, *D* tige forée, afin qu'on puiffe y rapporter une double forure.

Figure 5, *E F* canon qui fe rapporte dans la tige *D* en *F* ; on l'arrête avec un petit rivet.

Figure 6, *R* tige forée où l'on veut faire une double forure fans rapporter de piece.

Figure 7, *H* fer plié en virole pour faire la double forure.

Figure 8, *K M L I* virole pour la double forure montée fur fa broche.
I K, la broche.
L, la virole.
M M, anneaux qui la ferrent ; le premier eft un coulant qu'on fait approcher de *I*, à mefure que la forure avance.

Figure 9, *N O P* eft la broche.

Figure 10, *Q* la virole qui paroît ftriée en forme de lime.

Figure 11, *S T* paneton foré aux lettres *S* & *T*, pour prendre la figure d'une *S*.

V X, le même paneton qui forme une *S*, parce que les trous *S* & *T* ont été ouverts avec une lime.

SERRURIER. N n n

Figure 12 , *Y* clef qu'on veut forer en tiers-point fimple.

Figure 13 , *Z* partie de la clef précédente dont la forure eft devenue en tiers-point.

Figure 14 , *a b* broche avec laquelle la forure ronde a été changée en tiers-point.

Figure 15 , *c* la même clef dont la forure a été agrandie , & où la contre-tige *d d* eft formée.

Figure 16 , *e* broche qui a fervi à agrandir la forure.

Figure 17 , *f g* la même clef plus finie ; on remarquera qu'en *g* elle a un rouet fendu qui eft un peu circulaire , ce qu'on n'obferve que dans les clefs les plus parfaites.

Figure 18 , *h* partie de la piece dont eft fait le canon de la clef.

Figure 19 , *i k l m* ce canon.

i, marque la broche qu'il a au milieu.

m, la fente qui reçoit la contre-tige de la clef.

Figure 20 , *n* une coupe de la broche qui occupe le centre du canon.

Figure 21 , *q* la clef *f g* de la *Figure* 17 dans le canon de la ferrure.

Figure 22 , *r* clef percée en tiers-point fimple pour l'être en tiers-point cannelé.

Figure 23 , *s* broche pour le tiers-point cannelé.

Figure 24 , *t u* clef commencée à percer en tiers-point cannelé.

Figure 25 , *x x* clef percée en tiers-point cannelé, & qui a fa contre-tige.

Figure 27 , *y* le canon de cette clef.

Figure 28 , *z z* la broche qui la perce.

Figure 29 , & montre une partie de ce canon dans l'état où il eft quand la place de la contre-tige n'y eft pas encore creufée.

Figure 30 ; 1, clef commencée à forer en étoile.

Figure 31 ; 2 , la clef forée en étoile.

Figure 32 ; 3 , la broche qu'on y emploie.

Figure 33 ; 4 marque la broche du canon & la fente qui reçoit la contre-tige de la clef.

Figure 34 ; 5 , tige qu'on veut forer en fleur de lys , où l'on a déja percé quatre trous.

Figure 35 ; 6, broche avec laquelle on fait le fleuron du milieu, ou la lippe de la fleur de lys.

Figure 36 ; 7 , la tige à laquelle cette lippe eft faite.

Figure 37 ; 8 , broche pour faire les feuilles des côtés de la fleur.

Figure 38 ; 9 , tige où un des côtés de la fleur de lys eft percé.

Figure 39 ; 10, forure en fleur de lys finie.

Figure 40 ; 11, broche qu'on y a employée ou qui fert au canon de la clef.

Figure 41 ; 12 , la clef plus avancée.

Figure 42 ; 13 , la clef finie.

Figure 43 ; **14**, fon canon.

Figure 44; **15**, la clef dans fon canon.

ARTICLE IX.

Des différentes fortes de Garnitures.

Nous avons affez fait remarquer que la principale force des ferrures leur vient de leurs garnitures; c'eft ce qui les caractérife, qui met une véritable différence entr'elles, les fimples loquets & les verroux à reffort. Comme elles font ce qu'il y a de plus important dans les ferrures, elles font auffi ce qu'il y a de plus difficile à faire ; il faut être habile Ouvrier pour contourner de certaines façons des pieces de fer minces fans les caffer quelque part. Auffi ne fauroit-on employer du fer trop doux pour cette efpece d'ouvrage.

Nous regarderons à préfent les ferrures comme réduites fous deux genres : favoir, fous celui de ferrures à clef forée ou ferrures à broche, & fous celui de ferrures befnardes, & cela parce que ce dernier a des efpeces de garnitures qui ne font pas propres à l'autre. Nous commencerons par celles du premier.

§. I. *Des Serrures forées.*

Toutes les garnitures des ferrures à clefs forées *Planche XXXV*, font ou des rouets ou des bouterolles, ou des planches foncées, ou des rateaux. On trouve dans une ferrure, tantôt les unes, tantôt les autres ; & quelquefois on les trouve toutes enfemble. Les unes & les autres peuvent être contournées de prefque autant de figures différentes, que l'Ouvrier en peut imaginer ; il y en a pourtant certaines qu'on eft plus en ufage de leur donner ; nous choifirons des plus fimples, & des plus difficiles de celles-ci, autant qu'il en fera néceffaire pour donner idée de la façon dont les autres peuvent être forgées.

Comme on a donné les mêmes noms aux entailles de la clef, & aux garnitures de la ferrure, nos expreffions pourroient en être quelquefois équivoques, fi nous n'avertiffions defquelles nous voulons parler. Auffi aurons-nous foin d'ajouter quelquefois le mot de *ferrure*, ou de *clef* felon que nous voudrons faire entendre que nous parlons de la clef, ou de la ferrure. Par exemple, quand nous dirons *le rouet de la clef*, nous défignerons l'entaille faite dans la clef ; & quand nous dirons *le rouet de la ferrure*, nous défignerons la piece de la ferrure, qui paffe dans l'entaille ou rouet de la clef.

§. II. *Des Rouets fimples & Bouterolles.*

Les rouets fimples des ferrures font des lames de fer roulées, qui ne forment pour l'ordinaire qu'une portion de cylindre creux *D E* (*Figure* 1) ; quand le rouet de la clef eft entaillé dans le côté du paneton le plus proche

de l'anneau, le rouet de la ferrure eft attaché contre le foncet ou la couverture, & par conféquent il ne peut avoir que partie de la furface d'un cylindre; il doit au moins lui manquer tout ce qui eft néceffaire pour laiffer libre
le mufeau de la clef.

Quand le rouet eft taillé dans le côté du paneton le plus proche du bout
a (*Figure* 1, *Planche XXXV*), alors le rouet de la ferrure eft attaché contre le palâtre, & il pourroit avoir toute la circonférence du cylindre. Mais
fouvent on ne la lui donne pas pour épargner le travail.

La bouterolle de la clef ne diffère du dernier rouet que parce qu'elle
eft plus proche de la tige *g* (*Figure* 6); car on appelle ainfi *l'entaille* qui la
fépare du paneton. Comme la bouterolle de la ferrure a peu de diametre, on lui
donne pour l'ordinaire toute la circonférence du cylindre *X*. (*Voyez Fig.* 2).

Ainfi les rouets & les bouterolles font toujours des cylindres ou des parties
de cylindres creux, qui ont pour hauteur la profondeur de l'entaille de la
clef, & pour diametre deux fois la diftance du centre de la tige à l'entaille.
Ils ont de plus deux pieds diamétralement oppofés; c'eft-à-dire, deux petites
parties qui excedent le refte, & qui fe rivent dans le foncet, ou dans le
palâtre, felon la place du rouet.

On fait communément les uns & les autres d'une piece de fer forgée
mince, qu'on appelle, & que nous appellerons *Fer à rouet.* La largeur de
cette bande doit être égale à la hauteur du rouet, & fa longueur doit fournir la circonférence. Auffi nommerons-nous fouvent *hauteur du fer à rouet*
fa largeur, & *longueur du rouet*, une longueur égale à fa circonférence.

Ce ne feroit pas un ouvrage poffible à un Géometre, que de prendre fur
le fer à rouet, une longueur égale à la circonférence ou à partie de la circonférence que doit avoir le rouet. Mais la chofe eft fimple pour le Serrurier qui n'a pas à y regarder de fi près. Pour les rouets communs, il ne s'a-
git que de mefurer une longueur égale à une demi-circonférence, depuis
le milieu d'un des pieds jufqu'au milieu de l'autre. Pour le faire, une des
méthodes eft de marquer précifément la place d'un pied; de pofer, autant exactement que l'œil en peut juger, le centre de la tige vis-à-vis le
milieu de ce pied, & de marquer avec un trait l'endroit où eft l'entaille
de la clef; fur ce trait, on applique encore la tige de la clef, & ainfi de
fuite on prend trois fois la diftance du centre de la tige à l'entaille, ou, fi
l'on veut, on les prend avec un compas. A cette longueur, on ajoute environ
une treizieme ou quatorzieme partie, & là doit fe trouver le milieu du fecond pied qu'on marque fur le fer à rouet. C'eft-à-dire, qu'on fuppofe ici
que la demi-circonférence eft égale à trois rayons, & un peu plus à caufe
qu'on retraint un peu le fer en le tournant.

L'autre méthode auffi fimple & très-ordinaire, c'eft de prendre une ouverture de compas quelconque, la plus petite eft la meilleure. On voit
combien

combien de fois cette ouverture fe trouve dans la demi-circonférence pi-
quée fur ce palâtre ou foncet. Suppofons qu'elle y foit quatre fois avec un
refte, on marque l'endroit où elle y eft jufte quatre fois fur la lame de fer à
rouet ; on prend une longueur qui commence au milieu d'un des pieds, &
qui eft égale à quatre fois l'ouverture du compas, plus à ce qui a refté outre
ces quatre ouvertures ; on lui ajoute même encore quelque chofe, & on lui
en ajoute d'autant plus que l'ouverture du compas fe trouve moins de fois
dans la demi-circonférence : la raifon en eft affez claire. Ce qui doit refter
au rouet par-delà les pieds, n'engage à aucune mefure gênante ; car fi on
lui en donne trop, il eft toujours aifé d'en retrancher.

La hauteur du rouet n'eft pas auffi difficile à prendre, puifque la longueur
de l'entaille de la clef la donne.

Le fer à rouet étant coupé de longueur & de hauteur, on le tourne fur
la mâchoire de l'étau & fur la bigorne. Si l'ouvrage étoit plus important,
on pourroit le faire fur un mandrin du diametre du rouet ; mais c'eft une chofe
peu néceffaire. On le met en place quoique fouvent affez mal roulé, & on
y met auffi la clef ; on la fait tourner quelques tours, & elle arrondit parfaitement le rouet, pourvu qu'entre les deux pieds, il y ait à peu près ce qu'il
faut pour fournir à la demi-circonférence. S'il y avoit trop, la clef lui feroit faire un pli près de l'un ou l'autre pied, & corromproit vîte le rouet ;
s'il y avoit trop peu, la clef fe corromproit elle-même.

On donne une circonférence entiere aux bouterolles, & à quelques autres rouets. On foude les deux bouts du fer à rouet l'un fur l'autre.

Il y a des ferrures de conféquence où, au lieu de rouler des lames de tôle,
on perce une piece de fer, & on la lime tout autour d'épaiffeur convenable
pour faire les bouterolles : mais c'eft employer du temps affez inutilement.
J'ai connu des Serruriers habiles à qui l'ufage du tour étoit familier, qui y
avoient recours pour faire les bouterolles, les rouets, &c, des ferrures de
prix ; c'eft bien le meilleur moyen de leur donner une parfaite rondeur.

§. I I I. *Rouet en pleine Croix.*

Les rouets de la clef qui repréfentent une croix ordinaire, font nommés
des Rouets en pleine croix c b (*Planche XXXV, Figure* 1). Ils font compofés
d'une fente parallele à la tige comme les rouets fimples, & en ont de plus une
perpendiculaire à celle-ci, qui forme les deux bras de la croix. Ainfi le rouet en
pleine croix de la ferrure doit être partie d'un cylindre creux, qui, à la même
hauteur où font taillés les bras de la pleine croix de la clef, ait en dehors & en
dedans une lame circulaire perpendiculaire à fa furface, & qui excede, foit
du côté de fa furface extérieure, foit du côté de fa furface intérieure, de la longueur d'un des bras de la croix *M M N O* ; ou, ce qui revient au même,

SERRURIER. O o o

qu'on imagine qu'on a appliqué ce rouet fimple perpendiculairement fur un
plan ; que du centre du cercle qui fert de bafe à ce rouet, on a décrit deux
cercles, dont l'un qui paffe par dehors le rouet, a un rayon qui furpaffe celui du cylindre, de la longueur d'un des bras de la croix ; & dont l'autre cercle qui paffe par le dedans du cylindre, a un rayon moindre que celui du
cylindre, de la longueur d'un des bras ; que de chacun de ces cercles on prenne une portion femblable à celle de la circonférence du rouet ; & qu'on imagine qu'on a détaché du refte du plan, ou de la lame, la portion renfermée
entre ces cercles ; il ne s'agira plus que de fe repréfenter la partie du rouet
fimple où doivent être les bras paffant au milieu de cette bande, pour imaginer l'effet qu'elle doit faire : ce que nous venons de dire, eft auffi en quelque forte la maniere dont on fait le rouet.

On commence par couper pour le rouet fimple, une lame *A B A B A* de
longueur & de hauteur convenable ; on lui réferve fes pieds *C C* ; enfuite,
avant que de le tourner, vers le milieu de fa longueur, on fait une ouverture *D* un peu longue & d'une largeur à peu près égale à l'épaiffeur de la lame qui doit former les branches de la croix. A la même hauteur *A A*, on fend
l'un & l'autre bout du rouet jufqu'au pied le plus proche de ce bout. Après
quoi on tourne ce rouet à l'ordinaire ; & même pour s'affurer qu'il l'eft bien,
on le met en place dans la ferrure, & on y fait tourner la clef.

Alors on le retire, & on l'applique perpendiculairement fur une lame de
fer, qui a été réduite à l'épaiffeur qui convient aux entailles de la clef. Sur
cette lame on décrit, avec une pointe à tracer, deux portions de cercle dont
l'une marque l'endroit que touche le contour extérieur du rouet, & l'autre
l'endroit que touche fon contour intérieur. C'eft-à-dire, qu'on décrit ces lignes en fuivant, avec la pointe, la circonférence du rouet, d'abord par dehors, & enfuite par dedans. On marque de plus fur ces cercles l'endroit qui
répond à la fente qui eft dans le milieu du rouet, & les endroits où fe terminent les deux fentes qui font proches des pieds ; ou, fi l'on veut, on ne décrit les cercles que jufqu'au commencement de chacune de ces fentes. La
platine fur laquelle ces deux arcs de cercles ont été décrits, doit former
les bras de la croix : une partie en doit être en dehors, & l'autre en dedans
du rouet. Pour cela on la fend entre les deux cercles décrits jufqu'aux endroits où répondent les fentes du rouet proche des pieds ; & quand on
en eft à la portion de ces cercles qui répond à la fente du milieu, au lieu de
fuivre l'entre-deux des cercles, on coupe une efpece de pied ou de rivure.
Ce pied tient à la partie qui a le moins de circonférence. Il doit entrer par
le dedans du rouet dans la fente qui eft vers fon milieu, & c'eft-là où il doit
être rivé. On agrandit avec la lime le trou qu'on a fait en fendant la platine, jufqu'à ce que fon vuide foit à peu près égal à l'épaiffeur du rouet ; auffi
eft-ce une entaille où elle doit être logée. On plie enfuite un peu en dedans

les pieds du rouet, ce qui l'ouvre un peu ; alors on le fait entrer tout doucement dans l'entaille de la platine, ayant en même temps attention que le
pied de la platine foit reçu par la fente du milieu du rouet, où on le rive
enfuite. On redreffe avec le marteau la platine, ou le rouet, ou fes pieds
dans les endroits où ils ont été un peu courbés ; car il n'eft guere poffible
que ces deux pieces confervent exactement leur figure pendant qu'on les
emboîte l'une dans l'autre. Enfin on coupe à froid avec des cifeaux tout ce
que la platine a de trop, foit par dehors, foit par dedans, par rapport à la
profondeur des bras de la croix de la clef.

On voit que la partie de la platine qui eft par dedans, eft mieux affujettie
que celle qui eft par dehors. Cette derniere n'a point de pied, de forte
qu'elle n'eft point attachée depuis la fente d'un des bras jufqu'à la fente de
l'autre ; il eft vrai que des Serruriers habiles la fertiffent de façon qu'elle embraffe très-étroitement le rouet. Mais fi on la braffoit, elle n'en feroit que
mieux retenue ; & c'eft le cas où il devroit être permis d'employer de la
foudure ; elle ne pourroit faire qu'un bon effet.

§. I V. *Croix de Lorraine.*

La Croix de Lorraine *Figure* 3 , ne differe de la croix ordinaire qu'en ce
qu'elle a deux bras de plus paralleles aux deux autres. D'où l'on voit que pour
faire un rouet de ferrure en croix de Lorraine, il faut ajouter en pleine croix
une feconde platine, qu'on prépare & qu'on pofe comme la premiere.

§. V. *Rouets à faucillons, foit en dehors foit en dedans, & Bouterolles à faucillons en dehors.*

Lorfque le rouet de la clef n'a qu'une des branches de la croix, on l'appelle *Rouet à faucillon.* Si cette branche ou ce faucillon eft entre la tige de la
clef & le rouet, c'eft un *faucillon en dedans, Figure 9 I, & Figure 2 d.* S'il
eft entre le mufeau de la clef & le rouet, c'eft un *faucillon en dehors.*
Il fuit de la pofition de la bouterolle, qu'il n'y a que cette derniere efpece de
faucillon qui lui convienne, *Figure 4 i.*

La garniture de la ferrure qui répond à ces deux efpeces de rouets, eft
femblable à celle de la pleine croix, à laquelle on auroit ôté la partie de la
lame qui eft ou en dedans, ou en dehors du rouet. Ainfi la maniere de les
faire eft encore plus aifée que celle de faire la pleine croix ; on commence
de même par couper le rouet fimple, dans lequel on fend trois ou quatre
trous, à la hauteur où doit être le faucillon, favoir, un près de chaque
pied, & l'autre ou les autres entre ceux-ci. On applique le rouet après
l'avoir tourné fur une platine, fur laquelle on marque le contour, foit in-

térieur, foit extérieur du rouet; on y marque de plus des pieds aux en-droits qui répondent aux fentes du rouet, & il ne refte plus qu'à couper la lame, river fes pieds, & la réduire à une hauteur convenable.

A l'égard du faucillon en dehors que portent quelques bouterolles, ordi-nairement on le fait d'une platine percée au milieu, à laquelle on ne laiffe point de pieds, parce qu'on brafe cette platine. Car cette bouterolle ayant une circonférence entiere & peu de diametre, il feroit très-difficile d'y ri-ver les pieds du faucillon, fi on lui en laiffoit; on fait pourtant des bouterol-les à faucillons qui demandent plus de travail, & ce font les feules permi-fes par les Statuts des Serruriers de Paris. On prend une piece de fer ronde qui a autant de diametre par-tout qu'en a la bouterolle avec fon faucillon; on perce cette piece au milieu, afin qu'elle puiffe recevoir la tige de la clef, & en dehors on diminue fon épaiffeur jufqu'à ce qu'elle n'ait que celle qui convient à la fente de la clef, en réfervant une partie en faillie tout autour qui ferme le faucillon.

§. VI. *Rouets & Bouterolles renverfés en dehors ou en dedans, foit à angle droit, foit à crochet.*

Quand le bras de la croix eft à un des bouts du rouet, on l'appelle *un Rouet renverfé*, *en dehors* ou *en dedans*, felon que cette entaille eft entre le rouet & le mufeau, ou entre le rouet & la tige. Si ce bras, cette entaille eft perpendiculaire au corps du rouet, c'eft fimplement *un Rouet renverfé I* (*Figure 9*). Mais fi elle y eft oblique, on le nomme *Rouet renverfé en crochet* ou *en bâton rompu e* (*Figure 2*).

On coupe le rouet renverfé plus haut au moins qu'un rouet fimple, de tout ce qu'il faut pour faire le pli : en forgeant le fer à rouet, on tient la par-tie qui doit le fournir environ du double plus épaiffe que le refte. Quelques-uns même, pendant que leur fer à rouet eft encore tout droit, le plient en deux plus près d'un de ces bouts que de l'autre, & cela feulement afin de lui donner là plus d'épaiffeur qu'ailleurs; après quoi on le tourne, s'il doit être renverfé en dehors. Après l'avoir tourné en rond, en frappant dou-cement & le tenant appuyé fur l'enclume ou la bigorne, on lui rabat un rebord à angle droit, obtus ou aigu, felon que la fente de la clef le veut; mais il eft à remarquer qu'on commence toujours à rabattre ce rebord par les bouts du rouet, & qu'on les tient pour cela plus épais, & un peu plus larges que le refte. Les bouts maîtrifent le corps de la lame. Jouffe veut pourtant au contraire qu'on commence à le rabattre par le milieu; mais les Ouvriers d'aujourd'hui fe récrient contre cette méthode.

Il y a un peu plus de façon pour le rouet renverfé en dedans, & cela parce qu'il y a à craindre d'ouvrir le rouet en le renverfant, & que la partie qu'on

qu'on renverſe doit , étant renverſée , avoir une moindre circonférence ; or
il eſt toujours plus aiſé d'étendre du métal en le frappant , que de le rétré-
cir ; ayant coupé le rouet de longueur & de hauteur convenable , on le plie
ſur un mandrin qui a le même diametre que le rouet doit avoir en dedans.
On laiſſe le rouet ſur ce mandrin , & on prend une virole de fer qui n'a pas
un cercle entier de circonférence , & dont le diametre eſt égal à celui du
cylindre revêtu du rouet; on met cette virole autour du rouet, comme
le rouet eſt autour du cylindre. On ſerre enſuite le tout entre les mâchoires
d'un étau. On remarquera ſeulement que le rouet a été placé de façon qu'il
excede le mandrin de tout ce qu'il faut pour fournir au renverſement. En
frappant cette partie , on l'abat ſur le bord du mandrin , pendant que la virole & le mandrin maintiennent le rouet.

§. VII. *Pleines Croix renverſées en dehors ou en dedans , ſous un angle
quelconque.*

La pleine croix renverſée dans la clef eſt celle qui au bout d'un de ſes
bras a une entaille ; ſi cette entaille *f* (*Planche XXXV* , *Fig.* 2) eſt au bout
du bras le plus proche de la tige , elle eſt renverſée en dedans , & en dehors ,
ſi elle eſt à l'autre bout. Pour l'une & l'autre, on fait une pleine croix à l'ordinaire , mais à laquelle on laiſſe de quoi fournir à la renverſure , du côté où
elle doit être. On a deux viroles de fer qui ont chacune , leur épaiſſeur compriſe , le diamétre du rouet pris en dedans , ſi la renverſure eſt en dedans ; &
le diametre du rouet pris en dehors , ſi la renverſure doit être en dehors. Chaque virole a autant d'épaiſſeur que le bras a de longueur juſqu'à l'endroit où
il doit être renverſé. On met une de ces viroles en deſſus, & l'autre en deſſous
de la platine qui répond au bras de la croix , & à petits coups de marteau , on
la renverſe ſur une des viroles. Si l'on veut que le coude ſoit à angle droit , le
bord de la virole eſt plat; ſi l'on veut un autre angle quelconque à ce coude ,
on donne le même angle au bord de la virole.

Puiſque les faucillons ſont ſemblables aux bras des croix , il eſt aſſez clair
qu'on renverſe leurs garnitures de la même façon.

§. VIII. *Des Rouets & des pleines Croix haſtées, ſoit en dedans , ſoit en dehors.*

Lorſqu'un rouet ou le bras d'une pleine croix *B C* (*Figure* 1) outre la
renverſure , a un ſecond coude, on l'appelle *un Rouet haſté k* (*Fig.* 3) , ou
une pleine croix haſtée ; quelquefois une pleine croix eſt renverſée d'un côté &
haſtée de l'autre , & cela quand un de ſes bras n'a qu'un coude & que l'autre en a deux. Quelquefois le rouet eſt haſté , & il a une pleine croix ſoit
ſimple , ſoit renverſée ou haſtée.

SERRURIER. Ppp

Nous prendrons pour exemple la maniere dont on fait un rouet fimple ; qui porte une pleine croix renverfée d'un côté.

On coupe la bande de fer qui doit former le rouet, comme pour un rouet fimple, & on la prend affez large pour fournir à la hauteur du rouet hafté. On prépare enfuite une autre bande de fer, un peu plus large & plus longue que la précédente, & qui a autant d'épaiffeur qu'il y a de diftance entre le premier & le fecond coude du rouet de la clef. Entre les deux bouts de cette bande, on taille une fente droite affez large, & affez longue pour laiffer paffer la lame qui doit devenir le rouet. On fait paffer cette lame au travers de la fente ; après quoi, à coups de marteau, on l'abat de l'un & de l'autre côté de la fente par où elle a paffé. Ainfi on lui fait les deux coudes qu'elle doit avoir. Ils font tous deux à angles droits, fi la fente eft coupée quarrément. Mais fi l'on veut qu'un des coudes ait un autre angle, il n'y a qu'à donner la même inclinaifon au côté de la fente fur lequel ce coude doit fe mouler.

Il ne refte donc plus qu'à rouler ce rouet, & on le roule avec la piece même qui a fervi à faire fes haftures, elle le foutient ; pour le faire plus commodément, on prend un mandrin qui a une branche mobile autour d'un bouton 4, 5, 6 ; cette branche forme, avec le corps du mandrin, des efpeces de tenailles ; on met un des bouts du rouet entre le corps du mandrin & fa branche. On la ferre enfuite dans l'étau, & en donnant plufieurs recuits, on tourne le rouet à petits coups de marteau, & la bande fur laquelle il eft appliqué, autour du mandrin. Après quoi on coupe cette bande pour en retirer le rouet.

Si le fecond coude *C* de la hafture *Pl. XXXV*, *Fig.* 7, a un angle trop aigu, pour qu'on puiffe le lui donner de la maniere précédente, on a recours à un autre expédient. Le rouet hafté en bâton rompu de la *Figure* 7 en donnera un exemple. On prend encore une lame plus longue & plus large que le rouet, & qui a à peu près en épaiffeur ce qu'il y a de diftance d'un coude à l'autre. Dans cette piece 29, 30, on creufe une entaille, dont une des faces fait, avec le deffus de la lame, le même angle que fait dans la clef la premiere partie renverfée avec le corps du rouet. Cette face de l'entaille a autant ou plus de largeur que la premiere partie renverfée a de longueur ; on donne à l'autre face de l'entaille, la même inclinaifon par rapport à la précédente, qu'à la partie du rouet, qui vient après le fecond coude, avec celle qui eft entre les deux coudes ; & enfin on forge une efpece de coin de fer auffi long que l'entaille, & de figure à s'y bien appliquer ; tout étant ainfi préparé, on pofe la lame deftinée au rouet fur l'entaille précédente, & fur cette lame on pofe le coin ; en frappant doucement fur le coin, on contraint le fer à rouet à fe mouler dans l'entaille, ce qui forme le fecond coude ; pour le premier, on le lui fait en l'obligeant de s'appliquer fur le refte de la bande de fer entaillée. On plie enfuite le rouet & la lame enfemble comme nous l'avons dit ci-devant. Mais avant que de les plier, on a foin de les river fur une piece qui les retient enfemble.

Jouffe donne une maniere de faire les rouets haftés de la premiere efpece différente de celle que nous avons expliquée. Il veut qu'on fe ferve d'un mandrin de même diametre que le rouet, qui ait à un bout une entaille de même hauteur & profondeur que le premier coude de la hafture ; qu'on plie le fer à rouet autour de ce mandrin, & qu'on lui faffe le premier coude. Après quoi il fait mettre une virole d'une ligne & demie d'épaiffeur autour de la partie qui a été renverfée fur le mandrin ; il laiffe déborder cette partie par-delà la virole, fur laquelle il la fait enfuite replier à petits coups, pour faire le fecond coude. Mais la maniere que nous avons donnée eft plus fûre pour tourner le rouet fans le faire fendre.

Le même rouet peut, comme nous l'avons dit, porter une pleine croix haftée, ou renverfée, ou tous les deux enfemble. Alors on fait ce rouet comme nous venons de le dire ; on lui ajufte la platine comme aux pleines croix fimples ; & s'il faut la renverfer, on la renverfe, comme nous l'avons vu en parlant des pleines croix renverfées.

A l'égard de celles qui de plus font haftées, on les fait, comme on les renverfe, par le moyen de deux viroles; mais une de ces viroles, favoir, celle fur laquelle on a renverfé la platine la premiere fois, a un rebord placé à la hauteur que le demande la fente de la clef; on recourbe le rouet la feconde fois contre ce rebord, on lui fait prendre le même angle.

§. IX. *Rouet en N.*

Ce qu'on appelle *Rouet en N* (*Figure* 8), eft un rouet auquel les deux coudes de la hafture font prendre la figure d'une *N*. Il eft aifé d'imaginer comment doit être taillée la piece dans laquelle on moule, pour ainfi dire, le rouet pendant qu'il eft droit. Cette piece a une entaille oblique dans laquelle le fer à rouet prend la direction des jambes de l'*N*. En renverfant le fer à rouet en fens oppofé de chaque côté de l'entaille, on fait les deux jambes. Enfin il ne refte plus qu'à rouler ce rouet avec fon moule, duquel on le retire enfuite.

§. X. *Rouet en fût de Vilebrequin.*

Le rouet appellé *en fût de Vilebrequin* l (*Figure* 4), parce qu'il reffemble au fût ou manche de cet outil, eft un rouet qui a double hafture, c'eft-à-dire, qu'il a quatre coudes. Il y en a en fût de vilebrequin dont les angles font droits, & d'autres dont les angles font aigus ; ceux-ci font appellés *des fûts de Vilebrequin en queue d'aronde* ; la grande difficulté eft de tourner ces rouets, on n'y travaille qu'après qu'ils ont été pliés aux endroits où ils le doivent être.

Ceux qui font à angles droits, fe plient fur l'étau. On peut auffi les plier fur une efpece de mandrin comme le dedans du fût ; mais un pareil mandrin n'eft bien néceffaire que pour ceux qui font en queue d'aronde.

Quand les uns & les autres ont été pliés, on prend une piece de fer doux plus longue & plus large que le rouet, & qui a autant d'épaiffeur que le fût a de profondeur. On fend cette piece avec la lime à fendre, en ligne droite, en deux endroits différents. Chacune des fentes commence à un des deux bouts de la bande de fer, & a plus de longueur que la lame deftinée au rouet ; fi ce rouet eft en fût de vilebrequin à angles droits, elles font toutes deux perpendiculaires aux furfaces de la lame ; & fi le rouet eft à queue d'aronde, elles font inclinées comme le font dans la clef les entailles qui forment la queue d'aronde. C'eft-à-dire, que le plein qui refte entre ces deux entailles eft un moule qui doit s'appliquer exactement dans le fût du vilebrequin.

On fait entrer doucement le fer à rouet dans ces deux fentes ; mais avant que de l'y faire entrer, on lui a formé les deux coudes du milieu du fût ; on acheve les deux autres après qu'il eft entré dans le moule ; on renverfe fur chaque côté du moule une partie du rouet. Enfin, à chaque bout du moule, ou au moins à un bout, on rive fur le rouet une petite bande de fer qui ne fert qu'à contenir mieux ces pieces. Il ne refte plus alors qu'à tourner le rouet comme nous l'avons expliqué, favoir, fur un mandrin d'un diametre convenable.

Etant tourné, on brife ie moule pour en retirer le rouet, on lui fait fes pieds ; & s'il a quelqu'autre garniture, comme pleine croix, &c, on la lui ajoute.

§. XI. *Rouet en H.*

Le rouet qui dans la clef a une feconde entaille parallele à la plus longue, & jointe à celle-ci par une troifieme entaille qui leur eft perpendiculaire à l'une & à l'autre, eft appellé *un Rouet en H, E (Figure 8)* : pour le faire, on prend une lame de fer mince de la longueur du rouet ; pour la largeur, on en jugera par la maniere dont on la travaille. On plie cette lame en deux felon fa longueur, après quoi on la fait entrer dans un moule qui a une longue entaille, ou l'on fe fert de la mâchoire de l'étau. L'épaiffeur de ce moule eft égale à la longueur de l'entaille qui dans la clef repréfente la barre de l'*H* ; la platine à rouet déborde de l'un & de l'autre côté du moule. On l'ouvre du côté où les deux bouts font appliqués l'un fur l'autre, & on la frappe à petits coups fur le côté oppofé, afin d'élargir ce côté au point néceffaire, pour qu'il forme la plus courte jambe de l'*H* ; enfin on le tourne à la maniere ordinaire.

§. XII.

§. XII. *Rouet en Y.*

LE rouet en *Y, D* (*Figure* 7), eſt encore plus facile que celui qui eſt en *H* ; on plie auſſi en deux la bande de fer à rouet, en frappant ſur cette bande repliée ; on ſoude enſemble les deux parties qui doivent faire le pied , la tige de l'*Y*. Enſuite ſéparant les deux branches, on ouvre l'*Y*, & on tourne le rouet à meſure , frappant ſur l'étau alternativement la branche qui eſt dehors & celle qui eſt en dedans du rouet. On élargit l'une , & on retraint l'autre.

Il y a une autre maniere de faire les rouets en *Y*, qui convient auſſi à des rouets de diverſes autres figures. Après avoir plié le fer à rouet comme nous l'avons dit, on en ouvre les deux branches pendant que ce fer eſt droit, on le fait paſſer dans les fentes de la clef pour s'aſſurer qu'il a la figure qui leur convient ; alors on remplit d'étain fondu , le vuide qui eſt entre les deux branches de l'*Y* ; & quand l'étain eſt refroidi, on tourne le rouet à l'ordinaire : l'étain maintient les branches à peu près dans l'inclinaiſon où on les a miſes.

§. XIII. *Rouet en S.*

LE rouet en *S, B* (*Figure* 6), c'eſt-à-dire, le rouet dont le bout ſe termine par une *S* , eſt fait auſſi comme les rouets en *H* & *Y* d'un fer à rouet qui a été d'abord plié en deux. Mais pour former celui en *S* , le pli ne doit pas être fait au milieu du fer à rouet. On laiſſe les deux parties appliquées l'une ſur l'autre, depuis le pli juſques où doit commencer l'*S* , c'eſt-à-dire, qu'on laiſſe droit ce qui répond à la profondeur de la fente droite où elle finit, on écarte l'une de l'autre les deux parties du fer à rouet. Elles ſont inégalement larges, puiſque le pli n'a pas été fait au milieu de la bande. La plus étroite forme la queue de l'*S* , & la plus large en forme la panſe & la tête. On roule chaque partie autour d'un fil de fer en les frappant à petits coups, après quoi on tourne ces rouets, comme tous ceux qui ſe font dans des moules.

§. XIV. *Rouet en fond de Cuve.*

QUAND la principale entaille du rouet de la clef, au lieu d'être parallele à la tige, lui eſt inclinée, on la nomme *un Rouet à fond de cuve s t* (*Fig.* 5) : auſſi la garniture qui lui répond reſſemble à une portion de cuve, ou plus exactement, c'eſt un cône tronqué & creux. Cette eſpece de garniture eſt peu en uſage ; Jouſſe dit qu'elle corrompt les clefs à cauſe du grand eſpace qu'il leur faut. Mais c'eſt plutôt parce qu'elle eſt difficile à faire ; un paneton peut avoir de la force de reſte, quoique des fonds de cuves y ſoient taillés. Les Serruriers ſont ſur-tout embarraſſés à couper ces rouets de hauteur.

La difficulté eſt plus grande à les couper de longueur ; à la vérité ils ne doivent pas être fermés non plus que les rouets ſimples communs ; s'ils l'étoient,
la clef ne pourroit y entrer. Mais il faut qu'il reſte une certaine portion de
cercle entre leurs deux pieds, & la difficulté eſt de déterminer la longueur
qui y convient à l'un & l'autre bout du rouet pour leur donner des portions de cercles ſemblables. Pour faire ſentir en quoi conſiſte cette difficulté,
nous ſommes obligés de faire quelques raiſonnements qui jetteront du jour
ſur la pratique que ſuivent les Serruriers.

Si l'on conçoit l'entaille du rouet prolongée juſqu'au centre de la tige,
comme en *q*, & que l'on conçoive auſſi la ligne qui marque le bord du paneton prolongée juſqu'au centre de la même tige comme en *r*; la ligne *q r*
ſera l'axe du cône dont le rouet *o p* de la ſerrure doit être une partie, &
cette partie eſt celle qui enveloppe le cône tronqué dont *n p r o* eſt la
coupe. Suppoſons ce cône tronqué recouvert d'une bande de papier qui
s'applique deſſus exactement ; ſi ayant fendu cette bande de papier le long
d'un des côtés du cône, nous l'enlevions de deſſus le cône, nous n'aurions
qu'à appliquer la même bande ſur une piece de fer propre à notre uſage,
couper cette piece de fer, & enſuite la rouler.

Mais voici la pratique que ſuivent les Serruriers : on doit ſuppoſer la fente
de la clef prolongée juſqu'au milieu de la tige. On prend, avec le compas, la
longueur de cette fente prolongée. De cette ouverture de compas, on décrit
un arc de cercle ſur une platine de fer. D'une ſeconde ouverture de compas,
on prend la longueur qu'il y a depuis l'endroit où finit l'entaille, juſqu'à celui où étant cenſée prolongée, elle rencontre le milieu de la tige. De cette
ouverture & du centre du cercle décrit, on décrit un ſecond cercle ſur la
platine de fer. La partie compriſe entre ces deux cercles donne la hauteur du
rouet. On marque en quelque endroit de l'un ou de l'autre cercle, un pied
du rouet. Du milieu de ce pied, on meſure une circonférence préciſément
comme on l'a fait pour placer le ſecond pied des rouets ſimples : c'eſt-à-dire,
ou en appliquant trois fois la clef ſur cette circonférence, ou en en diviſant
en quatre ou cinq parties, le demi-cercle piqué ſur le palâtre, & rapportant ces diviſions depuis le premier pied juſqu'au ſecond. Le ſecond pied étant
marqué, on tourne ces rouets, comme les ſimples, ſur l'étau & ſur la bigorne.

Une maniere plus ſûre, mais plus longue, de faire ces rouets, ſeroit d'avoir
un mandrin conique de même hauteur & de même diametre que le cône de
l'entaille, & de forger ſur ce mandrin le rouet. On pourroit même faire un
mandrin pareil de cire, ou de bois, le revêtir d'une bande de papier, juſqu'à
l'endroit où le cône doit être tronqué, on n'auroit qu'à étendre le papier ſur
une platine de fer, le piquer tout autour pour couper le fer à rouet aſſez
exactement de grandeur ; car je ſuppoſe qu'on auroit marqué la place des
pieds ſur la feuille du rouet.

Au reste , les pieds sont du côté du petit , ou du côté du grand cercle, se-lon le côté du rouet qui doit être attaché à la serrure , & selon la partie de la serrure à laquelle il doit être attaché.

§. XV. *Rouet foncé.*

ON appelle *Rouet foncé* K (*Figure* 9) , celui qui étant fendu paralléle-ment à la tige de la clef, est croisé par une entaille semblable à celle du rouet en pleine croix , mais placée au bout du rouet. C'est un rouet taillé en *T* : par conséquent on pourroit faire le rouet foncé , en soudant ou en ri-vant au bout du rouet simple , une platine semblable à celles des rouets en pleine croix. Mais les bons Serruriers veulent qu'il soit fait sans rivure , d'une seule piece.

Pour cela , on coupe une bande de fer de largeur convenable , comme pour un rouet simple : mais en la forgeant , on a attention de la tenir beau-coup plus épaisse d'un côté que de l'autre. On serre le côté épais entre les mâ-choires d'un étau, on le frappe, on l'oblige à s'élargir. Ce dont il déborde de l'un & de l'autre côté du corps de la lame, est ce qui forme la fonçure. On la lime de chaque côté pour la réduire à la largeur convenable , & on tour-ne ensuite le rouet en frappant à petits coups sur les bords de la fonçure. On a un *faux rouet* , c'est ainsi qu'on appelle une Platine qui a au milieu un trou circulaire du diametre que doit avoir le rouet ; en appliquant à diverses reprises le vrai rouet sur le faux , on voit ce qui manque à sa courbure.

Quelques Ouvriers qui craignent de ne pas réussir à tourner ces rouets , forgent une platine ronde , du milieu de laquelle ils enlevent une platine circulaire de même diametre à peu près que le vuide qui doit être au milieu du rouet. Ainsi il leur reste une couronne circulaire , ils la serrent dans les mâchoires d'un étau; & en frappant sur son bord intérieur , ils lui font un rebord ; pour fournir à ce rebord, ils ont eu attention, en forgeant la platine, de la tenir plus épaisse qu'ailleurs vers cet endroit.

§. XVI. *Planche foncée.*

Il n'y a guere d'espece de garniture qui vaille celle-ci ; on manque rare-ment de la mettre aux meilleures serrures : quand elles sont bien placées & de grandeur convenable , elles rendent les crochets inutiles. En général, on ap-pelle *Planche* une lame parallele au palâtre qui en est soutenue à quelque distance. Une des dents de la clef, plus profondément fendue que les au-tres, tourne autour de cette planche. C'est , pour ainsi dire, un rateau qui fait tout le tour de la serrure , & beaucoup plus large que les autres. Presque toutes les serrures besnardes ont des planches, au moins toutes celles qui ont des pertuis en ont ; mais on ne les appelle *Planches foncées* que dans les serru-res dont les clefs sont forées , ou que quand la fente ne va pas jusqu'à la tige

Les autres s'appellent *Planches simples H (Figure* 8).

An bout de l'entaille de la clef, on finit celle de la planche ; il y a une autre entaille qui est celle qui fait la fonçure , & ces deux entailles ensem-
bles font la planche foncée.

L'entaille qui fait la fonçure est tantôt parallele , tantôt inclinée à la tige ;
souvent elle est renversée , ou a des hastures ; en un mot, elle est susceptible
des mêmes variétés que les autres garnitures : nous nous tiendrons à deux
différentes qui donneront assez d'idée des autres.

§. XVII. *Planche foncée en fût de Vilebrequin G G (Figure* 8).

On commence à la faire comme si sa fonçure étoit simple, & on les commence toujours de même de quelque façon qu'elles soient renversées. Elles
doivent être comme les rouets foncés d'une seule piece , & on les forge
aussi de même ; c'est-à-dire , qu'en frappant sur le bord d'une bande de fer
on l'élargit , on lui fait un rebord de la largeur dont on a besoin. On tourne
ensuite cette piece.

Ce seroit là une planche foncée simple ; on lui fait les renversures, hastures,
par le moyen de viroles & de mandrins , comme nous l'avons expliqué à
l'occasion des rouets. Nous parlerons seulement d'une maniere commode de
faire les planches foncées en fût de vilebrequin. On fait une tenaille exprès,
les bouts de ses deux mâchoires ont une courbure semblable à celle du milieu du fût. Une de ces mâchoires est de plus entaillée ; la hauteur de cette
entaille est égale à la partie du fût prise depuis la planche jusqu'à son premier coude , & la profondeur de l'entaille est égale à la distance qui est depuis le premier coude jusqu'au second. D'où il est aisé d'imaginer comment ,
à coups de marteau, on forme cette espece de hasture , puisqu'il ne s'agit
que d'obliger la platine à s'appliquer sur l'entaille.

Ces sortes de planches sont ordinairement soutenues par deux pieds rapportés appellés *Coussinets*, rivés par un bout sur la planche, & par l'autre sur
le palâtre, qui servent aussi à porter le foncet ou couverture.

§. XVIII. *Planche foncée en fleur de lis.*

On peut rapporter la fonçure à la planche , & on le fait lorsque cette
fonçure est d'une figure difficile à forger. Par exemple , si c'est une fleur de
lis , on fait sa fleur de lis , & on la rive à la planche.

La fleur de lis *N (Figure* 9) , se fait de trois pieces ; dont la seconde & la troisieme font le milieu de la fleur ; on fait l'une & l'autre de deux
pieces droites , comme elles sont représentées dans la figure , en évidant une
piece de fer , soit avec la lime , soit avec des pointes. On les tourne sépare-
ment , on les assemble, enfin on les soude & on les rive à la planche.

EXPLICATION

Explication des Figures de la Planche XXXV, repréſentant les principales eſpeces de garnitures qui conviennent aux Clefs forées.

La *Figure* 1 eſt un paneton qui a un rouet ſimple *a* , & un rouet en pleine croix *c b.*

A A B B , fer à rouet , *A A* en eſt la longueur , & *B B* la hauteur.

C C , les pieds du rouet : pour avoir un rouet ſimple de ſerrure , il ne reſte qu'à tourner ce fer ; mais on lui a fait de plus les entailles néceſſaires pour devenir rouet en pleine croix.

A A ſont les fentes où entre la platine qui forme les bras de la croix.

D eſt la fente où entre le pied , ou la rivure ménagée dans la même platine.

E F D eſt le fer à rouet précédent roulé.

G G H H , platine deſtinée à faire les bras de la pleine croix.

H H I , fente circulaire qui y a été faite pour laiſſer paſſer le rouet droit.

I , le pied qui doit entrer dans l'entaille *D.*

K , la partie qui doit faire le bras extérieur, ou celui qui eſt en dehors du rouet.

L H marque par une ligne ponctuée, la partie de la platine qui n'eſt point entaillée , & qui doit s'engager dans l'entaille du rouet. La ligne ponctuée intérieure montre ce qui doit être emporté en dedans de cette platine.

N N M M O O eſt une pleine croix faite ; on lui a pourtant ôté une partie de ſa circonférence , & on l'a fait de même à la plupart des garnitures ſuivantes, afin que l'intérieur en fût plus viſible.

M M ; pieds du rouet.

N N , bras extérieur de la pleine croix.

O O , bras intérieur.

P , bouterolle ſimple.

La *Figure* 2 eſt un paneton où ſont taillés , 1°, un rouet qui a un faucillon *d* , & qui eſt de plus renverſé en bâton rompu en *e* : 2°, une pleine croix renverſée en dedans *f* : 3°, une bouterolle qui a un faucillon *g* renverſé.

Q Q Q eſt le fer à rouet préparé pour la garniture des fentes *e d* ; il eſt déja renverſé en *Q Q Q* en bâton rompu.

R R , fentes où doivent s'engager les pieds du faucillon.

S , le même fer à rouet dans une autre poſition.

T T T V V , ce fer à rouet fini ; *T T T* , ſon faucillon ; *V V* , ſa renverſure en bâton rompu.

X , bouterolle qui en *X* a une rainure pour recevoir la circonférence de la platine *Y.*

Y , platine qui ſert à faire un faucillon rapporté à une bouterolle.

La *Figure* 3 eſt un paneton où eſt taillée une croix de Lorraine *g* , & une pleine croix renverſée en dehors en *h* , & haſtée en *k.*

Serrurier. R r r

Z Z, fer à rouet pour une croix de Lorraine. Il ne diffère du fer à rouet *A A B B*, que parce qu'il a le double de fentes.

1, 1, bande de fer fur laquelle eft attaché le fer à rouet 2, 2, qui fera la garniture des fentes *k h* ; le fer à rouet 2, 2, paffe au travers de la bande 1, 1, & eft replié de l'autre côté de cette bande.

3, profil des pieces 2, 2, & 1, 1, qui fait voir comme le fer à rouet eft renverfé.

4, 5, 6, mandrin à tenailles qui fert à tourner les rouets haftés & renverfés ; 4, la tige du mandrin ; 5, fa branche qui tourne autour d'un boulon ; 6, lame de fer qui fert de moule ; 7, fer à rouet arrêté fur cette lame ; la lame 6 eft roulée en partie autour du mandrin.

8 8 8, 9 9, la garniture de la fente *k h*.

8 8 8, la partie de la croix haftée.

9 9, le bras renverfé.

10, virole qui fert ou pour renverfer à angle droit, ou pour foutenir la partie qu'on renverfe.

11, 11, virole qui fert à renverfer à angle aigu.

12, 12, eft une bouterolle à faucillon renverfé pareil à celui que demande la fente *g* (*Figure* 2).

13, 14, & 15 font voir comment on difpofe les viroles pour faire les renverfures.

13 eft le fer de la bouterolle au-deffus duquel eft la platine qui doit être renverfée fur la virole 14.

15 fait voir la même bouterolle qui a une virole qui doit être renverfée. Celle de deffous fert à foutenir la platine.

Figure 4 eft un paneton qui a 1°, une bouterolle à faucillon droit *i* : 2°, une fente en fût de vilebrequin *l*, dont la tige du fût eft croifée par une fente qui forme avec elle une croix de S. André renverfée *n*.

16, le moule ou la lame de fer fur laquelle on forme le fût de vilebrequin.

17, le fer à rouet.

18, autre partie du fer à rouet qui paffe de ce côté du moule, & retourne enfuite de l'autre.

19, profil qui montre comment le fer à rouet paffe dans fon moule.

20, 21, 22, garnitures des fentes *l n* (*Fig.* 4).

20, fût de vilebrequin.

22, 21, 22, 21, croix de S. André renverfée.

Figure 5, paneton où font taillés deux rouets en fond de cuve, qui forment auffi des croix de Saint André renverfées d'un côté ; *o p* eft une des entailles en fond de cuve ; *t* eft l'autre.

p q eft la ligne *o p* prolongée jufqu'au centre de la tige ; *o q* eft le plus grand rayon qui fert à décrire un cercle fur le fer à rouet ; *p q* eft le rayon qui décrit le petit cercle concentrique au précédent.

o o p p u u ꝫ ꝫ, fer à rouet coupé pour l'entaille *o p* de la *Fig.* 5 ; *q o*, rayon égal à *q o* de la *Figure* 5 , & les *q p* font aussi les mêmes dans l'une & l'autre figure.

u x u font deux tiers du cercle décrit du rayon *o q*; ce qu'il faut dans notre cas en *o r*, est égal à la moitié de *r q*.

y y , le milieu des pieds des rouets pris au milieu de chaque cinquieme partie ou de chaque *x u*.

23 , 23 , le fer à rouet tourné en fond de cuve.

23 , 23 en font les pieds.

24 , 24, le même rouet qui a les bras de sa croix renversés.

Figure 6 , paneton qui a une bouterolle simple *g* , & une pleine croix *A* qui porte un rouet en *S* , *B*.

25 , 25 , 26 , 26 fait voir comment on forme le rouet précédent d'une seule piece ; 25 , 25 est le bord du fer à rouet qui a été laissé plus épais , & qui a fourni de quoi former l'*S* ; 26 , 26 , 25 , 25 font les deux branches du fil qui sert de moule pour le tourner & rouler l'*S*.

27 , endroit où ces deux fils font attachés ensemble.

28 , 28 est le rouet précédent fini.

La *Figure* 7 a une pleine croix hastée en bâton rompu *C* à angle aigu , & un rouet en pleine croix qui se termine par un *Y* , *D*.

29 , 30 , moule dans l'entaille duquel se forme la hasture de la figure *C*.

30 , petite bande de fer qui entretient ce moule.

31 , coin qui entre dans l'entaille 29 , 30.

32 , profil du moule & du coin précédent.

33 , le rouet de la figure *C* fini.

34 est le rouet de la figure *D*.

La *Figure* 8 a un rouet *E* qui est une pleine croix terminée par une *H* , une autre pleine croix *F* qui se termine en *N* , & une planche foncée *HGG*.

35 , moule fendu pour le rouet en *H*.

36 , profil de la figure que prend le fer à rouet quand il a été rabattu de l'autre côté du moule 35.

37 , moule fendu pour plier le rouet en *N*.

38 , 38 , 39 , fer qui commence à être disposé pour faire la garniture de la planche foncée *H G G* ; le bord 38 , 38 a été rabattu , & forme le rebord 39.

39 doit servir pour la fente *G G* , & 38 , 38 pour *H*.

40 , 40 , 41 , 41 , planche foncée qui commence à être contournée.

42 , 43 , tenailles rompues en 43 par le moyen desquelles on fait la renversure de la planche.

L'entaille 42 sert à faire cette renversure. La partie 40 est renfermée entre les deux branches , pendant qu'à petits coups on rabat la partie 41.

44 , 45 , 44 , grande partie.de la planche foncée en *u* ; on met dans les fentes 44 les pieds ou couffinets qui la portent.

La *Figure* 9 a 1°, un rouet fimple renverfé *I*: 2°, un rouet en *T* marqué *K* ; il fe fait d'une piece pareille à celle qui eft marquée 38 , 39 , 38 : 3°, deux autres rouets *L M* en *T* inclinés : 4°, une planche foncée *N* en fleur de lys.

46 & 47, piece limée pour faire la fleur de lys vue de deux côtés différents.

48 , la même piece roulée.

49 , la fleur de lys finie ; il n'y manque qu'à y rapporter une planche à peu près femblable à celle qui eft marquée 44 , 44.

ARTICLE X.

Des Serrures à bout.

§. I. *Garnitures des Serrures Befnardes.*

On peut tailler dans les clefs befnardes toutes les efpeces de rouets qu'on taille dans les clefs forées, pourvu que les entailles des rouets n'aillent jamais par-delà le milieu du paneton ; qu'à chacun de fes bouts, il y ait la même garniture; & qu'elles foient toutes deux placées l'une vis-à-vis de l'autre , fans quoi la clef ne pourroit pas entrer des deux côtés.

On peut leur donner auffi des planches foncées ; mais leurs garnitures propres & celles dont nous avons à traiter font les pertuis , c'eft-à-dire, des trous de diverfes figures percés dans la clef, dont le milieu eft également diftant de l'un & de l'autre bout du paneton.

Les garnitures qui répondent à ces trous ou pertuis de la clef font toujours portées par une planche , qui n'a plus le nom de *foncet* , quand elle va depuis les dents de la clef jufqu'à fa tige , ou ce qui revient au même, quand elle n'a au milieu que le trou néceffaire pour laiffer tourner la tige.

On donne à ces pertuis différentes figures dans différentes clefs. Nous en avons raffemblé des plus ordinaires & des plus difficiles à faire; quand le pertuis n'a point de place qu'il doive néceffairement occuper, quand il peut être plus près ou plus loin du mufeau , on l'appelle *Pertuis volant* ; on appelle auffi quelquefois la garniture de la ferrure *Pertuis volant* , lorfque cette partie de la garniture qui doit entrer dans le grand pertuis de la clef, au lieu de faire tout le tour de la planche , n'occupe qu'une très-petite partie de cette planche : les Serruriers appellent entr'eux ces fortes de garnitures des *pertuis à la Provençale*. Les garnitures des pertuis fe font ou de fer mince , comme celui dont nous avons vu faire les rouets ; & alors ils le travaillent d'une maniere affez femblable ; nous donnerons pourtant quelques exemples de la maniere de les tourner : ou elles fe font de fer épais , & fouvent une partie d'un pertuis eft de fer mince , & une autre partie eft de fer épais.

§. II.

§. II. *Pertuis en cœur, en trefle, Pertuis quarré, &c.*

Tous ces pertuis font faits de gros fer avec le marteau & la lime, ou avec des tas à étamper, pour aller plus vîte; on façonne le morceau de fer de maniere qu'il puiſſe entrer dans le pertuis de la clef. On l'y fait paſſer d'un bout à l'autre pour s'aſſurer qu'il a la figure convenable dans toute ſa longueur; après quoi, en tournant cette piece, on lui donne une courbure qui a un rayon plus grand ou plus petit, ſelon la diſtance du centre de la clef à laquelle eſt le pertuis qui doit recevoir cette piece; ſi ſa place eſt à l'extrémité de la planche la plus proche du centre, on creuſe tout autour du pertuis une entaille dans laquelle on loge le bord de la planche : c'eſt de quoi on peut voir des exemples dans le pertuis en cœur, qui eſt repréſenté *Planche XXXVI, Figure* 2, & pour faire entrer la planche dans ce pertuis, on fronce un peu la planche par derriere, on lui fait deux plis qui l'ouvrent un peu vers le centre; alors on place le pertuis, après quoi l'on redreſſe la planche. A d'autres pertuis qu'on veut mieux aſſujettir, on fait une fente qui les traverſe au milieu, on laiſſe un pied à la planche qui entre dans cette fente, & on rive ce pied en dedans du pertuis. Quand ce pertuis doit être entre les deux circonférences, on l'ouvre en deux dans la plus grande partie de ſa longueur, on le laiſſe ſeulement fermé près de ſes bouts, & au contraire on fend les deux bouts de la planche. On la fait entrer doucement dans la fente du pertuis, les deux bouts du pertuis paſſent entre les ſiennes. On ſertit enſuite ce pertuis; & ſi l'on veut encore l'arrêter plus ſûrement, on perce un ou deux trous dans la planche & le pertuis, & on y met des rivures.

Les garnitures à pertuis de fer mince ſe façonnent ordinairement dans des eſpeces de moules; par exemple, le pertuis en fût de vilebrequin *Figure* 4, ſe fait d'une lame qui a autant de longueur que le pertuis a de circonférence, & un peu plus de largeur qu'il n'a de hauteur; on a un moule entaillé en deux endroits, où l'on fait paſſer les deux côtés de cette lame, après quoi on les replie, on tourne le rouet ſur ſon moule, & on coupe ce moule pour en ôter le rouet. L'explication de la planche ſuppléra à ce qui pourroit manquer pour la parfaïte intelligence de la fabrique de ces ſortes de garnitures. On verra comment ſe font les pertuis en ancre, en croix de Chevalier de Malthe, en chapeau, &c. Nous ferons ſeulement remarquer comment s'ajuſtent ſur la planche les pertuis en fût de vilebrequin, en fond de cuve, en *M*, & autres pareils. Ils ſe placent à peu près comme les pleines croix. On entaille ſeulement les bouts du pertuis, & au milieu on lui fend un ou deux trous pour laiſſer paſſer des pieds; enſuite on fend la planche dans une circonférence égale, & ſemblable à celle qui eſt entre les deux fentes les plus proches des bouts du pertuis; en fendant la planche, on lui laiſſe autant de pieds qu'on a fait de fentes dans la circonférence du pertuis entre celles des bouts; & enfin on aſſemble les pertuis dans leurs planches, comme nous avons vu aſſembler les bras des pleines croix avec leur rouet. Il y a des clefs qui ont des pertuis qui ne tiennent point à d'autres entailles , ce ſont des trous iſolés. On a vu des exemples de ces pertuis dans les clefs des ferrures antiques , appellées *Modernes*. On en voit aſſez ſouvent à des clefs de ferrures d'Allemagne. Ces ſortes de pertuis demandent dans la ferrure des garnitures difficiles à faire & fort mauvaiſes , puiſque la ferrure où elles ſont , ne peut jamais ſe fermer qu'à un demi-tour de clef. On en entendra aſſez la raiſon , & on verra tout ce qui eſt néceſſaire à la fabrique de ces garnitures , ſi l'on conſulte la planche des ferrures appellées *Modernes* où leur intérieur eſt repréſenté.

§. III. *Rateaux.*

Les ſeules garnitures dont il reſte à parler, ſont les rateaux ; ordinairement ce ſont des lames ſoutenues les unes au-deſſus des autres par une tige commune ; parce que les fentes du muſeau de la clef ſont à angles droits. Mais quelquefois la fente droite ſe termine à une fente ronde , celles-ci demandent des rateaux, qu'on nomme *en pomme*. Quelquefois cette fente de la clef repréſente un cœur, alors le rateau eſt en cœur ; en un mot , on peut donner toutes ſortes de figures aux fentes des rateaux de la clef, & toutes ces figures n'engagent à aucune explication. Pour la façon des rateaux des ferrures , ce ſont de petites pieces aſſez maſſives taillées dans une piece plus groſſe qui leur ſert de tige commune.

Explication des Figures de la Planche XXXVI, qui repréſente les Garnitures des Serrures Beſnardes.

La *Figure* 1 eſt un paneton qui a un pertuis à tiers-point, & un pertuis volant à chapeau avec deux rateaux en pommes.

a , le pertuis en tiers-point ou à jambes.

b b c, le pertuis en chapeau ; *b b* , ſont les rebords du chapeau ; *c*, la forme.

A A B B C D eſt la garniture de la ferrure qui convient au paneton précédent ; on n'a pris qu'une partie de la circonférence de cette garniture , & une partie de la planche ; on a fait de même dans les figures ſemblables.

A A B B , partie de la planche.

C C C, pertuis en chapeau.

D D, pertuis en tiers-point ou à jambes.

F F G , planche qu'on a foncée en *F F* pour l'ouvrir par devant & recevoir le pertuis *H*.

H , pertuis en tiers-point, le même que celui *D* qui a une rainure en *H* pour recevoir la planche.

I , piece préparée pour faire le pertuis en chapeau , & en état d'être tournée.

K , tas cannelé dans lequel on étampe des pieces deſtinées pour des pertuis de différentes figures.

L , la cannelure où la piece *I* a été étampée.

M M, rateaux en pommes qui répondent aux rateaux *d d* de la clef.

La *Figure* 2 eſt un paneton dont le pertuis eſt un cœur percé par une fleche ; *e* , le cœur ; *f* , la fleche.

N N O O , la garniture de la *Figure* 2.

P P , le cœur.

Q Q , la fleche.

R , l'une des moitiés du cœur qui ſe rive en deſſus ou en deſſous de la planche, à cauſe que le cœur ſemble percé par une fleche.

S , les deux moitiés du cœur appliquées l'une ſur l'autre.

T , piece dont on fait le cœur.

V V X X , la fleche fendue en *X X X* pour laiſſer paſſer la planche.

Figure 3 , paneton avec un pertuis en trefle, & un pertuis à chapeau dont les entailles ſont différemment diſpoſées de celles de la *Figure* 1.

g , le pertuis en trefle.

h , le pertuis en chapeau.

i i k k, garniture du paneton précédent.

m m m, le trefle.

l l l, le chapeau.

n , fer rond plié pour faire deux des parties du trefle.

o , deux de cés morceaux de fer tournés.

Figure 4 eſt un paneton qui a un pertuis quarré avec un fût de vilebrequin.

p, le pertuis quarré.

q , le fût de vilebrequin.

r r s s t t u u, la garniture de la figure précédente.

t t t eſt le fût du vilebrequin.

u u u, le pertuis quarré.

x x y y, moule ſur lequel eſt la piece qui doit faire le fût du vilebrequin.

x^2 , coupe du moule précédent qui montre le fer à rouet plié ſur ſon moule.

z^1 z , le fût de vilebrequin ; on voit en un de ſes bouts *z* comme il eſt taillé pour recevoir la planche, & en *i* , une autre entaille où entre le pied de la planche.

2 , 3 , 4 , 5 , planche de la garniture précédente. Les parties *z z* du fût de vilebrequin ſe placent en 2 , 2 ; 3 , 3 , l'endroit où la planche eſt entaillée pour laiſſer paſſer la moitié de la hauteur du fût de vilebrequin.

4 , pied du rouet qui ſe loge dans le tronc du fût de vilebrequin.

Figure 5 eſt un paneton qui a un pertuis fendu en cœur & croix de Saint André.

6 , le cœur.

7 , la croix de Saint André.

8, 8, 9, la garniture de ce paneton ; 8, 8 , la croix de S. André ; 9, le cœur.

10 , le cœur féparé.

11 eft la même garniture engagée dans le paneton.

12 , 12 , une des pieces qui forme la croix de Saint André, entaillée en 12 , 12 , pour laiffer paffer la planche.

13 , 14 & 15 , l'autre piece.

La *Figure* 6 eft un paneton percé par un pertuis en cul-de-lampe, & un en *M* , & dont deux rateaux font fendus en fond de cuve.

16 , le cul de lampe.

17 , l'*M*.

18, 19, 19, la garniture de ce paneton ; 18, le cul-de-lampe ; 19, 19, l'*M*.

20 , moule dans lequel on forme l'*M*.

21 , la lame de fer dont l'*M* eft faite.

22 , le coin qui la fait entrer dans ce moule.

23 eft le profil du moule.

24 , celui de l'*M*.

25 , celui du coin.

Figure 7 , un paneton percé par un pertuis en ancre avec fon jas ; 26 eft cette ancre.

28 , 29 eft la garniture du paneton précédent.

28 , eft l'ancre.

29, 29 , le jas formé par une piece femblable à celle des pertuis en chapeau.

30 , piece préparée pour faire les bras de l'ancre.

31 , piece pliée qu'il ne refte plus qu'à rouler pour faire les bras de l'ancre.

La *Figure* 8 eft un paneton dont le pertuis eft une croix de Chevalier de Malthe.

33 , la garniture de la *Figure* 8.

34, 35, piece prête à finir qui fait deux des branches de la croix de Chevalier. Quand on l'attache avec des rouets, on la fend en deux felon la ligne 34, 35. Une de ces parties fe met en deffus, & l'autre en deffous, & elles forment les deux branches qui font divifées par des lignes ponctuées.

36 , 36 , une des deux autres branches de la croix de Chevalier de Malthe prête à être roulée.

37 , la même roulée.

ARTICLE XI.

Où l'on examine ce qu'on peut fe promettre de fûreté de chaque efpece de Serrure felon la façon dont elle eft garnie & attachée.

LE principal fruit à tirer des articles précédents pour ceux qui ne font pas Serruriers, eft de favoir jufqu'à quel point on peut compter fur une ferrure,

&

& comment elle doit être conftruite pour être le plus fûre qu'il eft poffible. Mais pour entendre quelles font des parties décrites ci-devant, celles qui les rendent plus fûres, il faut néceffairement expliquer comment on ouvre ou force une ferrure lorfqu'on n'a point fa clef. Ne craindra-t-on pas que nous ne donnions en même temps des leçons aux voleurs? Il n'y a pas grande apparence qu'ils viennent les chercher ici, & qu'ils en aient befoin; ils font plus grands maîtres que nous dans l'art d'ouvrir les portes. Apprenons donc l'art d'ouvrir les portes fermées, afin d'apprendre celui de les fermer d'une maniere qui ne laiffe rien, ou qui laiffe peu à craindre.

Pour mettre cet article en ordre comme les autres, nous lui donnerons deux parties. Dans la premiere, nous verrons comment on peut ouvrir une ferrure dont on n'a point la clef, par l'ouverture qui laiffe paffer la clef; mais afin que le remede fuive de près le mal, nous parlerons enfuite des garnitures qui mettent la ferrure à l'abri de toutes les tentatives qu'on peut faire par cette voie. Dans la feconde partie, nous parcourrons les différentes manieres dont on ouvre les ferrures, foit en faifant de nouveaux trous à la porte, foit en forçant l'une ou l'autre, & nous tâcherons d'indiquer les meilleurs moyens de les mettre à couvert.

La maniere la plus fimple d'ouvrir une ferrure dont on n'a pas la vraie clef, c'eft de la tâter avec une autre clef. Il n'eft que trop ordinaire de trouver des ferrures qu'un grand nombre de clefs ouvrent, pourvu que la hauteur de leur paneton ne furpaffe pas celle de l'entrée; ce qui vient en général ou de ce que la ferrure n'a pas affez de garnitures, ou de ce que les garnitures ont trop de jeu dans les entailles de leur clef; car fi une ferrure étoit remplie de beaucoup de garnitures différentes, & que les garnitures fuffent, pour ainfi dire, moulées dans les entailles d'un paneton, qu'elles euffent précifément la même épaiffeur & une hauteur égale à la profondeur des entailles, il ne feroit peut-être pas poffible de trouver une autre clef qui pût ouvrir cette ferrure; mais la chofe n'eft pas ordinairement fi difficile; les Ouvriers font prefque toutes leurs garnitures d'une tôle qu'ils choififfent plus mince que les entailles de la clef dans lefquelles les garnitures doivent paffer, afin d'avoir moins de fujétion. D'ailleurs pour le courant, ils ne font que quatre ou cinq fortes de garnitures; ce font ou des rouets fimples ou des pleines croix, fi la ferrure eft à broche; ou quelques planches fimples avec des pertuis de deux ou trois fortes, fi la ferrure eft befnarde. D'où il n'eft pas furprenant que des clefs ouvrent des ferrures pour lefquelles elles n'ont pas été faites.

Il y a d'ailleurs une efpece de fymmétrie qu'on affecte ici, & qu'il feroit bon de s'attacher à éviter. Je veux dire qu'on donne, par exemple, une même largeur & une même profondeur à toutes les entailles qui féparent les dents, qu'on fait toutes les entailles des rouets à peu près également larges, au lieu que fi l'on varioit bizarrement ces épaiffeurs dans chaque clef, & qu'on prît la peine de faire des garnitures plus épaisses pour les plus larges entailles, & plus minces pour les plus étroites, & qu'on variât plus les positions de toutes ces entailles qu'on ne fait; que les rouets fussent tantôt plus & tantôt moins éloignés de la tige; que les dents eussent des largeurs inégales différemment combinées dans chaque clef, il seroit bien rare d'en rencontrer une qui ouvrît une serrure pour laquelle on ne l'auroit pas faite.

Mais les serrures communes, loin d'avoir ces perfections, sont encore souvent plus mauvaises qu'elles ne paroissent; on croit qu'elles ont au moins les garnitures que demandent les entailles qui sont à leur clef; & on fait ces entailles pour le faire croire; cependant telle clef a un rouet en pleine croix, dont la serrure n'a qu'un rouet simple; souvent de deux rouets marqués sur la clef, la serrure n'en a qu'un. Un rouet, une planche, un pertuis n'occupe quelquefois qu'une partie de la circonférence qu'elle devroit avoir. Cela est surtout ordinaire aux serrures de balles & de clincailliers; de cent personnes qui en achetent, il n'y en a pas une qui s'avise de les faire démonter pour voir si leur intérieur a toutes les garnitures que la clef lui donne; à peine trouve-t-on cette centieme personne qui sache quelle garniture de la serrure convient à chaque entaille de la clef. L'Ouvrier qui connoît l'ignorance où l'on est sur cet article, & qui veut gagner du temps, s'épargne une façon dont on ne lui tiendroit pas compte.

Mais passons à une maniere d'ouvrir les serrures, qui demande plus de science qu'une clef de hazard. On connoît assez la figure des crochets avec lesquels on ouvre la plupart des serrures dont on a égaré les clefs. On sait que ce sont de gros fils de fer recourbés près d'un de leur bout, & que c'est par le moyen de pareils crochets que les Serruriers font leurs premieres tentatives sur les serrures qu'on leur donne à ouvrir.

Pour voir comment on fait usage du crochet, il faut se souvenir que quand la clef ouvre, elle fait ordinairement deux choses, elle éleve un ressort, & pousse les barbes d'un pêne. La partie du crochet qui est depuis l'endroit où le fil de fer a été recourbé jusqu'au bout qui en est le plus proche, tient lieu du paneton; elle ne doit aussi avoir au plus qu'une longueur égale à la hauteur du paneton ou à celle de la hauteur de la clef, puisqu'on la fait entrer dans la serrure par cette ouverture, comme le paneton de la clef. Le reste du crochet tient lieu de tige. Pour faire agir plus commodément ce crochet, ôtons toutes les garnitures de la serrure, nous les lui rendrons dans la suite, & nous remarquerons en même temps qu'elles eussent mis obstacle à l'action de notre crochet.

Si la serrure où nous l'avons fait entrer est à un tour & demi, & que son demi-tour ne soit fermé que par le ressort qui pousse la queue du pêne, c'est le cas le plus simple, & celui où l'on se trouve souvent lorsqu'on tire la porte d'une chambre où l'on a laissé la clef; le pêne n'est alors qu'un verrouil appuyé par un reſſort, par conféquent il n'y a qu'à chercher avec le bout du crochet une barbe du pêne, & après l'avoir rencontrée, la pouſſer aſſez fort pour faire céder le reſſort ; on fait marcher le pêne & on l'ouvre.

Mais ſi le pêne eſt fermé à un tour & demi, ou qu'il ſoit un pêne dormant fermé à un ou à deux tours, ce n'eſt plus aſſez alors de rencontrer la barbe du pêne, il faut ſoulever la gorge du reſſort pour faire ſortir l'arrêt du reſ-ſort de ſon encoche, & c'eſt par-là qu'on commence. Le reſſort étant ſoule-vé, on introduit un ſecond crochet : pendant qu'on tient avec la main gau-che ou de quelqu'autre maniere, le premier dans la poſition où on l'a mis pour élever le reſſort, on cherche avec le ſecond la barbe du pêne, & il eſt aiſé de faire céder le pêne, quand on l'a trouvé, rien ne le retient.

Quand le pêne eſt en paquet, quand il porte lui-même la gâchette qui ſert à l'arrêter, un ſeul crochet peut ouvrir la ſerrure ; car ayant ſoulevé cette gâ-chette, il n'y a qu'à la pouſſer dans le même ſens qu'on pouſſeroit le pêne pour le faire marcher, & on produit le même effet puiſqu'elle tient au pêne, & qu'ils marchent enſemble. Ainſi l'on remarquera que cette façon d'arrêter le pêne, eſt bien moins bonne que celle de l'arrêter avec un grand reſſort poſé au-deſſus de ce pêne ou avec une gâchette dont le pied eſt rivé ſur le palâtre, puiſque dans le premier cas on ouvre le pêne avec un ſeul crochet, & que dans le ſecond il en faut deux.

Donnons à préſent à la ſerrure deux arrêts, dont l'un dépend d'un grand reſſort, & l'autre d'une gâchette dont le pied eſt rivé ſur le palâtre ; il faut alors qu'un troiſieme crochet vienne au ſecours des deux premiers : ils ſont chacun employés à lever une gorge de reſſort, la ſerrure en eſt par conſé-quent plus difficile à ouvrir ; car il n'eſt pas aiſé d'arranger trois crochets, & ſurtout quand il y a des garnitures que nous allons bientôt conſidérer ; car ſi elles donnent paſſage à un crochet, elles ne le donneront pas à deux ou à trois.

Il ne faut pas un ſi grand appareil pour ouvrir une ſerrure beſnarde à tour & demi qui a un bouton, lorſqu'on eſt du côté du bouton, ou, ce qui eſt la même choſe, en dedans de la chambre ; car ſi ces ſerrures n'ont qu'un ſeul reſſort, ce qui eſt le cas ordinaire, on peut les ouvrir même avec un clou ; on ſouleve le reſſort avec la pointe du clou, & on ouvre le pêne en tirant le bouton.

La prudence ne voudroit pas qu'on confiât rien de précieux à des ſerru-res qui ne ſont pas à l'épreuve des crochets, on le fait cependant tous les jours. Ils peuvent ouvrir la plus grande partie des ſerrures beſnardes malgré leurs garnitures. Un exemple pris de ces ſerrures aidera à nous faire entendre tout ce qui regarde les autres. Choiſiſſons-en une qui ait, comme le paneton le demande, pour garnitures deux rouets & une planche garnie d'un pertuis. On obſervera que dans cette ſerrure, & généralement dans toutes les autres, il y a un vuide qui répond à ce qui eſt en plein dans le paneton de la clef,

or le vuide qui laiſſe entrer ce paneton, laiſſe toujours entrer le crochet.
Dans notre exemple, le crochet étant entré, n'a qu'à avancer juſqu'à un des
bords de la planche, là il rencontre le vuide qui eſt entre cette planche &
le rouet, & peut librement aller chercher les barbes du pêne ou la gorge
du reſſort. De même un autre crochet a libre paſſage de l'autre côté de la
planche entr'elle & le ſecond rouet pour aller chercher auſſi ou les barbes
du pêne ou les gorges du reſſort. Ces crochets peuvent avoir chacun un diametre preſque égal à la largeur de la partie du fer qui eſt compriſe entre la
planche & le bout de chaque rouet, ce qui ſuffit pour qu'ils aient une force
aſſez conſidérable. Si les rouets de la clef étoient fendus plus avant, qu'ils
allaſſent preſque juſqu'à la planche, il n'y auroit de paſſage que pour un crochet trop foible ; mais la clef deviendroit elle-même trop foible, une de ces
parties ne tiendroit plus qu'à un filet : il faut toujours que les entailles lui
laiſſent une certaine force ; mais on voit que toutes celles qui laiſſeront aux
crochets un chemin pareil à celui que nous venons de voir, comme le laiſſent preſque toutes les ferrures beſnardes, pourront être ouvertes par deux
ou trois crochets.

Pour boucher le paſſage aux crochets, il faut donner aux garnitures de ces
ferrures une planche foncée qui aille croiſer ſur les rouets ; que le paneton
ſoit entaillé de façon que les gorges des reſſorts & les barbes du pêne ſoient
à couvert, & il n'y a plus moyen que les crochets puiſſent aller les rencontrer. Cette garniture vaut mieux que tous les pertuis les plus difficiles à faire.

On donne quelquefois aux ferrures beſnardes un canon qui reçoit la clef
& qui tourne avec elle. Ce canon tournant eſt une bonne eſpece de garniture, ſur-tout ſi on le fait un peu gros ; il reçoit à la vérité le crochet comme la clef, & le crochet peut le faire tourner ; mais ſi ce canon a aſſez de
diametre, il n'eſt pas poſſible au bout du crochet d'atteindre les barbes du
pêne ni les gorges des reſſorts.

Les ferrures à broche ſont plus aiſées à être miſes à l'épreuve des crochets que les ferrures beſnardes ; on n'y eſt point gêné à mettre des entailles
égales à l'un & à l'autre bout du paneton, & chacune des entailles paralleles
à la tige ou des rouets peut aller plus loin que le milieu des panetons, ce
qu'on ne peut faire dans les ferrures beſnardes : cependant ſi ces ſortes de
ferrures ne ſont garnies que d'une pleine croix ou d'un rouet renverſé qui
ſont leurs garnitures ordinaires, il eſt toujours aiſé aux crochets de les ouvrir ; c'eſt ce que l'on verra ſi l'on examine des panetons qui n'ont que de
ces ſortes d'entailles ; le plein qui reſte à la clef montrera le vuide qui reſte
dans la ferrure pour le jeu du crochet.

Les planches foncées ſont excellentes dans ces ferrures comme dans toutes les autres contre les crochets, pourvu que la dent qui preſſe les barbes
& celle qui ſouleve les reſſorts, ſoient les deux plus proches de la planche ;

car

car alors la ferrure met fûrement à couvert des crochets les parties contre lefquelles ils devroient agir.

Mais on garnit ces fortes de ferrures d'une manière très-fimple, très-fûre & à peu de frais. Si elle n'eft pas plus en ufage, c'eft apparemment parce qu'elle n'orne pas affez la clef, & que l'on veut de l'ornement par-tout. On fend trois rouets dans la clef, deux à un des bouts du paneton, & l'autre à l'autre bout entre les deux précédents. On les fait aller chacun par-delà le milieu de la clef, de forte qu'ils fe croifent tous. Si les trois rouets de la ferrure ont une hauteur égale à la profondeur de ceux de la clef, il n'y a point de crochet qui puiffe approcher des barbes & des gorges; la ferrure en devient encore plus fûre, lorfque le paneton où font fendus les rouets précédents, eft en *S*.

Fin du Texte de M. DE REAUMUR.

CHAPITRE VI.

De la Ferrure des Equipages, & particuliérement des Refforts.

IL eft très-important à un carroffe & à une berline d'être affez légere pour ne point trop fatiguer les chevaux; mais il faut d'un autre côté qu'elle ait de la force: car un équipage fouffre beaucoup, fur-tout quand on le mene vîte. Pour fatisfaire à la première condition, les Charrons & fur-tout les Menuifiers tiennent leurs bois les plus minces qu'ils le peuvent; & pour remplir la feconde, on fortifie les affemblages avec du fer. Ces ferrures font faites les unes par les Maréchaux, & les autres par les Serruriers; quelques parties mêmes font faites tantôt par les Maréchaux, & tantôt par les Serruriers, fuivant le degré de propreté qu'on veut donner à ces ouvrages. Car ceux qui fortent des mains des Maréchaux, ne font jamais auffi propres que ceux que travaillent les Serruriers. Pour les ouvrages où l'on exige de la magnificence, les Serruriers emploient même le fecours des Cifeleurs & des Doreurs; mais nous devons nous renfermer à ne parler que des ouvrages de pure Serrurerie, puifqu'on traitera ces autres Arts à part. Je vais commencer par détailler les ouvrages qui font toujours faits par les Serruriers, qui appartiennent à la caiffe des voitures. Je dirai enfuite quelque chofe des ouvrages qui regardent le train, & qui font faits tantôt par les Serruriers & tantôt par les Maréchaux. Je parlerai enfin des refforts, parce qu'ils font toujours faits par les Serruriers; je ne dirai rien des effieux, des bandages des roues & des bandes qui fortifient les brancards, ces parties étant toujours faites par les Maréchaux.

A R T I C L E I.

Des ouvrages de Serrurerie qui appartiennent à la Caiffe.

LES tenons & les mortaifes que font les Menuifiers de Carroffe font fi foibles

qu'ils feroient bien-tôt brisés, si on ne les fortifioit pas par des équerres de
fer dont on varie beaucoup la forme, pour qu'elles s'ajustent aux contours
des bois sur lesquels on doit les appliquer; les unes sont pliées sur le plat
Figure 9, Planche XXXVII; d'autres sur le tranchant du fer *Figure 6*; quelques-unes ont trois branches *Figure 7*; d'autres n'en ont que deux *Figure 8*;
celles qui sont en dedans de la caisse sont moins finies que celles qui sont en
dehors; les unes sont attachées avec des clous à tête ronde; d'autres avec
des clous rivés sur l'équerre qui est en dedans; d'autres avec des vis;
d'autres *Figure 10*, au lieu d'une branche, ont une patte; on s'en sert dans
les cas où l'on est obligé de les attacher sur la largeur d'une traverse. Et pour
empêcher les traverses d'en bas de la caisse de s'écarter, on met par-dessous
la caisse une bande de fer plat *Figure 11*, terminée à chaque bout par une
patte; on met aussi quelquefois au dos des caisses une tringle menue *Figure
12*, terminée par deux vis.

Pour attacher la caisse aux soupentes, on met par-dessous une bande de fer
plat *Figure 13*, attachée par des clous à vis qui traversent le bâti de la caisse,
son brancard, & la bande de fer sur laquelle on met les écrous. Cette bande est quelquefois terminée par une main, d'autres fois par deux, pour recevoir les soupentes qui embrassent un boulon à vis *Figure 14*; il y a sur les
côtés, à l'avant ou à l'arriere, des pitons à charniere *Figure 15*, qui servent
à retenir les guindages.

Pour ferrer les portieres des chaises de poste qui s'abaissent en devant, telles
que celle qui est représentée *Figure 16 **, il y a au bas deux couplets ou pattes à charniere ou fiches *A (Fig. 16 & 17)*, qui permettent à la portiere de
s'abaisser & de se rapprocher du corps de la chaise.

Quelquefois dans la traverse *BB (Figure 16)*, on loge deux verroux *DE*
& un pignon *F (Figure 18)*, qui se ferment au moyen d'un petit ressort, &
qu'on ouvre avec des olives *G*; on peut supprimer cette ferrure aux chaises
de poste; quand les montants de la portiere ont une pente considérable en
dedans, la portiere s'appuie d'elle-même dans sa feuillure avec assez de force
pour qu'elle ne s'ouvre point, même quand les brancards portent à terre.

Il y a des chaises dont la portiere du devant s'ouvre horizontalement; & en
ce cas afin qu'on puisse descendre des deux côtés sans être incommodé par la
portiere, on met sur les deux montants qui forment les bords de la portiere,
des fiches à gonds, & il y a dans l'épaisseur du paneau un levier qui fait sortir le gond des nœuds qui sont du côté qu'on veut ouvrir, par exemple, du
côté droit. Alors la portiere peut s'ouvrir de ce côté-là; & du côté gauche,
la fiche restant avec leur broche ou gond, la portiere roule sur sa charniere: quand on ferme la portiere, la broche du côté droit retombe dans les
nœuds de la fiche, & on est maître de soulever la broche qui enfile
les nœuds des fiches du côté gauche, si l'on veut l'ouvrir de ce côté-là; cette

* On appelle ces portieres *à la Toulouse.*

efpece de ferrure eft détaillée dans le ChapitreV des ferrures *Planche XXIV*, *Figure* 7.

A l'égard des portieres des carroffes & berlines *Figure* 21 & 22 , qui s'ou-vrent horizontalement , elles font ferrées avec des fiches à vafe , mais qu'on fait prefque toujours de cuivre doré , ainfi elles ne font point du diftrict du Serrurier. On les tient fermées par un loqueteau *B* (*Figure* 19), foulevé par une broche *C* qu'on fait tourner au moyen d'un anneau *A* qui eft ordi-nairement de cuivre doré. Ou bien le loqueteau *B* (*Figure* 20), eft foule-vé par une olive de cuivre doré *A* qui fait tourner la broche *C*; dans l'un & l'autre cas, le loqueteau tombe dans une gâche qui eft ferrée dans l'épaiffeur du montant ou dans un crampon doré attaché avec des vis fur le montant.

A R T I C L E   II.

Des Ouvrages de Serrurerie qui appartiennent au Train.

Il eft très-probable que les premieres voitures roulantes étoient fort ap-prochantes de nos charrettes ou des charriots; ceux qui s'en fervoient étoient expofés à y recevoir tout le choc des cahots ; on les a rendu un peu plus fupportables en fufpendant la caiffe par des chaînes ou des courroies obliques *Figure* 21: c'eft ainfi qu'étoient fufpendus les caroffes à fleche, & que le font encore les carroffes de voiture. Les équipages font devenus encore beau-coup plus doux au moyen des foupentes horizontales qu'on emploie fi utile-ment pour toutes les berlines, les chaifes légeres & les cabriolets; dans ce cas *Figure* 22 , le brancart *AB* du corps de la berline a en deffous une forme ar-rondie qu'on nomme *le Bateau,* & la foupente *CD* eft attachée folidement par un bout à la traverfe du devant *C* , & elle répond par derriere à un petit treuil *G* fur lequel on la force de fe rouler au moyen d'une forte clef *E* qui fournit un grand levier ; & ce petit treuil ne peut tourner en fens con-traire, parce qu'il eft arrêté par un lingaet *L* qu'on nomme *Trappe,* qui prend dans les dents des roues *F* , qui font dentées obliquement & enarbrées aux extrémités du petit arbre ou treuil *G* , fur lequel l'extrémité *D* de la fou-pente eft roulée étant arrêtée par une cheville de fer nommée *Dent de loup* , qui traverfe la foupente , & entre dans une ouverture pratiquée au milieu du petit arbre *G* ; les roues dentées *F* ont à leur centre un trou quarré dans lequel entre l'extrémité quarrée de l'arbre ou treuil. Ainfi elles ne peuvent tourner fans que le treuil ou l'arbre tourne. Mais il faut que le treuil foit ferme-ment attaché aux traverfes du derriere du train de la berline. C'eft à cela que fervent les fupports *H*, les arcboutants *I*, & les jambes de force *K* que l'on contourne de différentes façons pour les ajufter aux différentes manieres dont les bois du train ont été difpofés par le Charron; il y a une piece de fer plat *L* qui s'accroche dans les dents des deux roues pour les empêcher d'o-béir aux foupentes qui font effort pour fe dérouler de deffus l'arbre. Cette piece fe nomme, comme je l'ai dit, *la Trappe*. Comme toutes les pieces du train d'un équipage fouffrent beaucoup , on les fortifie par des arcboutants *Figure* 23, les uns *A* font droits, & les autres *B* font plus ou moins cintrés ; & comme à chaque équipage ils prennent des figures & des contours différents , nous nous contentons d'en repréfenter deux qui pourront donner une idée des autres.

Autrefois le fiege du cocher étoit porté par des pieces de bois qui étoient à l'avant , & qu'on nommoit *Moutons* ; mais maintenant on fait les moutons en fer *A* (*Figure* 24) , & on fortifie ce porte-fiege par l'arcboutant *B*.

La plupart de ces ferrures qui appartiennent au train font faites par les Maréchaux groffiers. On n'a recours aux Serruriers que quand on veut des ouvrages très-recherchés. Encore tous les ornements qui tiennent de la fculpture font-ils faits par des Serruriers-Cifeleurs ; c'eft pourquoi nous croyons devoir nous difpenfer d'entrer à ce fujet dans de grands détails. Nous nous contenterons de dire que pour les ouvrages fimples , on ébauche les moulures à l'étampe, & que pour les beaux ouvrages très-recherchés , on les fait entiérement avec la lime, les burins , &c. Tous les affemblages du train font fortifiés par des bandes de fer, des liens, &c, qui font toujours faits par les Maréchaux. Mais j'infifterai fur les refforts qui fe font toujourspar les Serruriers.

A R T I C L E I I I.

Des Refforts.

On gagne beaucoup de douceur en fufpendant les caiffes en berlines par des foupentes horizontales ; mais les voitures font encore tout autrement douces quand on les fufpend avec des refforts d'acier. Il eft probable que les premiers refforts qu'on a appliqués aux voitures étoient de bois *A A* (*Figure* 25) ; & comme ces refforts n'étoient, à proprement parler, que des perches ployantes , on a commencé par leur fubftituer des barres d'acier contournées comme il convenoit. Mais on n'a pas été long-temps à imaginer qu'on feroit des refforts bien plus parfaits & plus liants en joignant les unes aux autres un nombre de lames d'acier qui toutes enfemble formeroient un feul reffort ; ce font ces refforts *Figure* 26 qui font maintenant en ufage & dont nous devons parler.

Les Ouvriers nomment *feuilles de Reffort* , les lames d'acier dont l'affemblage forme un reffort , & tous les refforts des équipages font des paquets de feuilles d'acier pofées les unes fur les autres , de façon que la premiere *a* plus longue que toutes les autres , furpaffe la feconde *b* ; la feconde, la troifieme *c* , & ainfi des autres. Toutes ces lames font arrêtées les unes fur les autres par un ou plufieurs boulons *A* ; plus les lames font minces, & en même temps plus leur nombre eft grand , plus les refforts font liants. Il faut de plus que la force des refforts foit proportionnée à la pefanteur de la voiture ; un cabriolet qui auroit des refforts très-roides , feroit auffi rude que s'il n'en avoit point , parce qu'ils ne plieroient pas ; & un reffort foible ne pourroit pas fupporter

une

une voiture fort pefante. Un paquet de feuilles difpofées comme nous venons de le dire *Figure* 26, eft appellé par les Serruriers *un coin de reffort*. Quelques refforts ne font compofés que d'un feul coin ou paquet de feuilles; tels font ceux des brouettes *Figure* 27, & du devant des chaifes *Figure* 14, *Planche XXXVIII*, quand on en met à cet endroit; ou des voitures de la Cour *Fig.* 13 *même Planche*. Tous les refforts des voitures peuvent fe réduire au coin fimple dont nous venons de parler, mais qu'on difpofe de bien des façons différentes, comme nous le ferons voir dans la fuite. Ainfi l'article principal & par lequel nous devons commencer fe réduit à bien expliquer comment on doit faire un coin de reffort.

Le fer ne vaut rien pour faire des refforts, parce qu'il n'eft pas affez élaftique; quand il a été plié par une force fupérieure à la fienne, il refte fans fe redreffer; il faut donc de l'acier: mais celui qui auroit un grain trop fin feroit caffant; ainfi il faut éviter de s'en fervir: une étoffe formée de fer & d'acier corroyés enfemble feroit préférable. Mais affez fouvent, pour éviter la dépenfe & s'épargner la peine de faire cette étoffe, les Serruriers prennent de l'acier de Champagne ou du Nivernois. Ces aciers communs ont effectivement les principales qualités qui font néceffaires pour ces fortes d'ouvrages; ils tiennent du fer, ils font fibreux comme lui, ils ont du corps qui les met en état de réfifter à de violentes fecouffes fans fe rompre; & quand ils font trempés à propos, ils ont affez bien la roideur & l'élafticité qu'on defire; malheureufement les Ouvriers comptent tellement fur la bonté de ces aciers qu'ils ne les corroyent point; ils fe contentent d'étirer un carillon pour en faire une feuille de reffort.

Mais quand on veut faire d'excellents refforts pour lefquels on n'épargne pas la dépenfe pourvu qu'ils foient liants & légers, on forge de l'acier de Hongrie entre deux lames d'acier commun ou même de fer. Voici les avantages qui en réfultent: on fait que le bon acier doit être ménagé à la chaude, & les deux feuilles d'acier commun ou de fer qui enveloppent l'acier de Hongrie, recevant la premiere action du feu, partagent l'acier, qui alors n'en eft point endommagé; & il réfulte de cet alliage une étoffe très-folide & très-élaftique qui difpenfe de faire les refforts auffi pefants que le font néceffairement ceux qui font faits d'acier commun. Je vais détailler la façon de faire un coin de reffort tel que ceux qu'on met fous les brouettes *Planche XXXVII*, *Figure* 27; le bout le plus épais *a* eft attaché fous la caiffe par des boulons à vis; la tringle *b* qui tient lieu de foupente, eft attachée au bout le plus mince du coin *c*; ainfi c'eft cette partie qui reçoit le premier choc, & l'autre bout de cette tringle embraffe l'effieu qui eft à l'aife dans une ouverture *d* faite à la caiffe; le brancard ou le boulon *e* par lequel on tire la brouette, eft auffi attaché à l'effieu.

Nous ne nous arrêterons point à fixer le nombre des feuilles de ces refforts, ni leur longueur, ni leur pefanteur ; toutes ces chofes doivent varier fuivant le nombre de refforts qu'on emploie pour fufpendre une voiture, le poids plus ou moins grand de la voiture , & auffi le degré de douceur qu'on veut lui procurer ; car un reffort fort liant qui rendroit une voiture très-douce fur un pavé uni pourroit n'être pas le meilleur dans un chemin très-raboteux ; les balancements trop grands font incommodes & rendent les coups de côté prefque inévitables. Mais dans toute forte de cas la feuille la plus longue qui s'étend depuis le gros bout *a* jufqu'à l'endroit *c* (*Figure* 27) , où la foupente doit être attachée, eft en quelque façon le vrai reffort, puifque les autres feuilles qui vont toujours en diminuant de longueur ne femblent faites que pour fortifier celle-ci. Comme la feuille la plus longue fatigue beaucoup pour les raifons que je viens d'expofer , lorfqu'on veut faire de très-bons refforts, on commence le coin par deux ou trois feuilles qui font d'une même longueur , & qu'on fait plus minces que fi l'on fe contentoit de faire la grande feuille d'une feule piece.

Le Serrurier commence toujours par travailler les plus longues feuilles , parce que fi , par quelque accident elles venoient à rompre , il s'en ferviroit pour en faire une plus courte.

Ils appellent enlever une feuille, forger une barre, l'applatir, & la réduire à une longueur & une épaiffeur convenable *Figure* 11 , *Planche XXXVIII*: elle doit être un peu plus large par les deux extrémités que par le milieu ; le bout oppofé à l'attache doit être plus mince que le refte , & affez large pour qu'on puiffe y pratiquer deux oreilles ; pour cela on étire les angles *a* (*Figure* 7) , pendant qu'on abat les angles du côté de *b* , & qu'on arrondit cette partie qui doit être la plus épaiffe de toute la feuille.

A mefure que les feuilles font forgées, on les place les unes fur les autres pour voir fi elles s'y ajuftent bien. Enfuite on perce le trou ou les trous par où doivent paffer les boulons qui doivent les réunir enfemble ou les affujettir à l'équipage. Comme la circonférence de ces trous ne doit point être baveufe, on ne fait point les trous avec un poinçon & un mandrin , mais avec une efpece d'emporte-piece, qui eft un cifeau creufé en gouge & emmanché dans une hart *Figure* 8. Les Serruriers ont même affez fouvent un emporte-piece fait en anneau avec lequel ils emportent le morceau , & percent le trou d'un feul coup. Le reffort fortant de la forge, eft pofé fur une perçoire ; un Compagnon pofe l'emporte-piece fur le fer , & un Apprentif frappe deffus.

Les boulons qui traverfent toutes ces feuilles, les raffemblent bien exactement par leur bout le plus épais ; mais elles pourroient fe déranger à leur bout le plus mince. C'eft pour éviter cet accident qu'on a pratiqué des oreilles *a a* (*Figure* 7) à leur extrémité la plus mince.

On arrange donc les unes fur les autres les feuilles dans l'ordre où elles

doivent refter , la feuille 2 fur la feuille 1 , la feuille 3 fur la feuille 2 , & ainfi
de fuite, finiffant par mettre la feuille 8 fur la feuille 7 , *Figure 7* , & toutes
les feuilles fe trouvent difpofées comme on le voit *Figure 6* ; on paffe les
boulons dans les trous du bout le plus épais ; on les voit *Figure 6* ; & on rabat les oreilles d'une feuille fur celle fur laquelle elle eft pofée , c'eft-à dire ,
fur celle qui la furpaffe le moins en longueur ; par ce moyen, elles font tellement affujetties qu'elles ne peuvent s'écarter ni à droite ni à gauche.

Il ne faut pas oublier de dire qu'en forgeant les feuilles , on leur donne
à toutes un petit contour pour que le coin de reffort étant attaché fous la
voiture comme *a c* (*Fig.* 14 *Pl. XXXVIII*) , le bout *c* oppofé aux boulons
s'écarte de la caiffe, ce qui eft néceffaire pour qu'il puiffe fe plier , & fe redreffer librement. Chaque feuille doit donc participer à la courbure générale qu'on voit au coin *Fig.* 18, *Pl. XXXVIII*, mais les grandes plus que les
petites. Il feroit bien difficile de donner à toutes les feuilles la figure qui leur
convient pour qu'étant réunies toutes enfemble, elles concouruffent à la figure
qu'on defire, fi on les travailloit féparément ; mais les Serruriers les retiennent toutes enfemble au moyen de la tenaille *Figure 9* , qui differe des tenailles ordinaires en ce que les deux parties qui font les mordants, font droites , & percées chacune d'un trou dans lequel on fait paffer un boulon qui
traverfe les feuilles de reffort ; toutes les feuilles font ainfi retenues dans l'état
où elles doivent être *Figure* 10 ; l'Ouvrier les porte à la forge ; & quand
elles font rouges, il les bat fur l'enclume pour donner au coin la figure qui
eft repréfentée *Figure* 18 ; c'eft ce que font les Ouvriers *Figures* 2 & 3 , dans
la Vignette ; & on ne parvient quelquefois à donner la forme qu'on defire
qu'après trois ou quatre chaudes. Alors on ouvre les tenailles , & on def-
affemble les feuilles pour les tremper féparément ; quand on leur a fait prendre un rouge couleur de cerife , on les jette dans l'eau froide ; mais par ce
moyen la trempe eft trop forte, les refforts feroient trop caffants, il eft néceffaire de leur donner un recuit convenable ; c'eft-là où certains Ouvriers réuf-
fiffent mieux que d'autres. Il y en a qui prétendent que le degré de chaleur qui convient pour un bon recuit , eft quand en frottant fur le reffort un
morceau de bois de fapin fec , il en fort des étincelles ; l'Ouvrier *Figure*
1 dans la Vignette , eft occupé à cette épreuve.

Il y a des Serruriers qui trempent toutes les feuilles de reffort à la fois
étant raffemblées en paquet. Ce moyen eft plus expéditif , peut-être auffi
que les feuilles font un peu moins fujettes à fe déjetter ; mais il eft difficile
que toutes les feuilles prennent un même degré de chaleur ; & auffi comme
elles fe recouvrent les unes les autres , elles doivent recevoir inégalement
l'impreffion de l'eau ; & il faut , après la trempe , les defaffembler, fi elles ne
l'ont pas été auparavant, pour redreffer celles qui fe feroient tourmentées , &
leur donner un peu de poli , comme je vais l'expliquer.

Quand les feuilles ont reçu un recuit convenable, on les polit; quelques-uns prétendent qu'elles en sont moins sujettes à rouiller. J'ai peine à me le perfuader; car le noir de la forge fait un enduit sur le fer qui réfiste long-temps à la rouille, & plufieurs couches de peinture à l'huile qu'on met sur les coins, sont très-propres à les défendre de la rouille. Cependant les reffors polis font plus propres, & on apperçoit, en les poliffant, des défauts qu'on ne verroit pas sur le fer brut; de plus les feuilles étant polies, elles glissent mieux les unes sur les autres, & les reffors en sont plus liants; c'est pour cette raifon & aussi pour prévenir la rouille, qu'on graisse les feuilles avant que de les réunir pour la derniere fois.

Quoi qu'il en foit, quand on veut les polir, on commence par les écurer avec du fable ou du grès, enfuite on les émoud sur une meule de grès, *Figures* 4 & 5 dans la Vignette, comme font les Taillandiers. On les préfente à plat fur la meule, & on les émoud en long; c'eft tout le poli qu'on leur donne ordinairement; ceux qui veulent un plus beau poli, augmentent beau-coup le prix des reffors fans qu'ils en foient meilleurs. Quand les feuilles bien graiffées font affemblées de nouveau, on les affujettit par des boulons à vis, & ils font en état d'être mis en place.

Pour des ouvrages très-propres, on repaffe à la lime chaque feuille de reffort avant de les tremper.

Quoique nous n'ayons parlé que des reffors les plus fimples, de ceux qui font à un coin, nous avons cependant dit prefque tout ce qui eft néceffaire pour faire comprendre la maniere de faire les autres reffors, qui font la plu-part formés de la différente pofition ou de l'affemblage de plufieurs coins femblables à ceux dont nous venons de parler; effectivement fi l'on mettoit aux quatre angles d'une voiture quatre bons reffors femblables à celui *Fig.* 18, *Planche XXXVIII*, comme on le voit *Figure* 12, on auroit une voi-ture très-douce; de ce genre font les reffors qu'on nomme *à Apremont*, qu'on met fur le devant de plufieurs voitures *a c* (*Figure* 14), & quelquefois der-riere, où l'on attache les reffors fur la planche, comme on le voit aux chaifes de la Cour *Figure* 13. Les mêmes reffors peuvent auffi s'attacher au bran-card; alors on les fait croifer en *x*: ils font fur-tout très-doux quand on les recourbe, comme on le voit *Pl. XXXVIII*, *Fig.* 19. Le reffort *Figure* 15, qu'on nomme *à Talon* eft un reffort double qui, s'il étoit coupé par le milieu, feroit deux coins femblables à celui de la *Figure* 18. C'eft ainfi qu'on fait les reffors de la diligence de Lyon.

Les reffors qu'on nomme *à la Dalefme d e f* (*Fig.* 14, *Pl. XXXVIII*), parce qu'ils ont été inventés par M. Dalefme, de l'Académie des Sciences, font prefque un reffort à talon *Figure* 15, qui eft placé verticalement. M. Dalefme les enveloppoit par la foupente qui s'étendoit depuis la caiffe *g* juf-qu'au haut du reffort *f*, & fe terminoit au bas du reffort en *d*, *Figure* 14.

On

On fuit encore cette méthode qui eft très-bonne ; cependant pour des voitures légeres , quelquefois on agraffe la foupente à l'extrémité *f* du reffort.

Autrefois ces reiforts étoient attachés au mouton *h i* (*Figure* 16)
par une forte courroie : maintenant on les attache par un lien de fer *k*
(*Fig.* 16) ; mais pour plus grande fûreté , on joint à ce lien une courroie
à boucle, afin que fi le lien de fer venoit à rompre, le reffort fût retenu par
la courroie.

Ces reiforts ne font ni fort chers ni fort lourds , & ils font très-doux ;
auiifi en fait-on maintenant un grand ufage pour les chaifes de pofte & les
berlines, auxquelles quelquefois on en met quatre *Figure* 16 , oubien on les
marie avec les reiforts à Apremont *Figure* 14. On donne auifi aux reiforts
dont nous venons de parler différents contours pour laiffer la liberté de placer une malle ou dans d'autres vues, & cela fe conçoit aifément, fans que nous
foyons obligé de multiplier les figures.

Les meilleurs reiforts pour les chaifes de pofte font ceux qu'on nomme à
Ecreviffe , *Planche XXXIX* , *Figure* 9. Ce font encore des reiforts à un coin
femblables à la *Figure* 10 , qui font réunis par leur tête comme on le voit
Figure 8. On fait de ces reiforts à deux & à quatre coins ; mais il nous fuffira
de parler de ceux qui n'en ont que deux , parce que les deux autres qui font
pofés à côté font entiérement femblables à ceux dont nous allons parler. Nous
nommerons le coin *A* (*Figure* 8), *le fupérieur* , & celui *B*, *l'inférieur* ; ils
font réunis par leur tête au moyen du boulon *C*. On met toujours deux refforts pareils à celui *Figure* 8 , qui font attachés à la planche du derriere de
la chaife comme on le voit *Figure* 9. Cette planche porte à fon milieu un
arrondiffement *M* (*Figure* 11) ; c'eft-là que font attachés, l'un à côté de l'autre , le gros bout ou la tête *C* des coins fupérieurs & inférieurs *A & B* (*Figure* 8) ; le bout *B* inférieur de ces coins va jufqu'auprès des bouts de la
planche, & porte fur un mufle ou bande de fer qui forme une gouttiere *B*
(*Figure* 9) & *b* (*Figure* 11) , pour empêcher les reiforts de s'écarter à
droite & à gauche. On voit ce mufle féparément *Figure* 12 ; les deux bouts
A des coins fupérieurs fe rapprochent l'un de l'autre , & même quelquefois
ils fe croifent lorfqu'ils ne font pas chargés *Figure* 9 ; mais le poids de la
chaife fait qu'ils s'écartent.

La tête de chaque paire de reffort eft reçue & aiffujettie par des clous à vis
dans une boîte de fer battu *Figure* 13 & *D Figure* 9 ; & cette boîte eft
aiffujettie fur l'arrondiffement *M* (*Figure* 11) de la planche de derriere par
les montants *Figure* 15 , & *E Figure* 9.

On voit en *I* (*Figure* 16) & en *F* (*Figure* 9) les crochets où s'attachent les foupentes.

La *Figure* 17 repréfente les feuilles de reffort qui font néceffaires pour faire
un coin femblable à la *Figure* 18 , pour les reiforts à écreviffe ; *Figure* 19 , un

corps de chaife de pofte ; *a a* , la caiffe ; *b* , la portiere ; *c c* , la traverfe d'en bas garnie de fes équerres ; *d d* eft un faux brancard femblable à la *Fig.* 20 , qu'on nomme quelquefois le foufflet. On attache deffous la bande de fer *e e* (*Figure* 19) , au bout de laquelle eft la main qui fert à attacher les foupentes des refforts à écreviffe ; *f* eft un reffort à apremont, fous lequel eft la barre *Figure* 23 , au bout de laquelle eft la main où s'attache la foupente de devant au moyen d'un boulon & d'un rouleau , comme on le voit en *G* (*Fig.* 22) ; *g* (*Figure* 19) eft le fupport des guindages qui font ponctués, & qu'on tend au moyen d'un petit cric , & *h i* ponctué marque le brancard.

Pour faire comprendre qu'on peut beaucoup varier la difpofition des coins de refforts , il me fuffira de joindre aux exemples que je viens de rapporter la difpofition qu'on donne à certains refforts qu'on met fous les carroffes à fleche ; ces refforts excellents ne font plus guere d'ufage , parce qu'on ne fe fert des carroffes à fleche que pour les cérémonies ; on ne met même plus guere derriere les chaifes de refforts à écreviffe , parce qu'on les trouve trop chers & un peu lourds. Les refforts des anciens carroffes *Planche XXXIX , Figure* 24 , font à deux coins *Figures* 25 & 26 ; les faces ou les feuilles *a b* font tournés l'une vers l'autre ; les deux têtes *c d* (*Fig.* 24) , font liées enfemble par deux fort boulons à vis ; quand ces refforts font en place , un de ces coins *b* eft en deffus, nous le nommerons *le fupérieur,* l'autre *a* eft en deffous , nous l'appellerons *l'inférieur.* Ces deux coins ainfi difpofés *Figure* 24 , ne forment qu'un reffort qui eft d'une figure très-avantageufe pour l'effet qu'il doit produire.

Ce reffort a deux bouts *a b* qui font flexibles , celui du coin fupérieur *b* porte la voiture , le coin inférieur *a* eft comme attaché à la foupente, & il reçoit le choc des cahots , ou au moins il le partage avec le coin *b* , ainfi toute la voiture porte fur des parties flexibles. Ces deux coins peuvent donc être regardés comme des branches de levier dont le point d'appui eft à l'endroit *c d* (*Figure* 24). Mais ce point d'appui n'eft pas fixe , les chocs le font changer de place , plus ils élevent la pointe *a* du coin inférieur , plus ils font defcendre le point d'appui *c d* , ce qui fait que le choc ou le mouvement qu'il produit eft partagé entre le mouvement du point d'appui , & la contraction des refforts.

Mais il eft avantageux que le point d'appui puiffe monter & defcendre , il eft très-important qu'il ne puiffe aller ni à droite ni à gauche , ce qui arriveroit fouvent fi l'on n'avoit pas pris des précautions pour prévenir ce dérangement ; pour cela on a renfermé les refforts dans une cage ou un chaffis *Fig.* 27 ; ce chaffis de fer eft formé de deux pieces de fer égales *n n* , on les appelle *mains* ; le milieu de chaque main eft forgé prefque droit , & le fer eft plus large qu'épais ; les deux bouts de cette partie prefque droite fe terminent par des contours en arc, dont l'un eft en deffus, & l'autre en deffous par rapport à la partie qui eſt droite ; deux pieces entiérement ſemblables l'une à l'autre , ſont tenues à une diſtance l'une de l'autre un peu plus grande que la largeur du reſſort par quatre boulons *o o* (*Figure* 27) ; le reſſort eſt repré-ſenté dans ſa cage *Figure* 28. Or un des boulons dont nous avons parlé eſt arrêté contre un des angles du fond du carroſſe ; c'eſt celui *p* (*Figure* 27) qui eſt à l'origine d'une des parties contournées , & cette partie contour-née deſcend en deſſous de la caiſſe ; les mains tournent librement autour de ce boulon ; les deux bouts des coins du reſſort ſont entre les boulons *p* & *q*, comme on le voit *Figure* 28 , & ces deux boulons ſont à l'origine des parties contournées ; le bout du coin inférieur s'appuie ſur le boulon *r* ; c'eſt par ce boulon que les chocs lui ſont communiqués. Car la ſoupente tient au boulon *s* qui eſt le plus élevé des quatre. Enfin le boulon *q* fournit un point d'appui au coin ſupérieur *b*, & ſert à entretenir le reſſort dans une poſi-tion convenable.

Nous n'avons pas parlé exactement quand nous avons dit que les talons *c d* des coins *a* & *b* étoient poſés l'un ſur l'autre ; car ils ſont ſéparés par une piece de fer platte *e* qui ſe termine en dehors par un rouleau creux auſſi large que le reſſort : on nomme cette piece *e Figure* 24 , *le talon du reſſort*, lorſqu'elle eſt aſſujettie entre les têtes des deux coins ; le boulon *p* (*Figure* 27) paſſe dans la portion creuſe & cylindrique de ce talon ; en jettant les yeux ſur les figures que nous venons de citer, principalement ſur la *Figure* 28 , on apperçoit que ce talon contribue à maintenir les coins dans la cage, la tête des coins étant retenue dans la cage par le talon & ſon boulon ; ainſi le point d'appui des deux branches du reſſort peut deſcendre avec liberté quand les cahots l'exigent, parce que les ſecouſſes ne peuvent faire élever le bout inférieur du coin qu'il ne leve le boulon ſur lequel il porte, par conſéquent le boulon inférieur, celui qui retient le talon, deſcend en même temps.

Le petit bout du coin ſupérieur a auſſi un mouvement ſous la caiſſe du carroſſe ; & afin qu'il éprouve moins de réſiſtance, l'extrémité de ce coin eſt un peu arrondie comme on le voit *Figure* 24 ; & pour que le frottement de ce coin n'uſe pas les bords du carroſſe, & qu'il ne s'écarte pas à droite & à gauche, il coule ſur une bande de fer *Figure* 33 , attachée au corps du carroſſe & garnie de deux oreilles formant les rebords d'une eſpece de cou-liſſe qui reçoit le bout du reſſort. Cette piece qu'on appelle *le Muſle*, a en-core un autre uſage : elle ſe prolonge juſqu'en *d* (*Figure* 29), au-delà de l'endroit où porte le bout du reſſort, & elle porte le boulon *d* (*Figure* 29 &32) qui attache les deux mains ; la *Figure* 34 eſt une étampe ſervant à forger cette bande de fer ſur le mandrin *d* (*Figure* 32) qui tient lieu du boulon dont nous venons de parler.

La main extérieure eſt ordinairement recouverte par des ornements qui étant de bronze ou cifelés ne font point l'ouvrage des Serruriers.

Le coin inférieur *a* (*Figure* 24) eft plus long que le fupérieur , il doit être plus fouple , & il a affez la forme des coins fimples de reffort ; c'eft-à-dire , qu'il a un peu de concavité vers fes bouts , & une convexité au milieu. Le coin fupérieur *b* a une courbure uniforme dans toute fa longueur excepté près du bout , où , comme nous l'avons dit , il eft arrondi à l'endroit qui s'appuie fur le carroffe.

Pour les grandes voitures, on met quelquefois quatre ou fix coins pour un reffort ; mais comme ces coins font pofés à côté les uns des autres & parallélement , deux coins font l'effet d'un qui feroit double de largeur ; les grands carroffes de cérémonie des Ducheffes font ordinairement formés de quatre coins , & ceux du Roi de fix. On multiplie les coins pour donner aux refforts affez de force pour fupporter ces lourdes voitures , on pourroit leur en donner une fuffifante en faifant les lames beaucoup plus épaiffes , comme font celles de la Diligence de Lyon ; mais en multipliant les lames , on gagne de la douceur.

Quand pour les grandes voitures les refforts font formés de quatre ou de fix coins , les deux paires de coins entiérement femblables font placées à côté les uns des autres dans les mains , & la largeur du mufle eft égale à celle de tous les coins.

On voit, *Figure* 29 , un grand carroffe garni des refforts dont nous venons de parler : à l'avant *p* , il n'y a que la main ; à l'arriere *q* , le reffort eft dans la main.

On a vu à Paris une caleche Angloife à laquelle *Fig.* 20, *Pl. XXXVIII* ; un reffort à la Dalefme étoit attaché en *e* au mouton *c d* , & foutenu par un montant *f* , & un arcboutant *g*. La foupente étoit attachée à un fort anneau de cuir *h* , dans lequel étoit un reffort à boudin. Cette voiture étoit fort douce , mais je ne fait pas fi cet ajuftage conviendroit à une voiture pefante. M. Renard a imaginé , & fait exécuter des refforts *Figure* 1, *Planche XL* , très-légers, fort liants , & qui ne font pas chers. Ces refforts confiftent en un chaffis de fer *Figure* 2 ; les deux grands côtés *A B* font faits par deux bandes de fer plat *A B* femblables à la *Figure* 3 ; aux bouts *B* , font des trous pour recevoir le fort boulon *C* (*Figure* 4), auquel s'attachera la foupente ; au bout *A* du chaffis eft foudée une piece de fer plat *D* (*Figure* 5), à laquelle il y a deux trous *a a* dans lefquels entrent librement les deux boulons *E E* (*Figure* 6): on en a repréfenté un féparément *Figure* 7.

Ces deux boulons pofés parallélement l'un à l'autre , comme on le voit *Figure* 6 , font foudés à la traverfe *F* de l'anneau *F G* , & c'eft à la partie *G* de cet anneau ou de cette main, qu'on attache la foupente comme on le voit *Fig.* 1. On paffe les boulons dont je viens de parler dans les trous de la traverfe *D* du chaffis *A B* ; ces trous font marqués *a a* (*Figure* 5) ; on enfile

enfuite

enfuite ces boulons dans les reſſorts à boudin *H* (*Figure 9*) , comme on le voit *Figure 1.* On fait paſſer ces mêmes boulons dans la rondelle *K* (*Figure 10*), & dans les ouvertures *b b* de la piece *I* (*Figure 8*). Enfin on aſſujettit le tout avec des écrous *L* (*Figure 11*) , qu'on viſſe dans la partie des boulons *E* qui eſt taraudée : on voit toutes ces différentes pieces aſſemblées à la *Figure 1* , où le reſſort eſt complet.

Suppoſons maintenant, pour concevoir l'effet de ce reſſort, que deux puiſſances , l'une appliquée en *M* , & l'autre en *N*, agiſſent ſuivant des directions oppoſées, il eſt clair que la puiſſance *N* tirera vers elle la traverſe *C* du chaſſis *A B* , & que la puiſſance *M* tirant à elle l'anneau *G F* , elle tirera les boulons *E* qui, à cauſe des écrous *L*, agiront ſur la traverſe *I (Fig. 1 & 8)* pour contracter les reſſorts *H (Fig. 1 & 9)* qui par leur réaction tendront à rétablir la machine dans l'état où elle étoit avant que les forces *M & N* euſſent exercé leur action.

On peut placer ces reſſorts ou dans une poſition verticale, en prolongeant aſſez le brancard du deſſous de la caiſſe pour que les ſoupentes elles-mêmes ſoient dans une poſition verticale , ou bien on les poſe horizontalement comme on le voit en *O & P (Figure 12)*. Dans cette derniere poſition, les reſſorts fatiguent beaucoup plus ; mais il eſt de fait qu'ils réſiſtent depuis pluſieurs années ſur des cabriolets, des chaiſes, des diligences , & de grands carroſſes. Pour éprouver ces reſſorts , M. Renard attache la partie *M* à quelque choſe de ſolide ; & avec une eſpece de treuil, il tire aſſez la partie *N* pour que les reſſorts à boudin ſoient entiérement contractés ; alors les rendant à eux-mêmes , il exige qu'ils reviennent au point d'où ils étoient partis.

Un article bien à l'avantage de ces reſſorts , eſt qu'on ne ſeroit point arrêté , & qu'on ne courroit aucun riſque s'ils venoient à rompre , parce que le chaſſis *A B B* eſt plus fort qu'il ne faut pour ſoutenir la voiture. Mais pour que ces reſſorts réuſſiſſent , il faut ſavoir choiſir l'acier convenable , ſavoir le travailler ſans l'altérer, le tremper & le recuire à propos. C'eſt ce que M. Renard qui en eſt l'inventeur a étudié avec ſoin, & à quoi il réuſſit admirablement bien *.

Comme les ſtores ſont encore du diſtrict des Serruriers , il eſt convenable d'en dire quelque choſe. Si c'eſt un petit ſtore pour un équipage , on prend un gros fil de fer à un des bouts duquel on ſoude un petit anneau ; ſi c'eſt un grand ſtore, c'eſt ou une broche de fer, ou un bâton bien droit *a b* (*Figure 13*), au bout duquel on ajuſte deux tourillons de fer *c d* (*Figure 16*) ; on arrête un fil de fer non recuit à un de ſes bouts comme en *e* (*Figure 13*) ; puis on roule ſur la verge de bois ou de fer, un fil de fer non recuit, comme on le voit depuis *e* juſqu'en *b* ; enſuite on paſſe ce long reſſort à boudin dans un tuyau de fer blanc *Figure 14* ; on met aux deux bouts de ce tuyau deux tampons de bois ou deux plaques de métal ſoudés

---

* Les reſſorts pour cabriolets peſent 24 à 25 ; ceux pour diligence , vis-à-vis, 32 liv. ceux pour berlines, 40. *M. Renard , Méchanicien Ordinaire du* | *Roi , demeure aux petites Ecuries du Roi , Fauxbourg Saint Denis.*

du côté de *f* (*Figure* 14) ; le tampon de bois eſt percé pour recevoir à l'aiſe le tourillon *c* (*Figure* 13) ; il en eſt de même à l'autre bout *g* ; mais les axes *c* & *d* ne peuvent tourner dans les yeux des pitons *h i* , & le bout du fil de fer du côté de *b* n'eſt point arrêté à la broche qui l'enfile, mais au tampon de bois qui bouche l'extrémité *g* du tuyau *Figure* 14 ; la verge *c d* ne peut donc tourner ; mais le tuyau de fer blanc a cette liberté , pourvu qu'il contracte le reſſort à boudin qui eſt dedans : tout étant ainſi diſpoſé, on attache un morceau d'étoffe ſur le tuyau de fer blanc, comme on le voit en *k l* (*Figure* 15) ; au bas de cette étoffe en *m n* , on attache une baguette de bois. On roule tout le taffetas ſur le tuyau de fer blanc, & l'axe *c d* étant fermement aſſujetti dans les pitons *h i* , il eſt clair qu'en tirant le taffetas par en bas , on fera tourner le tuyau de fer blanc, & on contractera le reſſort à boudin qui par ſa réaction, fera tourner le tuyau de fer blanc en ſens contraire , ce qui roulera deſſus le taffetas pour que le ſtore ſe tienne fermé à la hauteur que l'on veut ; on met quelquefois au morceau de bois *o* qui ferme le tuyau *g* , une roue dentée *o* , dans laquelle s'engage un linguet *p* pouſſé par le reſſort *r* ; en tirant le cordon *p* , on le dégage des dents de la roue *o* , & le ſtore remonte comme de lui-même.

EXPLICATION des *Planches* du *Chapitre ſixieme.*

PLANCHE XXXVII.

Dans laquelle il s'agit des Ferrures des Equipages.

FIGURE 6 , équerre où le fer eſt plié ſur le champ ; elle s'attache dans les angles , une branche ſur une traverſe, l'autre ſur un montant.

Figure 7, équerre à trois branches ; les branches *b b* s'attachent ſur une traverſe, & la branche *a* ſur un montant.

Figure 8 & 9 , équerre où le fer eſt plié ſur le plat ; l'ouverture de l'angle varie ainſi que la forme des branches , pour s'ajuſter aux contours de la menuiſerie.

Figure 10 , équerre à patte qui ſe termine en *b* par une patte qu'on attache ſur la largeur d'une traverſe ; il y a quelquefois une patte à chaque bout *Figure* 11 ; alors elles ſervent à empêcher l'écartement. On emploie au même uſage un long boulon *Figure* 12 , qui ſe termine en vis par les deux bouts.

Figure 13 eſt une bande de fer qui ſe termine aux deux bouts par des mains dans leſquelles entre le boulon.

Figure 14, ces mains ſervent pour attacher les ſoupentes. On voit cette piece en place ſous la voiture *Figure* 21.

Figure 15 eſt un piton à charniere qui ſert à attacher les guindages.

Figure 16 eſt le bâti d'une portiere de chaiſe de poſte ; on voit en *A A* les charnieres qui lui permettent de s'ouvrir ; un de ces pitons à charniere eſt repréſenté à part *A* (*Figure* 17).

A la traverse d'en haut *B B* (*Figure* 16), on ajuste quelquefois la piece *Figure* 18, qui renferme deux verroux *E D* à pignon *F*; en tournant un des boutons *G*, on ouvre ensemble les deux verroux qui se ferment d'eux-mêmes au moyen de deux ressorts.

Les *Figures* 19 & 20 représentent les loqueteaux qui servent à tenir les portieres des voitures fermées ; *A*, la boucle ou le bouton servant à tourner la tige *C* qui porte le paneton *B*.

Figure 21, un carrosse suspendu par des soupentes obliques, comme l'é-toient les carrosses à fleche, comme le font encore les carrosses de cérémonie du Roi, & les carrosses de voiture. *AA*, les moutons ; *BB*, les soupentes ; *CC*, les mains de l'extrémité de la bande de fer *Figure* 13, & qui servent à attacher les soupentes.

Figure 22, équipage suspendu en berline. *A B*, le brancard de la caisse fi-guré en bateau ; *M M*, la soupente qui est horizontale ; elle est attachée en *F* avant à la traverse *C*, & en arriere au cric *D E F*; *FF*, les roues dentées du cric; *G*, le corps du cric qui forme un treuil : on voit au milieu une fente où entre une clavette de fer qui arrête la soupente, & qu'on nomme *la Dent de loup*; *H I K*, arcboutants, supports & jumelles qui attachent fermement le cric au train; *L*, piece de fer qu'on appelle *la Trape*; elle s'engage dans les dents des roues du cric pour l'empêcher de se dérouler ; elle fait l'office d'un linguet ou encliquetage.

Figure 23, arcboutants droits & contournés.

Figure 24, porte-siege avec son arcboutant.

Figure 25, corps de chaise monté avec des ressorts de bois *A A*.

Figure 26, coin de ressort; *a b c*, les feuilles; *A*, les gougeons à vis qui servent à l'attacher.

Figure 27, brouette garnie de son ressort; *a c*, le ressort; son attache est en *a*; *c b*, verge de fer qui répond d'un bout *c* au ressort, & de l'autre à l'es-sieu de la brouette ; *d*, ouverture au corps de la brouette pour laisser du jeu à l'essieu ; *e*, brancard.

Figure 28, marche-pied de fer ; *a a*, boulons à vis qui terminent le mar-che-pied, & qui servent à l'attacher au brancard ; *b b*, traverse où l'on met le pied ; elle est couverte par une planche cintrée qui est attachée par des bou-lons à vis *c*.

EXPLICATION des Figures de la Planche XXXVIII, qui représente la façon de faire les Ressorts d'Equipage.

FIG. 1, Ouvrier qui frotte avec un morceau de sapin sec, un ressort qu'il vient de recuire pour connoître le degré de chaleur qu'il lui a fait éprouver.

Figure 2 & 3, deux Ouvriers qui forgent un coin de ressort pour lui fai-re prendre la courbure qu'il doit avoir; celui *Figure* 3 tient toutes les feuilles réunies au moyen d'une tenaille à goupille pareille aux *Figures* 9 & 10 ; l'Ouvrier *Figure* 2 , forge ce coin.

Figure 4 & 5 , deux Ouvriers qui poliffent une feuille de reffort fur la meule ; l'Ouvrier *Figure* 4 , tourne la meule ; celui *Figure* 5 , préfente la feuille de reffort fur la meule. ; Il y a un engrenage à l'effieu de la meule pour qu'elle tourne plus vîte ; *K K* dans la Vignette font deux coins de reffort.

Figure 6 , au bas de la Planche, coin de reffort formé de huit feuilles.

Figure 7 , les huit feuilles qui compofent ce coin de reffort.

Figure 8 , gouge emmanchée dans une hart pour percer les feuilles fans faire de bavures.

Figure 9 , tenaille à goupille.

Figure 10 , toutes les feuilles réunies & faifies par la tenaille à goupille ; *A*, une plaque de fer qu'on met à l'endroit où doit porter le reffort ; *B* , mufle qu'on met pour empêcher que les mouvements du bout du reffort n'ufent la caiffe.

Figure 11 , une feuille de reffort ébauchée , & qui n'eft pas encore déta-chée de la barre d'acier.

Figure 12 , corps de berline qui eft foutenu par quatre coins de refforts fimples & qu'on nomme *à Apremont.*

Figure 13 , corps de chaife femblable à celles de la Cour , foutenu en avant par une fimple foupente , & à l'arriere , par un reffort fimple attaché fur la Planche.

Figure 14 , corps de caleche qui a en avant un reffort à apremont, & à l'ar-riere la foupente répond à un reffort à la Dalefme ; *a c*, le reffort à apremont ; *c h* , la foupente de devant ; *d e f*, le reffort à la Dalefme ; *e* , la bride qui l'at-tache au mouton ; *f g* , la foupente de derriere.

Figure 15 , grande voiture fufpendue par un reffort double dit *à talon ;* c'eft ainfi qu'on fait le reffort de la Diligence de Lyon.

Figure 16 , gondolle fufpendue par quatre refforts à la Dalefme ; *i h*, eft le mouton où tient la bride *K.*

Figures 18 & 19 , deux coins de reffort différemment contournés.

Figure 20 , reffort d'une caleche angloife ; *a b*, un reffort à la Dalefme bien contourné ; *c d* , le mouton où il eft attaché par la bride *e* ; *f* & *g* , montants & arcboutants pour rendre l'attache de ce reffort plus folide ; *i k* , anneau de cuir dans lequel eft un reffort à boudin. La foupente s'attache à la main *h* ; *Figure* 17 , piton à vis pour attacher les guindages.

EXPLICATION des Figures de la Planche XXXIX, qui repréfente différentes efpeces de Refforts.

FIGURES 8 & 9, quatre coins de refforts ajuftés pour un reffort à écreviffe ; *A B* , la tête des refforts ; *C*, leur talon & leur attache.

Figure 10 , deux coins féparés.   *Figure* 11 ,

Figure 11 , la traverfe ou la planche fur laquelle eft un évafement en *M* où font attachés les refforts par leur talon ; on voit en *b* un mufle fur lequel s'appuient les refforts, & qui empêche qu'ils ne s'écartent à droite ou à gauche.

Figure 12 , ce mufle féparé.

Figure 13 , cage de fer qui reçoit les talons du reffort.

Figure 14 , une partie de cette cage.

Figure 15 , un des fupports qui affujettit la cage *Figure* 13 , fur l'évafement *M* de la planche *Figure* 11 : on voit toutes ces pieces en place *Figure* 9.

Figure 16 , *II* crochets qu'on met au haut des refforts pour affujettir les foupentes comme on le voit en *F* (*Figure* 9).

Figure 17 , les feuilles qui doivent former un coin de reffort à écreviffe.

Figure 18 , un coin de deffous où les feuilles font réunies.

Figure 21 , un coin de deffus d'un reffort à écreviffe avec un crochet pour les foupentes.

Figure 19 , corps de chaife de pofte ; *a a*, le corps de la chaife ; *b*, la portiere en partie ouverte ; *c c*, la traverfe d'en bas ; *f*, reffort à Apremont qui eft à l'avant ; *d d*, piece de bois vue féparément *Figure* 20, on la nomme *le foufflet* ; *e e*, bande de fer qui porte en arriere une main pour attacher les foupentes ; *i h*, le brancard de la chaife ponctué ; *g* , le porte-guindage *i h*, qui eft ponctué.

Figure 22 , le reffort à Apremont *f* (*Figure* 19), repréfenté à part avec la bande de fer *Figure* 23 , qui porte la main.

Nous allons parler des refforts en cage qu'on met aux angles des carroffes de cérémonie à fleche.

Figure 24 , les deux coins de refforts *Figure* 25 & 26 , réunis par leurs talons ; *a*, celui de deffous ; *b*, celui de deffus ; *c d*, leurs talons qui font réunis par un boulon à vis , & en *e* eft une piece placée entre les deux refforts , & qu'on nomme auffi *le talon* ; ces refforts fe pofent dans une cage *Figure* 27, qu'on nomme *main* ; la *Figure* 28 les repréfente renfermés dans la main.

Figure 29 eft un corps de grand carroffe ; en *d q*, le reffort eft dans la main, & en *p* la main eft fans reffort.

Figure 30 eft le talon *e* (*Figure* 24) vu féparément.

Figure 31 fert à faire voir le contour qu'on doit donner au fer qui fait les côtés de la main *Figure* 27.

Figures 32 & 33 , mufle qu'on met aux angles du carroffe pour empêcher que les refforts ne les ufent ; *d*, un mandrin fur lequel on forge la gorge avec l'étampe *Figure* 34.

EXPLICATION des Figures de la Planche XL, qui repréſente le Reſ-
ſort inventé nouvellement par M. Renard.

FIGURE 1, le reſſort vu en entier.

Figure 2, chaſſis de fer *A B A B*, fermé en *C* par un tourillon *Figure* 4,
& en *D* par une plaque *Figure* 5, percée de deux trous *a a*; la *Figure* 3 repréſente un des deux grands côtés *A B* de ce chaſſis : toutes ces pieces ſe
voient aſſemblées dans la *Figure* 1, & ſont indiquées par les mêmes lettres.

La *Figure* 6 repréſente deux longs boulons *E* taraudés en vis au bout *H*
& ſoudées à la partie *F* de la main *F G* : on en voit un ſéparé *Figure* 7.

On enfile ces boulons dans le reſſort *H* (*Figure* 9); on met par-deſſus la
plaque *I* (*Figure* 8), & les boulons entrent par les trous *b b*; on met à chacun une rondelle *K* (*Figure* 10), & le tout eſt aſſujetti par des écrous ſemblables à *L* (*Figure* 11) : toutes ces pieces ſe voient réunies *Figure* 1.

La *Figure* 12 eſt deſtinée à faire voir comment on place les reſſorts ; la
ſoupente eſt coupée en *o* & *p*, & les reſſorts étant ajuſtés à ces endroits aux
ſoupentes *M* & *N*, comme on le voit *Figure* 1, tout le reſte s'ajuſte comme à l'ordinaire.

La *Figure* 13 eſt deſtinée à faire voir l'ajuſtement d'un reſſort dans l'intérieur d'un ſtore ; on le voit roulé ſur une tige de bois ou de fer *a b* : *c d* ſont
des tourillons qui cependant ne doivent point tourner dans les pitons *h i* ;
le fil de fer eſt arrêté en *e* à la tige *a b*, & du côté de *b* à un tampon de bois
attaché ſolidement au tuyau de fer blanc *f g* (*Fig.* 14), dans lequel on fait paſſer tout l'ajuſtement de la *Figure* 13. On voit en *g* une pointe qui doit entrer
dans le tampon de bois *b* (*Fig.* 13), pour le joindre fermement au tuyau de
fer blanc. On voit du côté de *b* (*Figure* 13), un encliquetage qui ſert à tenir
le ſtore fermé de la quantité qu'on veut. On l'a repréſenté plus en grand *Fig.*
16 & 17 ; *o*, roue dentée en rochet ; *p*, linguet ou encliquetage qui prend
dans les dents du rochet *o*, & qui y eſt porté par le reſſort *r* ; en tirant le
cordon *p*, on dégage l'encliquetage des dents de la roue, & le ſtore s'ouvre.

A la *Figure* 16, on a repréſenté toutes les pieces ſéparément, & elles ſont
indiquées par les mêmes lettres.

CHAPITRE VII.

Des renvois de Sonnettes & de leur poſe, de la ferrure des Perſiennes,
des Stores pour les Cabinets d'Appartement, & du travail de
quelques ornements pris aux dépens du fer.

Nous comprenons dans ce ſeptieme Chapitre pluſieurs Articles qu'il eſt
bon de ne pas omettre, mais qui ne ſont pas aſſez conſidérables pour faire
autant de Chapitres particuliers.

Article I.

Des renvois de Sonnettes & de leur pose.

Tout le monde sait combien il est commode, pour appeller à soi les domestiques dont on a besoin, de n'avoir qu'à tirer un cordon qui est auprès de sa cheminée, ou au chevet de son lit, ou a portée de son bureau. Ce cordon fait agir une sonnette qui se fait entendre à l'endroit où se tiennent les domestiques lors même que cet endroit est fort éloigné de la chambre ou du cabinet qu'on habite ; la communication du mouvement du cordon avec la sonnette se fait par des fils de fer & des renvois ; avec ces secours, les Serruriers experts pour la pose des sonnettes font parcourir le fil d'archal dans tout le pourtour d'un appartement, ils le font monter au plus haut des maisons, & descendre au raiz-de-chaussée, de sorte qu'on fait jouer les sonnettes les plus éloignées avec un très-petit effort.

Les poseurs de sonnettes ne doivent point être arrêtés par les cloisons, les murs & les poutres qui se rencontrent en leur chemin ; ils les percent d'un trou par lequel passent les fils d'archal. Pour cela ils ont des vilebrequins *Planche XLI*, *Fig.* 1, avec des meches *Figures* 2 & 3, qui doivent avoir depuis neuf pouces de longueur jusqu'à deux pieds & plus, pour percer des murs, des poutres ou des cloisons épaisses ; c'est pourquoi il faut avoir de ces meches semblables à celles des Marbriers pour percer les pierres, & d'autres comme celles des Menuisiers pour percer le bois.

Ils ont encore des broches *Figure* 4, dont le bout est acéré ; les unes sont d'un pied de longueur, d'autres de deux ou plus ; elles sont quelquefois utiles pour percer plus promptement les trous lorsqu'il se rencontre dans l'intérieur des murs des gravois ou des platras que la broche peut entamer. On soude à ces broches en *a* un talon qui donne la facilité de les retirer, lorsqu'à coups de marteau on les a fait entrer à force. On peut en avoir quelques-unes assez déliées où il y ait un œil vers *b* pour servir à passer le fil de fer dans les trous, lorsqu'ils sont ouverts. Quelquefois on se contente de faire passer avec l'aiguille une ficelle dans le trou, & y ayant attaché le fil de fer, elle sert à l'introduire. On doit avoir encore de fortes tricoises *Figure* 5, pour arracher les broches des renvois qui seroient mal placés ; il est bon d'en avoir encore dont les mâchoires soient tranchantes pour couper les fils de fer.

Il est utile d'avoir des pinces ou béquettes *Figure* 6, les unes dont les mâchoires soient rondes pour rouler le fil de fer, d'autres dont les mâchoires soient quarrées pour saisir le fil de fer, & le tirer plus commodément qu'avec les mains lorsqu'il résiste, ou lorsqu'on veut redresser celui qui se feroit courbé.

Les marteaux *Figures* 7 & 8, servent pour enfoncer les broches *Figure*

4, & auffi les tiges des renvois, les crampons, &c; la petite bigorne *Figure 9*, eft utile pour rouler l'extrémité des gros fils de fer qui fervent à faire des refforts qu'on roule ordinairement fur un mandrin qu'on fait tourner avec une manivelle qui fe verra à la Planche XLII. On emploie tout au plus de trois efpeces de renvois; deux même feroient fuffifants. A celui *Figure* 10, le clou *A*, lorfqu'il eft enfoncé dans le mur, porte le triangle *B C D*, qui forme le renvoi parallélement au plan du mur.

Le renvoi *Figure* 11, ne differe du précédent que parce que la branche *B* eft un peu plus longue que les autres; c'eft à cette branche qu'on attache le cordon pour que l'appliquant à un plus long bras de levier, on ait plus de facilité à tirer la fonnette.

La *Figure* 12 repréfente le clou *A* des *Figures* 10 & 11 qu'on enfonce dans le mur ou le bois. On ne le fait jamais à fcellement, parce qu'ils tiennent affez bien dans le plâtre, & encore mieux dans le bois; & fi l'on avoit à le fixer dans du mortier on enfonceroit dans le trou une groffe cheville de bois dans laquelle on feroit un trou pour recevoir la pointe *a* du clou; la partie *b* eft arrondie pour recevoir l'œil *c* des triangles *B C D* (*Figures* 10 & 11); on met par-deffus la rondelle *c*, fur laquelle on rive l'extrémité de la partie arrondie *b*.

Quand le clou *A* du renvoi *Figure* 13 eft enfoncé dans le mur, le triangle *B C D* eft dans une pofition perpendiculaire au mur; pour produire cet effet, on ménage au clou *A*, une tige ou mamelon en *C* qui entre dans le trou *b* du triangle & dans la rondelle, le tout étant retenu par la rivure du mamelon; on apperçoit que le mouvement du triangle doit être paralléle à la tige du clou. Ces fortes de renvois fe mettent dans les angles, ou lorfque les fils d'archal doivent faire un retour d'équerre.

A l'égard des fonnettes, on les montoit autrefois dans de petites hures de bois *a* (*Figure* 14), foutenues par des tourillons *b b*, qui entroient dans de longs pitons *c c* qu'on enfonçoit dans la muraille; un de ces pitons eft repréfenté féparément *Figure* 15. On voit en *f* (*Figure* 14), un contre-poids qui fervoit à remettre la fonnette dans fa pofition; car par fon poids feul elle n'auroit pas pu vaincre le frottement de tous les renvois; maintenant on fufpend prefque toutes les fonnettes à un reffort à boudin *g* (*Figures* 16, 18 & 19); & pour vaincre le frottement des renvois, on emploie un autre reffort à boudin *h* (*Figures* 18 & 19) qui tire le fil d'archal *i* qu'on a joint à celui de la fonnette en *k* : on difpofe ces refforts de rappel de bien des façons différentes fuivant que la place l'exige, ce qu'on peut imaginer aifément, & ils produifent toujours un très-bon effet; lorfque les fils d'archal font fort longs pour aller d'un renvoi à un autre, on les fait paffer dans de petits crampons *l* (*Figures* 16 & 18), qui leur fervent de conducteurs : on voit un de ces crampons féparé *Figure* 17.

Pour

Pour prendre une idée du jeu des renvois, il faut jetter les yeux sur la *Figure* 16, & l'on concevra qu'en tirant le cordon *f*, on fera jouer les renvois *a b c d e*, leur jeu étant exprimé par des lignes ponctuées ; il est évident qu'en abaissant le cordon *f*, on fera mouvoir la sonnette *h* ; avec un peu de réflexion, on ne sera pas embarrassé de poser les renvois dans le sens qui leur convient, d'autant qu'en les présentant à la place avant que de les attacher, on pourra les tourner en différents sens jusqu'à ce qu'on ait trouvé la position qui leur convient. Pour empêcher que par la tirée des ressorts de rappel dont nous avons parlé, les renvois ne se renversent, on met du côté où ils ne doivent point agir, une cheville de fer marquée *i i* (*Figure* 16), sur laquelle une des branches du renvoi s'appuie quand on a lâché le cordon. On achete le fil de fer par paquets roulés en écheveau. On doit commencer par le recuire dans un four ou dans de la braise, & prendre garde de le brûler ; ensuite pour le redresser, le Poseur en attache un bout à un clou, & prenant dans sa main un morceau de cuir, il recule en serrant fortement le fil dans ce cuir, ce qui suffit pour le redresser.

Comme ce sont les Poseurs qui fournissent le fil de fer, ils le prennent souvent trop menu, afin qu'il leur en coûte moins, & parce qu'ils l'emploient plus aisément ; mais aussi il en dure moins.

Les branches *B C D* des renvois *Figures* 10 & 13, sont tantôt de fer, & le plus souvent de cuivre fondu, elles ont environ 2 pouces & demi de longueur. La broche ou le clou *A* des *Figures* 10 & 11, a quatre ou cinq pouces de longueur, & celle du renvoi *Figure* 13, six à sept pouces sur cinq à six lignes de gros auprès de la rivure.

Les Serruriers posent aussi des renvois pour ouvrir les serrures à ressort des portes cocheres ; mais comme la méchanique est la même que pour les sonnettes, à cela près que les renvois sont plus forts, & le fil d'archal plus gros, nous n'avons rien à ajouter à ce que nous avons dit. Un des articles le plus difficile du Poseur de sonnettes, est de savoir s'échafauder ; c'est presque toujours avec des échelles ou des échafauds très-légers qu'ils établissent sur les appuis des croisées d'une façon souvent très-hardie. Car comme on les paie à tant le cordon, ils évitent, autant qu'ils le peuvent, des échafaudages qui leur coûteroient trop.

ARTICLE II.

De la Ferrure des Persiennes.

TOUT le monde sait qu'en été pour se ménager de l'air dans les appartements, & en même temps un jour doux qui ne soit pas éblouissant comme est la lumiere directe du soleil, on a imaginé de substituer aux contrevents ce qu'on nomme *des Persiennes*, *Figure* 20. C'est un bâti de menuiserie *A B C D*, garni de gonds ou de couplets en *E F G*, qui permettent de l'ou-

SERRURIER. Bbbb

vrir & de le fermer , comme les contrevents ordinaires ; au montant oppofé *C D* , on met une efpagnolette ou des verroux à reffort *H I* , pour
pouvoir le tenir fermé quand on le juge à propos.

Dans l'épaiffeur des montants *A B* & *C D* , on met de petites planches
minces portant à chacun de leurs bouts un petit tourillon de fer qui entre
dans des trous pratiqués dans l'épaiffeur & à la face intérieure *M* des montants *A B* & *C D* , de forte que chacune de ces petites planches *K K* peut
tourner fur les tourillons , & être placée comme on le juge à propos , ou de
façon que la largeur des planches foit dans une fituation verticale ou dans
une fituation horizontale ; fi on les place dans une fituation verticale , comme
elles fe recouvrent les unes les autres , ainfi que le pureau des ardoifes , la
Perfienne fait l'effet d'un contrevent ordinaire , le paffage de l'air & celui de
la lumiere font interceptés ; mais fi l'on met le plan de toutes les petites
planches dans une pofition horizontale , comme elles ne préfentent que leur
épaiffeur qui eft peu confidérable , l'air & la lumiere peuvent paffer librement, de forte qu'en inclinant plus ou moins toutes ces petites planches , on
fe donne autant d'air & de jour , qu'on le juge convenable ; mais il eft fenfible qu'on ne pourroit pas jouir de cet avantage s'il falloit porter fucceffivement la main à toutes ces planchettes pour changer leur inclinaifon. Les
Serruriers font parvenus à faire enforte qu'on pût faire mouvoir , toutes à la
fois , toutes ces planches avec beaucoup de facilité ; pour cela ils prennent
une tringle de fer quarrée & menue *L L* (*Figures* 20 & 21) , ils y ajuftent à
la hauteur de la main une poignée *Q* , & dans toute la longueur de cette
tringle autant de petits pitons *N* , qu'il y a de planches ; ils ajuftent au bord
de chaque planche une petite piece coudée *P* (*Figure* 21) , qui fe termine
à un de fes bouts par une patte *o* qu'on attache fur chaque planche , & à
l'autre bout par un petit tourillon qui entre à l'aife dans les trous des pieces *N* ; une de ces petites *S* s'attache fur les planches d'un côté de la tringle *L L* ; celle qui eft en-deffus s'attache de l'autre côté , & ainfi alternativement tout du long de la tringle *L L* , comme on le voit *Figure* 20. Maintenant il eft clair qu'en hauffant le bouton ou la poignée *Q* , on éleve le
devant de toutes les petites planches d'une même quantité , & dans le même
inftant, ce qu'il falloit faire.

A R T I C L E III.

Des Stores pour les Croifées d'Appartements.

Nous avons déjà parlé , à l'occafion de la ferrure des équipages , des petits
ftores qu'on met aux portieres des carroffes , & ce que nous en avons dit ,
a dû donner une idée de la difpofition des refforts à boudin , dans ces petites machines qui font d'une grande commodité dans plufieurs circonftances.

Mais cela ne doit pas nous difpenfer de parler des grands ftores d'appartement dont les refforts étant faits avec de gros fil de fer exigent, pour les
plier, des précautions dont on eft difpenfé lorfqu'on fait les ftores des voitures dont nous avons parlé.

Ces grands ftores *Planche XLII*, *Figure* 1, font formés, 1°, d'une broche
de fer *A B* qui fe prolonge dans toute la longueur du ftore; du côté de *A*,
il y a un anneau ou œil qui entre dans un crochet ou petit gond qui fert à
l'attacher dans le tableau de la croifée; on pourroit percer le bout *B* d'un autre
œil pour fixer la broche à un piton au moyen d'une goupille; car la broche
A B ne doit point tourner, elle doit être fixe; l'extérieur du ftore eft formé
par un tuyau de fer blanc *C D E F*, qui a environ 2 pouces & demi à 3 pouces
de diametre.

Les deux bouts de ce tuyau font fermés par deux tampons de bois *G H*
qui font attachés au tuyau de fer blanc par des pointes qu'on voit à la *Figure*
2 en *C D E F*, & ces tampons font percés dans leur milieu d'un trou dans
lequel paffe librement la broche *A B*, de forte que cette broche forme un
effieu fur lequel tournent les tampons & le tuyau de fer blanc.

Si l'on avoit de gros fil de fer affez long pour faire le reffort à boudin
d'une feule piece depuis *G* jufqu'en *H*, il fuffiroit d'attacher un des bouts
I (*Figure* 1) de ce reffort au tampon *G*, ce qu'on fait en recourbant le bout du
fil de fer pour l'engager dans un trou pratiqué à la circonférence du tampon
G; & afin que ce reffort foit bandé lorfqu'on tournera le canon de fer
blanc *C D E F*, ainfi que le tampon *G*, l'autre extrémité *K* du fil de fer eft
fermement attachée à la broche *AB*, qui, comme nous l'avons dit, ne doit point
tourner; pour cela on met un morceau de bois *K* qu'on attache à la broche
de fer par une goupille qui traverfe & le morceau de bois & la broche de fer,
& on arrête le bout du fil de fer dans ce morceau de bois qui ne doit point
tourner non plus que la broche *A B*, à laquelle il eft attaché très-fermement.

Il eft évident que le bout *K* du reffort à boudin ne pouvant pas tourner,
& le bout *I* du même reffort étant emporté par le tuyau, on bandera le reffort à boudin en faifant tourner le tuyau *C D E F*; & le reffort voulant fe
rétablir dans fon premier état, fera tourner le tuyau en fens contraire lorfqu'on le laiffera en liberté.

On attache bien fermement le bout d'une piece de coutil fur le tuyau
de fer blanc, enfuite on roule toute la longueur de ce coutil fur ce même
tuyau, & on coud en bas une regle de bois *L M* ponctuée, à laquelle il y a
un cordon *N O P*.

On attache avec des crochets ou petits gonds, au haut de la croifée, la
broche *A B*, de forte qu'elle ne puiffe point tourner.

Il eft évident qu'en tirant en enbas la regle *L M*, qui tient au bout de la
piece de coutil, on déroulera le coutil de deffus le tuyau de fer blanc qui

tournera en bandant le reſſort à boudin, d'autant plus qu'on fera faire plus de révolutions au tuyau ; & le reſſort tendant à ſe rétablir dans ſon premier état fera tourner en ſens contraire le tuyau de fer blanc, quand en lâchant le cordon *N O P*, le coutil ſe roulera ſur le tuyau, & remontera vers le haut de la croiſée. Voilà en quoi conſiſte la méchanique des ſtores; mais il nous reſte quelque choſe à dire ſur la façon de les faire.

Pour rouler promptement le fil de fer qui eſt gros comme le tuyau d'une plume de bout d'aile, & qui n'eſt point recuit, on a un cylindre de bois *A* (*Figure* 5), retenu par deux poupées verticales ſemblables à *B*, & qui porte à un de ſes bouts une manivelle *C D* ; on paſſe un bout du fil de fer dans un trou qui traverſe le cylindre de bois, & pendant qu'un garçon tourne la manivelle, un Compagnon tient le fil de fer enveloppé dans ſon tablier ; & en tirant de toute ſa force, il a ſoin que toutes les révolutions ſe touchent bien exactement, comme on le voit *Figure* 3 ; de cette façon le reſſort à boudin eſt fait très-promptement ; comme le fil de fer n'eſt pas recuit, il ſe déroule un peu quand on ceſſe de tirer le bout du fil de fer, ce qui donne la liberté de l'ôter aiſément de deſſus le rouleau de bois *A* (*Figure* 5) : c'eſt de cette façon que les Poſeurs de ſonnettes font les reſſorts de rappel dont nous avons parlé plus haut.

Nous avons déja dit qu'il n'étoit pas poſſible de tourner de gros fils de fer qui fuſſent aſſez longs pour faire un reſſort de toute la longueur du ſtore. Voici comme les Serruriers ſe tirent de ce petit embarras.

Ils font un nombre de bouts de reſſorts tels que *Figure* 3, ou *Q R S T*, *Figure* 1, & ils les joignent les uns aux autres par des bouts de cylindres de bois *Figure* 4 ; ils ſont percés dans leur axe, & la broche *A B* les traverſe à l'aiſe ; les bouts de fil de fer qui forment chaque portion de reſſort, ſont attachés à ces cylindres, comme on le voit en *Y* (*Figure* 1); il n'y a que le dernier bout qui eſt attaché au morceau de bois *K* fermement aſſujetti à la broche *A B* ; mais il faut avoir l'attention de mettre toujours les bouts de reſſorts les plus longs du côté où eſt l'œil de la broche, comme on le voit dans la figure ; de cette façon le reſſort à boudin eſt preſque auſſi bien étant formé de quatre pieces que s'il l'étoit d'une ſeule.

Article IV.

Des Ornements qu'on fait aux dépens du Fer.

Nous avons ſuffiſamment expliqué à l'occaſion des grilles ornées, comment on releve des ornements ſur le tas & ſur le plomb, ce qui tient à la façon d'emboutir & de retraindre les métaux dont on parlera expreſſément & très en détail lorſqu'il s'agira de l'Art du Chauderonnier. Nous avons de plus annoncé qu'on faiſoit des ornements en relief ſur le fer, & que cette

opération

opération tenoit à l'Art du Ciſeleur ; que ces ouvrages faits ſur le fer étant fort chers , on prenoit ordinairement le parti de les faire en fonte de cuivre qui ont le ſeul inconvénient d'être expoſés à être briſés & volés.

Cependant comme les Serruriers font des ouvrages en fer qui ſont pris dans la piece, revenant à ce que les Menuiſiers appelle *Elégis*, il eſt bon de dire quelque choſe ſur la façon de les travailler. Je prends pour exemple une boucle ou heurtoir de porte cochere.

Pour faire les boucles de porte *Figures 6 & 7* , on choiſit le fer le plus doux & le mieux corroyé. On le forge d'épaiſſeur , & le plus approchant qu'il eſt poſſible du contour qu'on veut donner à la boucle ; on perfectionne ce contour avec la lime , ayant collé ſur le fer un papier qui porte le deſſein.

On perce avec le foret quantité de trous aux endroits où doivent être les ajours *a a* ; on emporte, avec le ciſeau & le burin , le fer qui reſte entre les trous du foret, & on perfectionne les ajours avec des limes de différentes groſſeurs & figures, pour rendre les pieces comme on les voit *Figures 8 & 9*; il s'agit enſuite de former les reliefs tels qu'on les voit aux *Figures 6 & 7* , c'eſt alors un travail de Sculpteur & de Ciſeleur qu'on exécute avec des ciſeaux, des gouges, des grains d'orge, des burins faits avec d'excellent acier, & auxquels on donne la meilleure trempe : ces outils ſont ordinairement faits avec de vieilles limes qu'on a trouvé très-bonnes. On pointille & on martele les fonds avec des poinçons ; on fouille certains endroits avec des forets de différente groſſeur, ou des boutons d'acier taillés en limes qu'on fait tourner à l'archet comme des forets. On ſe ſert auſſi de fraiſes & de limes auxquelles on donne différentes formes ſuivant les endroits où il faut qu'elles travaillent. On finit le tout avec des ciſelets & des mattoirs, & on polit les endroits qui doivent l'être avec des pierres à l'huile taillées de différente façon, ou avec de l'émeri & de l'huile qu'on porte dans les creux avec un morceau de bois appointi ; on rend certaines parties très-brillantes en les fourbiſſant avec des bruniſſoirs. Enfin on travaille quelquefois à part certaines parties , comme l'écuſſon de la *Figure 6* , & on les attache à la place où elles doivent être avec des rivures. On voit que ces ouvrages qui exigent beaucoup d'adreſſe , emploient beaucoup de temps & donnent bien de la peine. C'eſt ce qui engage à ſubſtituer dans beaucoup de circonſtances la fonte de cuivre au fer. Si l'on avoit des roſettes ou d'autres ornements à faire qui ſeroient des répétitions d'un même modele, on pourroit les ébaucher avec une étampe qui ſeroit un poinçon d'acier portant en creux l'ornement qu'on veut faire en relief.

Les anneaux des clefs *Figures 10 & 11* , ſe font, comme nous venons de l'expliquer ; mais ſi l'on en avoit un grand nombre à faire d'une même forme , on pourroit les étamper à froid avec un coin & un balancier , comme on fait les clefs de montres en Angleterre.

A l'égard des pieces *Figures* 12 & 13 , les parties *a a* fe font fur le tour, & celles *b b* avec la lime.

Les Serruriers, fur-tout ceux qui font de beaux ouvrages, font un grand ufage du tour; cependant nous nous abftiendrons d'en parler en détail, par-ce que l'Art du Tourneur fera traité à part.

Quelques Serruriers font parvenus à relever très-proprement des moulu-res délicates fur des parties droites au moyen de rabots peu différents de ceux des Ebéniftes; & dans des parties creufes, ils ont monté fur un fût fembla-ble à un bouvet des limes de différentes formes ; & c'eft là le cas où des Ouvriers induftrieux imaginent & font eux-mêmes des outils qui accélerent l'ouvrage ou le rendent plus parfait.

J'ai amplement détaillé comment on faifoit des moulures avec l'étampe ; mais on a quelquefois des appuis de rampe qui font de fi fortes proportions qu'il ne feroit pas poffible de les étamper d'un feul coup ; alors les Serru-riers les font de plufieurs parties étampées chacune en particulier qu'ils af-femblent les unes avec les autres fi parfaitement qu'elles femblent ne faire qu'un feul morceau : la plate-bande de la rampe de la Compagnie des Indes peut être citée pour exemple ; la partie *A* (*Figure* 14) eft forgée à part, on étampe féparément les parties *B B* & *C C* , enfuite la partie *D* , & on joint toutes ces pieces avec des rivures prifonnieres ou encore mieux des vis.

ARTICLE V.

Evaluation du poids des Fers.

IL eft toujours avantageux aux Serruriers de connoître à quoi fe monte le poids des fers qui doivent entrer dans un ouvrage qu'ils font fur le point d'exécuter, non-feulement pour favoir fur quel pied ils peuvent l'entrepren-dre, mais encore pour s'approvifionner de la quantité de fer dont ils auront befoin. Ces connoiffances font encore utiles à ceux qui veulent faire exécu-ter un ouvrage de Serrurerie, foit pour faire leurs conventions avec les Serruriers, foit pour ne fe point engager au hafard dans des entreprifes trop difpendieufes. Suppofé donc qu'on ait une grille à faire, & qu'on foit conve-nu avec le Serrurier qu'on la lui payera à tant le cent, on defire favoir à l'a-vance combien les fers des groffeurs portées dans le devis doivent pefer. Il eft certain que tous les fers ne font pas, à volume égal, exactement de même poids ; le fer de gueufe eft plus léger que le fer forgé , d'où l'on peut con-clure que le fer fera d'autant plus pefant qu'il aura été plus épuré de laitier, & plus exactement corroyé. Cependant il eft d'expérience qu'on peut évaluer le poids du bon fer forgé entre 572 & 576 livres le pied cube ; il fuit delà qu'en fe donnant la peine de réduire en pieds cubes tous les fers de différents échantillons, on parviendra à connoître le poids du fer qui entrera dans un ouvrage ; mais les Architectes ont besoin de moyens plus expéditifs, & ils en ont à choisir. Car indépendamment des tables calculées qu'on trouve dans plusieurs ouvrages d'architecture-pratique, sachant qu'un barreau d'un pouce en quarré & d'un pied de longueur, pese quatre livres, on en conclut qu'un barreau quarré ou méplat qui auroit 36 lignes quarrées de base, & un pied de longueur, peseroit une livre ; & par une opération très-simple, il est aisé de connoître le poids des fers de toutes sortes de dimensions.

Pour cela on multiplie le nombre de lignes contenues dans chaque côté d'une barre de fer, l'une par l'autre, pour connoître sa base en lignes quarrées. Ensuite on divise le produit de cette multiplication par 36 ; & comme l'on sait que 36 barres d'une ligne de côté & d'un pied de longueur pesent une livre, il s'ensuit que ce qui vient au quotient exprime la quantité de livres que pese un pied de longueur du barreau sur lequel on opere. On multiplie ensuite le poids d'un pied de longueur par le nombre de pieds de la barre entiere, & son poids est connu.

E X E M P L E.

Une barre de quatre pieds de longueur & de douze lignes en quarré, a 144 lignes quarrées de base, parce que 12 multiplié par 12, donne 144 ; en divisant ce produit par 36, il vient 4 au quotient ; ce qui indique qu'un pied de longueur de cette barre pese 4 livres, & que la barre pese 16 livres.

M. Antoine, Architecte, a vérifié que cette méthode est assez exacte pour que sur plusieurs milliers de fer, on ne s'écarte du poids réel que de 15 à 20 livres.

La méthode que nous venons d'indiquer convient également aux fers quarrés, & aux fers méplats ; & il est aisé d'en faire l'application aux fers ronds, au moins avec une approximation suffisante pour la pratique.

Pour connoître la solidité d'une tringle ronde en lignes, il faut commencer par en mesurer la circonférence. On pourroit le faire avec un ruban ; mais il vaut mieux la conclure du diametre ; ainsi si le diametre de la tringle est de douze lignes, on fera cette proportion :

7 est à 22 comme 12 est à x quatrieme terme que l'on cherche ; en multipliant 12 par 22, & en divisant par 7 le produit de cette multiplication, on connoîtra que la circonférence de la tringle est de 37 lignes & $\frac{1}{7}$; il faut ensuite multiplier cette circonférence par la moitié du rayon qui est trois lignes, & il viendra 113 lignes quarrées plus $\frac{1}{7}$ pour la quantité de lignes contenues dans la base. Il faudra diviser cette somme par 36, il viendra au quotient 3 $\frac{1}{7}$, ce qui indique qu'une longueur d'un pied de cette tringle pese 3 livres 2 onces 2 gros $\frac{1}{7}$, laquelle somme on multipliera par la quantité de pieds qu'elle aura de longueur.

EXPLICATION des Figures de la Planche XLI, qui repréſente le Poſeur de Sonnette.

FIGURE 1, un vilebrequin ; Figures 2 & 3 , ſes meches , entre leſquelles il y en a de fort longues.

Figure 4 , une broche pour percer les trous ou pour paſſer le fil d'archal par les trous qui ſont faits.

Figure 5, fortes tricoiſes ; il en faut de plus petites qui ſoient inciſives pour couper le fil de fer.

Figure 6, pinces ou béquettes ; il en faut dont les mordants ſoient arron-dis, & d'autres quarrés.

Figures 7 & 8 , des marteaux de différentes groſſeurs.

Figure 9 , petite bigorne d'établi ; il en faut de différentes grandeurs ; les poſeurs de ſonnettes s'en ſervent peu ; ils roulent le gros fil de fer , pour faire les reſſorts à boudin , ſur un cylindre , comme nous le dirons dans la ſuite en parlant des ſtores.

Figure 10, renvoi dont le mouvement eſt parallele au mur où il eſt attaché.

Figure 11, renvoi pareil , mais dont la branche B eſt plus longue que la branche D.

Figure 12 repréſente la broche ou le clou de ces renvois ; b eſt la partie arrondie de ces clous , ſur laquelle tourne le renvoi ; c , la virole ſur laquelle on fait la rivure.

Figure 13 eſt un renvoi dont le mouvement eſt perpendiculaire au plan du mur ſur lequel il eſt attaché.

Figure 14, ſonnette montée ſur une petite hure de bois ; b b, les tourillons ſur leſquels tournent les ſonnettes ; c , deux pitons dans leſquels paſſent les axes ou tourillons b : on voit , Figure 15 , un de ces pitons ſeparé ; f eſt un contre-poids pour vaincre les frottements des renvois, & rappeller la ſonnet-te dans ſa poſition ; g , tige de fer où s'attache le fil de fer h, quelquefois cet-te tige eſt ſur le côté, ce qui dépend de la direction du fil de fer.

On voit Figures 16, 18 & 19 , des ſonnettes attachées à l'extrémité des reſ-forts à boudin g ; en k h, Figures 18 & 19, ſont des reſſorts à boudin qui rap-pellent le fil de fer pour vaincre les frottements des renvois. On voit en l (Figures 16 & 18) un petit crampon qui ſert de conducteur aux fils de fer ; Figure 17, repréſente ce crampon vu ſéparément.

Figure 16 , f cordon de ſonnette ; a b c d e, cinq renvois ; leur mouvement eſt marqué par des lignes ponctuées ; h , ſonnette attachée à un reſſort à bou-din g ; l , piton ou crampon pour conduire le fil de fer ; i i , broches de fer ſur leſquelles s'appuient les renvois quand on lâche le cordon.

Figure 18 , f le cordon ; a , un renvoi ; l , conducteur du fil d'archal ; g , la ſonnette attachée à un reſſort à boudin ; h , reſſort à boudin de rappel ; il

agit

agit fur le fil d'archal *i* qui eft attaché en *k* au fil d'archal qui fait agir la fonnette, au moyen de quoi le reffort de rappel *h* travaille de concert avec le reffort *g* pour vaincre les frottements des renvois.

Figure 19, *f* le cordon de la fonnette ; *a b c*, trois renvois ; *h i k*, reffort de rappel; *g*, reffort à boudin différemment difpofé pour fufpendre une fonnette.

La *Figure* 20 repréfente le battant d'une Perfienne. *A B C D*, le bâti de ce battant ; *E F G*, endroits où l'on met les paumelles pour rendre ces battants ouvrants & fermants ; *H I*, renvoi à reffort pour tenir les battants fermés ; *K K*, les planches minces qui font placées entre les montants *A B* & *C D*, & qui portent à leurs deux bouts des petites broches qui entrent dans des trous percés dans les montants pour les recevoir; *L L* (*Figure* 20 & 21), menue tringle de fer quarrée qui porte les pitons *N N*, dans l'ouverture defquels entre l'extrémité des petites pieces en *S* marquées *P P* ; l'autre bout de ces mêmes pieces terminé en une efpece de patte *o o*, fe cloue fur les petites planches, d'où il fuit que quand on leve le bouton, le bout arrondi des petites pieces en *S* tourne dans les pitons *N N*, en même temps que ces pieces foulevent le bord de toutes les petites planches *K K*, tant & fi peu que l'on veut : on met la moitié de ces pieces en *S* à droite, & l'autre moitié à gauche de la barre *L L*, comme on le voit *Figure* 20, afin que la tringle foit maintenue dans une pofition convenable.

Explication des Figures de la Planche XLII, qui repréfente des Stores d'Appartement, & des Ouvrages dont les ornements font pris aux dépens du Fer.

FIGURE 1, un grand ftore pour des croifées d'appartement.

La *Figure* 2 en eft la coupe, & les mêmes pieces font repréfentées par les mêmes lettres. *A B*, la broche fixe qui eft dans l'axe du ftore ; *C D E F*, le tuyau de fer blanc qui renferme les refforts à boudin, & qui tourne fur fon axe quand on abaiffe ou quand on éleve le coutil du ftore ; *G*, tampon de bois qui eft attaché au tuyau de fer blanc par des pointes, comme on le voit *Figure* 2 ; c'eft à ce tampon que le bout *I* du reffort à boudin *Q* eft attaché ; l'autre bout de ce reffort eft attaché en *V* à un tampon repréfenté à part *Fig.* 4, qui tourne librement fur la broche *A B* ; en *V* eft auffi attaché un bout du reffort *R*, l'autre bout eft attaché au tampon *X*, ainfi qu'un des bouts du reffort *R* ; l'autre bout eft attaché au tampon *Y*, ainfi qu'un des bouts du reffort *T* ; l'autre bout de ce reffort eft attaché au tampon *K* qui eft fixé par une goupille à la barre *A B*. Le tampon *H* eft attaché par des pointes au tuyau *D F*, ainfi que le tampon *G*.

La *Figure* 3 repréfente un bout de reffort à boudin.

La *Figure* 5 fert à faire appercevoir comment on fait très-promptement

SERRURIER. Dddd

ces refforts à boudin, en les roulant fur un cylindre qu'on fait tourner par une manivelle.

La *Figure* 6 eft la coupe de la plate-bande de l'efcalier de la Compagnie des Indes ; les lignes ponctuées font voir le nombre des pieces dont cette plate-bande eft formée. *A* forme un quarré ; *B B*, deux pieces qui font étampées féparément. *C C*, deux autres pieces aufli étampées féparément ; & toutes ces pieces font fi exactement réunies par des vis à la piece *D*, qu'elles femblent ne faire qu'un morceau.

Figure 8 , un morceau de fer ébauché & percé en *a a* pour faire la boucle de porte repréfentée *Figure* 6.

La *Figure* 9 eft un morceau de fer ébauché pour faire la boucle *Figure* 7.

Les *Figures* 10 & 11 font des clefs dont les anneaux font chargés d'ornements qu'on fuppofe avoir été ébauchés à l'étampe ; ce qu'on pourroit faire fi l'on en avoit beaucoup à faire d'une même forte.

Les *Figures* 12 & 13 font des ornements faits fur le tour & à la lime.

EXPLICATION

De plusieurs termes qui sont en usage dans l'Art du Serrurier.

A

ACERAIN. Un *fer acérain* est celui qui participe de l'acier, & qui pour cette raison s'endurcit par la trempe. *Page 5.*

AFFINERIE. Attelier des grosses forges dans lequel on donne la première préparation au fer de gueuse pour le purifier de son laitier, rapprocher les parties de fer, & les mettre en état d'être forgées, 4.

AIGRE. Le *fer aigre* est celui qui se rompt aisément à froid.

AILERON *d'une fiche* est la partie d'une fiche qui entre dans le bois comme un tenon dans sa mortaise, 116.

ALESOIR. Outil d'acier trempé qui sert à agrandir & à calibrer un trou en le faisant tourner dedans, 36.

AMORCER. Les Serruriers se servent du terme d'*amorcer* pour signifier une entaille qu'ils font dans le fer avec une langue de carpe aux endroits qu'ils veulent percer. Voyez *Souder à chaud*, 16.

ANCRE est un barreau de fer, quelquefois droit, d'autres fois contourné en *S*, en *Y* ou en *X*, qu'on place sur un mur auquel on veut faire conserver son à-plomb : l'ancre est retenue par une chaîne ou un tirant, 43.

ARCHET. C'est une bande d'acier aux deux bouts de laquelle on attache une corde de boyau, & qui porte un manche ; son usage le plus commun est pour faire tourner le foret, 34.

ARÇON. Voyez *Archet*.

ARMATURE. On a donné ce nom aux bandes de fer dont on garnit les bornes qui sont exposées à être endommagées par les voitures, ainsi que les seuils des portes cocheres, 49.

ARRET DU PENE. C'est un petit talon qui entre dans les encoches du pêne ; ou quand le pêne porte ce talon, il entre dans une encoche qui est à une gâchette ; de quelque façon que ce soit, cet arrêt empêche le pêne de courir, 161.

ARTICHAUTS, sorte de chardons qui se mettent sur des pilastres, des barrieres, &c. Voyez *Chardons*.

AUBERON. C'est un petit morceau de fer en forme de crampon rivé au moraillon qui entre dans une serrure plate ou en bosse, au travers duquel passe le pêne pour le fermer, 133.

B

BANDAGE. Lame de fer qu'on met sur les jantes de roue pour les fortifier : on en fait dans les forges de différentes largeurs, épaisseurs & longueurs pour satisfaire aux voitures de différente force, 7.

BARBES *du pêne*. On nomme ainsi de petites *éminences* ou parties en saillie qui sont au-dessous du pêne, & dans lesquelles doit s'engager le paneton de la clef pour faire avancer ou reculer le pêne, 161.

BARRE *de fourneau*. Bande de fer plat coudée suivant la forme des fourneaux, & dont les extrémités sont fendues à scellement ; son usage est d'empêcher que les briques ou carreaux qui forment le dessus des fourneaux ne se détachent, 48.

BARRE *de godet* ou *de garniture*. Bande de fer destinée à supporter les gouttieres en saillie. Elle est formée d'une bande de fer plat d'une longueur suffisante terminée par un scellement ou une potence portant à l'autre bout une gâche de même fer rivée sur la barre, 48.

BASCULE. Levier retenu dans son milieu par une goupille qui est rivée sur une platine, & qui porte à ses deux bouts deux verges de fer. Ces deux verges répondent par en haut & par en bas à deux verroux ; & quand, au moyen d'un bouton, on hausse ou quand on baisse un des bouts du levier, les deux verroux s'ouvrent ou se ferment à la fois, 3 & 165.

BATARDE. On appelle *Lime bâtarde* celle qui tient le milieu entre les limes rudes & les limes fines, 26.

BATEAU. Les Menuisiers en voitures appellent *Brancard en bateau* une traverse sous laquelle sont les soupentes des berlines, & qui releve par les deux bouts, 263.

BATTANT *d'un loquet*, est un morceau de fer attaché par un bout à la porte au moyen d'un clou, & qui par l'autre bout s'engage dans un mentonnet. Lorsque la porte est fermée, il faut le soulever pour ouvrir la porte, 135. On dit aussi *Clinche*.

BEC-D'ANE. Ciseau plus épais que large dont on se sert pour ouvrir les mortaises. Il faut que le taillant du bec-d'âne soit de la largeur que doit avoir la mortaise, 145.

BEC DE CANNE. Ce sont de petites serrures dont le pêne à demi-tour est taillé en chanfrein pour que la porte se ferme en la poussant. On donne particuliérement ce nom à de petites serrures qui n'ont point de clefs, & qui s'ouvrent avec un bouton, 140.

BEQUETTES. Ce sont de petites pinces qui servent pour contourner les petits fers dans les garnitures. Il y en a de plates, & d'autres dont les mordants font arrondis, *page* 10.

BESNARDE, *ferrure befnarde*. On nomme ainfi celles qui peuvent s'ouvrir avec la clef, foit qu'on foit en dedans, foit qu'on foit en dehors de la chambre. La plupart de ces ferrures n'ont point de broche, 164.

BIGORNE. On nomme ainfi des pointes qui terminent les deux bouts des enclumes. Ces pointes font ou quarrées ou rondes. On dit affez volontiers *une bigorne* pour fignifier une enclume à bigorne, 9.

BIGORNEAU. Sorte de petite enclume à bigorne, *ibid*.

BIGORNER. C'eft forger un morceau de fer & l'arrondir en forme d'anneau fur la pointe de l'enclume appellée *Bigorne*, pag. 9 & 10,

BLANCHI. Voyez *Pouffé*.

BOÎTE eft la partie d'une fiche danslaquelle entre la cheville qui tient lieu du mamelon d'un gond, 116.

BORAX. Sel qu'on apporte des grandes Indes : il eft pour la plus grande partie formé d'un fel alkali de la nature de la bafe du fel marin ; mais il contient auffi un fel moyen d'une efpece particuliere & acidule auquel on a donné le nom de *Sel Sédatif*. Le borax a la propriété de fe vitrifier aifément & d'aider la fufion des métaux, 20.

BOULES. Les Serruriers nomment ainfi des groffes graines ou fpheres percées qui font traverfées par une rivure & placées entre deux pieces d'ornement pour détacher leur contour, 80.

BOULONs. Le boulon n'eft autre chofe qu'une groffe cheville de fer à très-peu près cylindrique. Quand quelque ouvrage eft retenu avec des boulons, on dit qu'il eft *boulonné*. Il y a des boulons clavettés, d'autres font rivés ; il y en a même qui font à vis, 17.

BOURDONNIERE. La bourdonniere eft aux portes de ferme un arrondiffement qu'on fait au haut du chardonnet ; on retient cette partie arrondie par un cercle ou lien de fer. On fait auffi des bourdonnieres en fer, & ce n'eft autre chofe qu'une penture qui entre dans un gond renverfé, 72.

BOUT, *clefs à bout*. Ce font celles qui ne font point forées, & dont la tige au bout eft terminée par un boulon, 161.

BOUTER, lime à bouter. Ce font de petites limes qui fervent particuliérement à limer les panetons des clefs ; mais elles ont encore d'autres ufages, 12.

BOUTEROLLE. La bouterolle eft une partie de la garniture. La bouterolle de la clef eft une fente qui eft au paneton auprès de la tige. La bouterolle de la ferrure eft une piece de fer qui doit entrer dans la fente de la clef. Voyez *Rouet*, 162.

BRASER. C'eft réunir les deux pieces d'un morceau de fer rompu avec du cuivre jaune ou de la foudure de Chauderonnier ou de la foudure d'Orfevre, 18.

BRIDE. C'eft une efpece de lien qui fert à fortifier une piece de bois qui menace de s'éclater, 2.

BRIQUET. C'eft un petit couplet qui a deux broches, & qui ne s'ouvre que d'un côté, 117.

BROCHE. Chevilles de fer ordinairement menues & plus ou moins longues. Elles fervent dans la Serrurerie à plufieurs ufages, & principalement pour retenir & affujettir plufieurs pieces les unes avec les autres, 3.

BRUNISSOIR : morceau d'acier trempé fort dur & poli : on s'en fert pour fourbir ou brillanter le fer poli. Ce qu'on nomme *Riflard* eft un bruniffoir, 27.

BURIN. Efpece de cifeau qui fe termine en pointe ou comme un bec-d'âne étroit, mais qui eft affez dur pour entamer le fer, 28.

C

CADENAS. On nomme ainfi des efpeces de ferrures qui ne tiennent point à la porte ou au coffre qu'on veut tenir fermés : les cadenas ont une anfe qu'on paffe dans un moraillon ; & quand les bouts de cette anfe font dans le cadenas, un pêne l'empêche de les en tirer quand on n'a pas la clef qui fert à l'ouvrir, 216.

CALIBRE. C'eft tantôt une broche de fer, tantôt un trou dont on fe fert pour vérifier fi plufieurs trous font d'une même converture, ou fi plufieurs broches font d'une même groffeur. Voyez *Calibrer*. 28 & 225.

CALIBRER. C'eft mettre un trou à un diametre convenable, ce qui fe fait avec un alefoir ; on calibre auffi un barreau de fer en le limant ou en le tournant jufqu'à ce qu'il foit à la groffeur qui convient. On calibre les vis avant que de les paffer à la filiere, 28 & 225.

CANON. On nomme *le canon* d'une ferrure à broche une efpece de tuyau dans lequel entre la tige de la clef, & qui fert à la conduire ; ordinairement on ne met point de bouterolle à ces fortes de ferrures, 163.

CARRILLON. On nomme ainfi de petits fers quarrés. Il y en a de différentes groffeurs & de différentes qualités de fer : paffé neuf lignes, on ne leur donne plus ce nom, on les appelle *fers quarrés*, 6 & 28. Il vaut mieux dire quarrillon.

CENDREUX. Un fer cendreux eft celui qui étant poli paroît piqué de petits points, 5.

CERISE. *Chauffer couleur de cerife*, eft conduire la chaude jufqu'à ce que le fer ait pris une couleur rouge que l'on compare à celle des cerifes, 15.

CHAÎNE fignifie proprement un affemblage de plufieurs maillons ; mais en Serrurerie, on nomme de plus *chaîne* pour les gros fers de bâtiments des bandes de fer qui traverfent le bâtiment & aboutiffent à des ancres. Il y en a de mouflées & de non mouflées, 45.

CHAIR.

CHAIR. Quand en rompant un barreau de fer, il y a des flocons qui se tirent, & qui ne se rompent que difficilement, les Ouvriers disent qu'*il a de la chair*, page 5.

CHARBON. Les Serruriers emploient du charbon de bois, & ils estiment celui qui est fait avec du jeune chêne & cuit depuis deux ans. Ils emploient aussi du charbon fossile qu'on nomme *Charbon de terre*. Les endroits d'où l'on en tire le plus, sont la Fosse en Auvergne, Brassac près Brioude, Saint-Etienne-en-Forez, le Nivernois, la Bourgogne, Concourson en Anjou, les environs de Mézieres & de Charleville; & des Pays Etrangers, le Haynaut, le pays de Liege & l'Angleterre. Celui-ci est le meilleur.

CHARDONNET. On nomme ainsi un fort montant de bois qu'on met aux portes des fermes du côté des gonds. Il porte en bas le pivot qui roule dans une crapaudine, & en haut il est taillé en cylindre pour qu'il puisse entrer dans une bourdonniere, 110.

CHARDONS, Ce sont des ouvrages de fer terminés par un grand nombre de pointes qui se présentent en tous sens pour empêcher qu'on ne passe à côté des grilles.

CHARNIERE. Une charniere est composée de nœuds ou charnons enfilés d'une broche rivée & garnie d'ailes comme les fiches, 116.

CHARNONS. On nomme ainsi les petits anneaux dans lesquels entrent une goupille, & qui par leur réunion forment une charniere. Une partie des charnons est attachée au couvercle d'une boîte, & les autres au corps de la boîte, *ibid.*

CHASSE. Une chasse est un morceau de fer ou d'acier qui est différemment contourné & qui sert à river ou refouler le fer dans les endroits où le marteau ne peut atteindre. Ainsi on place la chasse sur le fer qu'on veut river, & on frappe sur l'autre extrémité de la chasse, dans ce sens c'est une espece de refouloir. Beaucoup de chasses ont assez la figure d'un marteau; mais on donne à la panne différentes figures comme en biseau, en taillant, &c. 11.

CHAUDE. Les Serruriers disent *donner une bonne chaude* ou *une chaude suante*, ou *une petite chaude*, pour exprimer les différents degrés de chaleur qu'ils donnent à leur fer, 2 & 15.

CHAUFFER. Les Serruriers se servent de ce terme pour signifier qu'ils mettent leur fer à la forge pour lui faire prendre le degré de chaleur convenable pour le souder, le plier ou le forger. On dit *chauffer blanc* & *chauffer couleur de cerise*. Le fer prend à la forge d'abord une couleur rouge & vive, alors on dit qu'il est *couleur de cerise*; ensuite ce rouge s'éclaircit & il passe au blanc, alors il est prêt à fondre. Voyez *Chaude*, 5 & 15.

CHERCHE-POINTE, espece de poinçon qui a au bout opposé à sa pointe un talon pour aider à la retirer du trou, quand on l'a enfoncée à force; il y en a de droites & d'autres un peu courbes. Son usage est de chercher le trou des ailes des fiches pour les pointer ou les arrêter par des pointes, 146.

CHEVETRE. Voyez *Enchevêtrure*.

CHEVILLETTE. C'est une petite broche de fer à peu près semblable à un clou qui n'auroit pas de tête, 47.

CISAILLES, grands ciseaux qui ont les lames courtes & les branches fort longues pour former un levier qui donne de la force à l'Ouvrier pour couper les métaux, 29.

CISEAU, instrument qui sert à couper le fer. Les ciseaux pour couper à chaud sont les tranches; & ceux pour couper à froid sont le burin, le bec-d'âne & la langue de carpe. Les Ferreurs emploient des ciseaux en bois taillés en bec-d'âne, & ciseau d'entrée, 29.

CLEF, instrument de fer destiné à ouvrir & à fermer les serrures & les cadenas. Les clefs sont formées d'un anneau qui sert à la faire tourner, & d'une tige ordinairement ronde, à l'extrémité de laquelle est une partie évasée qu'on nomme *le Paneton* qui est plus épais à la partie éloignée de la tige; on la nomme *le Museau*. Le paneton est refendu, évidé & percé, de sorte que les gardes puissent passer dans les ouvertures; il y a des clefs dont les tiges sont percées, on les nomme *forées*; d'autres ont la tige pleine, on les nomme *à bout*, 221.

CLINCHE. C'est un morceau de fer qui sert à soulever un loquet. Voyez *Battant de loquet*, & 135.

CLOISON d'une serrure. Voyez *Palâtre*.

CLOUTIERE. Voyez *Clouyere*.

CLOUYERE. C'est un morceau de fer percé pour recevoir la tige d'un clou; & l'on forge la tête sur le haut de la clouyere, qui à cet égard fait l'office d'enclume, 11.

COIN de ressort. C'est un assemblage de plusieurs feuilles d'acier qui toutes ensemble forment un ressort pour une voiture, 265.

COLCOTAR. Tête morte de la distillation du nitre qui est rouge, étant broyée très-fin peut servir à polir les métaux, 26.

CONASSIERE ou rose de gouvernail, quelques-uns disent *Canassiere*; c'est à proprement parler une penture qui s'attache sur le gouvernail, dans laquelle entre le gond ou croc qui est attaché sur l'étambot, & le corps du vaisseau, 53.

CONTRE-CŒUR. Les barres de contre-cœur sont destinées à empêcher qu'on ne rompe, en jettant le bois, le contre-cœur qui est de fer fondu, & qui se casse aisément quand il est chaud, 49.

COQ. Le coq en Serrurerie comme en Horlogerie, est une espece de crampon qui sert à attacher quelques pieces, les unes mobiles, les autres fixes, 166.

SERRURIER.

Eeee

CORBEAU, en termes d'architecture, est une pierre ou un bout de soliveau. En termes de Serrurerie, c'est un gros barreau de fer quarré qu'on scelle dans les murs, & qui fait saillie sur le vif du mur pour soutenir une sabliere ou même une grosse piece de bois, *pag.* 48 & 59.

CORDELIERE, *loquet à la cordeliere*; ces loquets s'ouvrent au moyen d'une espece de clef avec laquelle on souleve le battant: ils sont principalement d'usage dans les cloîtres, 138.

CORNETTE. C'est un fer méplat qui sert à défendre des essieux les encoignures des bâtiments, 7.

CORPS DE PENE. Voyez *Pêne.*

CORROMPRE *le fer.* On appelle *corrompre le fer*, changer sa forme en le refoulant, en repliant les parties les unes sur les autres comme en zigzag. Cette opération le rend plus cassant, au lieu que quand on le forge en long, ou en terme de Serrurier, quand on l'étire, on le rend de meilleure qualité, 4.

CORROYER *le fer*, c'est le battre à chaud quand il sort de la forge, l'étendre, le plier plusieurs fois sous le marteau, & en quelque façon le pêtrir pour le purifier & le rendre de meilleure qualité, 23.

COSTE DE VACHE, c'est une espece de fer en verge, refendue par les couteaux ou espatars des fenderies; il est rude, quarré, malfait, de plusieurs grosseurs, & se vend lié en bottes, 6 & 46.

COULÉ, *fer coulé*; ce fer méplat se vend en paquet, & ne paroît pas avoir été forgé; cependant il est très-doux.

COULEUR-D'EAU. Quand on recuit le fer & l'acier poli, il devient d'un beau bleu, puis il prend une couleur brune; & quand on le fourbit avec la pierre de sanguine, cette couleur qui devient brillante s'appelle *couleur d'eau*, 27.

COUPLET, sorte de petite charniere dont on fait usage pour des ouvrages de Serrurerie légers, 3.

COURBES; ce sont, en terme de Marine, de grandes équerres qui servent à joindre les baux aux membres du vaisseau. On distingue les courbes de faux-pont ou de pont, ou des gaillards. Les courbes de jottereaux se posent en dehors du vaisseau, & servent à lier l'éperon avec le corps du vaisseau, 49.

COURSE DU PENE; c'est le chemin que la clef fait parcourir au pêne, soit pour le faire rentrer dans la serrure, soit pour l'en faire sortir, 163.

COURSON. On donne ce nom à un fer de Berry, très-doux; sa forme est une masse à pans irréguliers.

COUVERTURE. La couverture d'une serrure est une plaque de tôle qu'on place parallélement au palâtre, & qui cache toutes les parties de l'intérieur d'une serrure. Plusieurs garnitures sont attachées à la couverture, 163.

CRAMPON. C'est un morceau de fer replié par les deux bouts; s'ils s'attachent à du bois, ils se terminent en pointe; s'ils s'attachent à un mur, les deux branches se terminent par un scellement. Il y a de petits crampons qu'on appelle *Cramponnets* ou *Picolets*, 47.

CRAMPONNET, sorte de petit crampon. Quand on se sert de ce terme à l'égard d'une serrure, il est synonyme avec picolet. Voyez *Picolet*, 140 & 170.

CRAPAUDINE, morceau de fer ou d'acier au milieu duquel il y a un trou qui reçoit l'extrémité d'un pivot qui supporte ou une porte ou un contrevent: souvent ils se mettent à bas dans un dé de pierre de taille: il y en a aussi à queue qui s'attachent ou au chambranle ou dans l'embrasure; suivant ces circonstances on fait les queues ou à scellement ou à pointe, 72 & 111.

CREMAILLERE. Garniture de fer qu'on met en travers derriere les portes cocheres, & qui sert à leur donner telle ouverture qu'on veut par le moyen d'une barre qu'on fait entrer dans leurs divers crans. Ce mot se dit aussi d'une certaine garde qui est dans les serrures, 133.

CROC. Partie de la serrure du gouvernail qui est attachée sur l'étambot, & sur le corps du vaisseau, & qui entre dans la penture appellée *Conassiere* ou rose qui tient au gouvernail: le croc est au gond du gouvernail ce que le mamelon est aux gonds ordinaires, 53.

CROCHET. C'est une barre qui porte un croc à un de ses bouts, & à l'autre un œil qui entre dans un piton à vis ou à pointe. Il y en a de grands pour les portes cocheres, & de petits pour arrêter les croisées, portes, &c.

D

DEGORGEOIR. Espece de bec-d'âne crochu dont les Ferreurs font usage pour vuider les mortaises, 119.

DÉGROSSIR; c'est la même chose qu'*ébaucher*, 24.

DEMI-LAINE; *fer demi-laine*, c'est un fer méplat en bandes qui sert à ferrer les bornes & les seuils de portes, 7.

DENT DE LOUP. C'est une cheville de fer qui traverse la soupente d'une berline, & aussi le treuil du cric qui doit la tendre. Ces chevilles rompent assez souvent, 263.

DÉPECER: on dit que le fer ou l'acier se dépecent, quand au lieu de se pêtrir, ils se séparent en floccons ou en morceaux, 17.

DÉTAPER; c'est éclaircir le fer en ôtant le noir de la forge, la rouille ou la crasse qui le recouvrent, 19.

DORMANT; *pêne dormant*, c'est un pêne qui ne peut être mené que par la clef, & qui n'est pas poussé hors de la serrure par un ressort, 164.

DOSSERET. C'est une piece de fer qui embrasse le haut d'une scie pour la fortifier; ce sont aussi deux plaques de fer réunies par des clous rivés, & qui renferment une lime fort mince pour lui donner du foutien, *pages* 12 *&* 233.

DOUBLONS. La tôle fe fait & fe vend par doublons, c'eft-à-dire, qu'il y a deux feuilles appliquées l'une fur l'autre, & qui fe tiennent feulement par un bout, 8.

DOUILLE. C'eft une efpece de bout de tuyau creux qui fert fouvent à recevoir un manche de bois, 28.

DRILLE; inftrument qui fert à faire tourner le foret; on s'en fert dans plufieurs Arts, & on le nomme *Trépan*, 33.

E

EBAUCHER, fynonyme de *dégroffir*.

ECOUVETTE, forte de balai qui fert à raffembler le charbon de la forge, & à arrofer le feu, 10.

ECRU, *fer cru* eft celui qui ayant été mal corroyé ou brûlé, eft mêlé de craffes comme font fouvent l'extrémité des barres,

EMBOUTIR; c'eft battre la tôle à froid fur de petites enclumes qu'on nomme *tas*,& avec de petits marteaux lui faire prendre différents contours, & la relever en boffe, 3.

EMBRASSURE. C'eft une ceinture de fer plat qu'on met aux tuyaux de cheminée de briques,pour empêcher qu'elles ne fe fendent & fe léfardent, 2, 46 *&* 59.

EMERI ou EMERIL. C'eft une pierre métallique qui fe trouve dans prefque toutes les mines, mais particuliérement dans celles de cuivre, d'or & de fer, & dont les Serruriers fe fervent pour polir leurs fers, 26.

ENCHEVETRURE ou *chevêtre*. Ce font des barres de fer fur lefquelles pofent les folives qui aboutiffent fous les foyers, 48.

ENCLUME; groffe piece de fer couverte d'une table d'acier qui fert à forger les métaux. Il y a de groffes enclumes quarrées, de groffes enclumes à une ou deux bigornes. Voyez *Bigorne*, *&* 9.

ENOOCHE. On appelle ainfi des entailles ou coches qui font à certaines ferrures fur le pêne ou fur la gâchette pour lui former un arrêt. Voyez *Arrêt du Pêne*, *&* 161.

ENCOLURE; c'eft la réunion de plufieurs pieces de fer foudées les unes aux autres. On fait des encolures pour joindre les bras d'une ancre à la verge, pour fouder les deux branches d'une courbe ou d'une guirlande, 50.

ENLEVER *un pêne* ou *une clef*, c'eft, en terme de Serrurier, détacher une piece d'un barreau pour en faire quelques ouvrages, c'eft dans ce fens qu'on dit *enlever une clef* ou *une feuille de reffort*, 169 *&* 221.

ENROULEMENT eft un contour qu'on donne aux fers, & qui le plus fouvent approche de la volute. Les Serruriers les appellent *Rouleaux*, 10.

ENTRÉE *de la clef*, c'eft l'ouverture qu'on fait à la couverture d'une ferrure ou au fon-

cet, pour recevoir la clef; on nomme auffi *Entrée*, une piece de tôle ordinairement découpée qui eft ouverte pour recevoir la clef, & qu'on cloue fur le côté de la porte oppofé à la ferrure, 162.

EQUERRE. On fait qu'une équerre eft formée de deux pieces de bois ou de métal, qui fe réuniffant par un bout, font un angle plus ou moins ouvert, 49.

ESPAGNOLETTE. C'eft une barre de fer qu'on attache fur un montant d'une porte ou d'un chaffis à verre pour les tenir fermés; au moyen de crochets qui font au bout de cette barre, & qui prennent dans des crampons qui font au dormant lorfqu'on tourne la barre au moyen d'un levier qu'on nomme *poignée*; il y en a de plufieurs fortes, 3 *&* 124.

ESPONTON. On appelle *Grilles à Efponton* celles auxquelles l'extrémité des barres, au lieu d'être en pointe ou en flamme ondoyante, eft terminée par des fers de piques, 72.

ETAMPE. C'eft un morceau d'acier dans lequel on creufe des moulures, & qui formant comme un cachet, fert à les imprimer fur le fer rougi au feu, 3, 27, 86.

ETAU; forte de groffe pince qui eft fermement arrêtée fur l'établi, dont on ferre les mâchoires avec une vis. Il fert à tenir ferme un morceau de fer qu'on lime, qu'on rive ou qu'on forge; il y en a de réfiftance, de petits qu'on nomme *à patte*, & de plus petits qu'on nomme *Etaux à main*, d'autres à main qui fe terminent en pointe, & qu'on nomme *à goupilles*, 11.

ETIRER *le fer* ou *une barre*, c'eft l'alonget fur l'enclume en le forgeant à chaud, & toujours du même fens. Cette opération,quand elle eft bien faite, donne du nerf au fer qui en devient meilleur, 4 *&* 221.

ETOQUIAU. Ce font de petites chevilles de fer qui fervent à porter, foutenir ou arrêter d'autres pieces plus confidérables; les unes font quarrées, & d'autres rondes, 138.

ETRIER. C'eft une bande de fer plat qui embraffe une piece de bois pour la fortifier, ou deux pieces de bois pour les unir enfemble, 47.

F

FENTONS. Ce font de petites tringles de fer fendues dans les fenderies, & qu'on noye dans les ouvrages en plâtre pour les empêcher de fe fendre; on en fait principalement ufage dans les tiges des cheminées, 2 *&* 46.

FER. C'eft un métal dur à fondre, mais duétile; on en tire d'Allemagne, de Suede & d'Efpagne: les mines les plus abondantes du Royaume font celles de la Champagne, de la Lorraine, de la Bourgogne. La Normandie, le Maine, le Berry, le Nivernois, la Navarre, & le Béarn, en fourniffent beaucoup. Les fers les plus doux font ceux d'Allemagne & de Suede; ceux d'Efpagne font doux, mais sujets à être rouverains ; les fers de Normandie sont aigres; ceux de Champagne & de Bourgogne ne sont pas meilleurs : mais il y en a de doux entre ceux de Roche & de Vibray; ceux de Montmirail sont doux; il y en a dans le Nivernois de doux & de fermes; les meilleurs sont ceux du Berry.

FER EN FEUILLES. Voyez *Tôle.*

FER A ROUET. On nomme ainsi un morceau de tôle qu'on a coupé & préparé pour faire un rouet dans la garniture d'une serrure, 236.

FERRAILLE. On nomme ainsi des bouts de fer neufs ou vieux, dont on fait des pâtés pour les mettre en masses.

FERREURS. Ouvriers qui posent les ferrures sur les portes, les battants d'armoires, les croisées, &c; leur travail fait partie du Serrurier, 147.

FEUILLE DE RESSORT. C'est une des lames qui forment un coin de ressort. Voyez *Coin de ressort*, 265.

FICHE A BROCHE. C'est une espece de gond qu'on applique aux volets, & dont tous les charnons sont enfilés par une seule & même broche, 3.

FICHE A VASE. Ce sont des especes de charnieres qui ne sont composées que de deux charnons, & qui sont terminées haut & bas par de petits ornements faits en forme de vase, 3.

FICHES ; ce sont des especes de charnieres ou de gonds qui portent un aileron qu'on enfonce dans le bois comme un tenon. C'est cette partie qui caractérise la fiche ; il y a des fiches à vase, à broche, & à gond, à nœuds, à chapelet, coudées, &c, 116.

FIL D'ARCHAL. C'est du fer tiré par les trous des filieres.

FILIERE. C'est une plaque d'acier trempé dans laquelle il y a plusieurs écrous qui servent à faire les vis, 36.

FLÉAU *d'une porte cochere*, c'est une barre de fer quarré de quinze à vingt lignes de grosseur, percée dans son milieu d'un trou rond pour recevoir un boulon à tête qui lui sert d'essieu, qui est arrêté sur l'un des battants de la porte, & qui prend, quand on ferme la porte, dans deux crochets nommés *gâche à patte* ou *à queue*, 133.

FONCET. C'est une plaque de fer attachée au palâtre d'une serrure par deux pieds, & qui sert de couverture à une partie de la garniture. Quelques pieces de la garniture s'attachent sur le foncet, 139, 163, 168.

FORÉE, *clef forée*. C'est une clef dont la tige est percée pour recevoir une broche, 161.

FORER ; c'est percer le fer à froid avec un instrument qu'on nomme *Foret*, 20.

FORET, outil d'acier taillant par un bout & trempé dur : il traverse une boîte de bois ou une espece de poulie autour de laquelle est roulée la corde d'un archet qu'on tire & qu'on pousse pour faire tourner très-vîte le foret, ce qui perce le fer, 33.

FORGÉ. Le *fer forgé* est celui qui a été travaillé sous le marteau.

FOUILLOT. *Ressort à fouillot*, c'est une petite piece de fer montée par un bout sur un étoquiau, & qui sert à renvoyer l'effet d'un ressort, 170.

FOURBIR. C'est brunir ou donner du brillant à un métal en refoulant ses parties avec un brunissoir ou avec la pierre de sanguine, 27.

FOURCHU. Pêne fourchu. Voyez *Pêne.*

FERMETURE. Serrure à plusieurs fermetures ; la fermeture est proprement le pêne qui ferme une porte ou une armoire. Une serrure à une fermeture n'a qu'un pêne, celle à deux fermetures a deux pênes, &c, 163.

FRAISE. C'est un outil d'acier de forme tantôt ronde, & d'autres fois conique dont la superficie est striée comme une lime ; il sert à augmenter le bord d'un trou où se doit loger la tête d'une vis ou d'un clou ; il y a d'autres fraises de forme très-différente & qui servent à former des dents ou des stries, 35.

FRAISIL. Voyez *Frasil.*

FRASIER. Voyez *Frasil.*

FRASIL. Cendres ou crasses formées par le charbon de terre, & le fer qui ayant perdu son phlogistique, est brûlé. C'est en quelque façon du mâche-fer réduit en poudre, 15.

G

GACHE. Espece de crampon qui sert à attacher les descentes de plomb aux murailles ; les gâches servent aussi à recevoir les pênes des serrures, & quelquefois les verroux, 48.

GACHETTE. Petite bande de fer qui sert comme de renvoi pour dégager les arrêts des encoches, 161.

GARDES d'une serrure. C'est la même chose que *garnitures* ; ce sont à l'égard d'une serrure, des pieces placées dans l'intérieur d'une serrure pour qu'elle ne puisse être ouverte que par des clefs taillées & refendues relativement à ses gardes, 161.

GARNITURES. Ce sont toutes les pieces de fer qu'on met dans les serrures, & qui doivent entrer dans les fentes, entailles ou dents qu'on a faites au paneton de la clef. On leur donne différents noms, comme *rateaux*, *bouterolles*, *rouets*, *planches*, &c, elles sont la principale sûreté des serrures, à cause de la correspondance qu'il doit y avoir entre ces pieces de fer, & les entailles du paneton de la clef ; changer les gardes d'une serrure, c'est changer ces pieces, 161, 235.

GONDS. Espece de crochets qu'on attache dans les embrasures des portes ou des fenêtres pour recevoir les pentures, & dans

l'œil

l'œil desquels entre le mamelon du gond pour rendre les portes ouvrantes & fermantes. Il y a des gonds simples, & d'autres à repos ; les uns à scellement, à patte ou à pointe. On nomme quelquefois *petits gonds*, des crochets dont les uns se terminent par une vis, d'autres en pointe, & qui portent à leur autre extrémité une petite pomme ; ce sont des clous à crochet faits avec soin, *pages* 3, 115.

GORGE *de reffort.* C'est un coude qu'on fait prendre au ressort d'une serrure pour que le paneton de la clef puisse le soulever, 170.

GOUGE. Espece de ciseau qui se termine en arrondissement par le bout, & dont le tranchant est quelquefois creusé en forme de gouttiere, 29.

GOUGEON. Cheville de fer qui traverse deux pieces qu'on veut joindre ensemble. Souvent ils tiennent lieu de mortaise, 82.

GOUGER. C'est commencer avec une gouge ou langue de carpe, le trou d'une piece qu'on veut percer au foret. On emploie encore ce mot dans un autre sens dont nous aurons occasion de parler, 33, 223.

GOULUE. *Tenaille goulue* ; ce sont des especes d'étampes qui servent à faire de petits globes ou boutons dans les ornemens, 10.

GOUPILIE. C'est une petite broche de fer qui sert à arêter les différentes pieces d'un ouvrage de Serrurerie, 65.

GRESILLER. On dit que *le fer se grefille* lorsqu'en le chauffant il devient comme par petits grumeaux ; il y a des charbons sulfureux qui corrodent la superficie du fer & la grefillent, 13.

GRIFFE, espece de barreau de fer auquel on soude perpendiculairement deux chevilles de fer qui sont comme deux dents. Leur usage est de servir à contourner le fer en volute ou autrement. C'est aussi un petit instrument de fer formé d'un barreau qui porte à ses extrémités deux pointes recourbées à angle droit, & qui mettent cet instrument en état de servir de compas à verge, 44, 84.

GRILLE. Ouvrage de Serrurerie, qui ferme un endroit sans en interrompre le jour : il y en a de simples, d'ornées par les contours du fer ou par des entrelas, rinceaux, consoles, palmettes, &c, 65.

GROS FERS. On nomme ainsi des fers qui n'ont été que travaillés à la forge, & qui servent à la solidité des bâtimens. On les nomme aussi *fers de bâtimens.*

GUEUSE, gros lingot de fer fondu de figure triangulaire tel qu'il sort des grands fourneaux sans avoir reçu aucune préparation. Le fer de gueuse est impur, cassant, & ne peut être forgé, 4.

GUICHET. Voyez *Poutis.*

GUIRLANDE. C'est une espece de courbe ou d'équerre placée horizontalement dans

SERRURIER.

l'intérieur des vaisseaux ; & clouée sur les membres qui sont à cette partie, 49.

H

HARPON. Piece de fer plat qui sert à joindre & à affermir entr'elles les pieces de charpente. Si ces harpons répondent à une piece de bois, on les termine par un talon ; s'ils aboutissent à un mur, on les termine par un scellement, 2, 44, 45.

HART, morceau de bois de brin qu'on fend par le bout pour y introduire un poinçon, un ciseau, ou une tranche qu'on y retient au moyen d'une virole qui rapproche les deux parties qui ont été fendues ; la hart sert à emmancher les instrumens dont nous venons de parler, qui n'ayant ni œil ni douille ne pourroient pas être emmanchés comme les marteaux, 11.

HATURE. Les Serruriers appellent *hâture* une portion de fer qui fait une saillie en forme d'équerre, & qui aboutit à un verrou ou à la tête d'un pêne ; ainsi c'est une espece de verrou dormant, 183, 184.

HAYVE. C'est une petite éminence pratiquée vers le milieu des panetons, des clefs à bout, des serrures besnardes, & qui fait une petite plate-bande en relief, 222.

HOUSSETTE. On nomme ainsi de petites serrures faites avec peu de précaution & qui servent à fermer les cassettes, les boîtes de pendule, &c, 166.

HURE. C'est un morceau de bois qui porte une sonnette ou une cloche, & qui roule sur des tourillons.

J

JOTTEREAUX. Ce sont des pieces de bois courbe qui étant mises en dehors de l'avant du vaisseau, servent à soutenir l'éperon. On lie l'éperon au corps du vaisseau par ces especes d'équerre de fer, formées d'une latte de jottereaux, d'une latte d'éperon & d'un arcboutant. Voyez *Lattes* & *pag.* 56.

L

LAITIER. On nomme ainsi les scories ou l'écume du fer qui nagent sur le métal dans les grands fourneaux ; il en reste aussi dans la gueufe, & on en sépare une partie à l'affinerie, 4.

LAMINOIR. C'est une machine composée de deux rouleaux qui tournent en sens contraire, & qui réduisent à une épaisseur précise une piece de métal qu'on fait passer entre ces rouleaux, 64.

LANGUE DE CARPE. C'est un ciseau dont le tranchant assez étroit est arrondi ou en losange, 2, 29.

LATTES. On nomme ainsi dans l'Architecture Navale des bandes de fer plat, telles qu'elles arrivent des forges. On donne aussi ce nom à des especes de membrures qui tiennent lieu de baux sous les gaillards, 49.

LIENS. Ce sont des morceaux de fer méplat, coudés ou cintrés ; qui servent à retenir

Ffff

quelques pieces dans un affemblage de char- pente. On donne auffi ce nom à des pie- ces menues de fer qui fervent à joindre en- femble des ornemens qu'on ne veut pas af- fembler par des rivures. Il y a des liens fim- ples, & d'autres ornés de moulures qu'on nomme *à cordon*, *page* 80.

LIME. C'eft un morceau d'acier trempé & ftrié qui fert à polir les ouvrages qui ont été travaillés à la forge. Il y a des limes qu'on nomme *carreaux*, *demi-carreaux*, *carrelets*, *demi-rondes*, *à tiers-point*, *à potence*, *en queue de rat*, & d'autres qu'on nomme *limes dou- ces* qui ne fervent qu'à donner le dernier poli.

LINTEAU. C'eft une barre de fer qu'on pofe fur les jambages des portes & des croifées pour foutenir les claveaux d'une plate-bande ou d'une arcade; elle doit être groffe à pro- portion de fa portée & de fa charge, 49.

LINTIER. Voyez *Linteau*.

LIPPE. C'eft une partie dans les ornemens relevés fur le tas qui eft plus renverfée que les autres, 230.

LOQUETS; bande de fer qui fert à tenir les portes fermées au moyen d'une piece nom- mée *battant* qui s'engage dans un menton- net, & de l'autre bout eft attaché par un clou fur la porte; les loquets ordinaires s'ou- vrent en appuyant fur le poucier, il y a auffi des loquets dits *à la Cordeliere* & *à Vielle* qu'on ouvre avec une clef. Voyez *Vielle* & *Corde- liere*, 27, 135, 136.

LOQUETEAU. Petit loquet à reffort qu'on attache au haut des croifées à des endroits où la main ne peut atteindre, & qu'on ouvre en tirant un cordon qui eft attaché à fa queue, 139.

LOUPE: efpece de globe de fer qui a été un peu purifié à l'affinerie, & qui commen- ce à être en état d'être forgé. Voyez *la For- ge des Ancres*, 4.

M

MACHEFER. Ce font les fcories du fer & du charbon qui fe forment dans la forge. Il faut retirer le mâchefer fur les bords de la forge, fans quoi il empêcheroit la chaude.

MAINS DE RESSORT. On nomme ainfi les principales parties de la cage qui reçoit les reffors doubles qu'on met aux carroffes à fleche & de cérémonie, 270.

MANDRIN, morceau de fer qui fert de noyau fur lequel on forge des pieces qu'on veut rendre creufes. Il y en a de ronds, de quarrés & de toute autre figure, 11, 28.

MANTEAU *de cheminée*, barreau de fer qui porte fur les jambages, & foutient les manteaux en maçonnerie des cheminées, 46, 59.

MARDELLE. Voyez *Margelle*.

MARGELLE. C'eft une grande pierre taillée comme un bourrelet, & qu'on pofe fur la fermeture d'un puits. On fait quelquefois les margelles de plufieurs pieces, & alors on les affujettit enfemble par des crampons de fer, 49.

MARS. Nom que les Chimiftes donnent au fer, & qui eft inconnu en Serrurerie.

MARTEAU. On fait affez ce que c'eft qu'un marteau; mais nous devons dire ici que les gros marteaux qui fe menent à deux mains fe nomment *Marteaux à devant*, qu'il y en a de moins gros qu'on nomme *à main*, & de plus petits qu'on nomme *Marteaux d'établi*. Il y a auffi les *rivoirs*, *demi-rivoirs* & *pe- tits rivoirs*; ils tirent leur nom de ce qu'ils fervent communément à river, 10.

MARTELER. C'eft former avec un cifeau, ou avec la panne d'un marteau, des fillons fur la fuperficie du fer, 16.

MATTOIRS. Petits barreaux d'acier qui ont à leur extrémité différentes formes, & qui, au lieu d'un tranchant, font taillés à leur bout comme une lime; ils fervent à relever la tôle fur le plomb, 98.

MENTONNET. Efpece de crochet qu'on attache dans l'embrafure des portes ou fur leur montant, pour recevoir le bout du battant des loquets. Il y en a à pointe & à fcelle- ment, 135.

MÉPLAT. Les barres méplates font celles qui font forgées plus minces que larges : on les appelle auffi *du fer en bande*.

MISE. Morceau de fer qu'on foude à quel- que endroit d'un ouvrage qu'on veut fortifier. Il faut qu'elle foit bien amorcée, bien chauffée, nette de frafil & appliquée fur le fer chauffé fuant, 17, 50.

MODERNE. On a confervé la dénomina- tion de *Serrure moderne*, à une ferrure qui eft fort antique, 254.

MORAILLON. Piece de fer qui porte les auberons. Voyez *Auberon*, 164.

MORDACHE. Efpece d'étau dont les deux mâchoires fe réuniffent à une charniere ou à un reffort. On les ferre en les plaçant entre les mâchoires d'un étau ordinaire. Pour ne point gâter les ouvrages finis, on les faifit dans une efpece de mordache de bois. Il y a des *mordaches à chanfrein*, *à lien*, *à bouton*; quelques-unes les nomment *Tenailles d'établi*, 12, 81.

MOUFLE. *Chaîne à moufle*; ce font des tirants formés par plufieurs bandes de fer qui s'accrochent dans une efpece de porte qu'on a jugé à propos d'appeler *le moufle*: on emploie auffi ce mot pour fignifier un affem- blage de poulies fervant à multiplier les for- ces, *pages* 45, 59.

MOULE. C'eft un creux dans lequel on coule du métal fondu : mais les Serruriers ap- pellent de ce nom une efpece de patron d'a- cier qui leur fert à découper des rofettes, des entrées de ferrures, des platines, &c, 30.

MOUTONS. Les *moutons des voitures* font des pieces de charronnage qui s'élevent à l'avant & l'arriere des brancards : ils portoient autrefois les foupentes obliques ; maintenant les moutons de l'avant portent le fiege du cocher, & ceux du derriere les arcboutants, 264.

MUFLE. On nomme ainfi des bandes de fer qui forment des efpeces de goutieres, & qu'on place fous les bouts des refforts pour empêcher que par leur frottement ils n'ufent les parties fur lefquelles ils s'appuient, 271.

MUSEAU *d'une clef*, c'eft un évafement qui eft au bout du paneton, & dans lequel font prefque toujours pratiquées les fentes qui doivent recevoir les dents des rateaux, 162.

N

⚞ NOIRS. On appelle les ouvrages de Serrurerie *noirs*, ceux qui n'ont point été blanchis & polis à la lime.

O

ORGANEAU. C'eft un terme de *Marine* qui ne fignifie autre chofe qu'un gros anneau, 57.

P

PAILLEUX : un *fer pailleux* eft celui qui a de petites fentes qui font que la maffe entiere n'eft pas bien liée, 4.

PALATRE. Efpece de boîte quarrée de tôle qui renferme le pêne, les refforts, & tout ce qui conftitue l'intérieur de la ferrure ; un des côtés où eft percée l'ouverture du pêne s'appelle *le rebord* ; les trois autres, *la cloifon*, 17.

PALETTE. On appelle *palette à foret* une piece de bois que l'Ouvrier applique contre fon ventre, & fur laquelle eft attachée une bande de fer, percée de plufieurs trous pour recevoir le bout de l'effieu du foret; c'eft auffi une efpece de fpatule de fer qui fert à fablonner le fer. Voyez *Sablonner*, 10, 224.

PANETON. C'eft une partie de la clef ordinairement quarrée qui tient au bout de la tige oppofée à l'anneau où font pratiquées les fentes & les dents qui paffent dans les gardes ou garnitures de la ferrure ; ce qui en fait le mufeau : c'eft le paneton qui fait marcher le pêne. Il y a de ces panetons droits, & d'autres en S. Voyez *Clefs*, 12, 162.

PANNE, fe dit du côté le plus mince du marteau oppofé à la tête. Il y a des *pannes droites*, des *pannes de travers*, & des *pannes refendues*, 10.

PATÉ. Les Serruriers appellent *pâté* des paquets de fer menu qu'ils joignent enfemble pour les réunir & les corroyer; c'eft un moyen excellent pour fe procurer du fer doux.

⚞ PAUMELLES. Ce font des gonds qu'on met fur les portes légeres, & dont le mamelon entre dans une crapaudine attachée fur le chambranle, 110, 114.

PELE ou mieux *Pêne*. Voyez *Pêne*.

PENE. C'eft une efpece de verrou que la clef fait fortir ou rentrer dans la ferrure, & qui fert à tenir la porte fermée. La partie qui fort de la ferrure s'appelle *la tête du pêne*, l'autre bout fe nomme *la queue*; le corps du pêne eft la partie moyenne entre la tête & la queue ; il

y a des pênes à deux têtes qu'on nomme *pênes fourchus*, d'autres qu'on nomme *en bord*. Ce dernier pêne ne fort pas de la ferrure, il coule fous le rebord, & entre dans l'auberon qui eft attaché au couvercle d'un coffre, 161, 165.

⚞ PENTES. Ce font des bandes de fer terminées par un œil ou anneau dans lequel entre le gond, & qu'on arrête fur la porte avec des clous. Leur ufage eft de tenir les portes ouvrantes & fermantes, 3.

PENTURES. Voyez *Pentes*.

PERÇOIRE. Les Serruriers nomment ainfi tantôt un gros morceau de fer replié fur lui-même, tantôt un gros canal de fer, & quelquefois un parallélipipede de fer percé de plufieurs trous. L'ufage de la perçoire eft de former un porte-à-faux quand on veut percer du fer, foit à chaud foit à froid, 33.

PERSIENNES. Ce font des efpeces de contrevents formés de chaffis de bois entre les montants defquels on met de petites planches minces & légeres difpofées en abat-jour pour empêcher le foleil ou le grand jour de pénétrer dans les appartements. On en fait auffi qui fe replient à peu près comme les ftores, 281.

PERTUIS. On nomme ainfi des ouvertures qui font faites au paneton, & qui font plus évafées que les fentes, 162.

PICOLETS. Crampons qui embraffent & affujettiffent le pêne d'une ferrure, & dans lefquels il a la liberté de gliffer & de couler aifément lorfqu'on veut le faire fortir ou rentrer dans le palâtre, 140, 170.

PIQUER *une ferrure*, c'eft tracer avec une pointe fur le palâtre l'endroit où doivent répondre les différentes parties qui par leur affemblage forment la ferrure ; c'eft ce que les Menuifiers appellent le *trait*, 168.

PLANCHE. Partie de la garniture d'une ferrure qui entre dans une fente faite au milieu du paneton d'une clef. La planche porte plufieurs pieces de la garniture. On met des planches aux ferrures befnardes, qui ouvrent en dedans & en dehors de la chambre. C'eft auffi une grande fente faite au milieu du mufeau, & qui s'avance plus avant dans le paneton que les rateaux, 162.

PLANER. C'eft dreffer & unir un métal en le battant à froid fur un tas large & bien dreffé avec un marteau dont la tête eft auffi fort large & dreffée avec foin, 10.

POINÇON, morceau d'acier à peu près pointu, qui fert à percer le fer avec le marteau ; il y en a de ronds, de quarrés & de plats.

POINTEAU. C'eft un poinçon d'acier qui fert à percer des fers minces. Il y en a auffi qui fervent de traçoir aux Serruriers, 97.

POINTER *une fiche* : c'eft mettre dans les trous des ailes d'une fiche, des pointes qui empêchent l'aileron de fortir de fon tenon. Quelquefois on dit *pointer une fiche*, pour fignifier la mettre en place, 147.

POLIS. Les ouvrages de Serrurerie qu'on

fait avec le plus de foin font polis à la lime douce & à l'émeri.

POMME. *Rateaux en pomme*, c'eſt un rateau qui, au lieu de ſe terminer par des parties minces, porte au bout des tiges des rateaux ordinaires des petites pommes qui obligent de changer la forme des dents de la clef, 254.

POTÉE *d'étain.* C'eſt une chaux d'étain qui étant broyée bien fin ſert à polir les métaux, 26.

POUCIER. *Loquet à poucier* eſt une petite palette de fer ſur laquelle on appuie le pouce pour ſoulever le battant des loquets ordinaires, afin de le dégager du mentonnet quand on veut ouvrir la porte, 136.

POUSSÉS. On appelle les ouvrages de Serrurerie *pouſſés* ceux qui ſont ſimplement blanchis à la lime d'Allemagne ſans être exactement polis.

POUTIS. Synonyme de *guichet*, petite porte auprès d'une grande ou qui fait partie de la grande, 116.

PRISONNIERS. On appelle *rivure priſonniere* celle dont un des bouts de la rivure, au lieu d'être rivé ſur une barre, s'eſt dans un trou qu'on tient plus large par le fond qu'à l'entrée, 80.

QUARRÉ. *Fer quarré* eſt celui dont la largeur eſt égale à l'épaiſſeur. Celui qui n'a que douze à quatorze lignes en quarré ſe nomme *quarrillon*; celui qui excéde ces dimenſions ſe nomme *fer quarré*.

QUARRILLON. Voyez *Fer quarré*.

Nota. Dans le cours de l'ouvrage, par-tout où il y a *Carillon*, liſez *Quarrillon*.

QUEUE DU PENE. Voyez *Pêne*.

R

RANGETTE eſt une tôle commune qu'on emploie pour faire les tuyaux de poële, 8.

RAPPOINTIS. On nomme ainſi de légers ouvrages tels que les clous, pattes, broches, chevilles, crochets, pitons, vis, &c. que les Serruriers emploient, mais qui ſont communément faits par les Cloutiers.

RATEAUX. Piece de la garniture qui eſt aux ſerrures les plus communes; ce ſont des morceaux de fer qui portent pluſieurs parties ſaillantes dont les dents entrent dans les entailles qui ſont au muſeau de la clef; on donne auſſi ce nom aux entailles qui ſont creuſées ſur le muſeau, & qui forment des dents, 162, 254.

RAVALER *l'anneau d'une clef*, c'eſt lui faire prendre une figure à peu près ovale de ronde qu'elle étoit, ce qui ſe fait avec un outil qu'on nomme *Ravaloir* qui eſt une eſpece de mandrin, 223.

RAVALOIR. Voyez *Ravaler*.

REBORD *d'un palâtre.* Voyez *Palâtre*.

RECUIRE. C'eſt chauffer du fer pour lui rendre ſa ductilité après l'avoir battu au marteau, ce qui le durcit ou l'écrouit: on donne auſſi un recuit aux ouvrages d'acier lorſqu'ils ont été trempés trop dur, 20.

RECUIT. On donne un recuit au fer en le faiſant rougir pour le rendre plus ductile, & à l'acier pour qu'il ſoit moins caſſant, 21.

RELEVER *ſur le plomb*, c'eſt former avec des inſtruments qu'on nomme *Mattoirs* des ſillons ou creux qui font paroître les reliefs plus ſaillants, 97.

RELEVEUR. On appelle ainſi des Ouvriers qui s'occupent uniquement à relever des ornements ſur la tôle.

RENFORT. Ce ſont des pieces de fer qu'on ſoude à d'autres, à des endroits où ils ont beſoin d'être fortifiés, 50.

RENVOI *de ſonnettes.* C'eſt un triangle de fer ou de cuivre attaché à un clou par un de ſes angles, & qui ſert à tranſmettre le mouvement du cordon juſqu'à la ſonnette.

RESSORT. On donne ce nom à différentes pieces de Serrurerie dont le bout eſt toujours de produire quelque mouvement. Il y en a de *doubles* qui ont deux branches; il y en a qu'on nomme *à chien*, parce qu'ils agiſſent ſur une troiſieme piece qu'on nomme *fouillot*, comme le reſſort d'un chien de fuſil. Le reſſort à boudin eſt roulé par un de ſes bouts en ſpirale. On met aux voitures des reſſorts qui ſont formés par un aſſemblage de lames d'acier dont le gros bout ſe nomme *le talon*, & le bout mince *la tête*. Il y a des reſſorts *à écreviſſe*, *à Apremont*, *à la Daleſme*, &c, 170.

RESSUER. *Faire reſſuer le fer*, c'eſt le décharger des corps étrangers qui ſont dans la gueule, & ſur-tout du laitier. Cette opération ſe fait principalement à l'affinerie, 4.

RETRAINDRE. C'eſt une opération ſinguliere par laquelle en frappant ſur une piece de métal mince à coups de marteau, on la fait rentrer ſur elle-même; c'eſt le contraire d'*emboutir*, 92.

RIFFLARD. Voyez *Bruniſſoir*.

RINCEAUX. Ce ſont des ornements qui repréſentent comme de grandes feuilles fort alongées & fort découpées par les bords, 2.

RINGARD. Barre de fer qu'on ſoude à un gros morceau de fer qu'on ne pourroit manier avec les tenailles, & au moyen duquel on le porte à la forge, & on le manie ſur l'enclume, 22.

RIVURE. C'eſt une eſpece de tête faite à l'extrémité d'une broche de fer pour l'aſſujettir dans un trou où elle paſſe. On fait une rivure à l'extrémité de petites goupilles qu'on nomme *Rivures*, & auſſi au bout de certains clous que pour cette raiſon on appelle *clous rivés*, 13, 79.

ROCHE : *fer de roche, demi-roche.* Le fer qu'on nomme à Paris *de roche* vient de Champagne. Je crois que ce nom lui vient de ce qu'on s'imagine qu'il eſt fait avec de la mine en roche. On peut conſulter l'*Art des groſſes Forges*. Celui qui eſt dit *demi-roche* eſt plus doux que l'autre. Peut-être dans les forges mêle-t-on

la

la mine en roche avec celle en grains.

ROSE DE GOUVERNAIL. Voyez *Conaffiere.*

ROUET. Partie de la garniture d'une ferrure. C'eft une piece de tôle qui fait une portion de cercle & qui entre dans des fentes qui font aux côtés du paneton des clefs. On appelle auffi *rouet* , dans une clef, les fentes qui font ouvertes fur les côtés du paneton , & dans laquelle entre le rouet de la ferrure, 162.

ROULEAU. Les Serruriers nomment ainfi du fer de quarrillon roulé en volute ; & on nomme *faux rouleau,* un barreau auquel on a fait prendre ce contour, & qui fert à rouler les autres deffus. Voyez *Enroulement ,* 74.

ROUVERAIN. Le *fer rouverain* eft celui qui bouillonne à la forge, & qui fe brûle aifément. Si on ne le ménage pas au feu, il fe divife en plufieurs parties.

Nota. C'eft par erreur qu'à la page 4 on l'a appellé *Rouvelin,* 4.

S

SABLONNER. C'eft jeter du fable fin fur le fer chauffé à la forge lorfqu'on veut fouder, ou dans d'autres occafions, 10.

SABOT. On nomme *fabot* une piece de fer creufe pour recevoir le bout d'un pilotis, & qui fe termine en pointe pour mieux percer le terrein, & s'ouvrir un paffage entre les pierres , 49.

SANGUINE , minéral en forme de pierre rougeâtre, dure, pefante , & par aiguilles longues & pointues. On le nomme auffi *Pierre hæmatite.* On s'en fert pour polir les métaux, 21, 27.

SAUTERELLE. Les Serruriers nomment ainfi une fauffe équerre qui fert à prendre l'ouverture des différents angles, 83.

SCELLEMENT. C'eft une efpece d'enfourchement qu'on fait au bout d'une piece de fer qui aboutit à un mur, & qui doit y être fcellé ou en plâtre ou avec du mortier, 44, 101.

SCIE. Les fcies de Serruriers font un feuillet d'acier mince ; elles font dentées & ftriées fur les côtés ; quelques-unes font montées fur un arçon ; mais la plupart font fortifiées par un dofferet , 30.

SERRURE. C'eft une machine très-ingénieufe qui eft formée d'une boîte nommée *Palâtre ,* d'un ou de plufieurs pênes, & en dedans de refforts , gâchettes & garnitures qui font qu'une ferrure ne peut être ouverte qu'avec fa clef. C'eft cette ingénieufe machine qui a donné le nom de *Serruriers* à des Ouvriers qui font beaucoup d'autres ouvrages en fer, 160.

SERTIR. C'eft réunir une piece à une autre par de petites levres qui font au bord du trou où l'on ajufte la piece, 253.

SEUIL. C'eft une grande pierre pofée au niveau du pavé entre les jambages d'une porte. Elle eft fouvent garnie de bandes de fer, 49.

SOUDER. C'eft réunir deux morceaux de fer au point de n'en plus faire qu'un en attendriffant le fer au feu, & le frappant au marteau.

Si , pour faire cette réunion , on emploie une fubftance étrangere qu'on nomme *Soudure,* les Ouvriers appellent cette opération *brafer.*

SOUDER A CHAUD. C'eft réunir enfemble deux morceaux de fer qu'on a auparavant chauffés, prêts à fondre, avec le marteau. Pour que la foudure foit bonne, il faut que les deux morceaux qu'on veut réunir , foient étirés en bec de flûte ; c'eft ce qu'on nomme *amorcer ,* 15 , 16.

SOUFFLET , faux brancard d'une chaife de pofte, *page* 270.

STORE. Tuyau de fer blanc dans lequel il y a un refforttà boudin fur lequel on roule un morceau d'étoffe qu'on peut dérouler de deffus le tuyau pour fe garantir du foleil.

SUANTE. On dit *donner une chaleur fuante ,* lorfque le fer chauffé blanc commence à fondre.

T

TALON de reffort. Cette expreffion fe prend en deux fens ; c'eft fouvent le gros bout d'un coin de reffort , & aux refforts doubles des carroffes à fleche, une piece de fer placée entre les talons des deux refforts , & qui fert à les attacher à la caiffe par un boulon , 271.

TARAUD. Cylindre de fer couvert d'acier, dans lequel on a creufé des pas de vis pour faire ou tarauder des écrous , 36.

TARGETTE. Sorte de petit verrou qu'on met à de petits volets, 53, 121.

TAS ou TASSEAUX. Ce font de petites enclumes, à la table defquelles on donne différentes formes pour emboutir & relever le fer en boffe , 10.

TASSEAUX. Voyez *Tas.*

TENAILLE. Inftrument pour tenir le fer ou à la forge ou fur l'enclume ; il y en a de droites , de crochues & d'autres qui tiennent lieu d'étampes. Voyez *Mordache* , 10.

TETE DU PENE. Voyez *Pêne.*

TIGE. La tige d'une clef eft la partie droite qui s'étend depuis l'anneau jufqu'au paneton.

TIRANT. C'eft un long barreau de fer qui traverfe tout un bâtiment , & qui répond à une ou deux ancres,ou par un de fes bouts tantôt à une poutre & tantôt à un mur. On met des tirants aux cheminées pour empêcher que le vent ne les renverfe , 43.

TISONNIERES. On appelle ainfi des efpeces de fourgons qui fervent pour attifer la forge. Il y en a de droites & de courbes, 10.

TÔLE ou fer en feuilles. Ce font des fers qui ont paffé fous le marteau des applatifferies. Les Serruriers en emploient beaucoup de différentes épaiffeurs ; la tôle de Suede eft la plus eftimée.

TOMBEAU. On appelle *des grilles ou des balcons à tombeau* celles dont le bas fait une faillie ou par un coude ou par un arrondiffement en forme de confole , 72.

TOURILLON. Gros morceau de fer rond qui fert d'axe à plufieurs machines.

TOURNE-A-GAUCHE. Les Serruriers pren

nent ce mot en deux sens. C'est quelquefois un tourne-vis , & d'autres fois un crochet qui sert à contourner le fer.

TOURNE-VIS. Voyez *Tourne-à-gauche.*

TRANCHE. C'est un ciseau qui sert à couper le fer à chaud. On l'emmanche dans une hart. Il y en a de percées pour couper les fiches à chaud ; 9, 10.

TRANCHET , il faut lire *Tranche.*

TRAPPE. Les Serruriers nomment ainsi une pièce de fer plate qui s'engage dans les dents du cric des berlines, & fait l'office d'un linguet ou d'un encliquetage, 263.

TRÉMIE. On appelle *une bande de trémie*, une bande de fer plat qui aboutit sur les solives qui bordent le foyer , & soutient l'âtre sans craindre d'incendie, 48.

TRÉPAN. Machine qui sert à faire tourner un foret qu'on tient dans une position verticale. Voyez *Drille*, 34.

TRICOISES. Ce sont des espèces de tenailles dont les mordants courbes ne pincent que par leur extrémité, 10.

TRINGLES. Barres de fer forgé en rond; les tringles passent dans des anneaux qui soutiennent les rideaux. Il y a des tringles de fer noir , d'autres blanchies à la lime , & d'autres polies.

TRIPOLI. Espèce de craie ou de pierre tendre d'un blanc tirant sur le rouge qui sert à polir les métaux, 26.

TRUSQUIN. Outil qui sert à marquer les endroits où l'on veut ouvrir une mortaise , 152.

TUYERE. C'est un canal de fer épais qui sert à conduire le vent du soufflet dans la forge, 10.

V

VASE. Petits ornements en forme de vase qu'on met au haut & au bas des fiches qu'on nomme pour cette raison *Fiches à vase*, 3.

VERGETTES. Petites verges de fer qu'on applique ordinairement sur les panneaux de vitres montés en plomb , 63.

VIELLE. *Loquet à vielle.* Les loquets à vielle s'ouvrent avec une clef qui soulève une pièce coudée en forme de manivelle, laquelle soulève le battant du loquet; on en fait usage pour fermer les portes des lieux d'aisance,&c, 138.

VIS. Ce sont des morceaux de fer taraudés par un de leur bout, & terminés à l'autre par une tête, ou refendus en quarré. Il y a des vis de lit , de parquet , pour les glaces, pour les serrures , & des vis en bois qui n'ont point d'écrou.

VITRAIL. Châssis de fer avec des croisillons aussi en fer qui reçoit des panneaux de verre montés en plomb. On ne s'en sert guère que dans les Eglises & les Basiliques. On dit au pluriel des *Vitraux*, 62.

VITRAU. Quelques Auteurs emploient ce mot dans le même sens que le précédent; mais il vaut mieux dire *Vitrail.*

VRILLE. Petit instrument qu'on mene avec la main , & qui sert à percer des trous dans du bois. Les Ferreurs en font quelquefois usage.

FIN DE L'ART DU SERRURIER.

De l'Imprimerie de L. F. DELATOUR. 1767.

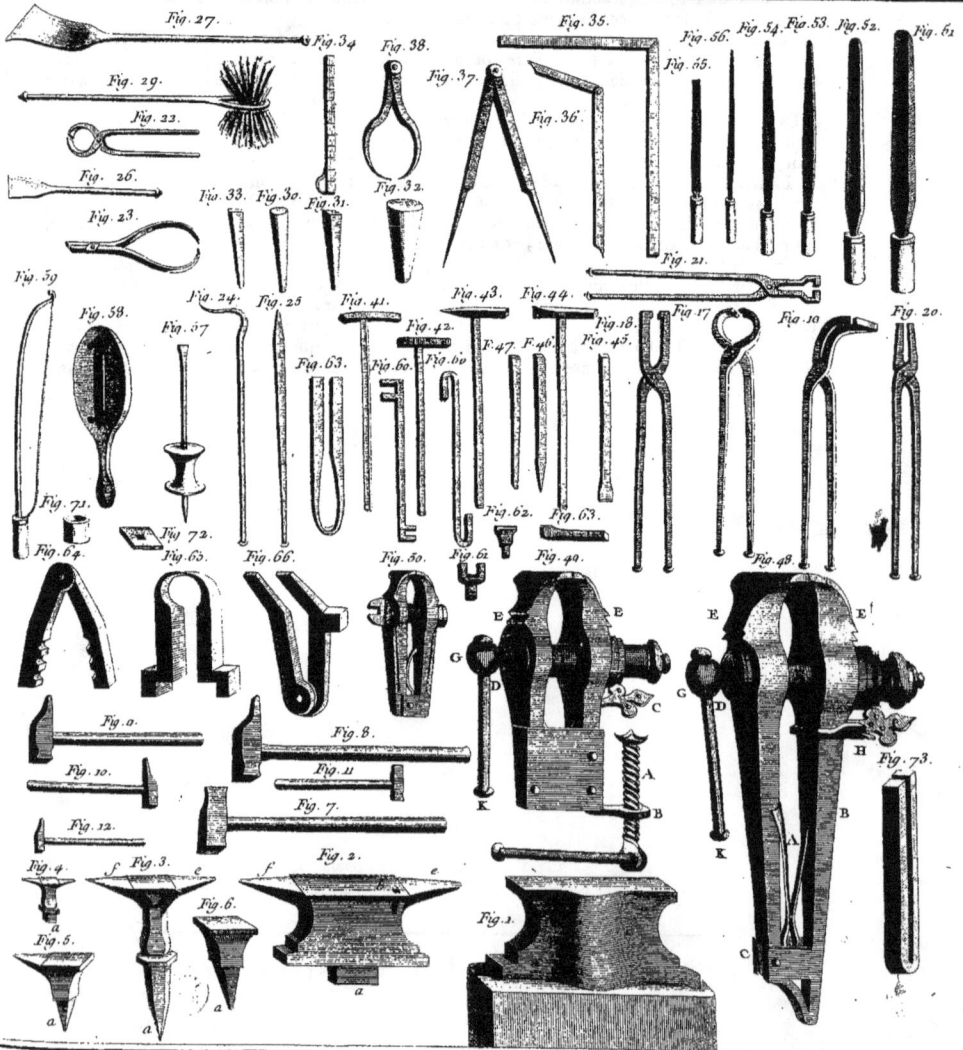

Pl. I.

Fig. 1.
Fig. 2.

Fig. 27. Fig. 34. Fig. 38. Fig. 35. Fig. 56. Fig. 54. Fig. 53. Fig. 52. Fig. 61.
Fig. 29. Fig. 37. Fig. 55.
Fig. 22. Fig. 36.
Fig. 26. Fig. 33. Fig. 30. Fig. 31. Fig. 32. Fig. 21.
Fig. 23.
Fig. 59. Fig. 24. Fig. 25. Fig. 41. Fig. 43. Fig. 44. Fig. 18. Fig. 17. Fig. 19. Fig. 20.
Fig. 58. Fig. 57. Fig. 42. F. 47. F. 46. Fig. 45.
Fig. 63. Fig. 60. Fig. 60.
Fig. 71. Fig. 62. Fig. 63.
Fig. 64. Fig. 72. Fig. 50. Fig. 61. Fig. 49. Fig. 48.
Fig. 65. Fig. 66.
Fig. 9. E E E E
Fig. 8. G G
Fig. 10. D D
Fig. 11. C H Fig. 73.
Fig. 12. A
Fig. 7. B B
Fig. 4. Fig. 3. Fig. 2. K A
Fig. 6. K
Fig. 5. Fig. 1. C

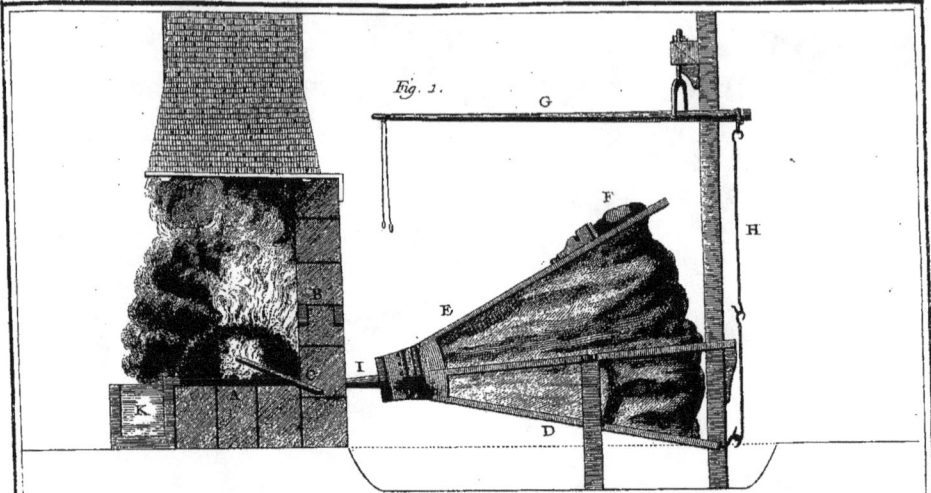

Fig. 1.

Fig. 3.

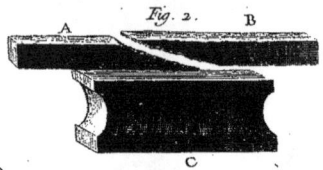

Fig. 2.

Fig. 5.

Fig. 8.

Fig. 10.

Fig. 4.

Fig. 7.

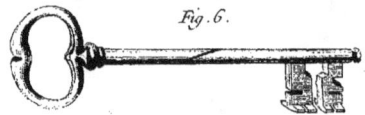

Fig. 6.

Fig. 9.

C.me Haussard Sculp.

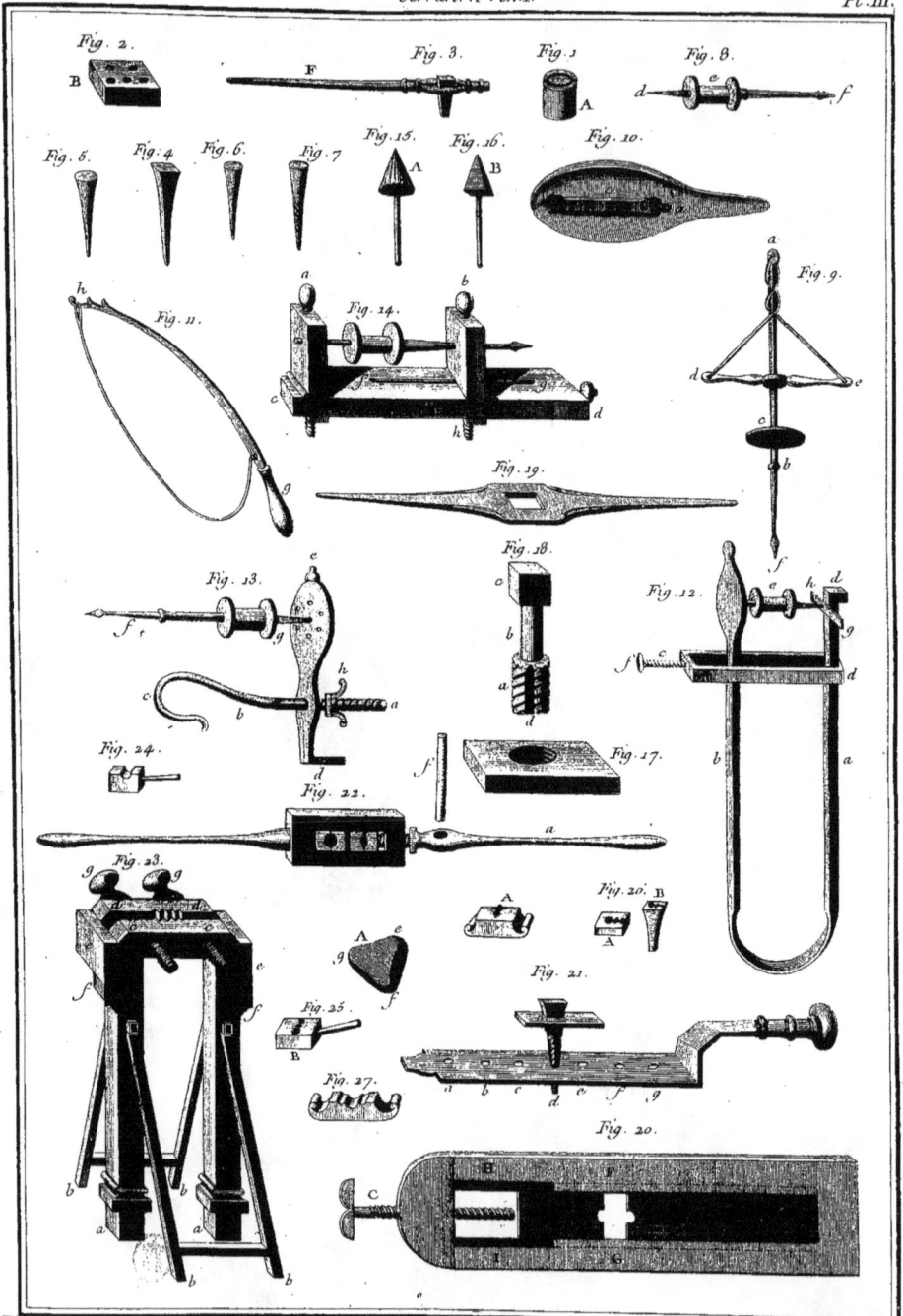

Fig. 2. B
Fig. 3. F
Fig. 1. A
Fig. 8. d e f
Fig. 5. Fig. 4. Fig. 6. Fig. 7.
Fig. 15. A Fig. 16. B
Fig. 10.
Fig. 9. a d e c b f
Fig. 11. h g
Fig. 14. a b c d h
Fig. 19.
Fig. 13. e f g h c b a d
Fig. 18. c b a d
Fig. 12. e h d g f c b a
Fig. 24. Fig. 22. a f Fig. 17. a
Fig. 23. g g f e f A e g A f f
Fig. 20. A B A
Fig. 25. B
Fig. 21. a b c d e f g
Fig. 27. b a a b b
Fig. 20. C E F G I e

P.ᵉˡ Hansard Sculp.

Pl. IV.

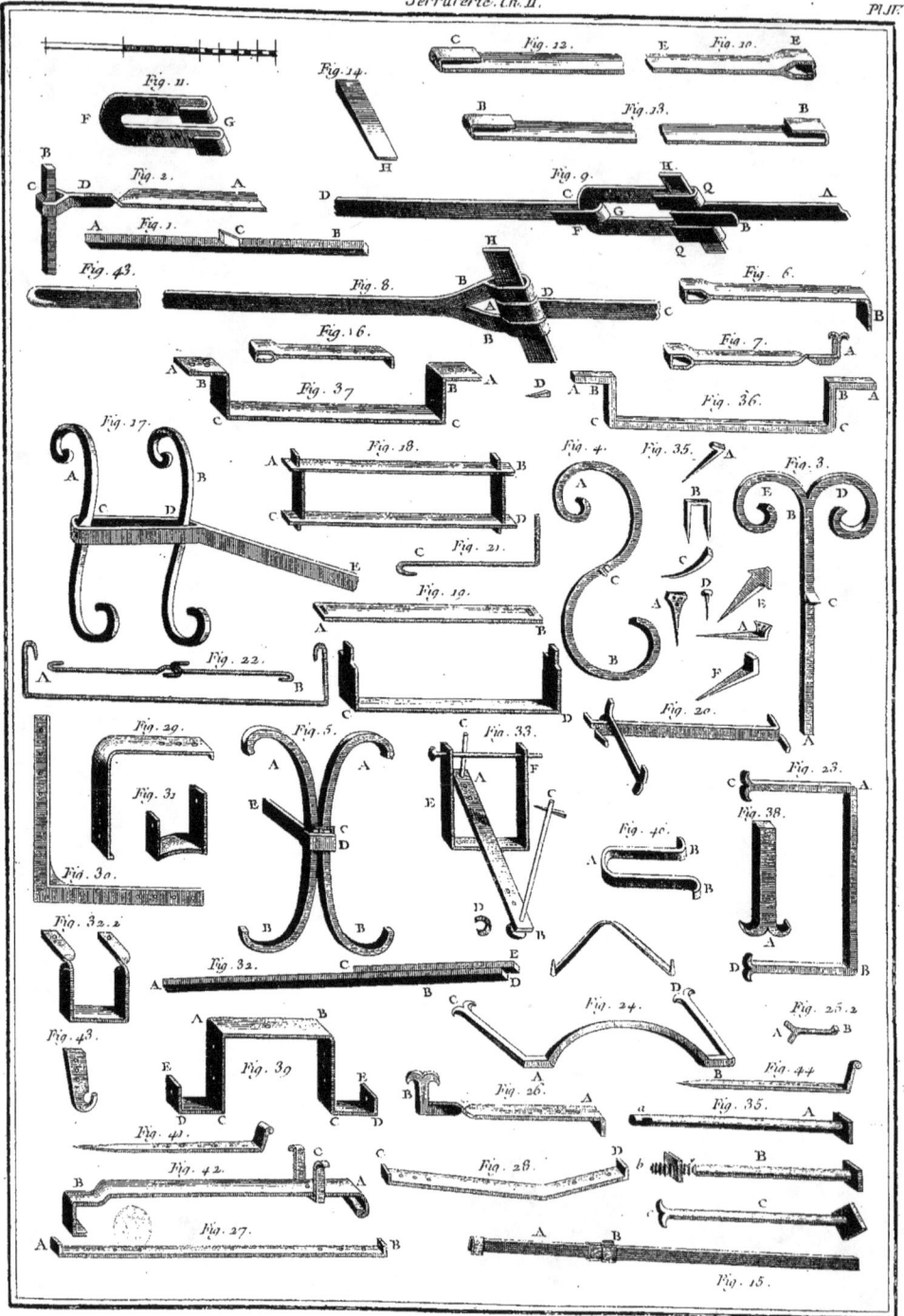

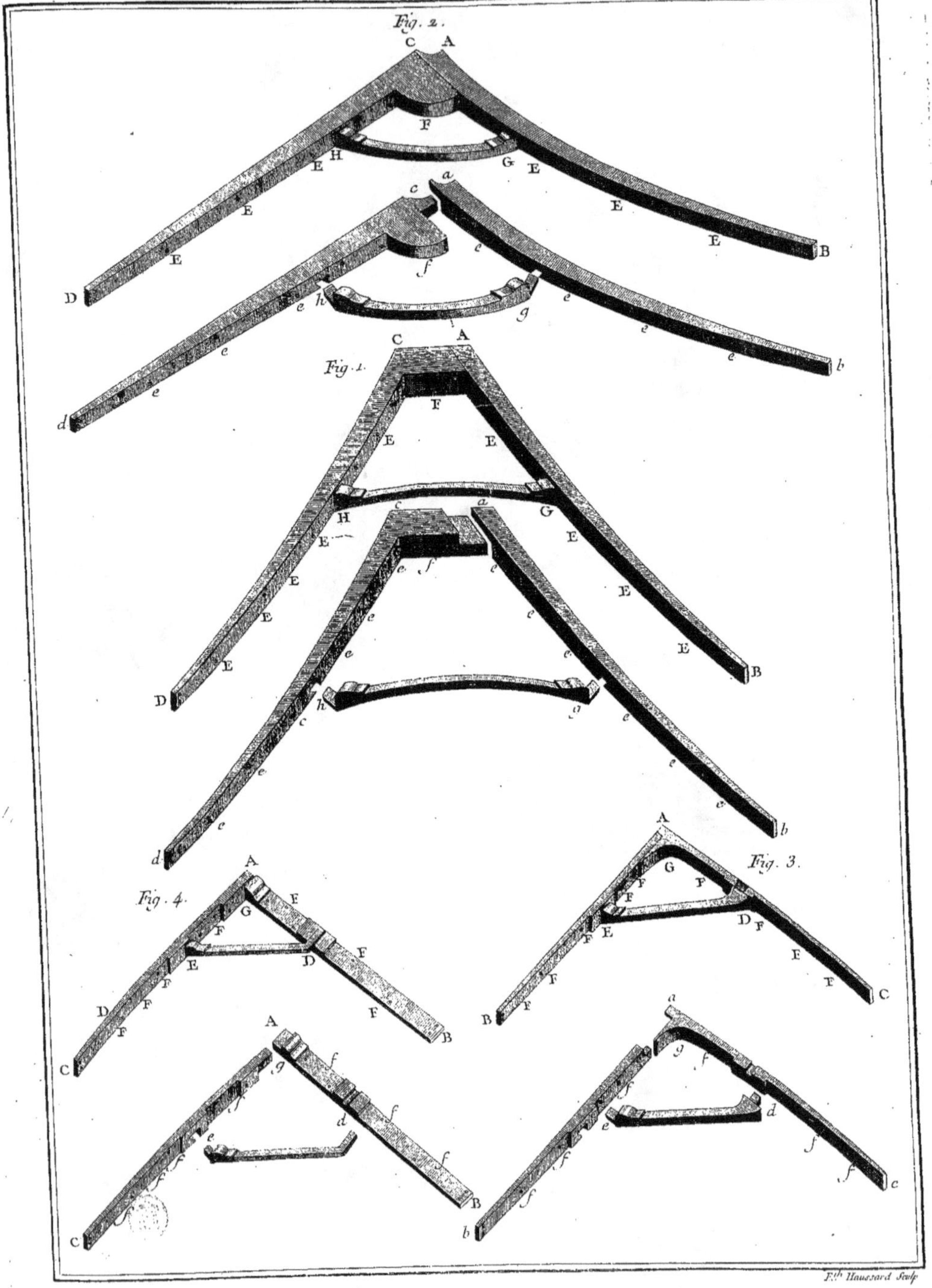

Fig. 2.

Fig. 1.

Fig. 3.

Fig. 4.

F.th Haussard Sculp

Pl. VI.

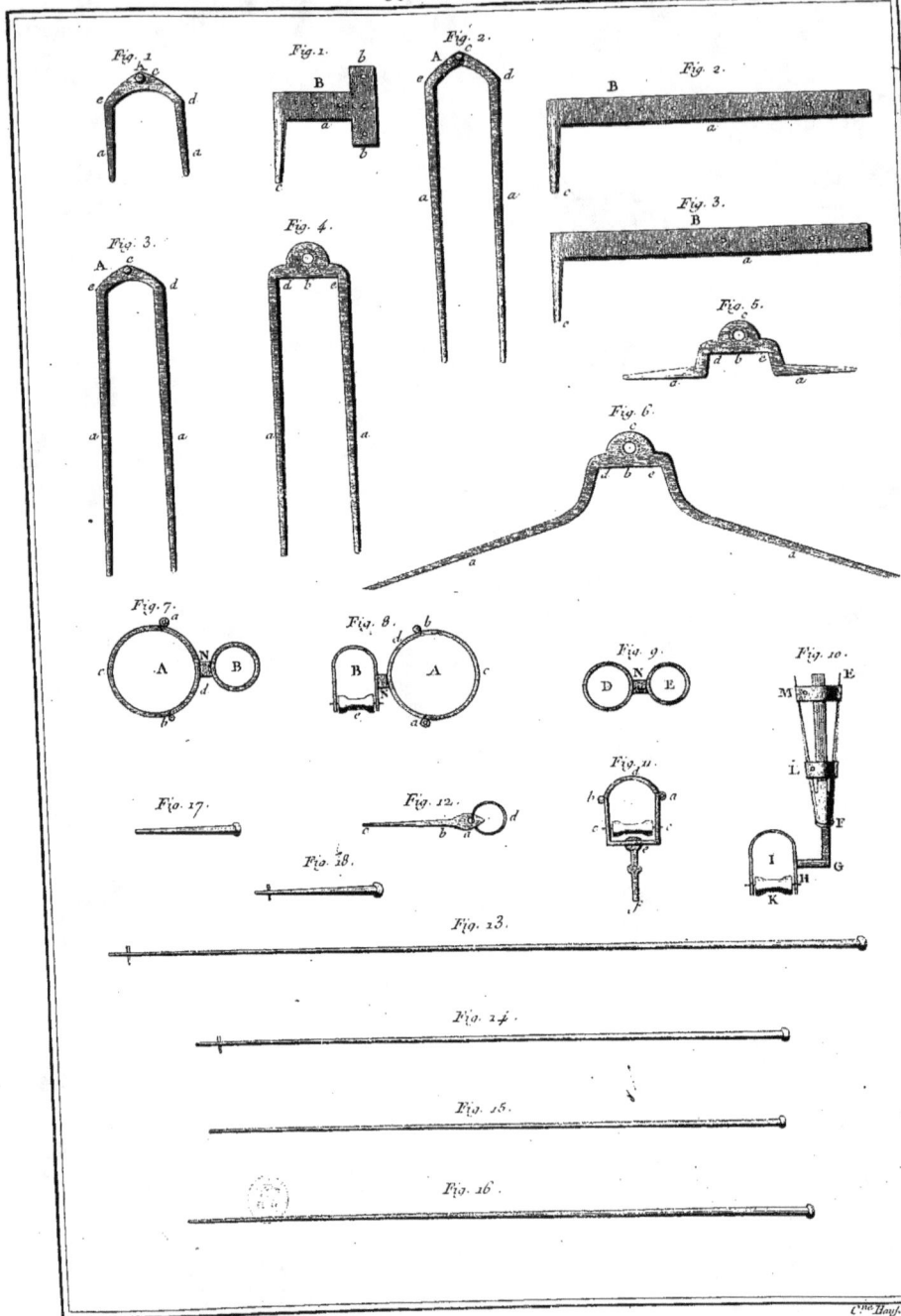

Fig. 1. Fig. 1. Fig. 2. Fig. 2. Fig. 3. Fig. 3. Fig. 4. Fig. 5. Fig. 6. Fig. 7. Fig. 8. Fig. 9. Fig. 10. Fig. 11. Fig. 12. Fig. 13. Fig. 14. Fig. 15. Fig. 16. Fig. 17. Fig. 18.

C.^{no} Haußard Sculp.

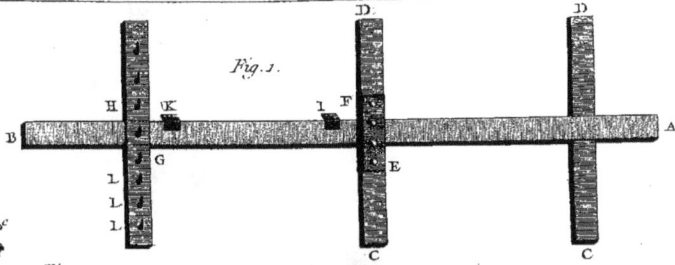

Fig. 1.

Fig. 4.

Fig. 3.

Fig. 2.

Fig. 9.

Fig. 8.

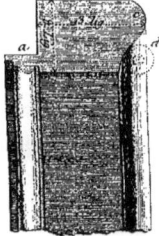

Fig. 7.

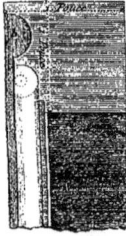

Fig. 6.

Fig. 5.

Fig. 12.

Fig. 13.

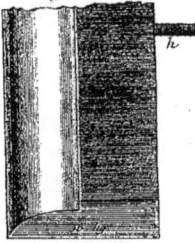

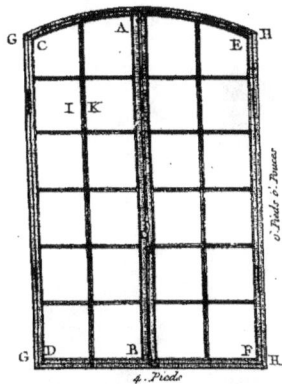

Fig. 10.

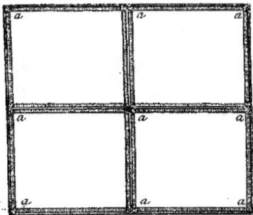

Fig. 11.

Echelle de   1   2   3   4 Pieds

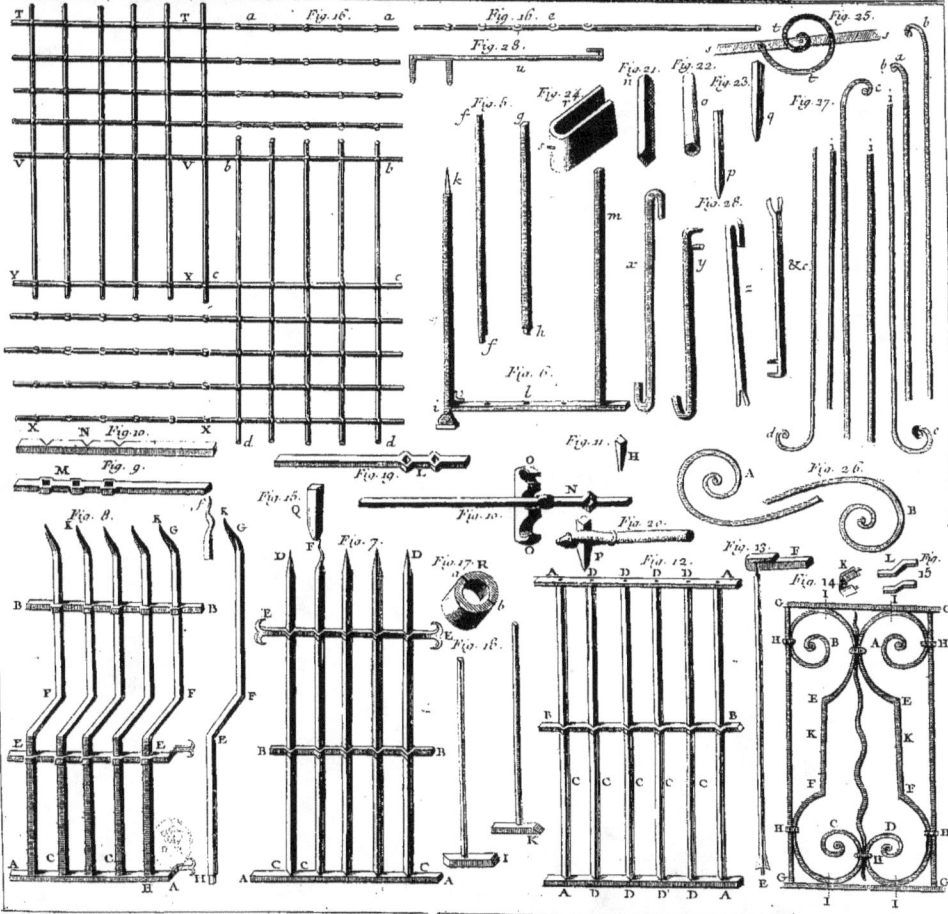

Fig. 3. *Fig. 2.* *Fig. 1.*
Fig. 4.
Fig. 6. *Fig. 5.*
Fig. 13. *Fig. 12.* *Fig. 7.*
Fig. 14. *Fig. 22.* *Fig. 10.* *Fig. 11.* *Fig. 9.* *Fig. 8.*
Fig. 21.
Fig. 23.
Fig. 15.
Fig. 18.
Fig. 16.
Fig. 17.
Fig. 19.
Fig. 20.

Fig. 7.
Fig. 8.
Fig. 9.
Fig. 10.
Fig. 11.
Fig. 12.
Fig. 13.
Fig. 14.
Fig. 15.
Fig. 15.2
Fig. 16.
Fig. 16 2
Fig. 17.
Fig. 18.
Fig. 19.
Fig. 20.
Fig. 21.
Fig. 22.
Fig. 23.
Fig. 24.

Fig. 1.

Fig. 2.

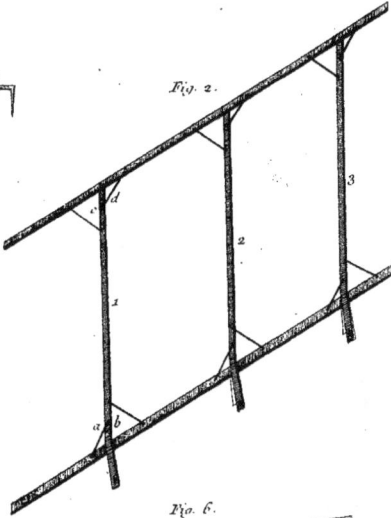

Fig. 3.

Fig. 6.

Fig. 4.

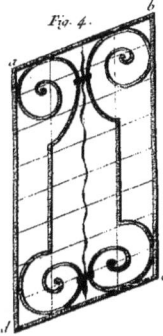

Fig. 5.

Fig. 7.

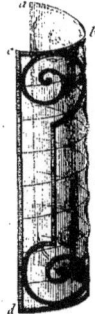

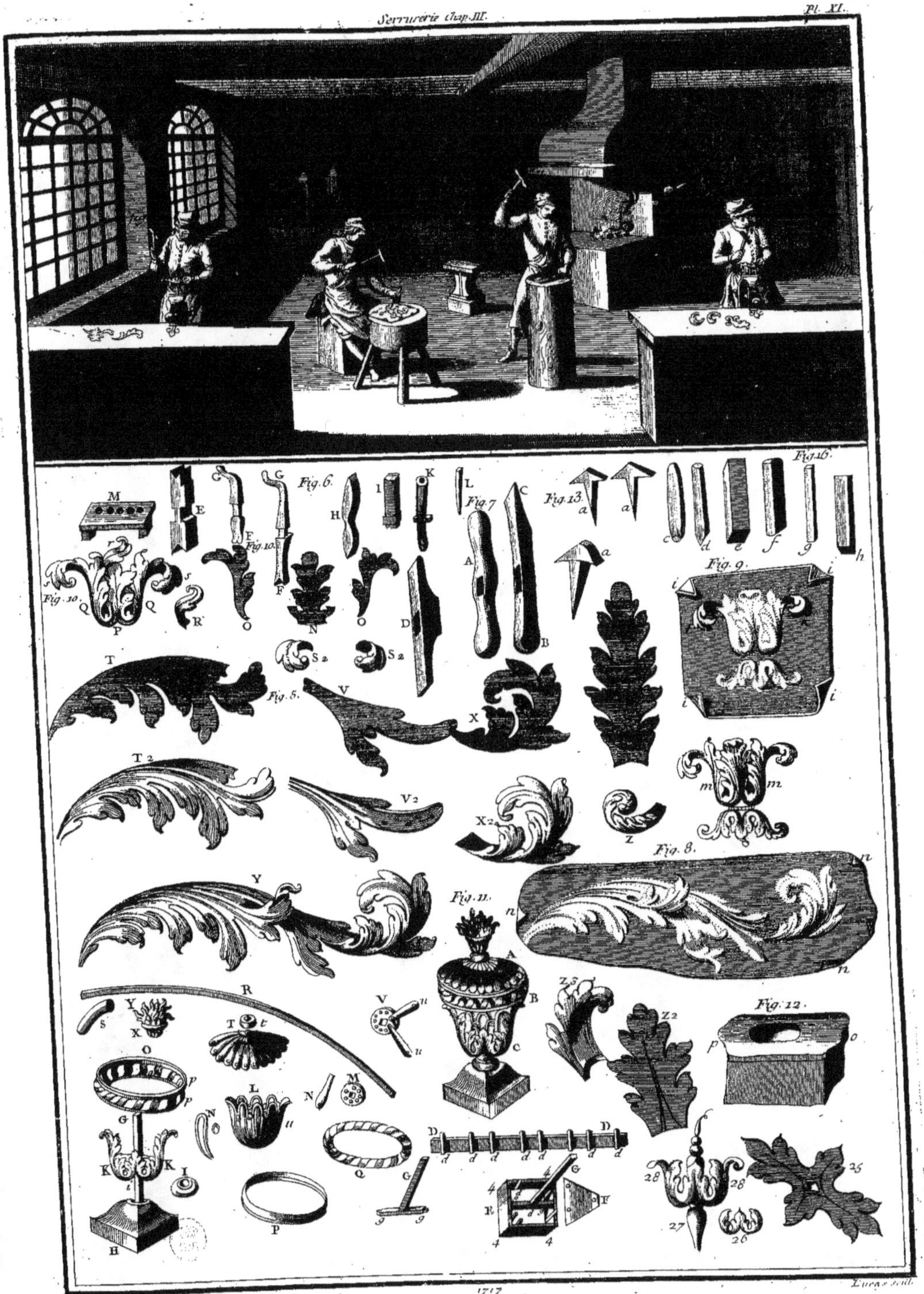

Reniere del.

1717

Lucas sculp.

Fig. 7

Fig. 6

Fig. 5

Echelle de 4 pieds.

iné par Chauffourié.

V. dias inv.p.

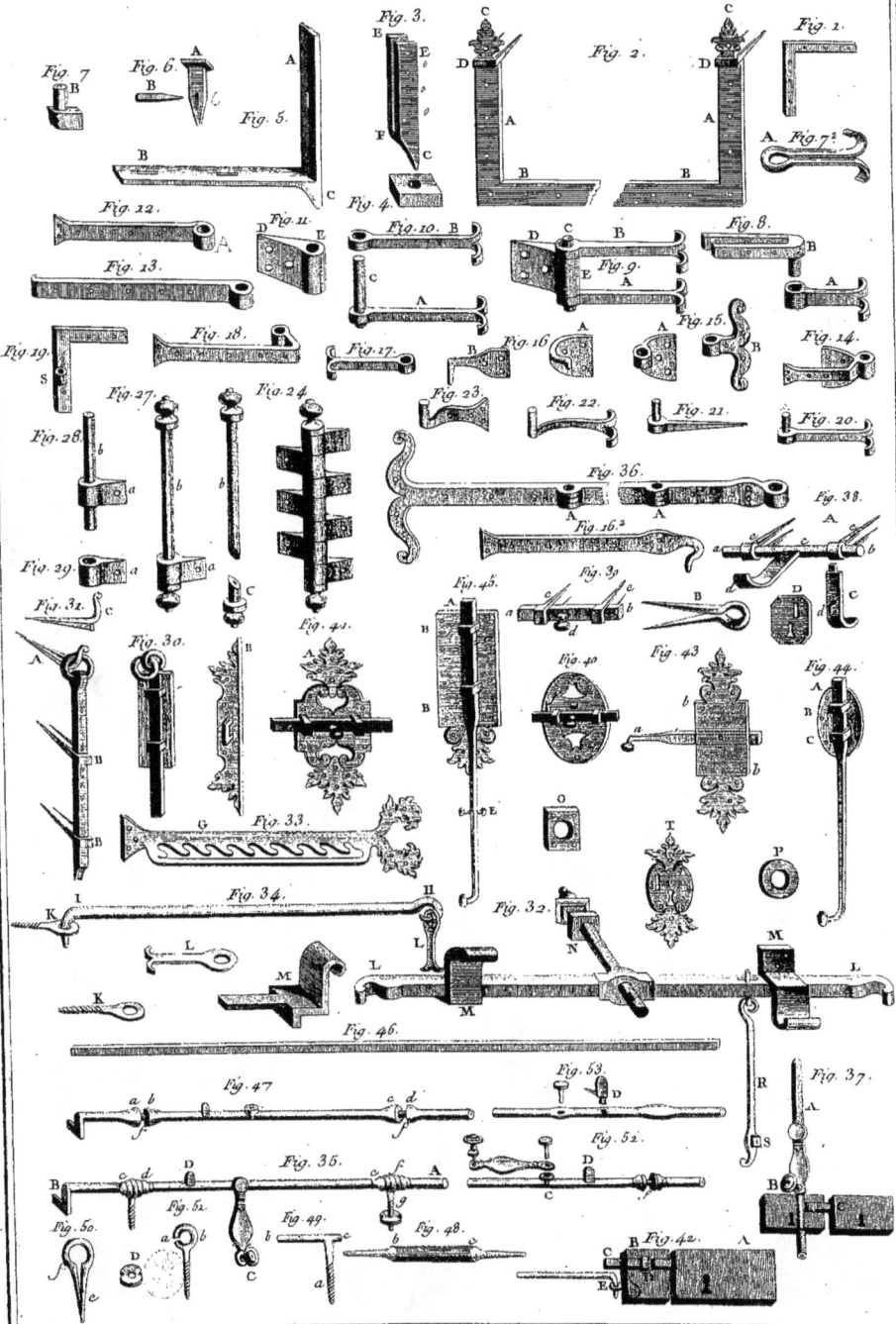

Fig. 7

Fig. 6

Fig. 5

Fig. 3

Fig. 2

Fig. 1

A

Fig. 7.²

B

Fig. 4

Fig. 12

Fig. 11

Fig. 10

Fig. 9

Fig. 8

Fig. 13

Fig. 19

Fig. 18

Fig. 17

Fig. 16

Fig. 15

Fig. 14

Fig. 27

Fig. 24

Fig. 23

Fig. 22

Fig. 21

Fig. 20

Fig. 28

Fig. 36

Fig. 38

Fig. 16.²

Fig. 29

Fig. 45

Fig. 39

Fig. 43

Fig. 44

Fig. 31

Fig. 40

Fig. 30

Fig. 41

Fig. 33

Fig. 32

Fig. 34

Fig. 46

Fig. 47

Fig. 53

Fig. 37

Fig. 52

Fig. 35

Fig. 50

Fig. 51

Fig. 49

Fig. 48

Fig. 42

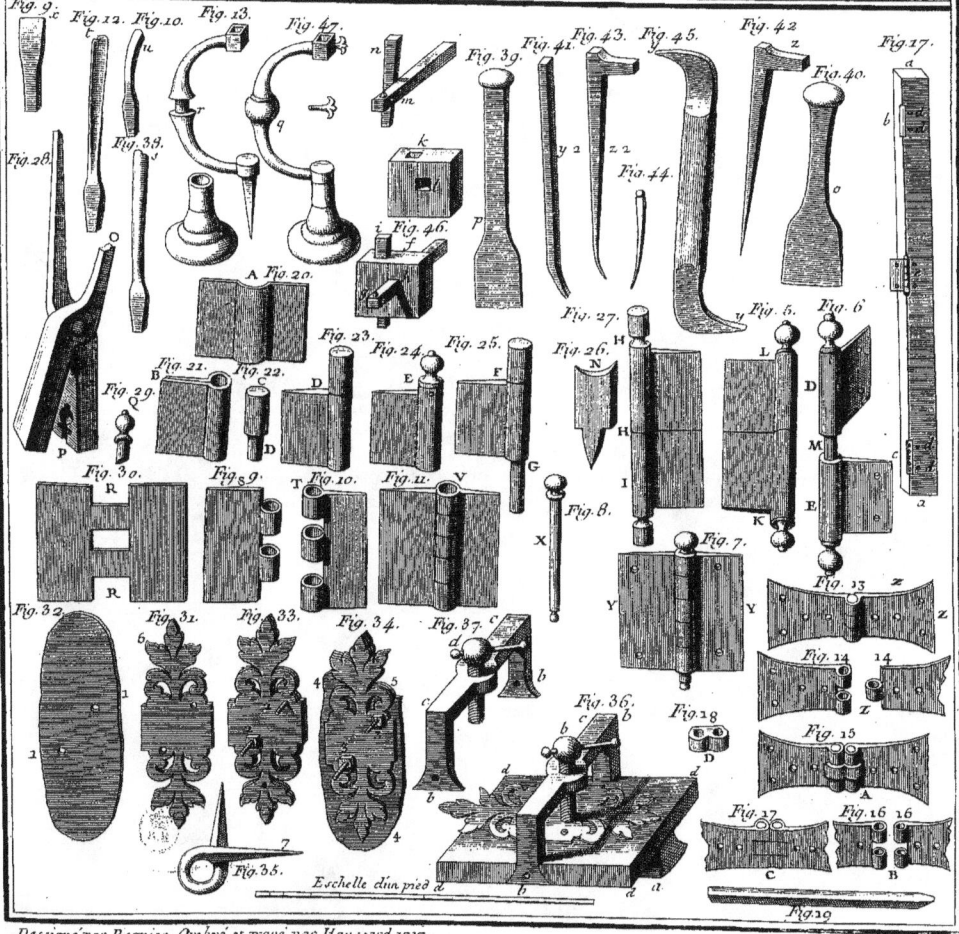

Dessigné par Regnier. Ombré et gravé par Haussard 1727.

Fig. 4. Fig. 5. Fig. 2. Fig. 10. Fig. 7. Fig. 1. Fig. 9. Fig. 11. Fig. 3. Fig. 6. Fig. 18. Fig. 16. Fig. 8. Fig. 31. Fig. 27. Fig. 12. Fig. 29. Fig. 32. Fig. 24. Fig. 13. Fig. 15. Fig. 40. Fig. 22. Fig. 26. Fig. 25. Fig. 23. Fig. 30. Fig. 21. Fig. 28. Fig. 38. Fig. 22. Fig. 20. Fig. 34. Fig. 19. Fig. 35. Fig. 36. Fig. 37.

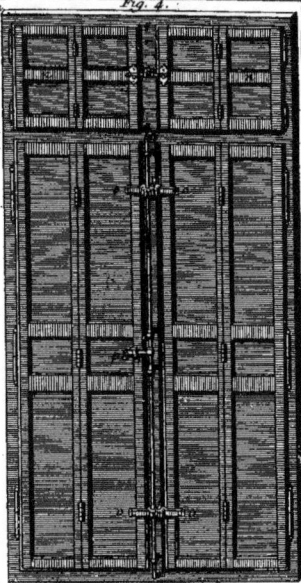

Echelle de 4. pieds 6. pou.

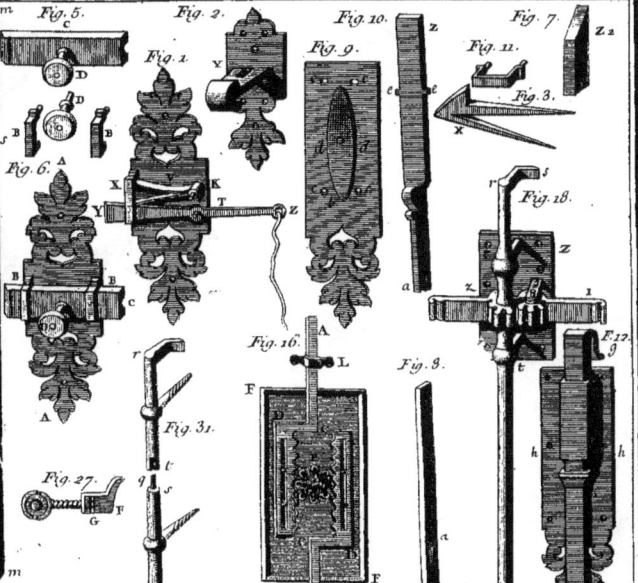

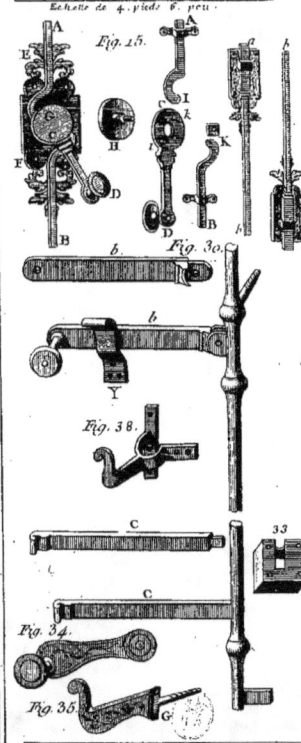

Echelle de 2. pieds.

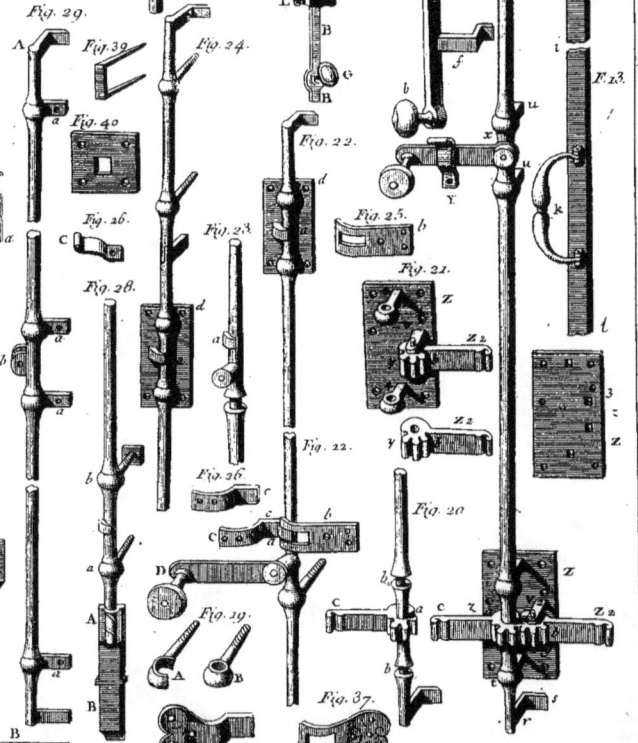

Dessiné par Regnier et Chaufourier.   Gravé par J. Boussard. 1767.

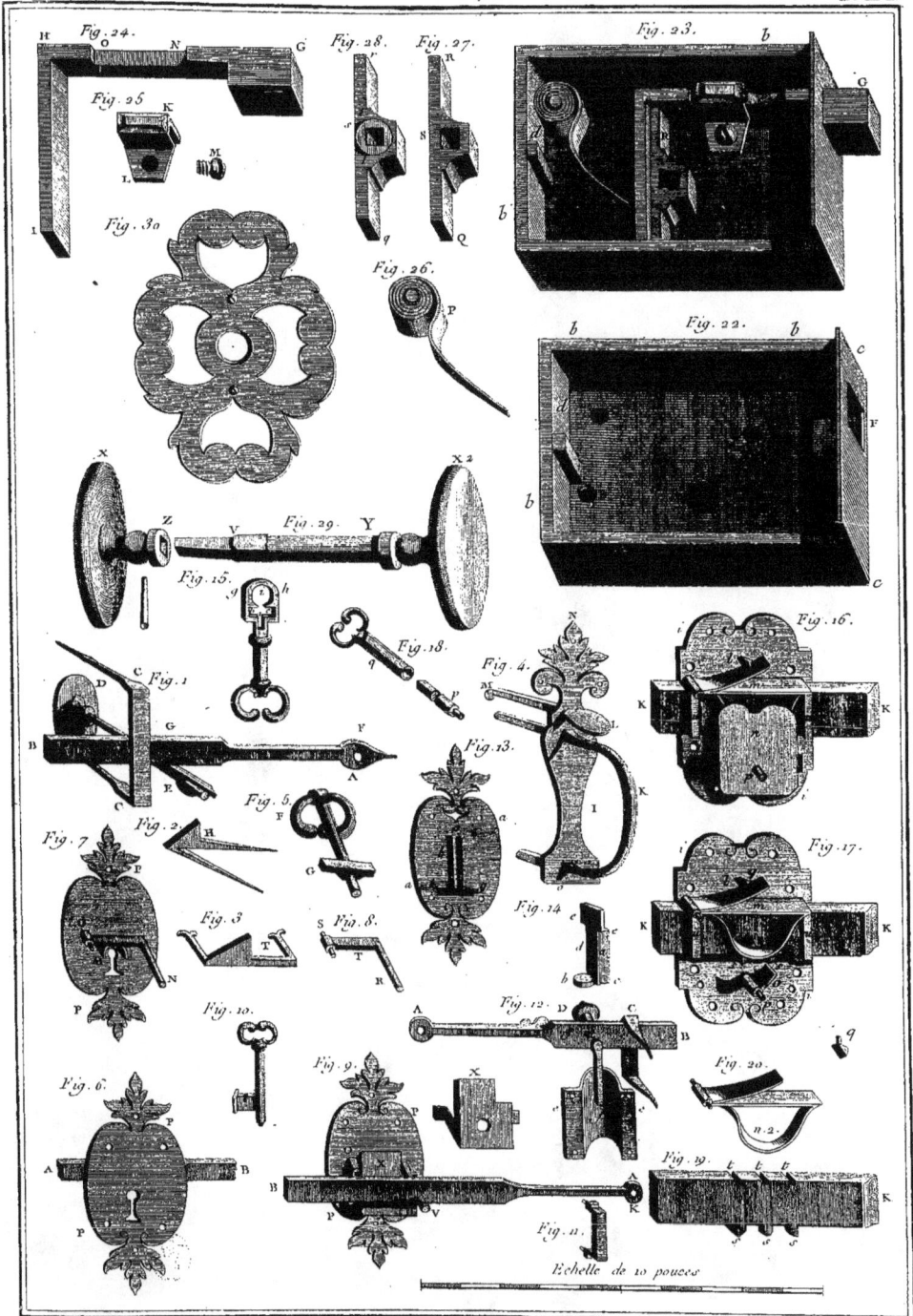

Fig. 24. Fig. 28. Fig. 27. Fig. 23.
Fig. 25.
Fig. 30.
Fig. 26.
Fig. 29.
Fig. 22.
Fig. 15.
Fig. 18.
Fig. 1.
Fig. 4.
Fig. 13.
Fig. 16.
Fig. 5.
Fig. 7.
Fig. 2.
Fig. 3.
Fig. 8.
Fig. 14.
Fig. 17.
Fig. 10.
Fig. 12.
Fig. 20.
Fig. 9.
Fig. 6.
Fig. 19.
Fig. 11.

Echelle de 10 pouces

Benard Fecit

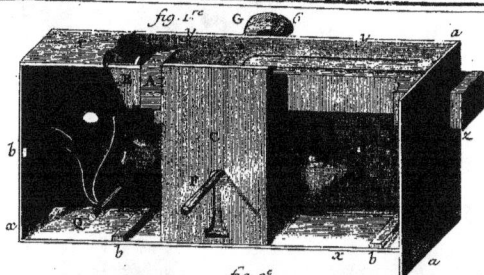

fig. 1.re

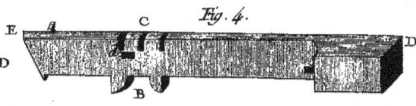

Fig. 4.

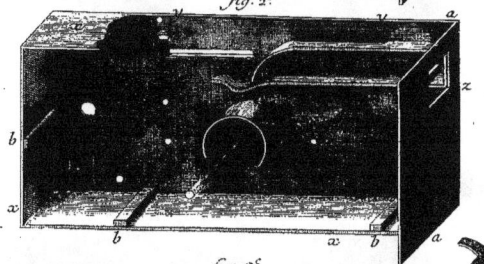

fig. 2.e

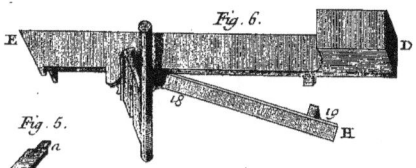

Fig. 6.

Fig. 5.

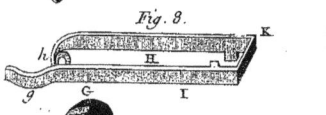

Fig. 8.

fig. 3.e

Fig. 12.

Fig. 9.

Fig. 10.

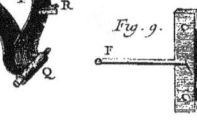

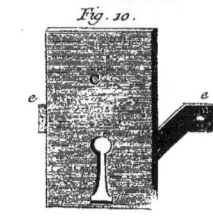

Fig. 14.

Fig. 15.

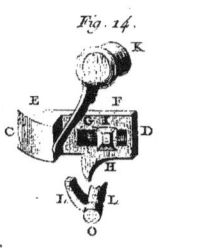

Fig. 13.

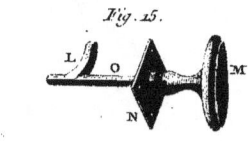

Fig. 15.

Fig. 16.

Fig. 7.2

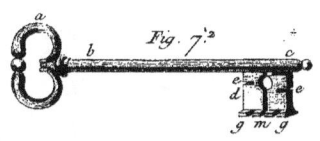

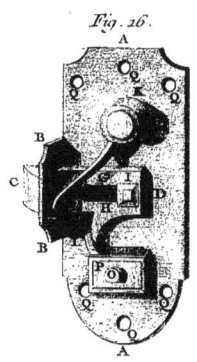

Fig. 7.

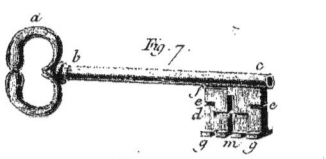

Fig. 11.

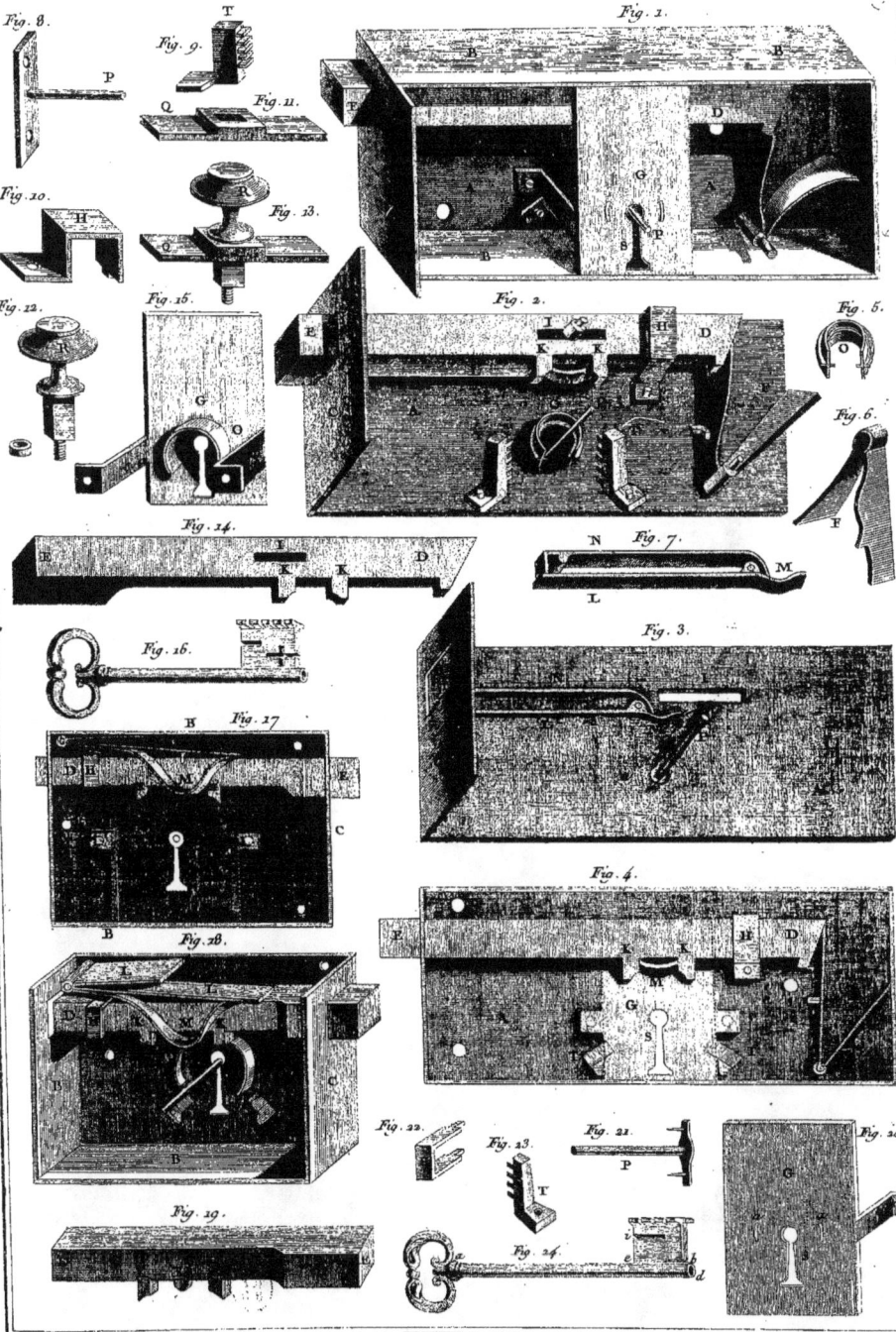

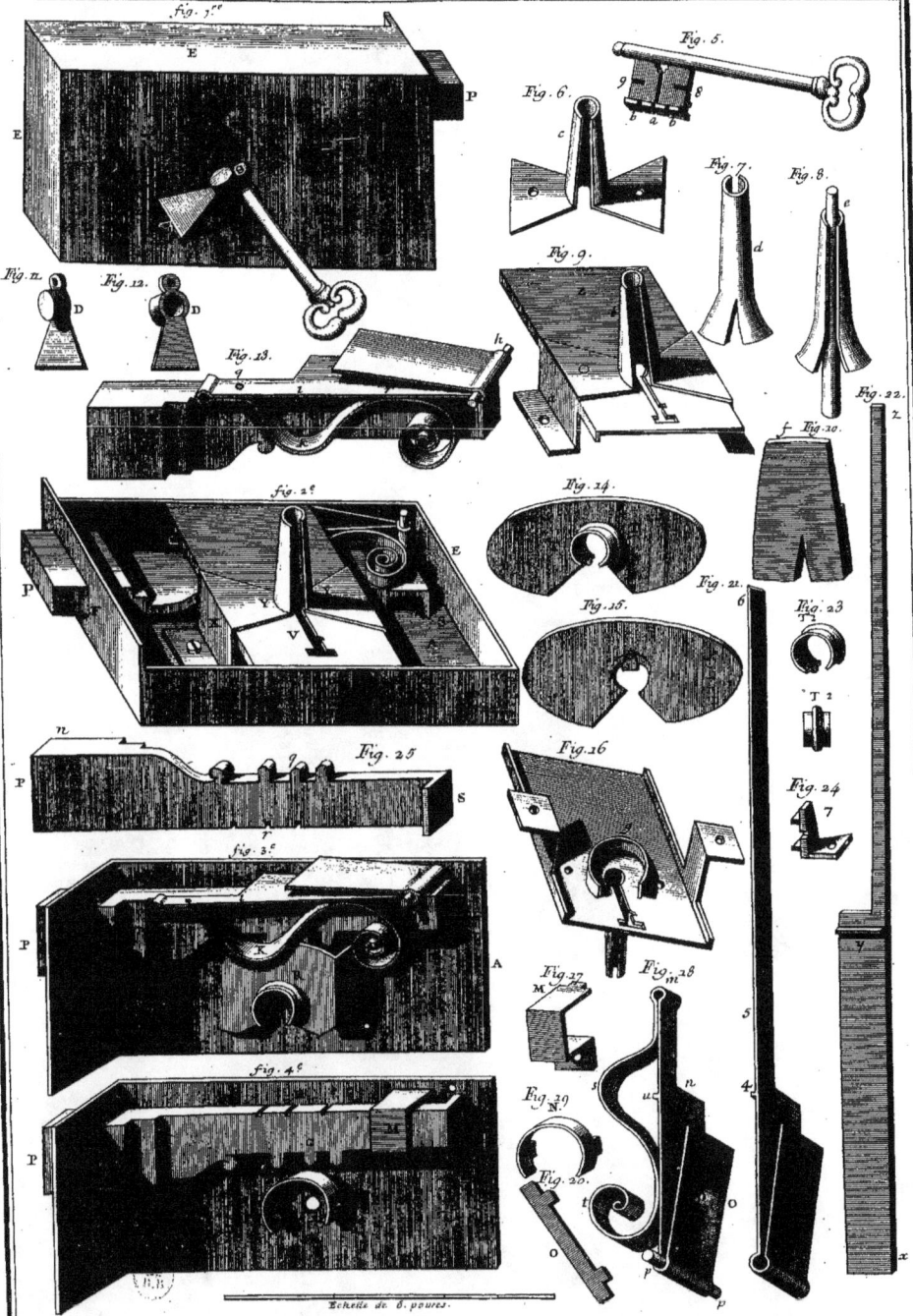

fig. 1.re
E
E
P
Fig. 5.
Fig. 6.
9   8
c
b a b
Fig. 7.
Fig. 8.
d
e
Fig. n.
Fig. 12.
D
D
Fig. 9.
z
Fig. 13.
h
i
Fig. 22.
z
f   Fig. 10.
Fig. 14.
fig. 2.e
E
P
Y
V
Fig. 21.
6
Fig. 15.
Fig. 23.
T 2
T 2
Fig. 16.
n
Fig. 25.
P
S
r
Fig. 24.
7
fig. 3.e
P
K
A
Fig. 27.
M
Fig. 28.
m
5
Fig. 29.
N
u   n
4
fig. 4.e
P
M
C
Fig. 26.
s
t
o   o
o
Y
p
p
x

Dessiné par Regnier, et Bretez.   Gravé par J. Haussard. 1776.

Fig. 8.

Fig. 6.

Fig. 7.

Fig. 4.

fig. 1.re

fig. 2.e

Fig. 10.

Fig. 6.

Fig. 13.

Fig. 9.

Fig. 11.

fig. 3.e

Fig. 12.

Fig. 14.

Fig. 15.

Echelle de 5 pouces.

dessiné par Bretez. 1717. *Lucas sculp.*

Pl. XXI.

Dessiné par Regnier et Bretez.
Gravé par J. Haussard 1716.

Fig. 7.   Fig. 10.
                        Fig. 11.

fig. 1.

c
d
e
l

Fig. 6.   Fig. 9.   Fig. 8.   Fig. 12.

fig. 2.e

Fig. 13.

Fig. 14.

fig. 6.e   fig. 5.e   fig. 3.e

Echelle de 6. pouces.

Dessiné par Regnier et Bretez.   Gravé par J. Haussard 1716.

Fig. 9.
Fig. 6.
Fig. 7.
Fig. 8.
fig. 5.ͤ
fig. 2.ͤ
Fig. 10.
fig. 4.ͤ
fig. 3.ͤ

Echelle de 6. pouces.

Dessiné par Regnier et Bretez.   Gravé par J. Maussard 1716.

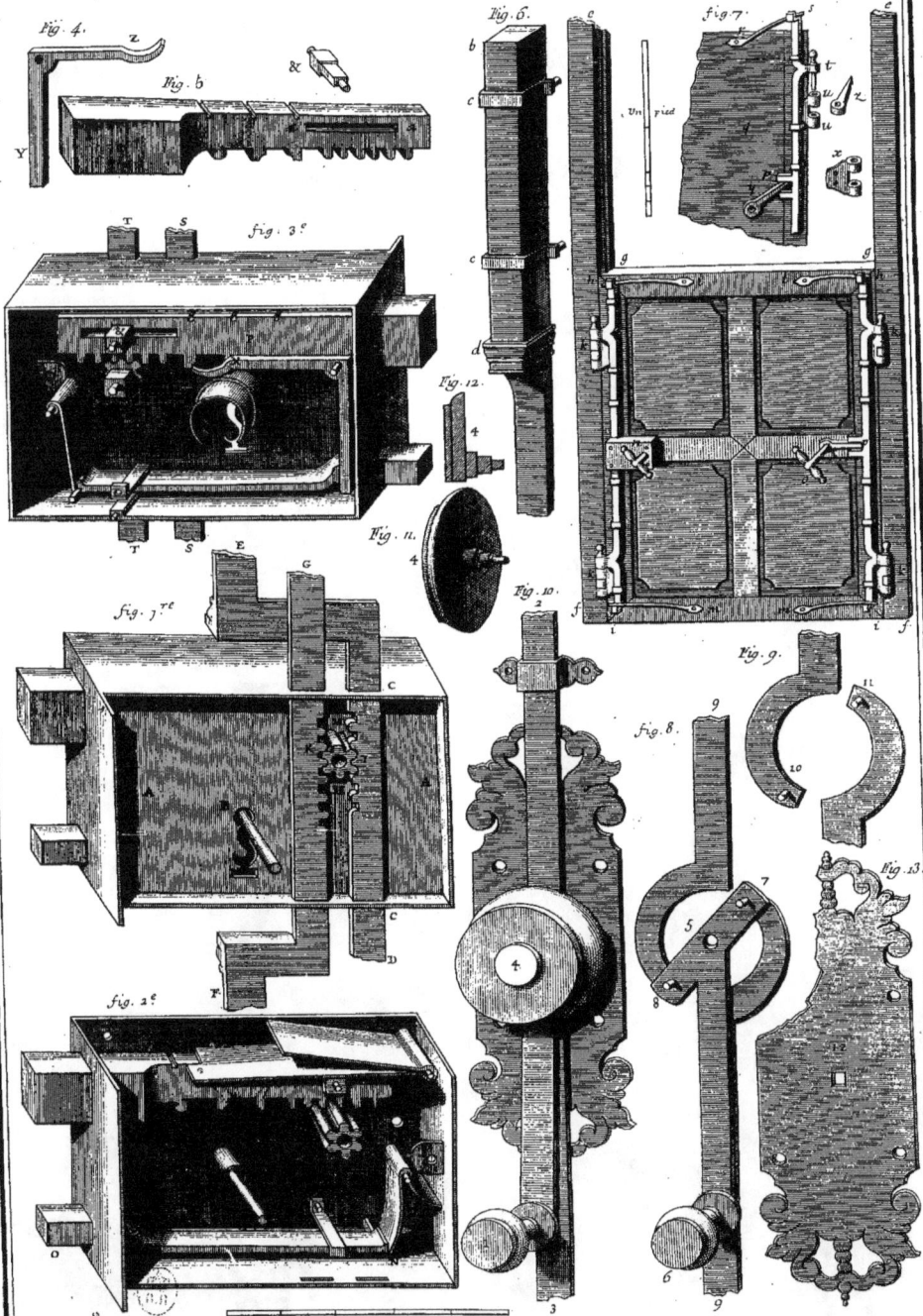

Dessiné par Regnier et Bretez. *Gravé par J. Haussard. 1717.*

Pl. XXV.

Fig. 18.

Fig. 19.

Fig. 9.

Fig. 18.

Fig. 6.

Fig. 8.

fig. 1.re

Fig. 7.

Fig. 5.

fig. 3.e

Fig. 14.

Fig. 12.

fig. 2.e

Fig. 11.

Fig. 16.

fig. 4.e

Fig. 10.

Fig. 13.

Fig. 17.

Fig. 15.

Fig. 16.

Echelle de 6 pouces.

dessiné par Regnier omb. par Chaufourie.   1717.   Lucas sculp.

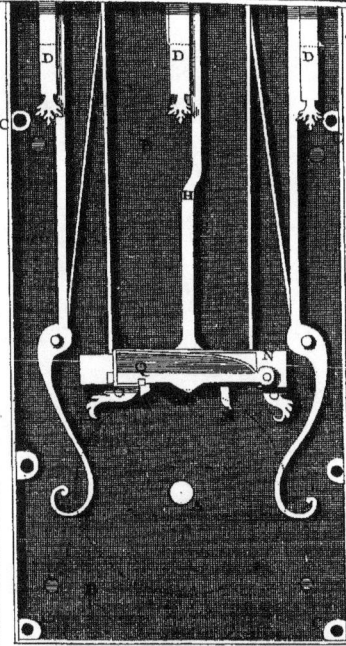

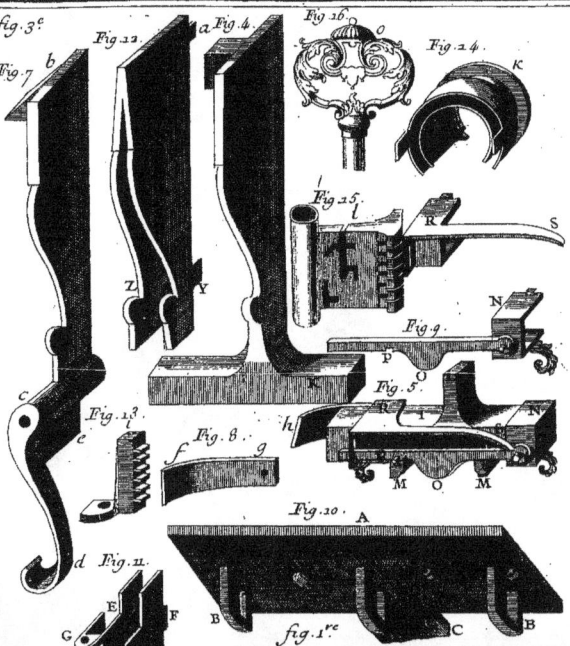

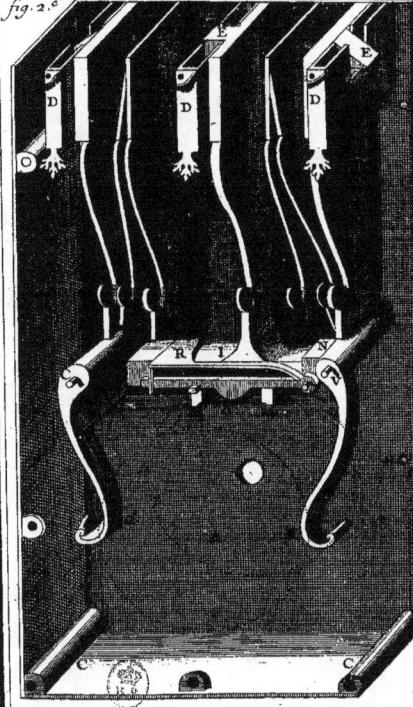

fig.3.e Fig.12 a Fig.4 Fig.16 o Fig.14 K
Fig.7 b Z Y Fig.15 l R S
c N
Fig.13 Fig.9 P O
e Fig.8 g h Fig.5
f R N
d Fig.11 M O M
E Fig.10 A
G F B fig.1.re C B
D D E E E
fig.2.e Fig.6 N N N
D E T E
D E
D R I N F
V
C C X
Echelle de 4 pouces.

Fig. 6. Fig. 7. Fig. 12. Fig. 13.

Fig. 8. Fig. 9. Fig. 11. Fig. 5. Fig. 4.

fig. 3.

fig. 2.

Fig. 15.

Fig. 14. Fig. 10.

fig. 1.re

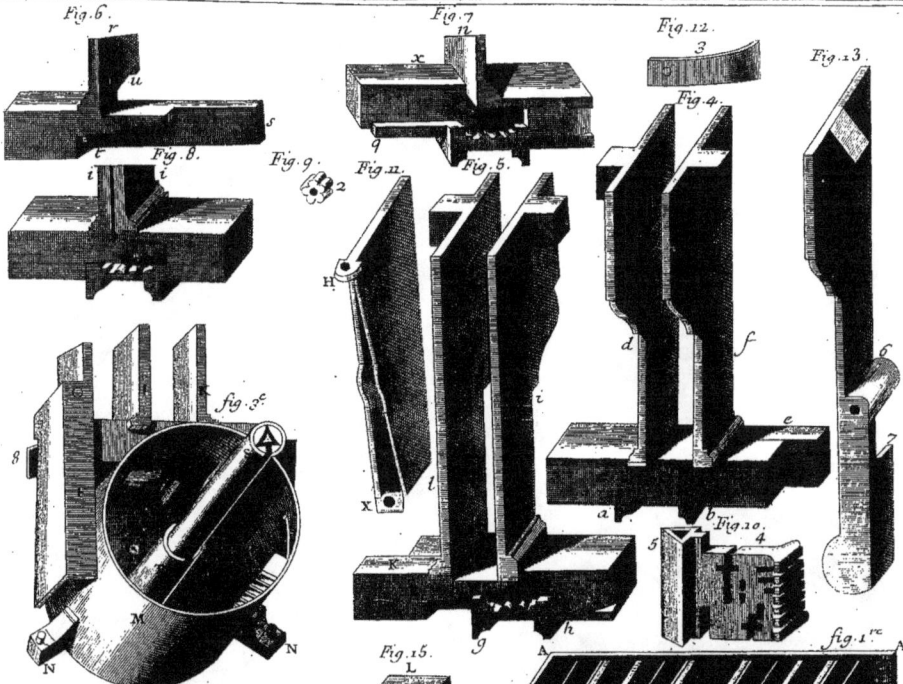

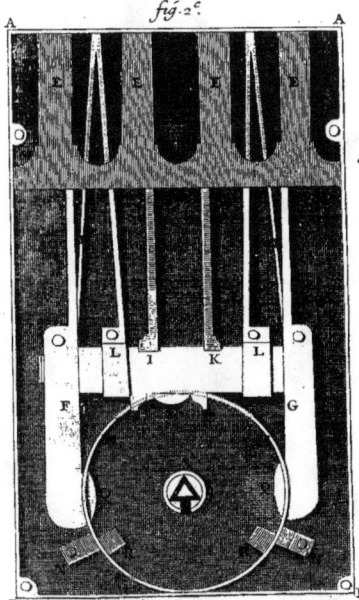

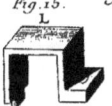

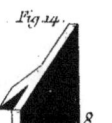

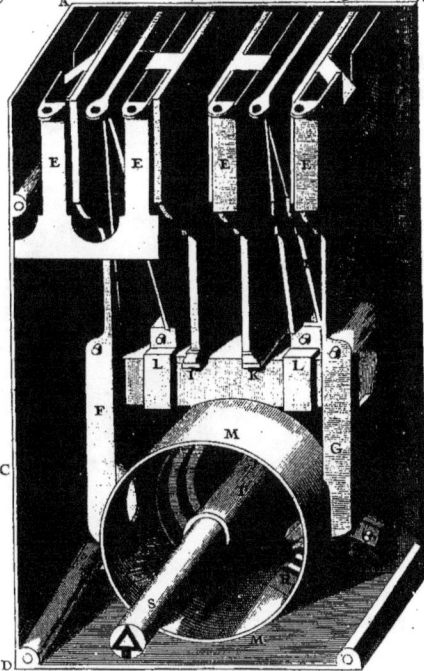

Echelle de 7 pouces.

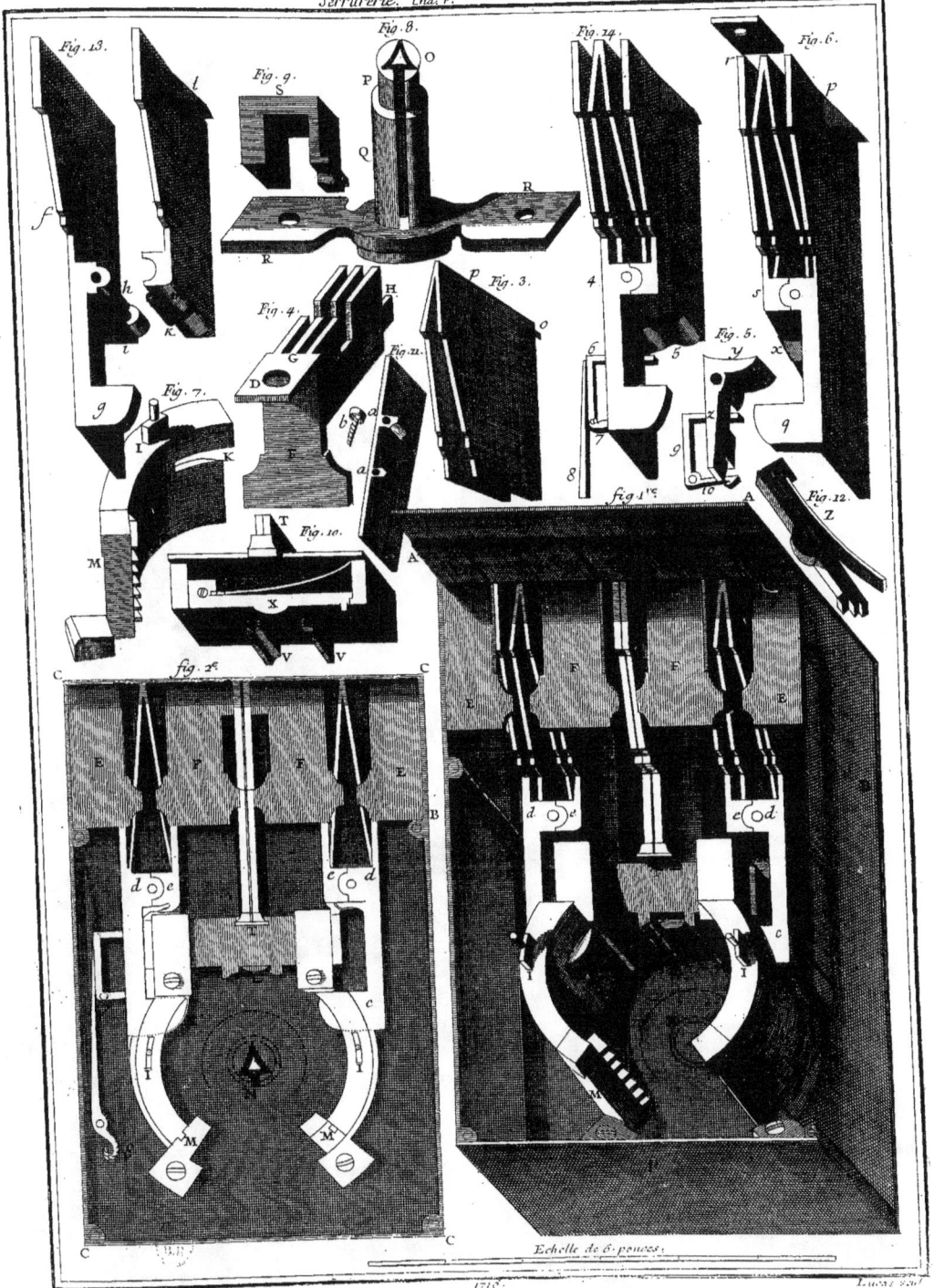

Echelle de 6 pouces.

fig. 5.ᵉ   fig. 4.ᵉ

fig. 3.ᵉ

Fig. 6.

fig. 2.ᵉ

Dessiné par Renere et Breton.   *Gravé par J. Haussard 1736.*

fig. 4.

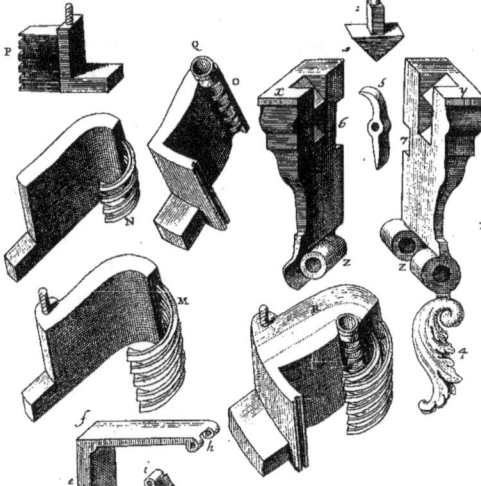

fig. 3.

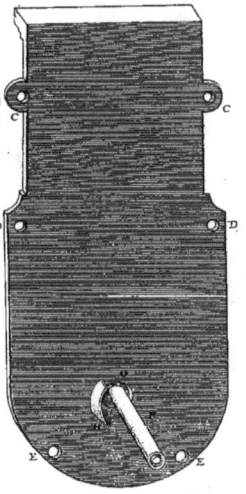

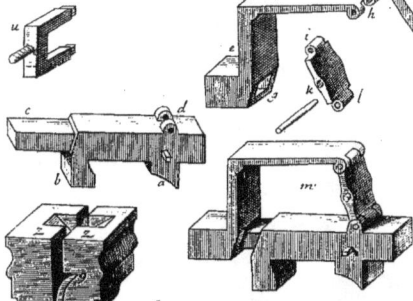

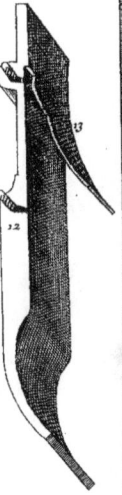

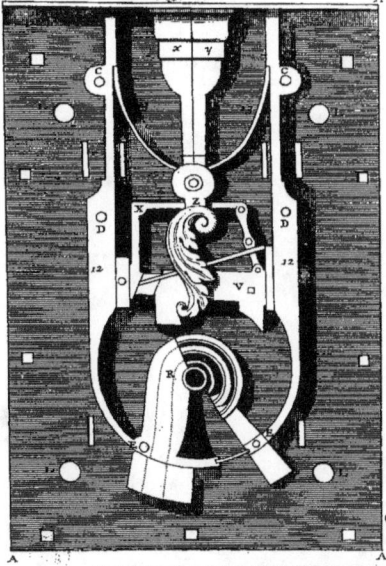

fig. 1.

fig. 2.

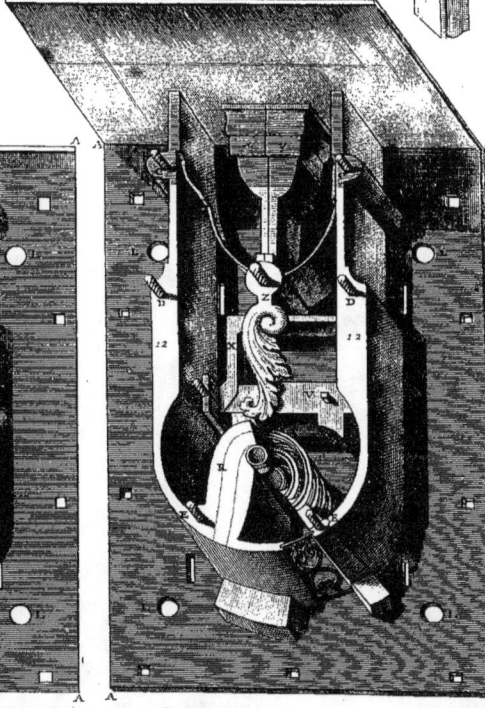

Échelle de 6. pouces.

Fig. 13.

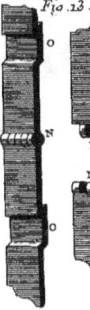

Fig. 1.

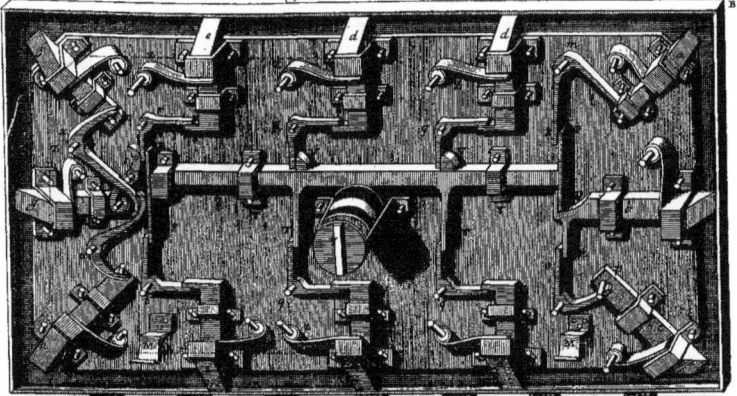

Fig. 15.

Fig. 22.

Fig. 26.

Fig. 3.

Fig. 10.

Fig. 11.

Fig. 5.

Fig. 9.

Fig. 4.

Fig. 7.

Fig. 23.

Fig. 8.

Fig. 2.

Fig. 14.

Fig. 6.

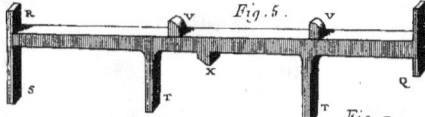

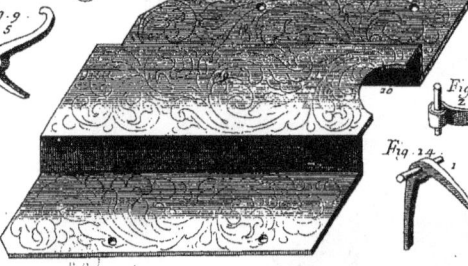

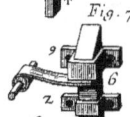

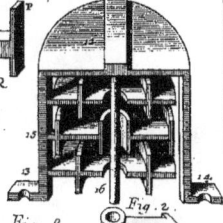

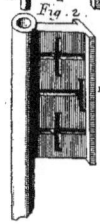

Echelle de 2. pieds.

Dessiné par Regnier et Bretez.   *Gravé par J. Haussard 1716.*

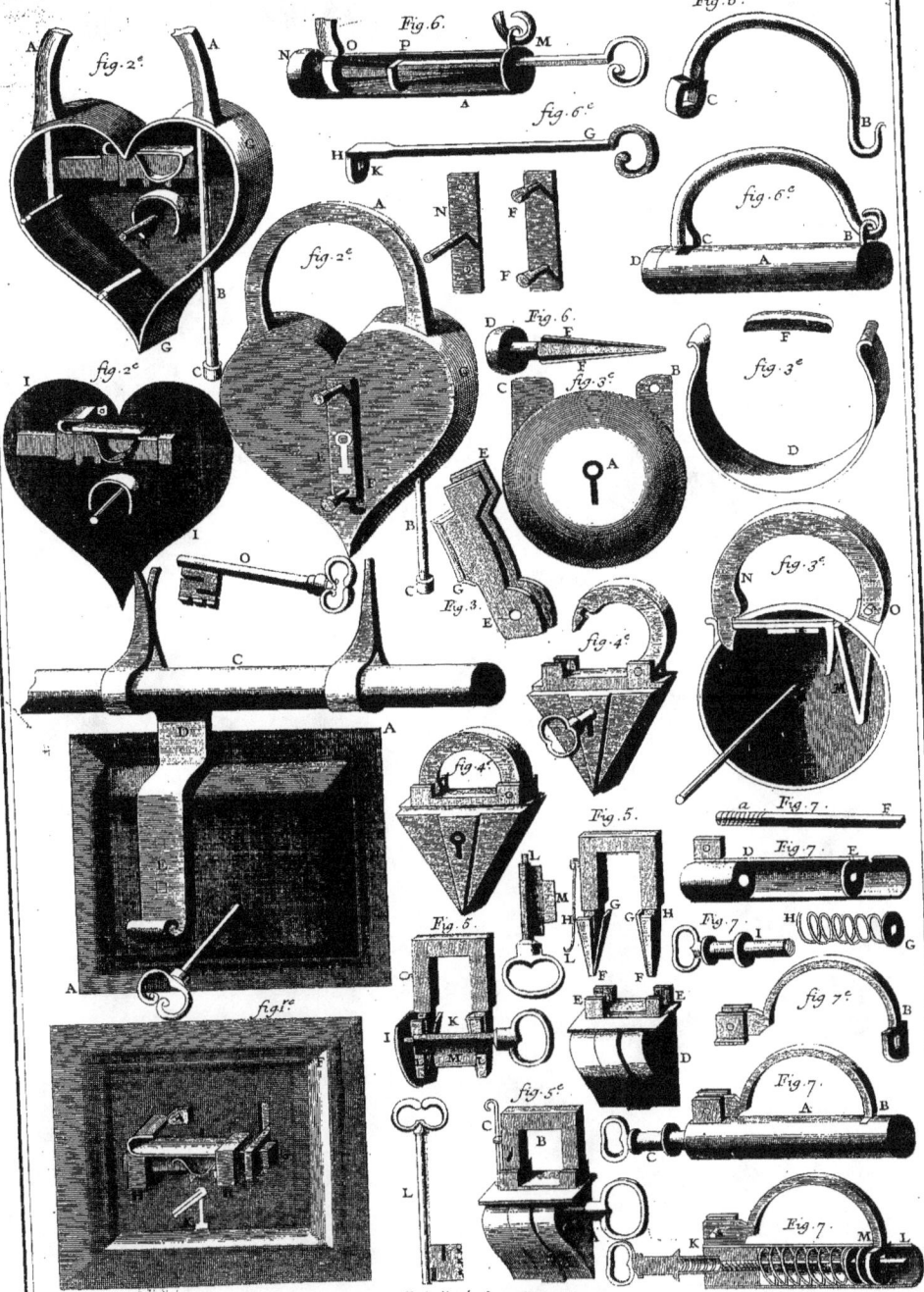

Pl. XXXIII.

fig. 2.

Fig. 6.

Fig. 6.

fig. 6.e

fig. 6.e

fig. 2.e

Fig. 6.

fig. 3.e

fig. 2.e

fig. 3.e

Fig. 3.

Fig. 4.e

fig. 3.e

Fig. 4.e

a. Fig. 7.

Fig. 7.

Fig. 5.

Fig. 7.

Fig. 5.

fig. 7.e

Fig. 7.

fig. 1.e

fig. 5.e

Fig. 7.

Echelle de 6 pouces.

dessiné par bretez.

1715

Lucas scul.

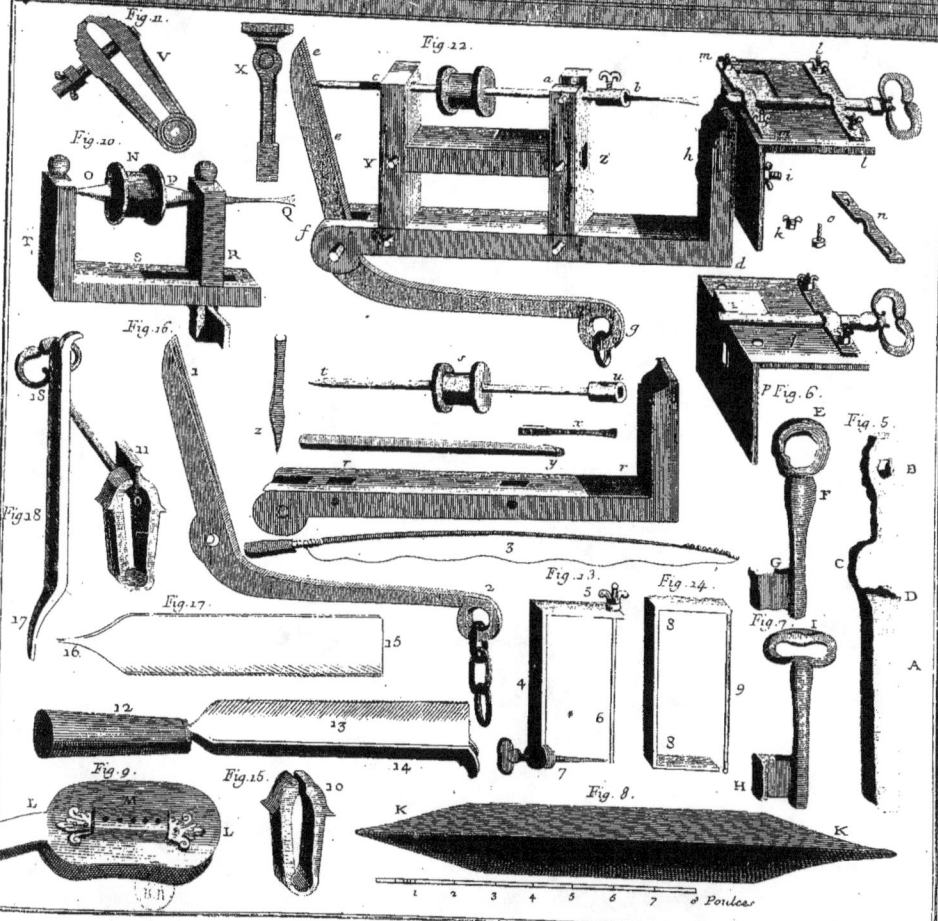

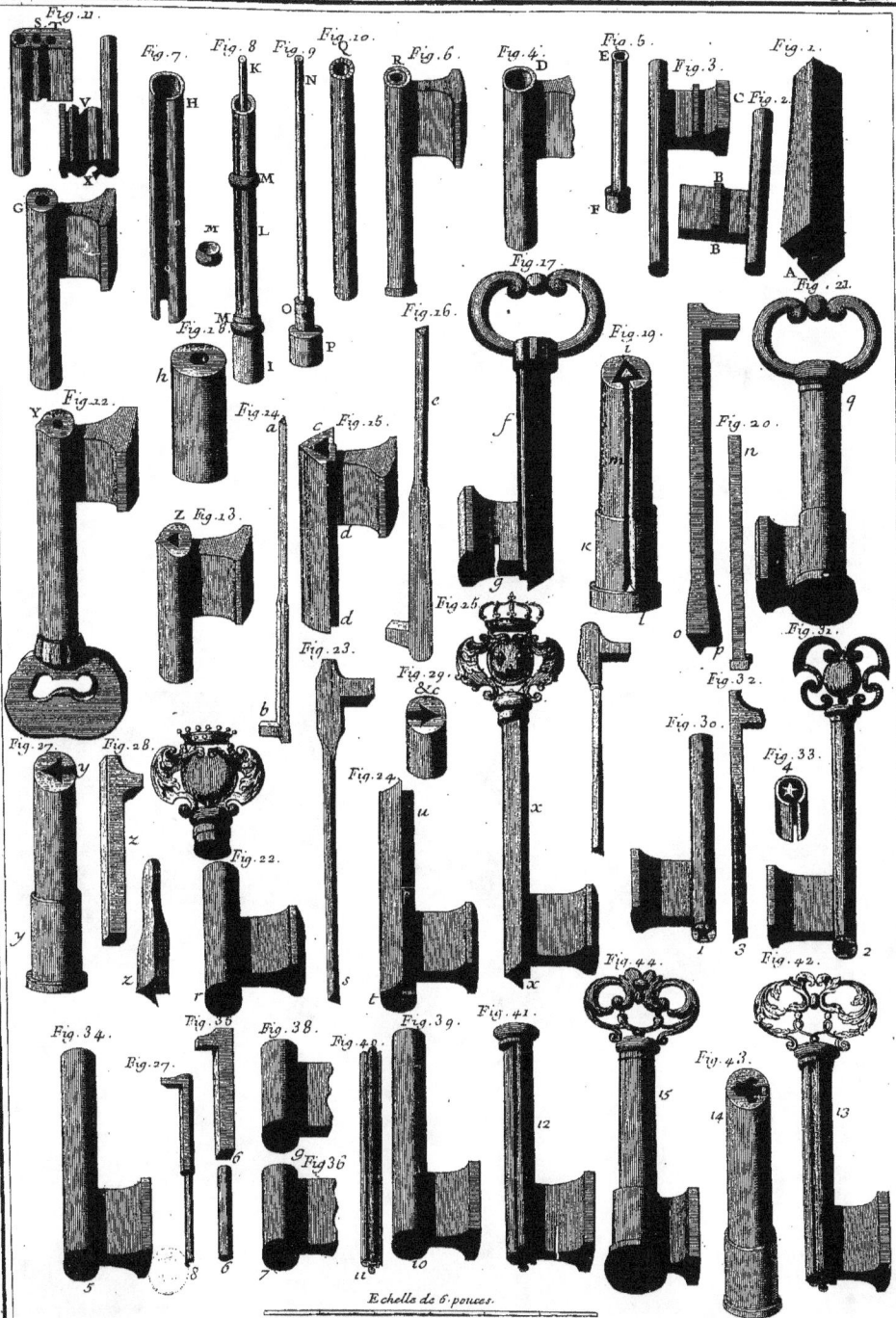

Pl. XXXIV.

Fig. 11.
Fig. 7.
Fig. 8.
Fig. 9.
Fig. 10.
Fig. 6.
Fig. 4.
Fig. 5.
Fig. 3.
Fig. 1.
Fig. 2.
Fig. 17.
Fig. 18.
Fig. 16.
Fig. 19.
Fig. 21.
Fig. 20.
Fig. 12.
Fig. 14.
Fig. 15.
Fig. 13.
Fig. 25.
Fig. 31.
Fig. 23.
Fig. 29.
Fig. 32.
Fig. 30.
Fig. 33.
Fig. 27.
Fig. 28.
Fig. 24.
Fig. 22.
Fig. 44.
Fig. 42.
Fig. 34.
Fig. 35.
Fig. 38.
Fig. 39.
Fig. 41.
Fig. 43.
Fig. 37.
Fig. 40.
Fig. 36.

Echelle de 6 pouces.

Regnier del.
1717.
Lucas scul.

Pl. XXXV.

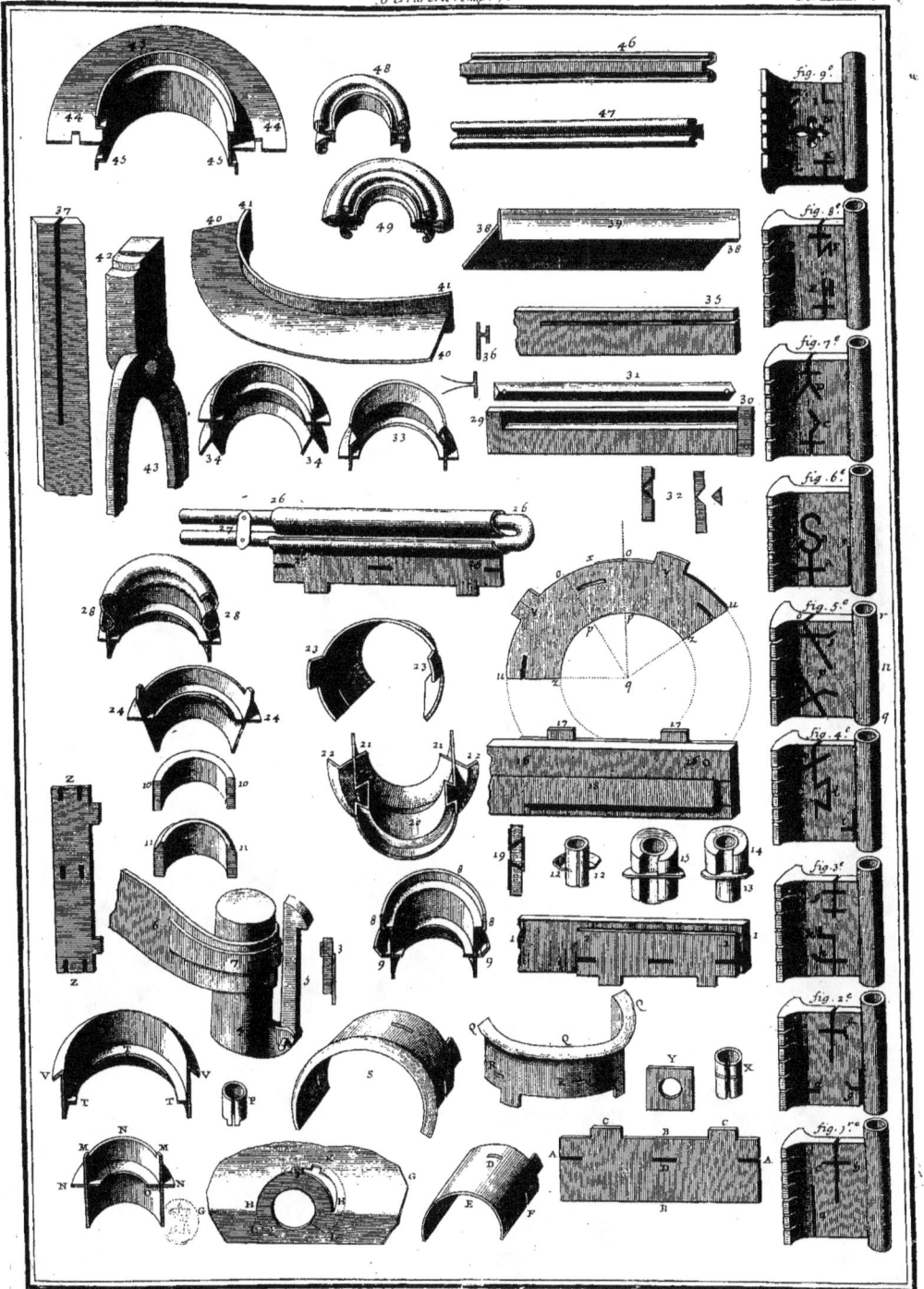

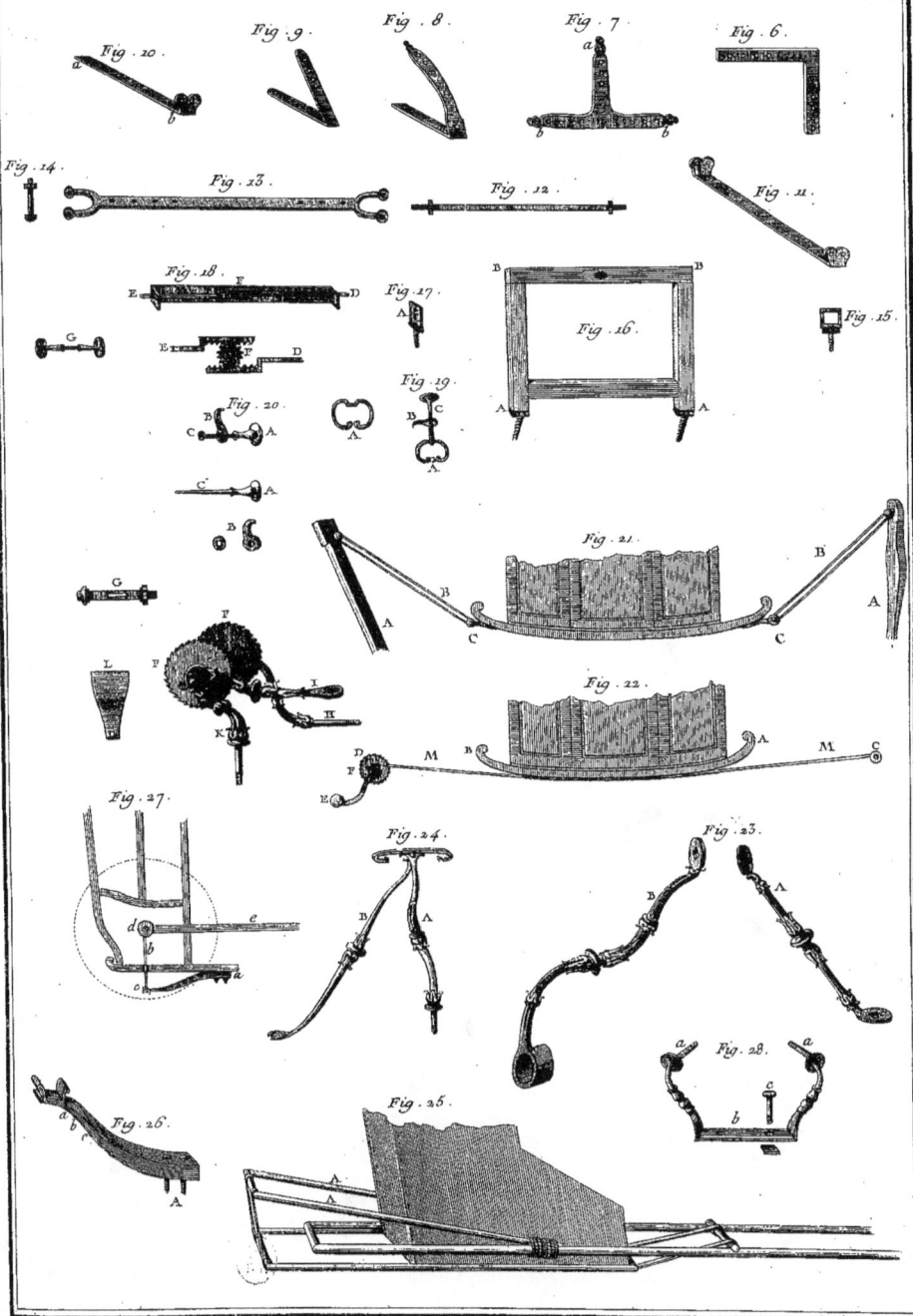

Fig. 10.

Fig. 9.

Fig. 8.

Fig. 7.

Fig. 6.

Fig. 14.

Fig. 13.

Fig. 12.

Fig. 11.

Fig. 18.

Fig. 17.

Fig. 16.

Fig. 15.

Fig. 20.

Fig. 19.

Fig. 21.

Fig. 22.

Fig. 27.

Fig. 24.

Fig. 23.

Fig. 28.

Fig. 26.

Fig. 25.

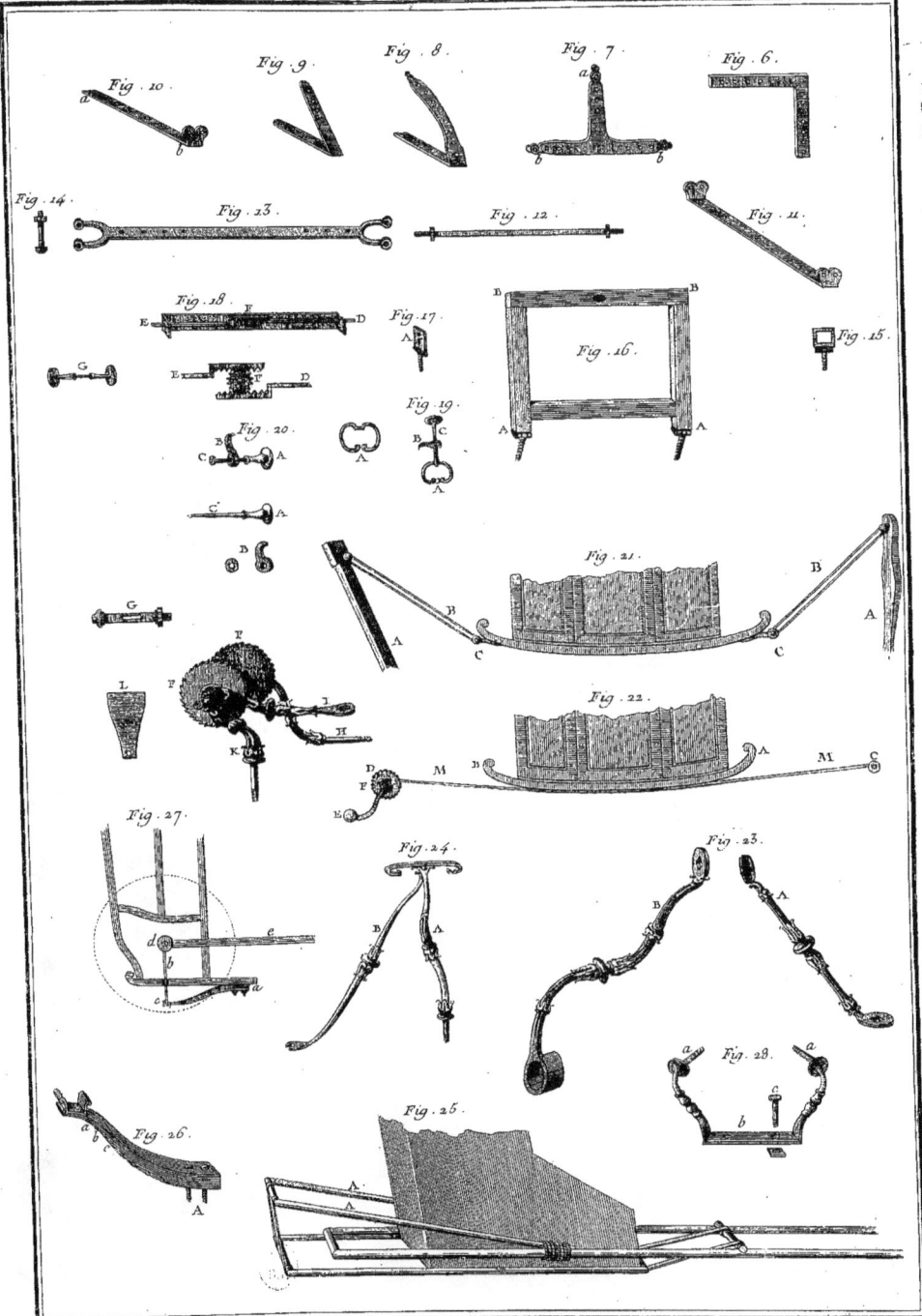

Fig. 10. Fig. 9. Fig. 8. Fig. 7. Fig. 6.

Fig. 14. Fig. 13. Fig. 12. Fig. 11.

Fig. 18. Fig. 17. Fig. 16. Fig. 15.

Fig. 20. Fig. 19.

Fig. 21.

Fig. 22.

Fig. 27. Fig. 24. Fig. 23.

Fig. 28.

Fig. 26. Fig. 25.

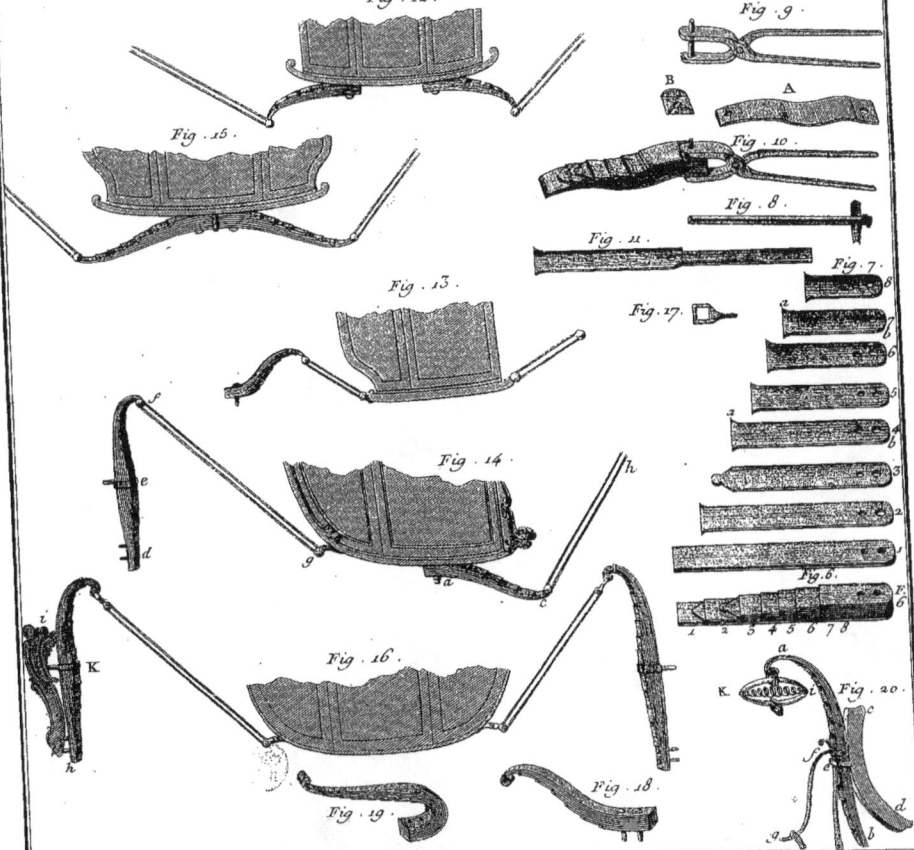

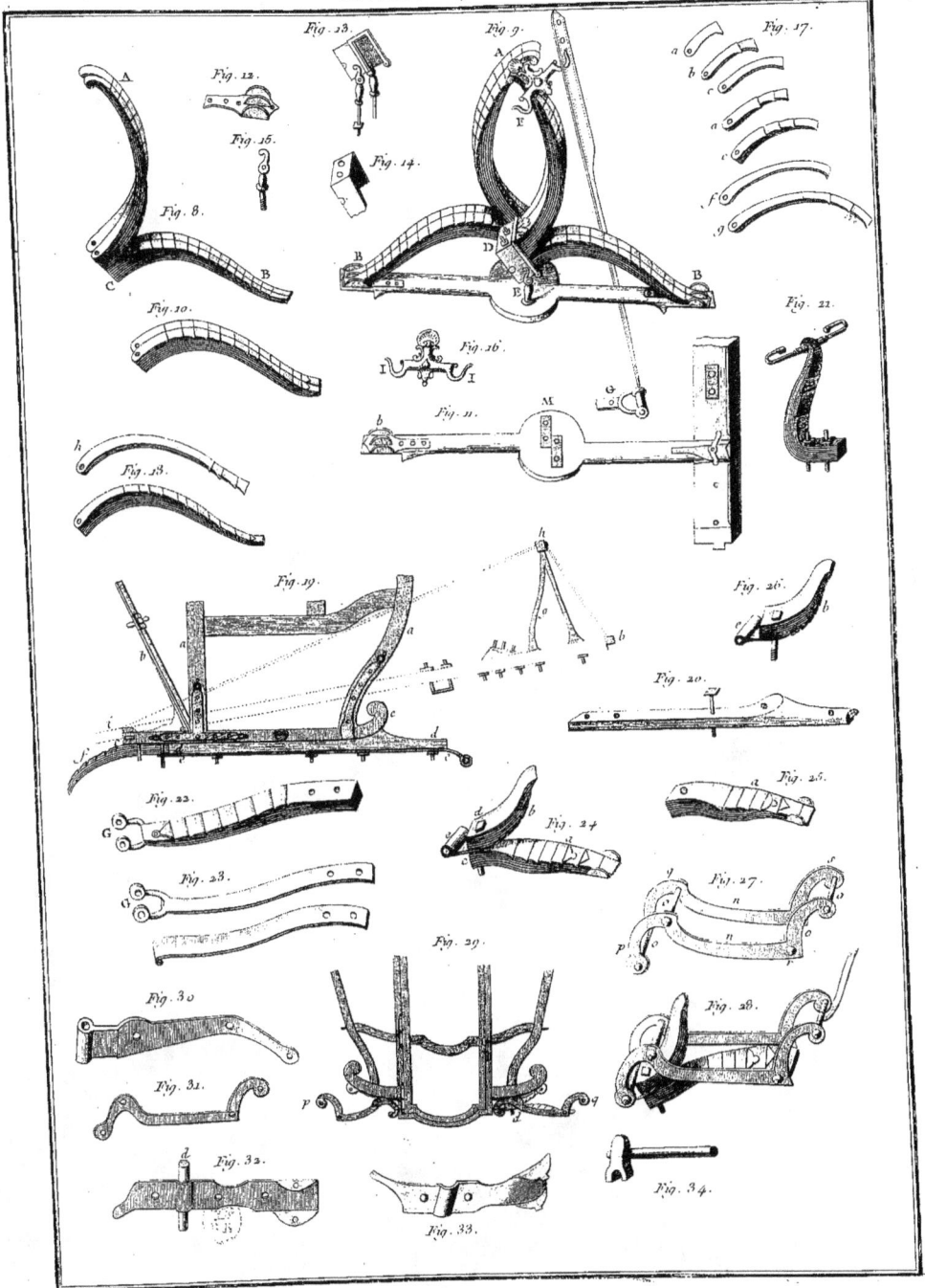

Fig. 13.

Fig. 12.

Fig. 9.

Fig. 17.

Fig. 15.

Fig. 14.

Fig. 8.

Fig. 10.

Fig. 16.

Fig. 22.

Fig. 11.

Fig. 18.

Fig. 19.

Fig. 26.

Fig. 20.

Fig. 22.

Fig. 25.

Fig. 23.

Fig. 24.

Fig. 27.

Fig. 30.

Fig. 29.

Fig. 28.

Fig. 31.

Fig. 32.

Fig. 33.

Fig. 34.

Fig. 5.

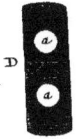

Fig. 2.

Fig. 4.

Fig. 3.

Fig. 6.

Fig. 8.

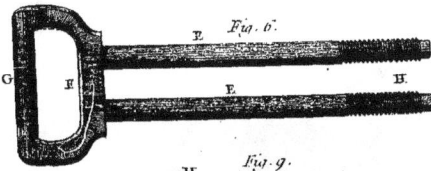

Fig. 9.

Fig. 11.

Fig. 10.

Fig. 7.

Fig. 1.

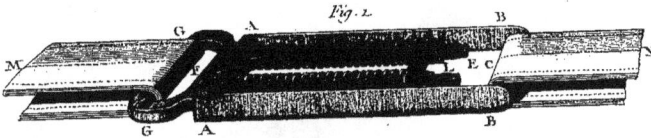

Fig. 12.

Fig. 17.

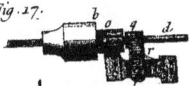

Fig. 13.

Fig. 15.

Fig. 14.

Fig. 16.

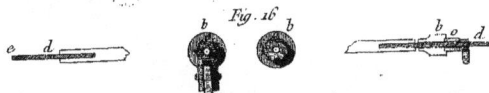

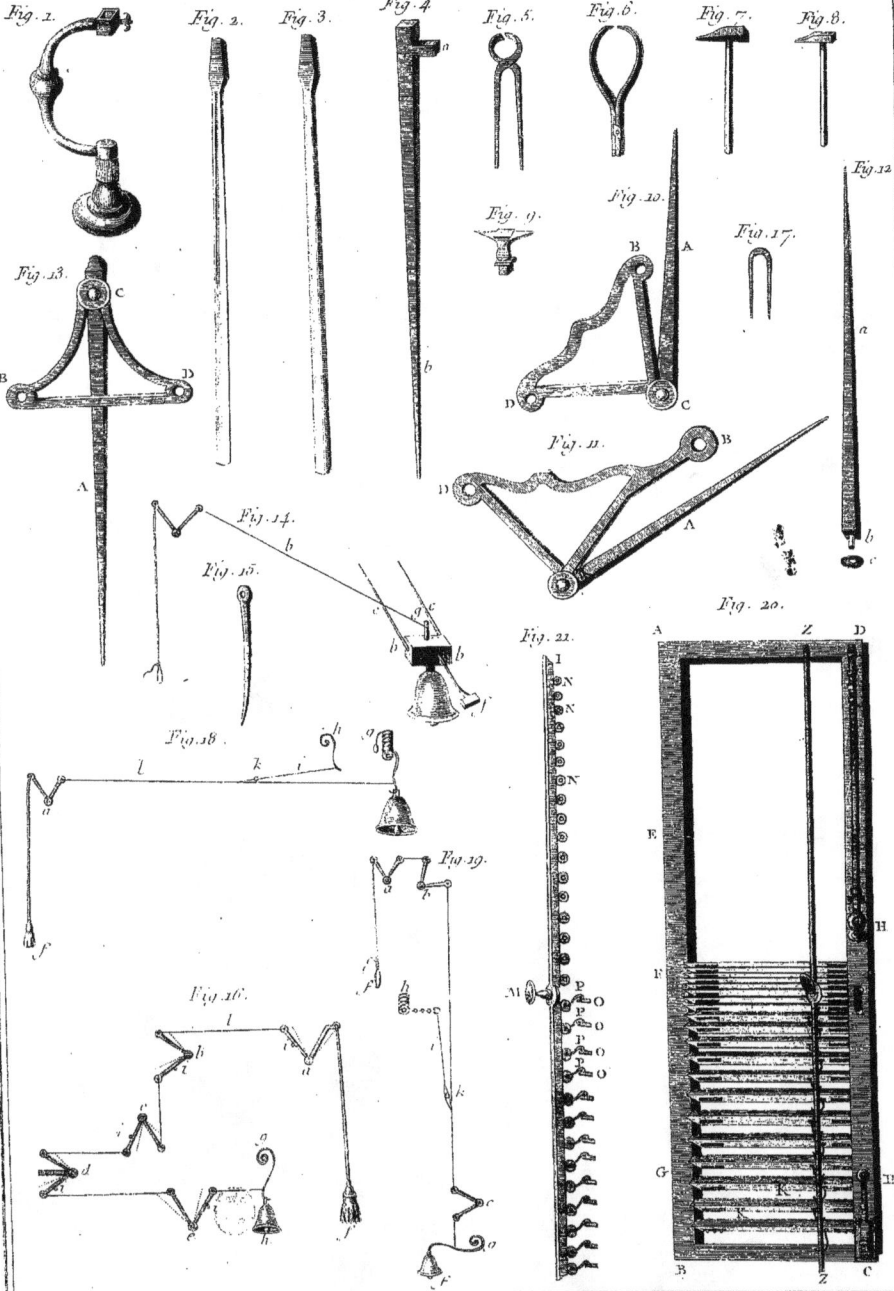

Pl. XLI.

Fig. 1.　Fig. 2.　Fig. 3.　Fig. 4.　Fig. 5.　Fig. 6.　Fig. 7.　Fig. 8.

Fig. 9.　Fig. 10.　Fig. 17.　Fig. 12.

Fig. 13.

Fig. 11.

Fig. 14.

Fig. 15.

Fig. 18.

Fig. 19.

Fig. 16.

Fig. 21.

Fig. 20.

Fig. 8.

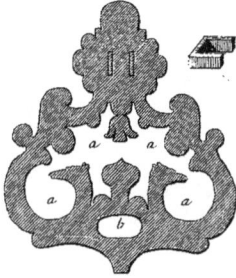

Fig. 6.

Fig. 22.

Fig. 9.

Fig. 7.

Fig. 23.

Fig. 10.

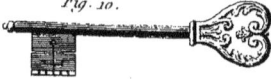

Fig. 11.

Fig. 1.

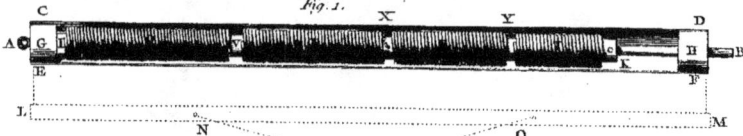

Fig. 2.

Fig. 4.

Fig. 3.

Fig. 5.

Fig. 6.

www.ingramcontent.com/pod-product-compliance
Lightning Source LLC
Chambersburg PA
CBHW060957220326
41599CB00023B/3740